帮助读者快速入门、快速熟悉
逆向软件的实战书籍

Reverse Analysis An
Tool HandBook

逆向分析实战

冀云◎编著

人民邮电出版社
北京

图书在版编目（CIP）数据

逆向分析实战 / 冀云编著. -- 北京 : 人民邮电出版社, 2017.9
ISBN 978-7-115-46579-5

Ⅰ. ①逆… Ⅱ. ①冀… Ⅲ. ①软件工程 Ⅳ. ①TP311.5

中国版本图书馆CIP数据核字(2017)第268817号

内 容 提 要

本书的主要内容为：数据的存储及表示形式、汇编语言入门、熟悉调试工具 OllyDbg、PE 工具详解、PE 文件格式实例（包括加壳与脱壳工具的使用）、十六进制编辑器与反编译工具、IDA 与逆向、逆向工具原理实现等。

本书可以作为程序员、安全技术的研究人员、安全技术爱好者阅读。

◆ 编　　著　冀　云
　责任编辑　张　涛
　责任印制　焦志炜

◆ 人民邮电出版社出版发行　　北京市丰台区成寿寺路 11 号
　邮编 100164　　电子邮件 315@ptpress.com.cn
　网址 http://www.ptpress.com.cn
　固安县铭成印刷有限公司印刷

◆ 开本：787×1092　1/16
　印张：18　　　　　　　　2017 年 9 月第 1 版
　字数：426 千字　　　　　2024 年 7 月河北第 12 次印刷

定价：59.00 元

读者服务热线：(010)81055410　印装质量热线：(010)81055316
反盗版热线：(010)81055315
广告经营许可证：京东市监广登字20170147号

前言

也许你想知道什么是软件逆向，也许你已经听说过软件逆向，从而想要学习软件逆向。不管你抱着什么目的翻开本书，笔者还是在你阅读本书之前，先来说一些软件逆向的知识！

什么是“软件逆向工程”

术语“逆向工程”源自硬件领域，在软件领域目前还没有明确的定义。就笔者个人的理解简单来说，软件逆向是通过观察分析软件或程序的行为、数据和代码等，来还原其设计实现，或者推导出更高抽象层次的表示。

软件工程与软件逆向工程的区别

对于软件工程而言，软件的设计讲究封装，将各个模块进行封装，将具体的实现进行隐藏，只暴露一个接口给使用者。对于模块的使用者而言，封装好的模块相当于一个“黑盒子”，使用者使用“盒子”时，无需关心“盒子”的内部实现，只需要按照模块预留的接口进行使用即可。

软件逆向工程对于软件工程而言，却是正好相反的。对软件进行逆向工程时要查看软件的行为，即软件的输入与输出的情况；要查看软件的文件列表，即软件使用了哪些动态链接库（哪些动态连接库是作者编写的，哪些动态连接库是系统提供的），有哪些配置文件，甚至还要通过一系列的工具查看软件的文件结构、反汇编代码等。

对比软件工程与软件逆向工程可以发现，软件工程是在封装、实现一个具备某种功能的“黑盒子”，而软件逆向工程则是在分析“黑盒子”并尝试还原封装的实现与设计。后者对于前者而言是一个相反的过程，因此称为“软件逆向工程”。

学习软件逆向工程与软件工程的区别

对于软件逆向工程而言，学习逆向知识，除了要学习逆向知识本身外，还需要掌握各种不同的逆向工具，或者说逆向知识中重要的一个环节就是逆向工具的使用。对于软件开发而言，软件开发工具在软件开发中所占据的位置远远达不到逆向工具在逆向领域中的位置。因此，读者在学习编程时可能更注重的是编程语言本身而不是工具，但是在学习逆向时，逆向知识是不可能抛开逆向工具而独立进行学习的。

本书的主要内容

本书全面讲解了软件逆向工程的知识，即包括主流的技术，如加壳与脱壳、汇编、数据的存储等；也有实用的工具，如主流的调试工具 OllyDbg、PE 工具、加壳与脱壳工具、十六进制编辑与反编译工具、IDA 与逆向、逆向工具实现等。

我们的目的是快速入门

对于软件逆向工程的初学者而言，我们的目的只有一个，那就是快速地入门，本书的目的也是为了帮助读者能够快速地熟悉软件逆向的知识和软件逆向的工具。本书以软件逆向工具为主线，以逆向工具为重点，对软件逆向相关知识进行了介绍。

无论是学习编程，还是学习逆向，我们学习的都是技术，技术的掌握重点在于练习和实践，因此希望读者在学习本书的过程中不断地练习和实践，从而能够真正达到快速入门的效果。

学习本书要求读者有C语言的编程知识，如果连一点编程的基础都没有，那么可能很多章节的知识是无法掌握的，学习起来会相当吃力。

免责声明

本书是一本面向零基础读者的书籍，书中介绍的是逆向工程的入门知识，仅供读者自学之用。对本书介绍的知识用于非法用途的，导致的后果请自行承担，和作者及出版社无关，请读者自觉遵守国家的法律。

由于作者水平有限，必定会有差错，敬请谅解。

祝大家学习愉快！

本书编辑联系邮箱：zhangtao@ptpress.com.cn。

作者

目录

第1章 数据的存储及表示形式

学习过计算机的读者都知道，计算机中的各种数据都是以二进制形式进行存储的，无论是文本文件、图片文件，还是音频文件、视频文件、可执行文件等，统统都是由二进制文件存储的。学习过计算机的读者在学习计算机基础的时候一定学习过进制转换，也一定学习过数据的表示方式等，大部分人在学习这部分知识时会觉得枯燥、无用，但是对于学习逆向知识和使用逆向工具，数据的存储及表示形式是必须要掌握的。

本章借助 OllyDbg 这款调试工具来一起讨论数据的存储及表示形式，让读者对于学习计算机的数据存储及表示可以更加的感性，从而脱离纯粹理论性的学习。

本章内容较为枯燥，但是着实是学习逆向的基础知识，对于从来没有接触过逆向或者是刚开始接触逆向的读者，本章内容还是有一定帮助的。

本章关键字： 进制 数据表示 数据转换 数据存储

1.1 进制及进制的转换

了解进制的概念及进制的转换是学习逆向的基础，因为计算机使用的进制是二进制，它又不同于我们现实生活中使用的十进制，因此我们必须学习不同的进制及进制之间的转换。

1.1.1 现实生活中的进制与计算机的二进制

我们在现实生活中会接触到多种多样的进制，通常见到的有十进制、十二进制和二十四进制等。下面分别对这几种进制进行举例说明。

十进制是每个人从上学就开始接触和学习的进制表示方法。所谓的十进制，就是逢十进一，最简单的例子就是 9+1=10。这个无需过多解释。

十二进制也是我们日常生活中常见的表示方法。所谓的十二进制，就是逢十二进一，例如 12 个月为 1 年，13 个月就是 1 年 1 个月。

二十四进制也是我们日常生活中常见的表示方法。所谓的二十四进制，就是逢二十四进一，例如 24 小时为 1 天，25 小时就是 1 天 1 小时。

介绍了以上现实生活中的例子后，我们再来说说计算机中的二进制。根据前面各种进制的解释，我们可以想到，二进制就是逢二进一。这里举个不太恰当的例子，例如 2 斤就是 1 公斤。

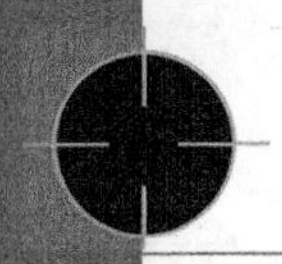

在计算机中为什么使用二进制呢？简单说就是计算机用高电平和低电平来表示 1 和 0 最为方便和稳定，高电平被认为是 1，低电平被认为是 0，这就是所谓的二进制的来源。

由于二进制在阅读上不方便，计算机又引入了十六进制来直观地表示二进制。所谓的十六进制，就是逢十六进一。

因此在计算机中，我们常见的数据表示方法有二进制、十进制和十六进制。

1.1.2　进制的定义

在学习小学数学的时候我们就学习了十进制，十进制一共有十个数字，从 0 一直到 9，9 再往后数一个的时候要产生进位，也就是逢十进一。总结十进制的定义则是，由 0 到 9 十个数字组成，并且逢十进一。

举一反一地来说，二进制的定义是，由 0 到 1 两个数字组成，逢二进一。十六进制的定义是由 0 到 9 十个数字和 A 到 F 六个字母组成，逢十六进一。

由此，我们衍生出 N 进制的定义是，由 N 个符号组成，逢 N 进一。

表 1-1 所列为这三种进制的数字表。

表 1-1　二进制、十进制和十六进制数字表

数　制	基　数	数　字
二进制	2	0 1
十进制	10	0 1 2 3 4 5 6 7 8 9
十六进制	16	0 1 2 3 4 5 6 7 8 9 A B C D E F

1.1.3　进制的转换

在逆向当中，我们直接面对的通常是十六进制，而由于很多原因，我们需要将其当作十进制或二进制来查看，当然也有可能需要根据二进制转换成十六进制或十进制。所以，我们就需要掌握进制之间的转换。

1．二进制转十进制

二进制整数的每个位都是 2 的幂次方，最低位是 2 的 0 次方，最高为是 2 的（N-1）次方，我们通过一个例子进行说明。我们把二进制数 10010011 转换成十进制数，计算方式如下：

$10010011 = 1\times2^7+0\times2^6+0\times2^5+1\times2^4+0\times2^3+0\times2^2+1\times2^1+1\times2^0=128+0+0+16+0+0+2+1=147$

我们得出的结果是，把二进制 10010011 转换成十进制后是 147。我们用计算机进行验算，如图 1-1 和图 1-2 所示。

从图 1-1 和图 1-2 中可以看出，我们的计算结果是正确的，由此读者在计算二进制时按照上面转换的例子进行转换即可。

注意：（1）当读者打开计算器时，可能出现的样子与书中的样子不相同，可能看着会更简单。为了能够计算不同进制，我们选择菜单栏的“查看”→“程序员”，即可使用进制之间的转换。

（2）在刚开始学习的时候，建议读者自行进行进制的转换，熟练以后再使用计算器进行转换。

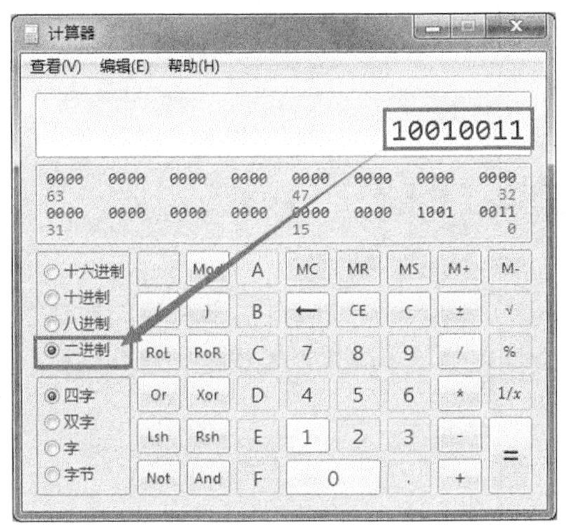

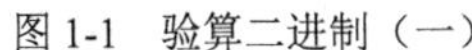
图 1-1　验算二进制（一）

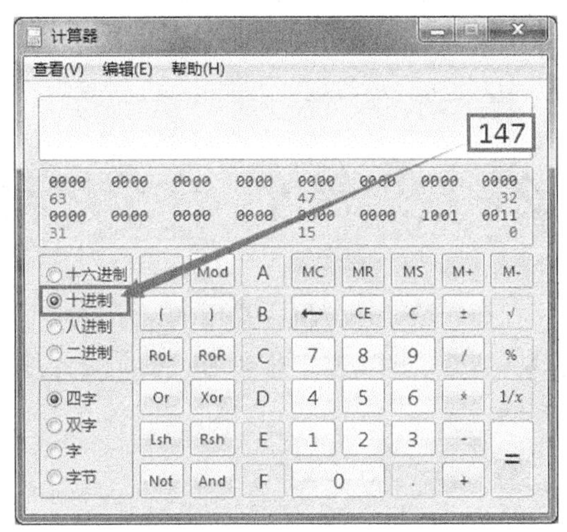

图 1-2　验算二进制（二）

2．十六进制与二进制的转换

由于一个简单的数值用二进制表示需要很长的位数，这样对于阅读很不方便，因此汇编和调试器常用十六进制表示二进制。十六进制的每个位可以代表 4 个二进制位，因为 2 的 4 次方刚好是 16。这样，在二进制与十六进制之间就产生了一个很好的对应关系，如表 1-2 所列。

表 1-2　　二进制对应的十六进制与十进制数

二进制	十进制	十六进制	二进制	十进制	十六进制
0000	0	0	0110	6	6
0001	1	1	0111	7	7
0010	2	2	1000	8	8
0011	3	3	1001	9	9
0100	4	4	1010	10	A
0101	5	5	1011	11	B
1100	12	C	1110	14	E
1101	13	D	1111	15	F

根据此表，我们可以很快地把二进制和十六进制进行转换，把上例的二进制 10010011 转换成十六进制，转换过程如下：

第一步，把 10010011 从最低开始按每四位分为一组，不足四位前面补 0，划分结果为 1001 0011；

第二步，把划分好的组进行查表，1001 对应十六进制是 9，0011 对应的十六进制是 3。

那么，二进制 10010011 转换成十六进制后的值是 93。读者可以通过计算器自行进行验算。

在逆向中常用的就是二进制与十进制的转换，或者是二进制与十六进制的转换，其他的转换方式读者可以自行查找资料进行学习。关于十六进制和二进制需要记住的重要一点就是，一位十六进制数可以表示四位二进制数。

1.2　数据宽度、字节序和 ASCII 码

前面介绍了计算机中常用的进制表示方法和转换，现在读者知道了计算机存储的都是二进制的数据，那么接下来要讨论的是在计算机中数据存储的单位以及数据是如何存储在存储空间的。

1.2.1　数据的宽度

数据的宽度是指数据在存储器中存储的尺寸。在计算机中，所有数据的基本存储单位都是字节（byte），每个字节占 8 个位（位是计算机存储的最小单位，而不是基本单位，因为在存储数据时几乎没有按位进行存储的）。其他的存储单位还有字（word）、双字（dword）和八字节（qword）。

图 1-3 给出各个存储单位所包含的位数。

常用存储单位所占字节数与位数

单位	所占位数	所占字节数
字节（byte）	8位	1字节
字（word）	16位	2字节
双字（dword）	32位	4字节
八字节（qword）	64位	8字节

图 1-3　常用存储单位所在字节数与位数

在计算机编程中，常用的几个重要数据存储单位分别就是 byte、word 和 dword，这几个存储单位稍后我们会使用到。

1.2.2　数值的表示范围

在计算机中存储数值时，也是要依据前面介绍过的数据宽度进行存储的，那么在存储数据时由于存储数据的宽度限制，数值的表示也是有范围限制的。那么 byte、word 和 dword 能存储多少数据呢？我们先来计算一下，如果按位存储的话，能存储多少个数据，再分别来计算以上三种单位能够存储的数值的范围。

计算机使用二进制进行数据存储时，一位二进制最多能表示几个数呢？因为是二进制数，只存在 0 和 1 两个数，所以一位二进制数最多能表示两个数，分别是 0 和 1。那么，两位二进制最多能表示几个数呢？因为一位二进制数能表示两个数，所以两位二进制数则能表示 2 的 2 次方个数，即 4 个数，分别是 0、1、10、11。进一步地，三位二进制数能表示的就是 2 的 3 次方个数，即 8 个数，分别是 0、1、10、11、100、101、110、111。

上面的过程可以整理成表 1-3。

表 1-3　*N* 位二进制位能够表示的数

二进制位数	表示数的个数	表示的数	2 的 *N* 次方
1	2	0、1	2 的 1 次方
2	4	0、1、10、11	2 的 2 次方
3	8	0、1、10、11、100、101、110、111	2 的 3 次方

根据表 1-3 计算的 byte、word 和 dword 三种数据存储宽度能表示的数据的范围如表 1-4 所列。

表 1-4 无符号整数的表示范围

存储单位	十进制范围	十六进制范围	2 的 *N* 次方
byte	0～255	0～FF	2 的 8 次方
word	0～65535	0～FFFF	2 的 16 次方
dword	0～4294967295	0～FFFFFFFF	2 的 32 次方

2 的 8 次方是 256，为什么数值只有 0～255 个呢？因为计算机计数是从 0 开始，从 0 到 255 同样是 256 个数，这里的 2 的 8 次方表示能够表示数值的个数，而不是能够表示数值的最大的数。

这里只给出了无符号整数的表示范围，那么什么是无符号呢？数值分为有符号数和无符号数，有符号数是分整数和负数的，而无符号数值有整数没有负数。负数在计算机中的表示有符号数时借助了最高位来进行，如果最高位是 0，那么就是整数，如果最高位是 1 则是负数。关于有符号数和无符号数不必过多地纠结，因为计算机表示数据是不区分有符号还是无符号的，有符号还是无符号是人在进行区分。这里就不做过多地解释了。

1.2.3 字节序

字节序也称为字节顺序，在计算机中对数值的存储有一定的标准，而该标准随着系统架构的不同而不同。了解字节存储顺序对于逆向工程是一项基础知识，在动态分析程序的时候，往往需要观察内存数据的变化情况，这就需要我们在掌握数据的存储宽度、范围之后，进一步了解字节顺序。

通常情况下，数值在内存中存储的方式有两种，一种是大尾方式，另一种是小尾方式。关于字节序的知识，通过一个简单的例子就可以掌握。

比如有 0x01020304（C 语言中对十六进制数的表示方式）这样一个数值，如果用大尾方式存储，其存储方式为 01 02 03 04，而用小尾方式进行存储则是 04 03 02 01，用更直观的方式展示其区别，如表 1-5 所列。

表 1-5 字节顺序对比表

大尾方式		小尾方式	
数据	地址值	数据	地址值
01	00000000H	04	00000000H
02	00000001H	03	00000001H
03	00000002H	02	00000002H
04	00000003H	01	00000003H

从两个地址列可以看出，地址的值都是一定的，没有变化，而数据的存储顺序却是不相同的。从表中可以得到如下结论。

大尾存储方式：内存高位地址存放数据低位字节数据，内存低位地址存放数据高位字节数据；

小尾存储方式：内存高位地址存放数据高位字节数据，内存低位地址存放数据低位字节数据。

通常情况下，Windows 操作系统兼容的 CPU 为小尾存储方式，而 Unix 操作系统兼容的 CPU 多为大尾存储方式。在网络中传输的数据的字节顺序使用的是大尾存储方式。

1.2.4　ASCII 码

计算机智能存储二进制数据，那么计算机是如何存储字符的呢？为了存储字符，计算机必须支持特定的字符集，字符集的作用是将字符映射为整数。早期字符集仅仅使用 8 个二进制数据位进行存储，即 ASCII 码。后来，由于全世界语言的种类繁多，又产生了新的字符集 Unicode 字符编码。

ASCII 码是美国标准信息交换码的字母缩写，在 ASCII 字符集中，每个字符由唯一的 7 位整数表示。ASCII 码仅使用了每个字节的低 7 位，最高位被不同计算机用来创建私有字符集。由于标准 ASCII 码仅使用 7 位，因此十进制表示范围是 0～127 共 128 个字符。

在编程与逆向中都会用到 ASCII 码，因此有必要记住常用的 ASCII 字符对应的十六进制和十进制数。常用的 ASCII 字符如表 1-6 所列。

表 1-6　　常用 ASCII 码表

字　　符	十进制	十六进制	说　　明
LF	10	0AH	换行
CR	13	0DH	回车
SP	32	20H	空格
0～9	48～57	30H～39H	数字
A~Z	65~90	41H~5AH	大写字母
a~z	97~122	61H~7AH	小写字母

表 1-6 是经常使用到的 ASCII 字符，这些字符是经常会见到和用到的，希望读者能将其保存，以便使用之时可以快速查阅。

Unicode 编码是为了使字符编码更进一步符合国际化而进行的扩展，Unicode 使用一个字（也就是两个字节，即 16 位）来表示一个字符。这里不做过多的介绍。

1.3　在 OD 中查看数据

在逆向分析中，调试工具可以说是非常重要的。调试器能够跟踪一个进程的运行时状态，在逆向分析中称为动态分析工具。动态调试会用在很多方面，比如漏洞的挖掘、游戏外挂的分析、软件加密解密等方面。本节介绍应用层下最流行的调试工具 OllyDbg。

OllyDbg 简称 OD，是一款具有可视化界面的运行在应用层的 32 位的反汇编逆向调试分析工具。OD 是所有进行逆向分析人员都离不开的工具。它的流行，主要原因是操作简单、参考文档丰富、支持插件功能等。

熟悉 OD

OD 的操作非常简单，但是由于逆向是一门实战性和综合性非常强的技术，因此要真正熟练掌握 OD 的使用却并不是容易的事，单凭操作而言看似没有太多的技术含量，但是其真正的精髓在于配合逆向的思路来达到逆向者的目的。

1．OD 的选型

为什么先介绍 OD 的选型，而不直接开始介绍 OD 的使用呢？OD 的主流版本是 1.10 和待崛起的 2.0。虽然它的主流版本是 1.10，但是它仍然存在很多修改版。所谓修改版，就是由用户自己对 OD 进行修改而产生的，类似于病毒的免杀。OD 虽然是动态调试工具，但是由于其强大的功能经常被很多人用在软件破解等方面，导致很多作者的心血付诸东流。软件的作者为了防止软件被 OD 调试，加入了很多专门针对 OD 进行调试的反调试功能来保护自己的软件不被调试，从而不被破解；而破解者为了能够继续使用 OD 来破解软件，则不得不对 OD 进行修改，从而达到反反调试的效果。

调试、反调试、反反调试，对于新接触调试的爱好者来说容易混淆。简单来说，反调试是阻止使用 OD 进行调试，而反反调试是突破反调试继续进行调试。OD 的修改版本之所以很多，目的就是为了能够更好地突破软件的反调试功能。

因此，如果从学习的角度来讲，建议选择原版的 OD 进行使用。在使用的过程中，除了会掌握很多调试技巧外，还会学到很多反调试的技巧，从而掌握反反调试的技巧。如果在实际的应用中，则可以直接使用修改版的 OD，避免 OD 被软件反调试，从而提高逆向调试分析的速度。

注意： 修改版本的 OD 可以叫着千奇百怪的名字，比如 OllyICE、OllySeX 等。

2．熟悉 OD 主界面

OD 的发行是一个压缩包，解压即可运行使用，运行 OD 解压目录总的 ollydbg.exe 程序，就会出现一个分布恰当、有菜单有面板和能输入命令的看着很强大的软件窗口，如图 1-4 所示。

在图 1-4 的 OD 调试主窗口中的工作区大致可以分为 6 个部分，按照从左往右、从上往下，这 6 部分分别是反汇编窗口、信息提示窗口、数据窗口、寄存器窗口、栈窗口和命令窗口。下面分别介绍各个窗口的用法。

反汇编窗口：该窗口用于显示反汇编代码，调试分析程序主要在这个窗口中进行，这也是进行调试分析的主要工作窗口。

信息提示窗口：该窗口用于显示与反汇编窗口中上下文环境相关的内存、寄存器或跳转来源、调用来源等信息。

数据窗口：该窗口用于以多种格式显示内存中的内容，可使用的格式有 Hex、文本、短型、长型、浮点、地址和反汇编等。

寄存器窗口：该窗口用于显示各个寄存器的内容，包括前面介绍的通用寄存器、段寄存器、标志寄存器、浮点寄存器。另外，还可以在寄存器窗口中的右键菜单选择显示 MMX 寄存器、3DNow!寄存器和调试寄存器等。

栈窗口：该窗口用于显示栈内容、栈帧，即 ESP 或 EBP 寄存器指向的地址部分。

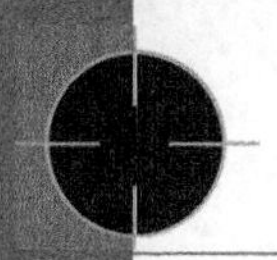

命令窗口：该窗口用于输入命令来简化调试分析的工作，该窗口并非基本窗口，而是由 OD 的插件提供的功能，由于几乎所有的 OD 使用者都会使用该插件，因此有必要把它也列入主窗口中。

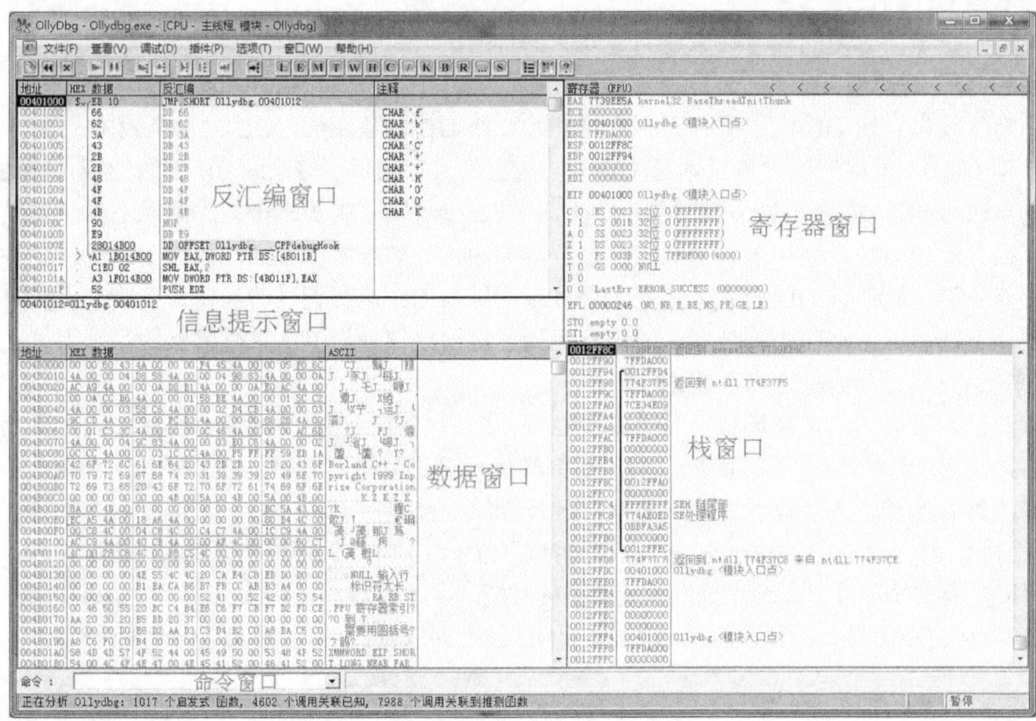

图 1-4　OD 调试主窗口

3．在数据窗口中查看数据

前面已经介绍，OD 是一款应用层下的调试工具，它除了可以进行软件的调试以外，还可以帮助我们学习前面介绍的数据宽度、进制转换等知识，而且能够帮助我们学习汇编语言。本节主要介绍通过 OD 的数据窗口来观察数据宽度。

为了能够直观地观察内存中的数据，我们通过 RadAsm 创建一个没有资源的汇编工程，然后编写一段自己的汇编代码，代码如下：

```
        .386
        .model flat, stdcall
        option casemap:none

    include windows.inc
    include kernel32.inc
    includelib kernel32.lib

        .data
    var1      dd   00000012h     ; 16 进制
    var2      dd   12            ; 10 进制
    var3      dd   11b           ;  2 进制
    ; 字节
    b1        db   11h           ; 16 进制
    b2        db   22h
    b3        db   33h
    b4        db   44h
```

```
    ; 字
    w1        dw   5566h        ; 16 进制
    w2        dw   7788h
    ; 双字
    d         dd   12345678h    ; 16 进制

        .code
    start:
        invoke ExitProcess, 0

        end start
```

在上面的代码中，定义了 10 个全局变量。首先，var1、var2 和 var3 分别定义了 dword 类型的 3 个变量，其中 var1 的值是十六进制的 12h，var2 的值是十进制的 12，var3 的值是 2 进制的 11b。b1 到 b4 四个变量是字节类型的，w1 和 w2 两个变量是字类型的，d 变量是 dword 类型的。

注意： 在汇编代码中定义变量，db 表示字节类型，dw 表示字类型，dd 表示双字类型。而在表示数值的时候，以 h 结尾的表示十六进制数，以 b 结尾的表示 2 进制数，结尾处没有修饰符的默认为十进制数。

这 10 个全局变量就是我们要考察的关键。在 RadAsm 中进行编译连接后，直接按下 Ctrl + D 这个快捷键，即可在 RadAsm 安装时自带的 OD 中打开。在 OD 调试器中打开该程序后，观察它的数据窗口（如图 1-5 所示）。

地址	HEX 数据	ASCII
00403000	12 00 00 00 0C 00 00 00 03 00 00 00 11 22 33 44	■....... ...■"3D
00403010	66 55 88 77 78 56 34 12 00 00 00 00 00 00 00 00	fU垣xV4■........
00403020	00 00 00 00 00 00 00 00 00 00 00 00 00 00 00 00	....
00403030	00 00 00 00 00 00 00 00 00 00 00 00 00 00 00 00	....
00403040	00 00 00 00 00 00 00 00 00 00 00 00 00 00 00 00	....
00403050	00 00 00 00 00 00 00 00 00 00 00 00 00 00 00 00	....
00403060	00 00 00 00 00 00 00 00 00 00 00 00 00 00 00 00	....

图 1-5　数据窗口中查看变量

在图 1-5 中，数据窗口一共有 3 列，分别是地址列、HEX 数据列和 ASCII 列。这 3 个列，可以通过单击鼠标右键来改变现实方式和显示的列数。在地址 00403000 处开始的 4 个字节 12 00 00 00 是十六进制的 12，也就是在汇编代码中定义的 var1；在地址 00403004 处的 4 个字节 0C 00 00 00 是十六进制 0C，也就是在汇编代码中定义的 var2，var2 变量定义的值是十进制的 12，也就是十六进制的 0C；在地址 00403008 处的 4 个字节 03 00 00 00 是十六进制的 03，也就是在汇编代码中定义的 var3，var3 变量定义的值是 2 进制的 11，也就是十六进制的 03。

这 3 个变量在我们定义的时候都是以 dd 进行的，都是 dword 类型的变量，分别各占用 4 字节，因此在内存中，前 3 个变量分别是 12 00 00 00、0C 00 00 00 和 03 00 00 00。

在地址 0040300C 处的值是 11 22 33 44，这 4 个值分别是我们定义 b1、b2、b3 和 b4 4 个字节型的变量，这 4 变量按照内存由低到高的顺序显示分别是 11、22、33、44。

在地址 00403010 处显示的值是 66 55 88 77，这 4 个值分别对应我们定义的 w1 和 w2 两个字型变量，但是我们定义的变量 w1 的值是 5566h，w2 的值是 7788h，在内存中为何显示的是 6655 和 8877 呢？这就是我们提到过的字节顺序的问题。我们的主机采用的是小尾方式存储的数据，也就是数据的低位存放在内存的低地址中，数据的高位存放在内存的高地址中，因此在地址 00403020 中存放的是 5566H 的低位数据 66，在地址 00403021 中存放的是 5566H 的高位数据 55，在内存看时，顺序是相反的。

在地址 00403014 处存放的是 78 56 34 12，这是我们定义的最后一个变量 d，它也是按照小尾方式存储在内存中的。因此，在查看内存时顺序也是反的。

OD 提供了多种查看内存数据的方式，通过在数据窗口中单击鼠标右键，会弹出如图 1-6 所示菜单。

当在数据窗口中选择数据时，右键的菜单提供编辑、赋值、查找、断点功能，如图 1-7 所示。

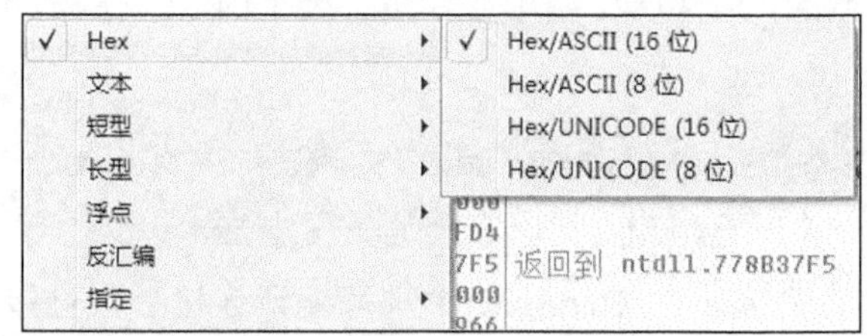

图 1-6　查看数据方式的菜单选项

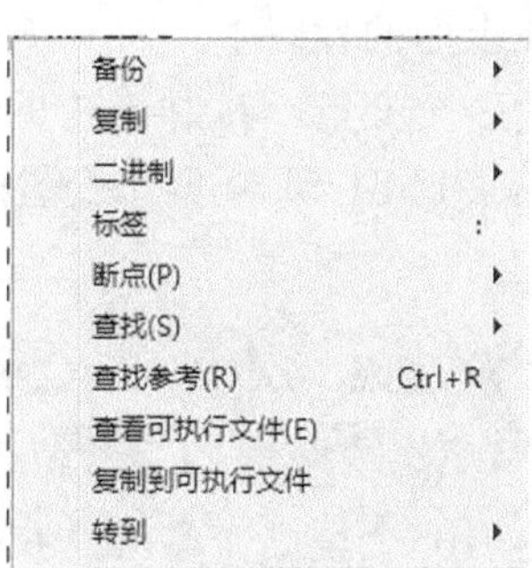

图 1-7　OD 中对数据操作的菜单

4．通过命令窗口改变数据窗口显示方式

在图 1-4 中的最下方可以看到有一个输入命令的编辑框，在此处可以输入 OD 的相关命令以提高调试的速度。本小节就介绍如果通过命令窗口来改变数据窗口的显示方式。

在上面代码中定义变量时，使用了 db、dw 和 dd 三种类型，在 OD 的命令窗口中也同样可以使用者 3 个命令，其格式分别如表 1-7 所列。

表 1-7　命令窗口改变数据显示命令格式

命　令	格　式	说　明	举　例
db	db address	按字节的方式查看	db 403000
dw	dw address	按字的方式查看	dw 403000
dd	dd address	按双字的方式查看	dd 403000

将表 1-7 中的命令在命令窗口中进行输入，数据窗口的变化和数值显示的变化分别如图 1-8、图 1-9 和图 1-10 所示。

地址	数值	注释
00403000	00000012	
00403004	0000000C	
00403008	00000003	
0040300C	44332211	
00403010	77885566	
00403014	12345678	
00403018	00000000	
0040301C	00000000	
00403020	00000000	
00403024	00000000	
00403028	00000000	

命令： dd 403000
程序入口点

图 1-8　dd 命令显示的数据窗口

地址	16 位短							
00403000	0012	0000	000C	0000	0003	0000	2211	4433
00403010	5566	7788	5678	1234	0000	0000	0000	0000
00403020	0000	0000	0000	0000	0000	0000	0000	0000
00403030	0000	0000	0000	0000	0000	0000	0000	0000
00403040	0000	0000	0000	0000	0000	0000	0000	0000
00403050	0000	0000	0000	0000	0000	0000	0000	0000
00403060	0000	0000	0000	0000	0000	0000	0000	0000
00403070	0000	0000	0000	0000	0000	0000	0000	0000
00403080	0000	0000	0000	0000	0000	0000	0000	0000
00403090	0000	0000	0000	0000	0000	0000	0000	0000
004030A0	0000	0000	0000	0000	0000	0000	0000	0000

命令： dw 403000　DW [地址] -- 显示十六进制字
图 1-9　dw 命令显示的数据窗口

```
地址      HEX 数据                                          ASCII
00403000  12 00 00 00 0C 00 00 00 03 00 00 00 11 22 33 44  ■....... ...■"3D
00403010  66 55 88 77 78 56 34 12 00 00 00 00 00 00 00 00  fU坧xV4■........
00403020  00 00 00 00 00 00 00 00 00 00 00 00 00 00 00 00  ................
00403030  00 00 00 00 00 00 00 00 00 00 00 00 00 00 00 00  ................
00403040  00 00 00 00 00 00 00 00 00 00 00 00 00 00 00 00  ................
00403050  00 00 00 00 00 00 00 00 00 00 00 00 00 00 00 00  ................
00403060  00 00 00 00 00 00 00 00 00 00 00 00 00 00 00 00  ................
00403070  00 00 00 00 00 00 00 00 00 00 00 00 00 00 00 00  ................
00403080  00 00 00 00 00 00 00 00 00 00 00 00 00 00 00 00  ................
00403090  00 00 00 00 00 00 00 00 00 00 00 00 00 00 00 00  ................
004030A0  00 00 00 00 00 00 00 00 00 00 00 00 00 00 00 00  ................
命令： db 403000                    DB [地址] -- 显示十六进制字节数据
```

图 1-10 db 命令显示的数据窗口

从图中可以看出不同方式下数据窗口显示的样式，但是无论使用哪种方式显示数据，地址列总是会显示在最前面的，只要我们知道数据的地址，就可以直接在命令窗口中输入显示数据的格式来查看指定内存中的数据。

1.4 编程判断主机字符序

编程判断主机字节序是更进一步掌握字节序的方式，本小节给出两种对主机的字节序进行判断的方式。

1.4.1 字节序相关函数

在 TCP/IP 网络编程中会涉及关于字节序的函数，TCP/IP 协议中传递数据是以网络字节序进行传输的，网络字节序是指网络传输相关协议所规定的字节传输的顺序，TCP/IP 协议所使用的网络字节序与大尾方式相同。而主机字节序包含大尾方式与小尾方式，因此在进行网络传输时会进行相应的判断，如果主机字节序是大尾方式则无需进行转换即可传输，如果主机字节序是小尾方式则需要转换成网络字节序（也就是转换成大尾方式）然后进行传输。

常用的字节序涉及的函数有如下几个：

```
u_short htons(u_short hostshort);
u_long htonl(u_long hostlong);
u_short ntohs(u_short netshort);
u_long ntohl(u_long netlong);
```

在这 4 个函数中，前两个是将主机字节序转换成网络字节序，后两个是将网络字节序转换为主机字节序。关于更多的字节序的函数可参考 MSDN。

1.4.2 编程判断主机字节序

“编程判断主机字节序”是很多杀毒软件公司或者安全开发职位的一道面试题，因为这个题目比较基础。通过前面的知识，相信读者能够很容易地实现该程序。这里给出笔者自己对于该题目的实现方法。笔者认为，完成该题目有两种方法，第一种方法是“取值比较法”，第二种方法是“直接转换比较法”。

注意：这两种方法是笔者自己这么称呼的，是否有第三种方法请读者自行考虑。

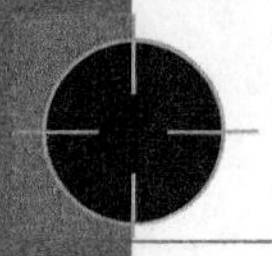

1．取值比较法

所谓取值比较法，是首先定义一个 4 字节的十六进制数。因为使用调试器查看内存最直观的就是十六进制，所以定义十六进制数是一个操作起来比较直观的方法。而后通过指针方式取出这个十六进制数在“内存”中的某一个字节，最后与实际数值中相对应的数进行比较。由于字节序的原因，内存中的某字节与实际数值中对应的字节可能不相同，这样就可以确定字节序了。

代码如下：

```
#include <windows.h>
#include <stdio.h>

int main(int argc, char *argv[])
{
    DWORD dwSmallNum = 0x01020304;

    if ( *(BYTE *)&dwSmallNum == 0x04 )
    {
        printf("Small Sequence. \r\n");
    }
    else
    {
        printf("Big Sequence. \r\n");
    }

    return 0;
}
```

以上代码中，定义了 0x01020304 这个十六进制数，其在小尾方式内存中的存储顺序为 04 03 02 01。取*(BYTE *)&dwSmallNum 内存中的低地址位的值，如果是小尾方式的话，那么低地址存储的值为 0x04；如果是大尾方式的话，则低地址存储的值为 0x01。

注意：这段代码的关键就是*(BYTE *)&dwSmallNum 取出来的值。

2．直接转换比较法

所谓直接转换比较法，是利用字节序转换函数将所定义的值进行转换，然后用转换后的值与原值进行比较。如果原值与转换后的值相同，说明是大尾方式，否则为小尾方式。

代码如下：

```
#include <stdio.h>
#include <winsock2.h>
#pragma comment(lib, "ws2_32")

int main(int argc, char *argv[])
{
    DWORD dwSmallNum = 0x01020304;

    if ( dwSmallNum == htonl(dwSmallNum) )
    {
        printf("Small Sequence. \r\n");
    }
    else
    {
        printf("Big Sequence. \r\n");
    }

    return 0;
}
```

这种方式比较直接，其前提是网络字节序是固定的，就是大尾方式。因为是比较，所以就要有一个参照物。如果原值转换后的结果与原值相同，就说明该主机是大尾方式存储，反之则是小尾方式。

1.5　总结

本章对内存中存储基础数据的方式进行了阐述，并且在最后部分介绍了如何使用 OD 调试器来查看内存中的数据。在学习编程时，都会从数据类型开始介绍，不同的数据类型都是以二进制的方式存储在内存中的，只是它们存储的方式不同，或者是存储的宽度不同。在我们学习逆向时，也首先讲解了数据的基础及数据的存储方式。

第2章　汇编语言入门

第一章介绍了基础的数据存储及表示形式，并且在 OllyDbg 中具体地查看了数据在内存中的形式。关于逆向，掌握逆向工具与掌握逆向知识是同等的重要，在学习逆向知识的时候配合工具一起去分析、去查看、去调试，这样的效果是最好的。当然，能更高效率、效果地进行逆向是开发自己个性化的逆向工具、插件等。

本章主要介绍关于汇编语言的知识，同样在介绍这些知识时是结合 OllyDbg 一起进行学习的。在 OllyDbg 中可以直观地观察寄存器、内存以及堆栈的变化。读过计算机专业的读者可能都清楚，当时在学校上汇编课程时，对于代码、寄存器、数据和堆栈的概念等都是在大脑中进行想象，即使是使用 debug 进行调试，也并不能很直观地将这些概念具体地展现出来。

通过本章的学习，笔者会将常用的汇编指令、关于堆栈的操作都介绍给读者，使读者可以快速地对汇编相关的知识有一个快速的了解，具体到以后的实际情况中，读者可以通过查询指令手册或帮助文档来进一步地深入学习。

本章关键字：汇编　指令

2.1　x86 汇编语言介绍

读者希望在逆向方面有一定发展的话，最好买一本关于汇编语言的书籍来进行学习。现在计算机专业毕业的学生都学过汇编语言，但是大部分人认为学的只是 Intel 8086 下的汇编指令，枯燥、乏味、不具备实用性。其实，作为汇编语言的入门，学习 8086 的汇编指令已经基本足够了。目前的硬件都是 x86 兼容架构的，无论多复杂的程序，最终都将成为 x86 指令。作为逆向的入门，只要掌握 80x86 的常用指令、寄存器的用法、堆栈的概念和数据在内存中的存储，基本就够用了。

对于入门，有以上要求就足够了。如果希望有深入的发展，对于汇编语言的学习还是要深入进行研究。本章站在逆向工程入门的起点，抛开各种复杂的原理及理论知识，只简单讲述 x86 常用的汇编指令的用法。当然，笔者依然是结合 OllyDbg 这款调试器来直观地介绍汇编语言，以让读者在学习的过程中能够清楚地了解汇编指令每一步都在做什么。

2.1.1 寄存器

任何程序的执行，归根结底，都是存放在存储器里的指令序列执行的结果。寄存器用来存放程序运行中的各种信息，包括操作数地址、操作数、运算的中间结果等。下面就来熟悉各种寄存器。

1. CPU 工作模式

x86 体系的 CPU 有两种基本的工作模式，分别是实模式和保护模式。

实模式也称为实地址模式，实现了 Intel 8086 处理器的程序设计环境。该模式被早期的 Windows 9x 和 DOS 所支持，实模式下可以访问的内存为 1MB，实模式可以直接访问硬件，比如直接对端口进行操作、对中断进行操作。现在的 CPU 仍然支持实模式，一是为了与早期的 CPU 架构保持兼容，二是因为所有的 x86 架构处理器都是从实模式引导起来的。

保护模式是处理器主要的工作模式，Linux 和 Windows NT 内核的系统都工作在 x86 的保护模式下。保护模式下，每个进程可以访问的内存地址为 4GB，且进程间是隔离的。

2. 寄存器介绍

寄存器（Register）是 CPU 内部用于高速存储数据的小型存储单元，访问速度比内存快很多，而且价格也高很多（在单位价格内，寄存器的价格要比内存贵，内存要比硬盘贵），但是寄存器和内存都是用来存储数据的。CPU 访问内存中的数据时有一个寻址的过程，因此访问内存花费的时间会长，寄存器是集成在 CPU 内部的，由于寄存器的数量少，因此每个寄存器有独立的名字，从而在访问时速度非常的快。

在 x86 寄存器中，与逆向相关的寄存器有基本寄存器、调试寄存器和控制寄存器。在本章要讲解的寄存器是基本寄存器。基本寄存器分为 4 类，分别是 8 个通用寄存器、6 个段寄存器、1 个指令指针寄存器和 1 个标志寄存器，如图 2-1 所示。

3. 通用寄存器

通用寄存器主要用于各种运算和数据的传输。由图 2-1 可以看出，通用寄存器一共有 8 个，分为两组，分别是数据寄存器和指针变址寄存器。数据寄存器一共有 4 个，每个寄存器都可以作为一个 32 位、16 位或 8 位的存储单元来使用，如图 2-2 所示。

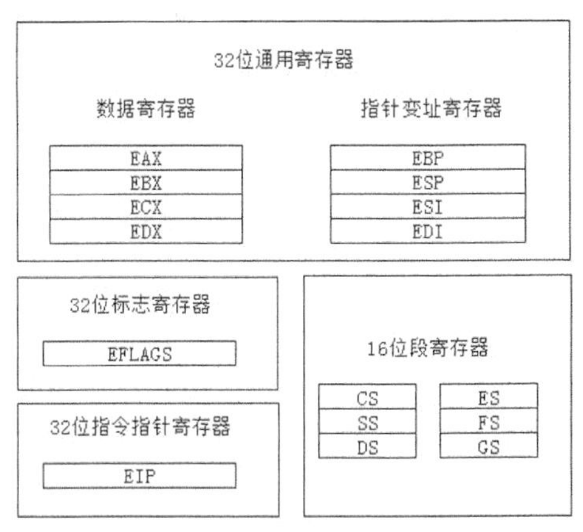

图 2-1 x86 处理器的基本寄存器

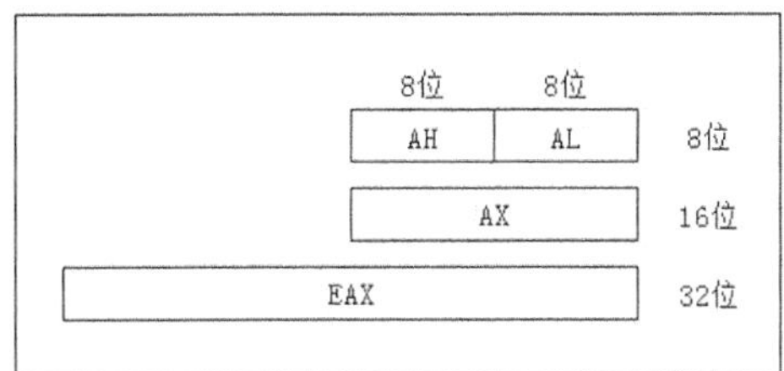

图 2-2 通用寄存器示意图一

对于图 2-2 来讲，可以将一个寄存器分别当 8 位、16 位或 32 位来使用。EAX 寄存器可以存储一个 32 位的数据。EAX 的低 16 位有另外一个名字叫作 AX，可以存储一个 16 位的数据。AX 寄存器又可以分为 AH 和 AL 两个 8 位的寄存器，AH 对应 AX 寄存器的高 8 位，AL 对应 AX 寄存器的低 8 位。

只有数据存储寄存器可以按照这样的方式进行使用。由图 2-1 可知，数据存储寄存器有 EAX、EBX、ECX 和 EDX 共 4 个寄存器。

指针变址寄存器可以按照 32 位或 16 位进行使用，如图 2-3 所示。

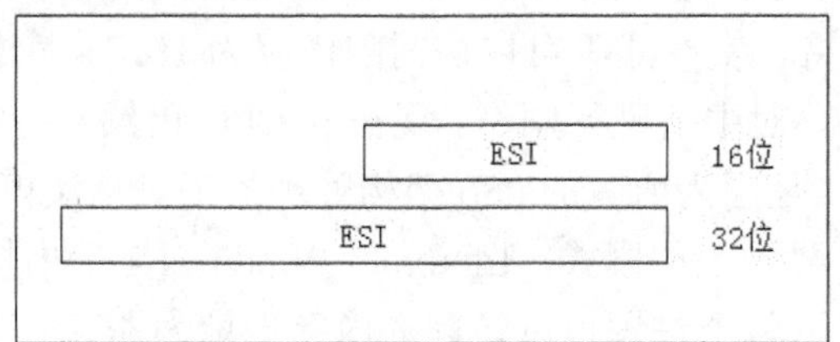

图 2-3　通用寄存器示意图二

对于图 2-3 来讲，只可以将一个寄存器分为 32 位或 16 位进行使用。ESI 寄存器可以存储 32 位的指针，其中低 16 位可以表示为 SI 来存储 16 位的指针。但是无法像 AX 那样能拆分成高 8 位和低 8 位的 8 位寄存器。

各通用寄存器可以使用的方式如表 2-1 所列。

表 2-1　通用寄存器表

32 位	16 位	高 8 位	低 8 位
EAX	AX	AH	AL
EBX	BX	BH	BL
ECX	CX	CH	CL
EDX	DX	DH	DL
ESI	SI		
EDI	DI		
ESP	SP		
EBP	BP		

关于 8 个通用寄存器的解释如下。

① EAX：累加器，在乘法和除法指令中被自动使用；在 Win32 中，一般用在函数的返回值中。

② EBX：基址寄存器，DS 段中的数据指针。

③ ECX：计数器，CPU 自动使用 ECX 作为循环计数器，在字符串和循环操作中常用，在循环指令（LOOP）或串操作中，ECX 用来进行循环计数，每执行一次循环，ECX 都会被 CPU 自动减一。

④ EDX：数据寄存器。

以上 4 个寄存器主要用在算数运算与逻辑运算指令中，常用来保存各种需要计算的值。

⑤ EBP：扩展基址指针寄存器，SS 段中堆栈内数据指针。EBP 由高级语言用来引用参数和局部变量，通常称为堆栈基址指针寄存器。

⑥ ESP：堆栈指针寄存器，SS 段中堆栈指针。ESP 用来寻址堆栈上的数据，ESP 寄存器一般不参与算数运算，通常称为堆栈指针寄存器。

⑦ ESI：源变址寄存器，字符串操作源指针。

⑧ EDI：目的变址寄存器，字符串操作目标指针。

以上 4 个寄存器主要用作保存内存地址的指针。

ESI 和 EDI 通常用于内存数据的传递，因此才被称为源指针寄存器和目的指针寄存器。ESI 和 EDI 与特定的指令 LODS、STOS、REP、MOVS 等一起使用，主要用于内存中数据的复制。

ESP 指示堆栈区域的栈顶地址，PUSH、POP、CALL、RET 等指令可以直接用来操作 ESP 指针。EBP 指示堆栈区域的基地址。

4．指令指针寄存器

指令指针寄存器 EIP 是一个 32 位的寄存器，在 16 位的环境中，它的名称是 IP。EIP 寄存器保存着下一条要执行的指令的地址。程序运行时，CPU 会读取 EIP 中的一条指令的地址，传送指令到指令缓冲区后，EIP 寄存器的值自动增加，增加的大小即是读取指令的字节大小，即下一条指令的地址为当前指令的地址加上当前指令的长度。这样，CPU 每次执行完一条指令后，就会通过 EIP 寄存器读取下一条指令给 CPU，从而让 CPU 继续执行。

特殊情况（其实也算不上通常与特殊，因为存在向上或向下的跳转，所以程序的执行并非是顺序依次往下执行）是当前指令为一条转移指令，比如 JMP、JE、LOOP 等指令，会改变 EIP 的值，导致 CPU 执行指令产生跳跃性执行，从而构成分支与循环的程序结构。

EIP 寄存器的值在程序中是无法直接修改的，只能通过影响 EIP 的指令间接地进行修改，比如上面提到的 JMP、CALL、RET 等指令。此外，通过中断或异常也可以影响 EIP 的值。

EIP 中的值始终在引导 CPU 的执行。

5．段寄存器

段寄存器用于存放段的基地址，段是一块预分配的内存区域。有些段存放有程序的指令，有些则存放有程序的变量，另外还有其他的段，如堆栈段存放着函数变量和函数参数等。在 16 位 CPU 中，段寄存器只有 4 个，分别是 CS（代码段）、DS（数据段）、SS（堆栈段）和 ES（附加数据段）。

在 32 位的 CPU 中，段寄存器从 4 个扩展为 6 个，分别是 CS、DS、SS、ES、FS 和 GS。FS 和 GS 段寄存器也属于附加的段寄存器。

注意：在 32 位 CPU 的保护模式下，段寄存器的使用与概念完全不同于 16 位的 CPU。由于该部分较为复杂，读者可具体参考 Intel x86 手册和相关知识。

注意：在逆向中经常会用到 FS 寄存器，它用于存储 SEH、TEB、PEB 等重要的操作系统数据结构。

6．标志寄存器

在 16 位 CPU 中，标志寄存器称为 FLAGS（有的书上是 PSW，即程序状态字寄存器）。在 32 位 CPU 中，标志寄存器也扩展为 32 位，被称为 EFLAGS。

关于标志寄存器，16 位 CPU 中的标志寄存器已经基本满足于日常的程序设计及逆向所用，这里主要介绍 16 位 CPU 中的标志位。标志寄存器如图 2-4 所示。

15	14	13	12	11	10	9	8	7	6	5	4	3	2	1	0
				OF	DF	IF	TF	SF	ZF		AF		PF		CF
				溢出	方向	中断	陷阱	符号	零		辅助进位		奇偶		进位

图 2-4　16 位的标志寄存器

图 2-4 说明，标志寄存器中的每一个标志位只占 1 位，且 16 位的标志寄存器并没有全部使用。16 位的标志寄存器可以分为两部分，分别是条件标志和控制标志。

条件标志寄存器说明如下：

① OF（OverFlow Flag）：溢出标志位，用来反映有符号数加减法运算所得结果是否溢出。如果运算超过当前运算位数所能表示的范围，则称为溢出，该标志位被置为 1，否则为 0。

② SF（Sign Flag）：符号标志位，用来反映运算结果的符号位。运算结果为负时为 1，否则为 0。

③ ZF（Zero Flag）：零标志位，用来反映运算结果是否为 0。运算结果为 0 时该标志位被置为 1，否则为 0。

④ AF（Auxiliary carry Flag）：辅助进位标志位。在字操作时，发生低字节向高字节进位或借位时该标志位被置为 1，否则为 0（注意：在字节操作时，发生低 4 位向高 4 为进位或借位时该标志位被置为 1，否则为 0）。

⑤ PF（Parity Flag）：奇偶标志位，用于反映结果中“1”的个数的奇偶性。如果“1”的个数为偶数，该标志位被置为 1，否则为 0。

⑥ CF（Carry Flag）：进位标志位。运算结果的最高位产生了一个进位或借位，则该标志位被置为 1，否则为 0。

控制标志寄存器说明如下：

① DF（Direction Flag）：方向标志位，用于串操作指令中，控制地址的变化方向。当 DF 为 0 时，存储器地址自动增加；当 DF 为 1 时，存储器地址自动减少。操作 DF 标志寄存器可以使用指令 CLD 和 STD 进行复位和置位。

② IF（Interrupt Flag）：中断标志位，用于控制外部可屏蔽中断是否可以被处理器响应。当 IF 为 1 时，允许中断；当 IF 为 0 时，则不允许中断。操作 IF 标志寄存器可以使用 CLI 和 STI 进行复位和置位。

③ TF（Trap Flag）：陷阱标志位，用于控制处理器是否进入单步操作方式。当 TF 为 0 时，处理器在正常模式下运行；当 TF 为 1 时，处理器单步执行指令，调试器可以逐条指令进行执行就是使用了该标志位。

在日常使用的过程中，以上的标志位都是常用的标志位，在学习标志位时要掌握标志位每一位的作用以及该标志位在第几位。

注意： 16 位 CPU 中的标志位在 32 位 CPU 中依然继续使用，32 位 CPU 扩展了 4 个新的标志位。

2.1.2　在 OD 中认识寄存器

在介绍寄存器的时候，笔者介绍了一堆看起来很头疼的东西，但是这也是没办法的事情，寄存器是逆向时的基础，本来就是需要记忆的。本节，笔者通过 OD 调试器来与大家一起看一下寄存器。

1．寄存器窗口

打开 OD 调试器，加载任意一个可执行文件后观察寄存器窗口，如图 2-5 所示。

在图 2-5 中选中了 4 个部分，最上面选中的部分是通用寄存器，中间选中的一个寄存器是指令指针寄存器，下面选中的左边部分是标志位寄存器，下面选中的右边部分是段寄存器。

当用 OD 把可执行文件加载到 OD 中的时候各个寄存器都是有值的，这些值是在进程被创建的过程中所赋予的。有的寄存器的值是红色，有的寄存器的值是黑色，在调试的过程中，寄存器的值在发生改变时会变成红色，而值未发生改变的是黑色。

2．寄存器窗口的操作

寄存器窗口是 OD 调试器的基础窗口，也是在调试的过程中需要实时观察的窗口。寄存器的窗口不但可以将当前的值或状态显示出来，而且可以通过寄存器窗口让操作者修改某个寄存器中的值，这点对于调试是非常有帮助的。

在调试的时候，修改得比较多的就是通用寄存器、标志寄存器和指令指针寄存器。修改通用寄存器和标志寄存器的方法类似，通过双击通用寄存器的值或者标志寄存器的值就可以进行修改，如图 2-6、图 2-7 和图 2-8 所示。

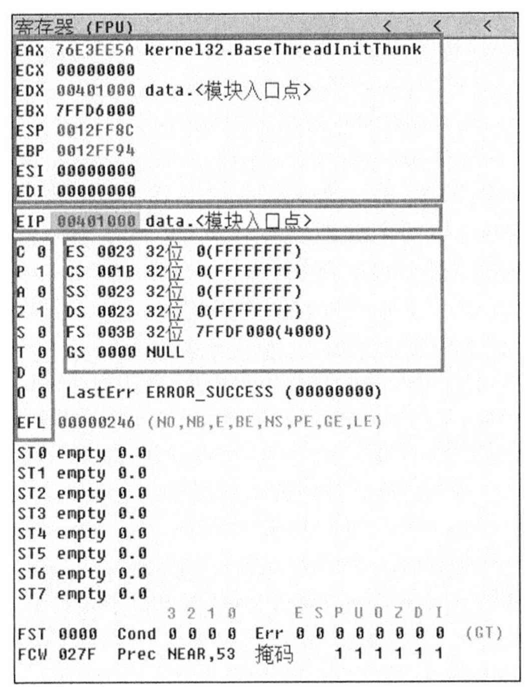

图 2-5　寄存器窗口

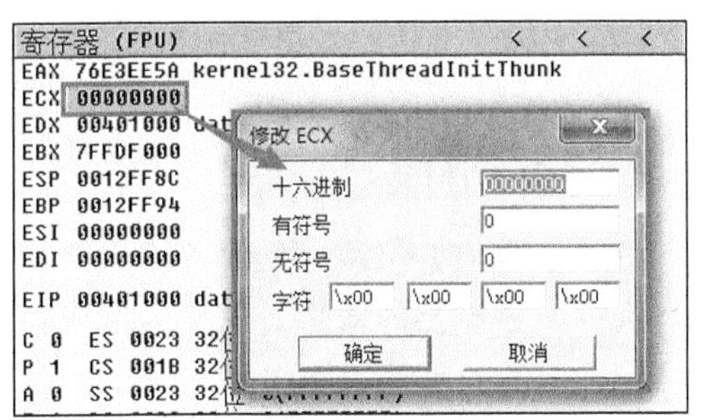

图 2-6　修改 ECX 寄存器的值

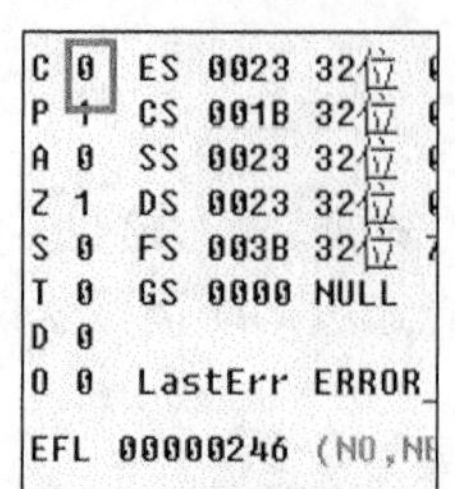

图2-7 修改前的CF的值

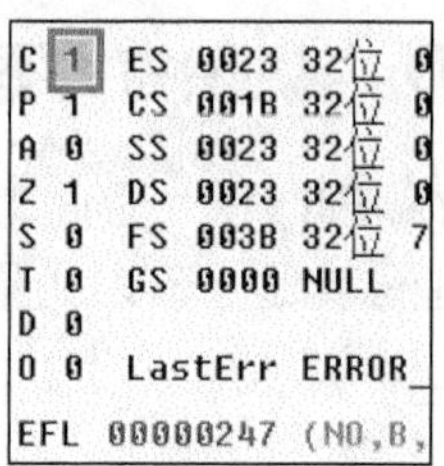

图2-8 修改后的CF的值

在图2-6中，操作者直接双击ECX寄存器的值，会弹出“修改ECX”寄存器的对话框，修改后单击“确定”按钮即可完成对ECX寄存器的修改。

在图2-7中，操作者直接双击CF标志寄存器的值“0”，CF标志寄存器的值就会变为如图2-8中的“1”，标志寄存器的值只有0和1两个值，因此只要在相应标志位上双击就可以将值切换为另一个状态。

在选中某个寄存器时，可以通过鼠标右键的菜单来将寄存器的值进行加减操作，也可以通过右键菜单来使标志寄存器置位或复位，还可以通过右键菜单将修改过的寄存器撤销为修改前的值，如图2-9所示。

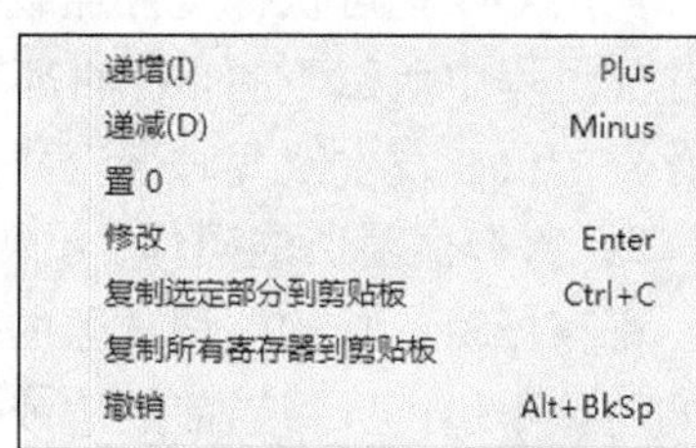

图2-9 对寄存器值操作的菜单

寄存器窗口中的值可以通过菜单中的“复制选定部分到剪贴板”和“复制所有寄存器到剪贴板”选项将寄存器的值进行复制，在调试过程中，为了记录每一步寄存器中的值，可以将每一步的寄存器的值进行复制，然后进行对比观察。

2.2 常用汇编指令集

当对软件进行逆向反汇编的时候，面对的都是一行行的汇编指令。如果对常用的汇编指令不熟悉的话，就需要对常用的汇编指令进行学习，以对汇编指令有一个大致的了解。其余并不常用或者比较生僻的指令，完全可以通过查手册或文档来进行学习。在看书时，有个别字不认识还能继续看下去，如果只有个别字是认识的，恐怕就太困难了。看汇编指令也是如此。本节讨论汇编语言的同时，会在OD调试器中实际地进行汇编指令的练习，在练习指令的过程中会观察前面所学寄存器的变化。

本书不是汇编书籍，所以不会详细介绍汇编语言的各种细节。

2.2.1 指令介绍

指令由两部分组成，分别是操作码和操作数，操作码即需要操作执行的指令，操作数是为执行指令提供的数据。在每条指令中，操作码是必需的，而操作数则是根据操作码的不同而不同的。通常的操作码有一个或两个操作数，也有的操作码没有操作数。指令格式如图2-10所示。

操作码	目的操作数	源操作数

图 2-10 指令格式

图 2-10 是有两个操作数的操作码，前面的是目的操作数，后面的称为源操作数。通常在查询指令格式的时候，会看到形如以下的样式：

```
mov r/m8, r8
mov r/m16, r16
mov r/m32, r32
mov r8, r/m8
mov r16, r/m16
mov r32, r/m32
mov r8, imm8
mov r16, imm16
mov r32, imm32
```

mov 是汇编指令，r 指的是寄存器，m 指内存，imm 指立即数，8、16、32 指的是数据的宽度，分别是 8 位、16 位和 32 位。通常情况下，32 位的系统都会很好地支持 8 位、16 位和 32 位的数据，因此后面介绍指令时不再专门说明传递数据的宽度。

2.2.2 常用指令介绍

1．数据传递指令

（1）mov 指令

mov 指令是最常见的数据传送指令，它的功能等同于高级语言中的赋值语句。该指令的操作数有两个，分别是源操作数和目的操作数。

指令格式如下：

```
mov 目的操作数，源操作数
```

mov 指令可以实现寄存器与寄存器之间、寄存器与内存之间、寄存器与立即数之间、内存与立即数之间的数据传递。

需要注意，内存与内存之间是无法直接传递数据的，目的操作数不能为立即数，两个操作数的宽度必须一致。

mov 指令的用法示例如下：

① mov eax, 12345678h

② mov eax, dword ptr [00401000h]

③ mov eax, ebx

④ mov word ptr [00401000h], 1234h

⑤ mov byte ptr [00401000h], al

将以上的汇编指令，在 OD 中进行练习。打开 OD，单击“文件”菜单的“打开”菜单项，打开第 1 章中用汇编语言编写的可执行程序，OD 会停留在该可执行程序开始执行的地址，通常将程序开始执行的地址称为程序的入口点，简称 EP。这个位置很重要，脱壳时的首要任务就是找到程序的入口点。打开第 1 章用汇编语言编写的程序后，OD 如图 2-11 和图 2-12 所示。

从图 2-11 中可以看出，OD 的反汇编窗口分为四列，分别是地址列、HEX 数据列、反汇编列和注释列。首先来观察反汇编窗口的地址列，当调试者用 OD 打开第 1 章中的可执行程序后，

OD 停在了地址为 00401000 处，对应地址 00401000 处的反汇编代码是 PUSH 0，这个地址就是程序的入口地址。当程序运行起来以后，会首先执行 00401000 地址处的 PUSH 0 指令。

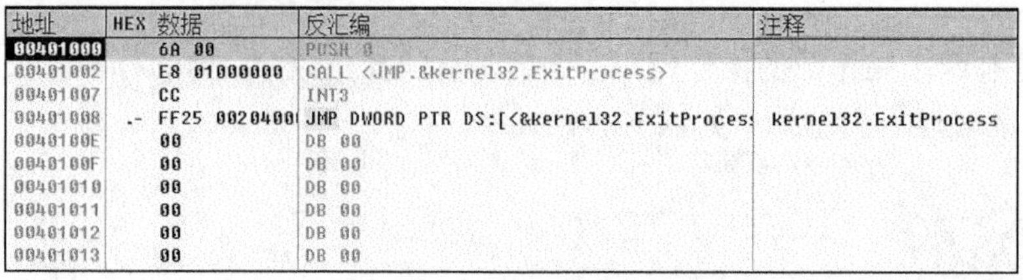

地址	HEX 数据	反汇编	注释
00401000	6A 00	PUSH 0	
00401002	E8 01000000	CALL <JMP.&kernel32.ExitProcess>	
00401007	CC	INT3	
00401008	.- FF25 0020400(	JMP DWORD PTR DS:[<&kernel32.ExitProces:	kernel32.ExitProcess
0040100E	00	DB 00	
0040100F	00	DB 00	
00401010	00	DB 00	
00401011	00	DB 00	
00401012	00	DB 00	
00401013	00	DB 00	

图 2-11　OD 停在程序入口位置的反汇编窗口

回忆前一节讨论的寄存器中有一个指令指针寄存器 EIP，它总是指向要执行的那条指令并在执行后自动指向下一条指令的地址。观察图 2-12，可以看到 EIP 的值正好就是入口地址的值 00401000。

在 OD 的反汇编窗口中双击 00401000 地址处的反汇编代码（注意，是双击反汇编代码），会出现修改反汇编代码的窗口，如图 2-13 所示。

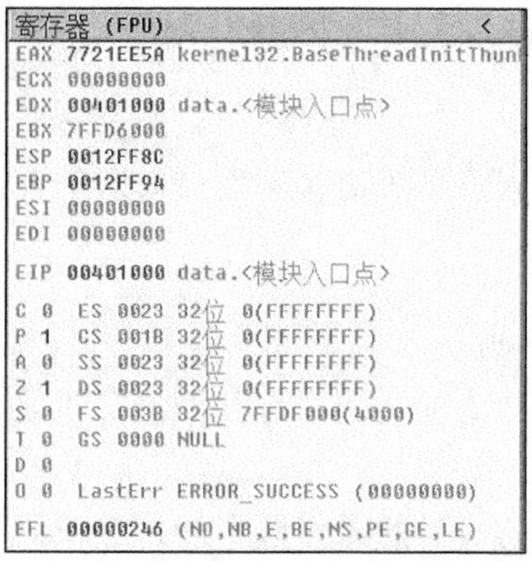

```
寄存器 (FPU)
EAX 7721EE5A kernel32.BaseThreadInitThun
ECX 00000000
EDX 00401000 data.<模块入口点>
EBX 7FFD6000
ESP 0012FF8C
EBP 0012FF94
ESI 00000000
EDI 00000000

EIP 00401000 data.<模块入口点>

C 0  ES 0023 32位 0(FFFFFFFF)
P 1  CS 001B 32位 0(FFFFFFFF)
A 0  SS 0023 32位 0(FFFFFFFF)
Z 1  DS 0023 32位 0(FFFFFFFF)
S 0  FS 003B 32位 7FFDF000(4000)
T 0  GS 0000 NULL
D 0
O 0  LastErr ERROR_SUCCESS (00000000)

EFL 00000246 (NO,NB,E,BE,NS,PE,GE,LE)
```

图 2-12　OD 停在程序入口位置的寄存器窗口

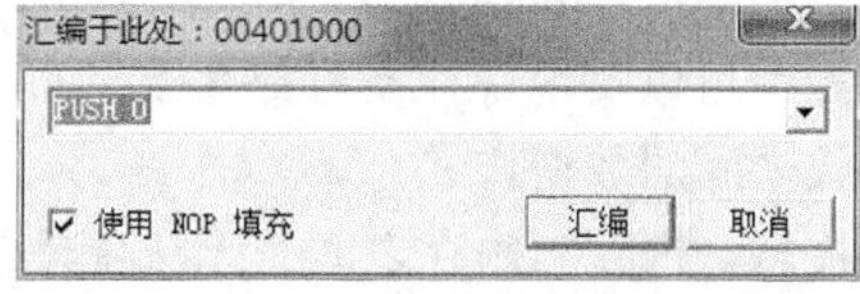

图 2-13　修改反汇编代码窗口

逐条修改反汇编处的代码，代码如下：

```
MOV EAX,12345678h
MOV BX,AX
MOV CH,AH
MOV DL,AL
```

修改后 OD 的反汇编窗口如图 2-14 所示。

汇编代码修改完成后，按 F8 键执行第一条汇编指令。第一条汇编指令是 mov eax, 12345678h，那么寄存器 eax 的值应该被修改为 12345678h。除了 eax 寄存器的值发生变化以外，指令指针寄存器 EIP 也会自动指向下一条指令的地址。观察寄存器窗口，如图 2-15 所示。

从图 2-15 中可以看出，寄存器 EAX 的值被修改为 12345678h，指令指针寄存器 EIP 的值被修改为 00401005。

注意： 12345678h 是 16 进制数，在 OD 中数值默认即是 16 进制数。因此在显示时省略了值后面的 h。

地址	HEX 数据	反汇编	注释
00401000	B8 78563412	MOV EAX,12345678	
00401005	66:8BD8	MOV BX,AX	
00401008	8AEC	MOV CH,AH	
0040100A	8AD4	MOV DL,AH	
0040100C	90	NOP	
0040100D	90	NOP	

图 2-14　修改指令后的汇编窗口

寄存器 (FPU)	
EAX	12345678
ECX	00000000
EDX	00401000 data.<模块入口点>
EBX	7FFD9000
ESP	0012FF8C
EBP	0012FF94
ESI	00000000
EDI	00000000
EIP	00401005 data.00401005

图 2-15　按 F8 键后的寄存器窗口

通过 F8 键执行 mov bx, ax 指令，该指令执行后将 ax 的值传递给 bx。观察图 2-15，当前 EBX 的值是 7FFD9000，当前 EAX 的值是 12345678，AX 是 EAX 的低 16 位，因此 AX 的值是 5678，将 5678 传递给 EBX 的低 16 位 BX，则被修改后 EBX 寄存器的值应该是 7FFD5678。按下 F8 键，观察寄存器来验证 EBX 的值。从该条指令可以看出，在只修改 EBX 寄存器的低 16 位时，不会影响 EBX 寄存器的高 16 位的值。

接下来的两个 mov 指令，请读者自行练习，并观察各个寄存器的变化，这里不再赘述。

前面练习的几条汇编指令，分别是把立即数传递给了寄存器，如 mov eax, 12345678，还练习了寄存器之间数据的传递，如 mov bx, ax。下面练习关于寄存器与内存之间数据的传递，按照前面的方法，把如下几条指令写入 OD 的反汇编窗口中，代码如下：

```
MOV DWORD PTR DS:[403020],EAX
MOV WORD PTR DS:[403024],AX
MOV BYTE PTR DS:[403028],AL
```

修改完的 OD 反汇编窗口如图 2-16 所示。

地址	HEX 数据	反汇编
00401000	B8 78563412	MOV EAX,12345678
00401005	66:8BD8	MOV BX,AX
00401008	8AEC	MOV CH,AH
0040100A	8AD4	MOV DL,AH
0040100C	A3 20304000	MOV DWORD PTR DS:[403020],EAX
00401011	66:A3 243040	MOV WORD PTR DS:[403024],AX
00401017	A2 28304000	MOV BYTE PTR DS:[403028],AL
0040101C	90	NOP

图 2-16　寄存器与内存的数据传递

在汇编代码中，笔者选择了几个内存地址，分别是 00403020、00403024、00403028，分别对其传递一个 DWORD 宽度的数据、WORD 宽度的数据和 BYTE 宽度的数据。用 F8 键依次执行这 3 条代码，然后在内存窗口观察值的变化，如图 2-17 所示。

地址	HEX 数据	ASCII
00403000	12 00 00 00 0C 00 00 00 03 00 00 00 11 22 33 44	■...........■"3D
00403010	66 55 88 77 78 56 34 12 00 00 00 00 00 00 00 00	fU坜xV4■........
00403020	78 56 34 12 78 56 00 00 78 00 00 00 00 00 00 00	xV4■xV..x.......
00403030	00 00 00 00 00 00 00 00 00 00 00 00 00 00 00 00	....
00403040	00 00 00 00 00 00 00 00 00 00 00 00 00 00 00 00	

图 2-17　内存数据被修改后的值

在图 2-17 中观察，数据是以小尾方式存储着数据，00403020 地址为了存储 EAX 寄存器的值，连续占用 00403020、00403021、00403022 和 00403023 四个字节的地址，00403024 接收 AX 寄存器的值只占用了 00403024 和 00403025 两个字节的地址，00403028 接收 AL 寄存器的值只占用了当前的 00403025 一个字节的地址。

注意：因为内存非常大，无法为每个内存单元命名一个独立的名字，因此内存单元采用编号的形式进行使用，该内存编号称为内存地址。在 32 位系统下，CPU 可寻址的地址范围是 2 的 32 次方，也就是 4G 的地址范围。其内存的编号从 00000000H 到 FFFFFFFFH，在使用 OD 调试器进行调试时，地址范围始终小于 80000000H，因为在 8000000H 以上的地址属于内核的地址，在 OD 中是无法进行调试的。在 OD 中按下快捷键 Alt+ M，观察当前被调试进程所使用的地址，如图 2-18 所示。

地址	大小	(十进制)	属主			区段	包含	类型		访问		初始访问	已映射为
00010000	00010000	(65536.)		00010000	(自身)			Map	00041004	RW		RW	
0012D000	00001000	(4096.)		00030000				Priv	00021104	RW	保护	RW	
0012E000	00002000	(8192.)		00030000			堆栈 于 主线程	Priv	00021104	RW	保护	RW	
00130000	00004000	(16384.)		00130000	(自身)			Map	00041002	R		R	
00140000	00001000	(4096.)		00140000	(自身)			Priv	00021004	RW		RW	
00150000	00067000	(421888.)		00150000	(自身)			Map	00041002	R		R	\Device\HarddiskVolume1\Windows\System32\locale.nls
00400000	00001000	(4096.)	data	00400000	(自身)		PE 文件头	Imag	01001002	R		RWE	
00401000	00001000	(4096.)	data	00400000		.text	代码	Imag	01001002	R		RWE	
00402000	00001000	(4096.)	data	00400000		.rdata	输入表	Imag	01001002	R		RWE	
00403000	00001000	(4096.)	data	00400000		.data	数据	Imag	01001002	R		RWE	
005E0000	00004000	(16384.)		005E0000	(自身)			Priv	00021004	RW		RW	
756F0000	00001000	(4096.)	KERNELBA	756F0000	(自身)		PE 文件头	Imag	01001002	R		RWE	
756F1000	00044000	(278528.)	KERNELBA	756F0000		.text	代码，输入表，输出表	Imag	01001002	R		RWE	
75735000	00002000	(8192.)	KERNELBA	756F0000		.data	数据	Imag	01001002	R		RWE	
75737000	00001000	(4096.)	KERNELBA	756F0000		.rsrc	资源	Imag	01001002	R		RWE	
75738000	00003000	(12288.)	KERNELBA	756F0000		.reloc	重定位	Imag	01001002	R		RWE	
771D0000	00001000	(4096.)	kernel32	771D0000	(自身)		PE 文件头	Imag	01001002	R		RWE	
771D1000	000C5000	(806912.)	kernel32	771D0000		.text	代码，输入表，输出表	Imag	01001002	R		RWE	
77296000	00001000	(4096.)	kernel32	771D0000		.data	数据	Imag	01001002	R		RWE	
77297000	00001000	(4096.)	kernel32	771D0000		.rsrc	资源	Imag	01001002	R		RWE	
77298000	0000C000	(49152.)	kernel32	771D0000		.reloc	重定位	Imag	01001002	R		RWE	
77460000	00001000	(4096.)	ntdll	77460000	(自身)		PE 文件头	Imag	01001002	R		RWE	
77461000	000D6000	(876544.)	ntdll	77460000		.text	代码，输出表	Imag	01001002	R		RWE	
77537000	00001000	(4096.)	ntdll	77460000		RT		Imag	01001002	R		RWE	
77538000	00009000	(36864.)	ntdll	77460000		.data	数据	Imag	01001002	R		RWE	
77541000	0005B000	(372736.)	ntdll	77460000		.rsrc	资源	Imag	01001002	R		RWE	
7759C000	00005000	(20480.)	ntdll	77460000		.reloc	重定位	Imag	01001002	R		RWE	
776C0000	00001000	(4096.)		776C0000	(自身)			Imag	01001002	R		RWE	
7F6F0000	00005000	(20480.)		7F6F0000	(自身)			Map	00041002	R		R	
7FFA0000	00033000	(208896.)		7FFA0000	(自身)			Map	00041002	R		R	
7FFD9000	00001000	(4096.)		7FFD9000	(自身)			Priv	00021004	RW		RW	
7FFDF000	00001000	(4096.)		7FFDF000	(自身)		数据块 于 主线程	Priv	00021004	RW		RW	
7FFE0000	00001000	(4096.)		7FFE0000	(自身)			Priv	00021002	R		R	

图 2-18　被调试进程的内存映射

在与内存进行数据传递时，特别需要注意的是传递数据时需要明确“内存的宽度”。

在介绍 MOV 指令时，笔者演示了寄存器窗口与内存窗口的查看，在讨论其他指令时希望读者按此方法自行练习。

（2）xchg 指令

xchg 指令的功能是交换两个操作数的数据。该指令有两个参数，分别是源操作数和目的操作数。

指令格式如下：

```
xchg 目的操作数，源操作数
```

xchg 的使用方法是：

```
xchg reg, reg/mem
xchg mem, reg
```

xchg 指令允许寄存器和寄存器之间交换数据，也允许寄存器和内存之间交换数据，但是内存和内存之间是不能进行数据交换的。大部分与数据传递有关的指令有此限制。

xchg 指令的用法示例如下：

```
XCHG EAX,EBX
XCHG DWORD PTR DS:[403020],EBX
XCHG WORD PTR DS:[403024],CX
```

观察执行 xchg 指令后寄存器及内存数据的变化。

（3）lea 指令

lea 指令，即装入有效地址指令，它将内存单元的地址送至指定的寄存器。它的操作数虽然也是内存单元，但是它获取到的是内存单元的地址，而不是内存单元中的数据。

指令格式如下：

```
Lea 目的操作数，源操作数
lea r32, mem
```

lea 指令是将 mem 的地址装入到一个 32 位的寄存器当中。

练习对比如下两条指令：

```
MOV EAX,DWORD PTR DS:[403000]
LEA EBX,DWORD PTR DS:[403000]
```

将上面两条指令输入到OD的反汇编窗口中，并通过F8键单步执行这两句汇编代码。执行完成后观察EAX和EBX的值。EAX寄存器的值是12h，EBX寄存器的值是00403000h。通过这两条指令可以看出，EAX寄存器获得了00403000h这个地址中的数据，而EBX寄存器得到了00403000h这个地址的编号，即00403000h。

2．逻辑运算指令

常用的逻辑运算有and（与）、or（或）、xor（异或）和not（非）。

（1）and指令

and指令是逻辑按位与运算指令，用于将目的操作数中的每个数据位与源操作数中的对应位进行逻辑与操作。

指令格式如下：

```
and 目的操作数，源操作数
and reg, imm/reg/mem
and mem, imm/reg
```

对应的位在进行“与”操作时，对应的位同为1时，结果是1，否则相“与”的结果为0。

and指令影响的标志位有OF、SF、ZF、PF和CF。

练习如下指令：

```
MOV EAX,0B
AND EAX,9
```

在执行完mov操作后，EAX寄存器的值为0B；在执行完and指令后，EAX寄存器的值为9。在数值进行运算时切记要转换为二进制后进行运算，因为汇编中的逻辑运算是按“位”进行运算的。

注意：在练习汇编指令时，无论是位运算还是算数运算等，都要密切观察标志寄存器的变化。

（2）or指令

or指令是逻辑按位或运算指令，用于将目的操作数中的每个数据位与源操作数中的对应位进行逻辑或操作。

指令格式如下：

```
or 目的操作数，源操作数
or reg, imm/reg/mem
or mem, imm/reg
```

对应的位在进行“或”操作时，对应的位同为0时，结果是0，否则相“或”的结果为1。

or指令影响的标志位有OF、SF、ZF、PF和CF。

（3）not指令

not指令是逻辑非指令，通过该指令可以将操作数的各位取反，原来该位是“0”则变为“1”，原来该位为“1”则变为“0”。

指令格式如下：

```
not 目的操作数
not reg/mem
```

not指令不影响标志寄存器的任何位。

练习如下指令：

```
MOV EAX,0
NOT EAX
MOV EAX,11111111
NOT EAX
```

（4）xor 指令

xor 指令是按位异或指令，将源操作数的每位与目的操作数的对应位进行异或操作。当只有源操作数和目的操作数对应位不同时，结果才为 1。

指令格式如下：

```
xor 目的操作数，源操作数
xor reg, imm/reg/mem
xor mem, imm/reg
```

xor 指令影响的标志位有 OF、SF、ZF、PF 和 CF。

练习如下指令：

```
XOR EAX,EAX
MOV EAX,12345678
XOR EAX,87654321
XOR EAX,87654321
```

以上四条指令都有特殊的意义。执行完第一条 xor eax, eax 指令后，eax 寄存器为 0。执行完第二条指令 mov eax, 12345678 后，eax 寄存器的值为 12345678，接下来 xor 两次 87654321 后，eax 寄存器的值又变为 12345678。

（5）总结以上几条指令的特殊用法

① and 指令可用于复位某些位（复位就是将该位设置为 0）而不影响其他位。例如，将 AL 的低 4 位清零，and al, 0f0h。

② and 指令可用于保留某位的值不变，其他位清零。例如，将 AL 的最高位保留，其他位清零，and al, 10h。

③ or 指令可用于置位某些位（置位就是将该位设置为 1）而不影响其他位。例如，将 AL 的低 4 位置 1，or al, 0fh。

④ xor 指令可用于对某个寄存器进行清零，例如 xor eax, eax。

⑤ xor 指令可用于简单的加密与解密，例子可参考 xor 指令的练习指令。

3．算数运算指令

（1）add 指令

add 指令是加法指令，将源操作数和目的操作数相加，相加的结果存储在目的操作数中，操作数的长度必须相同。

指令格式如下：

```
add 目的操作数，源操作数
add reg, imm/reg/men
add mem, imm/reg
```

练习如下指令：

```
MOV AL,1
MOV BL,2
ADD AL,BL
```

（2）sub 指令

sub 指令是减法指令，将目的操作数和源操作数相减，相减的结果存储在目的操作数中。

指令格式如下：

```
sub 目的操作数，源操作数
sub reg, imm/reg/mem
sub mem, imm/reg
```

练习如下指令：

```
MOV CL,2
MOV DL,1
SUB CL,DL
```

（3）adc 指令

adc 指令是带进位的加法，类似于 add 指令，区别在于将目的操作数与源操作数相加后，需要再加上标志寄存器 CF 位的值，执行 adc 指令后的结果为目的操作数=目的操作数+源操作数+CF 位的值。

指令格式如下：

```
adc 目的操作数，源操作数
adc reg, imm/reg/men
adc mem, imm/reg
```

（4）sbb 指令

sbb 指令是带借位的减法，类似于 sub 指令，区别在于将目的操作数与源操作数相减后，需要再减去标志寄存器 CF 位的值，执行 sbb 后的结果为目的操作数=目的操作数–源操作数–CF 位的值。

指令格式如下：

```
sbb 目的操作数，源操作数
sbb reg, imm/reg/mem
sbb mem, imm/reg
```

（5）inc 指令

inc 指令是加一指令，用于对目的操作数进行加一操作。

指令格式如下：

```
Inc 目的操作数
Inc reg/mem
```

练习如下指令：

```
INC EAX
INC DWORD PTR DS:[403000]
```

从功能上讲，inc eax 指令与 add eax, 1 指令的功能相同，但是 inc 的机器码更短，执行速度更快。

（6）dec 指令

dec 指令是减一指令，用于对目的操作数进行减一操作。

指令格式如下：

```
Dec 目的操作数
Dec reg/mem
```

练习如下指令：

```
DEC EAX
DEC DWORD PTR DS:[403000]
```

注意：在进行算数运算时，需要注意各个指令所影响的标志寄存器的位，这部分内容请读者自行查阅相关手册。

4．堆栈操作指令

在了解堆栈指令之前，先简单说明一下什么是堆栈。堆栈是一个“后进先出（LIFO）”或者说是“先进后出（FILO）”的内存区域。它的本质还是一块内存，堆栈的内存分配是由高地址向低地址延伸的。

在什么情况下使用堆栈呢？这里给一些使用堆栈的情况。

① 用于存储临时的数据；

② 高级语言中参数的传递。

堆栈的操作只有两个，一个是入栈，一个是出栈。

堆栈的结构如图 2-19 所示。

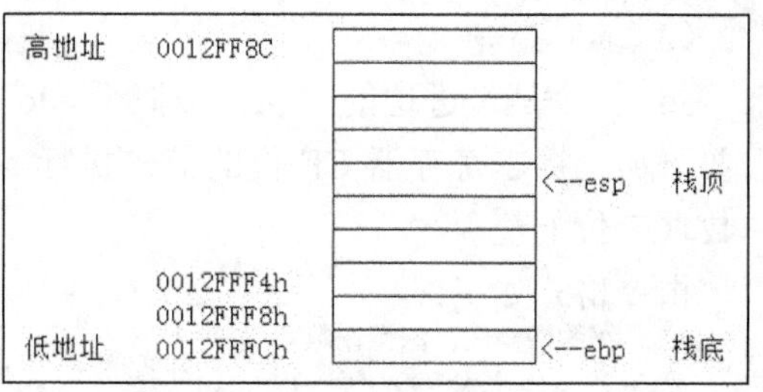

图 2-19　堆栈结构图

堆栈结构的描述如下：

① esp 和 ebp 是两个 32 位的通用寄存器，里面存储的是关于堆栈的内存地址；

② ebp 中存放的是栈底的地址；

③ esp 寄存器中存放的是栈顶的地址；

④ 存储数据时的操作叫作入栈，入栈时 esp 寄存器指向的地址会减 4，然后将数据存入；

⑤ 释放数据所占的空间叫作出栈，出栈时 esp 寄存器指向的地址会先将数据取出，然后将 esp 寄存器指向的地址减 4；

⑥ 堆栈分配空间的方向是由高到低；

⑦ 执行入栈和出栈指令时（即 PUSH、POP、PUSHAD、POPAD 等），总是在 esp 寄存器的一端；

⑧ 读取堆栈中的数据时，可以通过 ebp 或 esp 加上偏移后获得。

（1）堆栈数据操作指令

关于堆栈数据操作的指令有两个，分别是 PUSH 指令和 POP 指令。

指令格式如下：

```
push reg/mem/imm
pop reg/mem
```

打开 OD 来详细观察堆栈操作时的变化。打开 OD 后，观察 EBP 和 ESP 指针的指向及 OD 窗口右下角的堆栈窗口，如图 2-20 和图 2-21 所示。

```
寄存器 (FPU)                     <   <   <   <
EAX 7750EE5A kernel32.BaseThreadInitThunk
ECX 00000000
EDX 00401000 data.<模块入口点>
EBX 7FFDE000
ESP 0012FF8C
EBP 0012FF94
ESI 00000000
EDI 00000000

EIP 00401000 data.<模块入口点>

C 0  ES 0023 32位 0(FFFFFFFF)
P 1  CS 001B 32位 0(FFFFFFFF)
A 0  SS 0023 32位 0(FFFFFFFF)
Z 1  DS 0023 32位 0(FFFFFFFF)
S 0  FS 0038 32位 7FFDF000(FFF)
T 0  GS 0000 NULL
```

图 2-20　寄存器窗口中的 ESP 和 EBP 寄存器

观察图 2-20，ESP 和 EBP 的寄存器指向的地址分别是 0012FF8Ch 和 0012FF94h。ESP 寄存器指向的地址是栈顶，EBP 寄存器指向的地址是栈底，但是观察图 2-21 时可以发现，EBP 寄存器所指向的地址 0012FF94h 的下方（也就是高地址方向）还是有数据的，这是为什么呢？所谓栈底和栈顶是相对的，因为在高级语言编程或者使用 Win32 汇编时，在遇到函数调用时为了保护调用函数的数据，会重新生成一块堆栈，称作新的堆栈框架。因此，看到 ebp 寄存器指向的栈底下面还有数据，也是其他过程或函数的堆栈框架。

地址	数值	注释
0012FF7C	00000000	
0012FF80	00000000	
0012FF84	00000000	
0012FF88	00000000	
0012FF8C	7750EE6C	返回到 kernel32.7750EE6C
0012FF90	7FFDE000	
0012FF94	0012FFD4	
0012FF98	77603AB3	返回到 ntdll.77603AB3
0012FF9C	7FFDE000	
0012FFA0	77D718BA	
0012FFA4	00000000	
0012FFA8	00000000	
0012FFAC	7FFDE000	
0012FFB0	00000000	
0012FFB4	00000000	
0012FFB8	00000000	
0012FFBC	0012FFA0	
0012FFC0	00000000	
0012FFC4	FFFFFFFF	SEH 链尾部
0012FFC8	775BE15D	SE处理程序
0012FFCC	009AF476	
0012FFD0	00000000	
0012FFD4	0012FFEC	
0012FFD8	77603A86	返回到 ntdll.77603A86 来自 ntdll.77603A8C
0012FFDC	00401000	data.<模块入口点>
0012FFE0	7FFDE000	
0012FFE4	00000000	
0012FFE8	00000000	
0012FFEC	00000000	
0012FFF0	00000000	
0012FFF4	00401000	data.<模块入口点>
0012FFF8	7FFDE000	
0012FFFC	00000000	

图 2-21　OD 堆栈窗口数据

练习如下指令，并观察 ESP 寄存器的变化以及出栈和入栈顺序：

```
MOV EAX,12345678
PUSH EAX
PUSH 1234
PUSH 12
MOV ECX,DWORD PTR SS:[ESP+4]
MOV EBX,DWORD PTR SS:[EBP+C]
POP EAX
POP EBX
POP ECX
```

前 3 句 push 指令分别是将“1234578”“1234”和“12”进行入栈，观察寄存器，即使入栈的值是“1234”和“12”，ESP 寄存器的值依然是每次减 4。

中间的两句 mov 指令，分别是通过 esp 和 ebp 来获取刚才入栈的值。

最后 3 句 pop 指令，分别是将栈中的数据送入 EAX 寄存器、EBX 寄存器和 ECX 寄存器。

（2）保存/恢复通用寄存器现场

常用的保存通用寄存器的指令有两个，分别是 pushad 和 popad。pushad 指令在堆栈上按顺序压入所有的 32 位通用寄存器，顺序依次是 EAX、ECX、EDX、EBX、ESP、EBP、ESI 和 EDI。popad 指令以相反的顺序从堆栈中弹出这些通用寄存器。

在用汇编语言编写过程（函数）中修改了很多寄存器，则可以在过程的开始部分和结束部分分别用 pushad 和 popad 指令来保存和恢复通用寄存器的值。高级语言编写函数或过程时，依据编译器的不同会保存不同的寄存器，不一定会使用 pushad 和 popad 指令。

指令格式如下：

```
Pushad
Popad
```

练习如下指令：

```
PUSHAD
MOV EAX,12345678
MOV EBX,87654321
POPAD
```

观察 OD 的寄存器窗口可以发现，在执行完 pushad 后，被修改的寄存器只有 ESP 寄存器，因为 8 个通用寄存器入栈以后，ESP 寄存器会向指向新的栈顶。pushad 指令压入的 ESP 寄存器的值是在 ESP 寄存器被改变前的值。

（3）保存/恢复标志寄存器

通常保存和恢复标志寄存器的指令有两个，分别是 pushfd 和 popfd。pushfd 指令在堆栈上压入 32 位的 EFLAGS 标志寄存器的值，popfd 指令将堆栈顶部的值弹出并送至 EFLAGS 标志寄存器。

指令格式如下：

```
Pushfd
Popfd
```

保存 EFLAGS 标志寄存器不被修改是很有用的指令，通常使用方法如下：

```
Pushfd
; 其他可能修改 EFLAGS 标志寄存器的语句
Popfd
```

除此之外，在某些情况下可能会手动修改 EFLAGS 标志寄存器中的某个标志位，比如需要让程序单步执行，需要设置 EFLAGS 标志寄存器的第 8 位 TF 标志位，因此需要将 EFLAGS 标志寄存器的第 8 位置为 1，代码如下：

```
PUSHFD
POP EAX
OR EAX,100
PUSH EAX
POPFD
```

首先将 EFLAGS 标志寄存器送入堆栈中，然后通过 pop eax 将保存在栈顶的标志寄存器送入 eax 寄存器中。通过 or 指令将 eax 的第 8 位进行置位，然后通过 push eax 将 eax 寄存器的值送入堆栈中，最后通过 popfd 将栈顶的值送入 EFLAGS 标志寄存器中。

在 OD 中将以上代码录入至反汇编代码窗口中，然后通过 F8 键单步执行每条指令。注意在 OD 的寄存器窗口中，观察标志寄存器中的 T 位的变化及栈顶的变化。

注意：EFLAGS 标志寄存器也是一个 32 位的寄存器，这点不要忘记。

5．转移指令

在前面介绍的数据传递指令当中，可以对通用寄存器进行操作，比如 mov eax, 12345678，但是不能用此类的方式改变 EIP 寄存器的值。在前面介绍指令时，通过使用 OD 调试器可以发现，在汇编指令被执行的过程中 EIP 的值是自动进行修改，使得程序可以逐条执行各个汇编指令。那么，本节就来介绍如何改变 EIP 寄存器的值，从而使程序可以跳跃执行，而不只是顺序执行。转移指令用于实现分支、循环、过程（函数）等程序结构。

（1）无条件转移指令

jmp 指令是一条无条件转移指令。只要遇到 jmp 指令，即跳转到相应的地址进行执行。

jmp 指令格式如下：

```
Jmp reg/mem/imm
```

jmp 指令的本质就是修改 EIP 的值，从而使得 EIP 指向其他的位置进行执行。

练习如下代码：

```
JMP 00401022
MOV EAX, 0040102A
JMP EAX
JMP DWORD PTR DS:[403000]
```

在查看反汇编中，jmp 后面跟着一个地址或者存储地址的寄存器或者存储地址的内存单元。在书写汇编代码的时候，jmp 后面可能是一个跳转的标签，而这个跳转的标签，在反汇编中就是一个地址。

（2）条件转移指令

条件转移指令有多条，通常称条件转移指令为 jcc 指令集，该指令集包含（但不限于）jz、jnz、je、jne、ja、jna 等，如表 2-2 所列。

表 2-2 JCC 指令表

转移指令	标志位	含义
JO	OF=1	溢出
JNO	OF=0	无溢出
JB/JC/JNAE	CF=1	低于/进位/不高于等于
JAE/JNB/JNC	CF=0	高于等于/不低于/无进位
JE/JZ	ZF=1	相等/等于零
JNE/JNZ	ZF=0	不相等/不等于零
JBE/JNA	CF=1 或 ZF=1	低于等于/不高于
JA/JNBE	CF=0 且 ZF=0	高于/不低于等于
JS	SF=1	符号为负
JNS	SF=0	符号为正
JP/JPE	PF=1	“1”的个数为偶
JNP/JPO	PF=0	“1”的个数为奇
JL/JNGE	SF≠OF	小于/不大于等于
JGE/JNL	SF=OF	大于等于/不小于
JLE/JNG	ZF≠OF 或 ZF=1	小于等于/不大于
JG/JNLE	SF=OF 且 ZF=0	大于/不小于等于

条件转移指令根据 EFLAGS 标志寄存器中不同的标志位决定如何进行跳转。这些指令并不是所有的都会经常被用到，因此只要在写程序的时候留意和掌握经常使用的即可，其他的在使用时相应地选择。

jcc 指令的格式与 jmp 指令的格式相同，但是需要介绍两个经常与 jcc 指令配合使用的指令，分别是测试指令（TEST）和比较指令（CMP）。

① test 指令

测试指令 test 对两个操作数进行逻辑与运算，结果不送入目的操作数，但影响标志位 OF、SF、ZF、PF 和 CF。指令格式如下：

```
Test reg, imm/reg/mem
Test mem, imm/reg
```

test 指令通常用于测试一些条件是否满足。

② cmp 指令

比较指令 cmp 对两个操作数进行比较，比较的方式相当于用目的操作数减源操作数的减法操作，但是 cmp 只影响相应的标志寄存器，不会将减法的结果送入目的操作数中。

指令格式如下：

```
Cmp reg, imm/reg/mem
Cmp mem, imm/reg
```

该指令影响的标志位有 OF、SF、ZF、AF、PF 和 CF。

在 OD 中练习如下指令：

```
MOV EAX,1
MOV EBX,2
CMP EAX,EBX
JE 0040102B
MOV ECX,1
JMP 00401030
MOV ECX,2
```

以上的代码使用了 cmp 指令、je 指令和 jmp 指令，cmp 指令比较 eax 和 ebx 的值是否相等，相等则 ecx 的值 2，不相等则 ecx 的值为 1。请注意观察 cmp 指令所影响的 EFLAGS 标志寄存器的相应标志位，并注意观察 je 指令的跳转。

在例子中 eax 寄存器的值为 1，ebx 寄存器的值为 2，显然是不相等的，也就是说 je 指令是不会进行跳转的。那么如何使 je 指令进行跳转呢？可以将 eax 和 ebx 修改为相同的值，这是在代码上进行修改。另一种方式是，在执行完 cmp 指令时，在寄存器窗口修改 ZF 标志位来改变跳转指令的，如图 2-22 所示。

```
C 1  ES 0023 32位 0(FFFFFFFF)
P 1  CS 001B 32位 0(FFFFFFFF)
A 1  SS 0023 32位 0(FFFFFFFF)
Z 0  DS 0023 32位 0(FFFFFFFF)
S 1  FS 003B 32位 7FFDE000(FFF)
T 0  GS 0000 NULL
D 0
O 0  LastErr ERROR_SUCCESS (00000000)
```

图 2-22　OD 寄存器窗口

通过表 2-2 可以得知，je 指令是否跳转主要依赖于 ZF 标志位，因此在 OD 的寄存器窗口中，通过双击改变“Z”后面的值来改变 ZF 标志位的值，从而改变 je 指令的跳转状态。

注意：该方法在分析软件流程时是非常有用的，上面的汇编例子代码相当于 C 语言中的 if/else 结构。

（3）循环指令

loop 指令是循环控制指令，需要使用 ecx 寄存器来进行循环计数，当执行到 loop 指令时，先将 ecx 寄存器中的值减 1，如果 ecx 寄存器中的值大于 0，则转移到 loop 指令后的地址处，如果 ecx 寄存器中的值等于 0，则执行 loop 指令的下一条指令。

在使用汇编语言编写代码的时候，loop 后面跟随一个标号，而在反汇编代码中 loop 指令后跟随一个地址值。在 OD 中练习如下代码：

```
MOV EAX,0
MOV ECX,5
ADD EAX,ECX
LOOP 00401020
```

在代码中 loop 后面的 00401020 是 add eax,ecx 指令的地址，在练习时读者请自行修改为自己的地址。单步跟踪以上代码，注意观察 ecx 寄存器的变化与循环的次数。

（4）调用过程（函数）指令和返回指令

call 指令是调用过程（函数）的指令，它的作用类似于 jmp 指令，可以修改 EIP 寄存器的值，从而使指令转移到其他地址继续执行。与 jmp 指令不同的地方是，call 指令在修改 EIP 寄存器的值之前，会将 call 指令的下一条指令的地址保存至堆栈，以便在调用过程（函数）后再继续从 call 指令处执行。

指令格式如下：

```
call reg/mem/imm
```

ret 指令用于过程（函数）的返回，该指令从堆栈的栈顶中弹出 4 个字节（这里的 4 个字节特指 32 位系统）送入 EIP 寄存器中。一般该指令在过程（函数）需要返回的位置或者是过程（函数）的结尾处。

call 指令调用过程（函数）时会将 call 指令的下一条指令压入栈顶，当过程（函数）执行中遇到 ret 指令时，会将 call 指令压入的指令弹出送入 EIP 寄存器中，这样代码的流程就会接着 call 指令的下一条指令继续执行。

指令格式如下：

```
Ret
Retn imm
```

ret 指令不需要修正堆栈栈顶的位置直接返回，retn 指令则需要修正堆栈栈顶的位置后再进行返回。

在 OD 调试器中练习如下指令：

```
CALL 00401024
MOV EAX, 00401024
CALL EAX
MOV DWORD PTR DS:[403000], 00401024
CALL DWORD PTR DS:[403000]
```

在地址 401024 地址处，写入如下指令：

```
RET
```

用 OD 调试以上代码，在遇到 CALL 指令时，应该使用 F7 键单步步入来观察堆栈的变化。在笔者的机器上，录入以上代码后如图 2-23 所示。

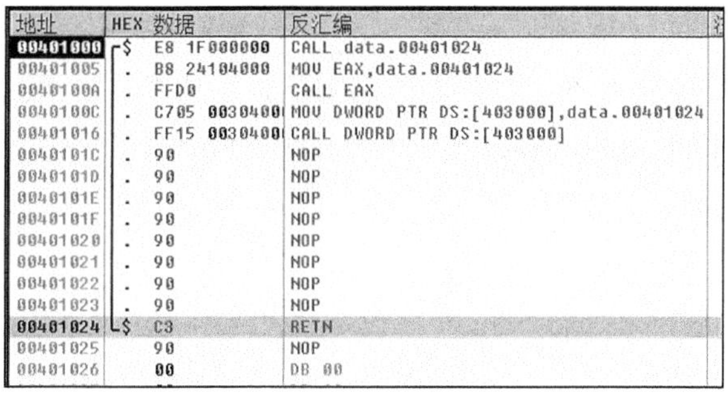

```
地址      HEX 数据            反汇编
00401000 ┌$  E8 1F000000    CALL data.00401024
00401005 │.  B8 24104000    MOV EAX,data.00401024
0040100A │.  FFD0           CALL EAX
0040100C │.  C705 00304000  MOV DWORD PTR DS:[403000],data.00401024
00401016 │.  FF15 00304000  CALL DWORD PTR DS:[403000]
0040101C │.  90             NOP
0040101D │.  90             NOP
0040101E │.  90             NOP
0040101F │.  90             NOP
00401020 │.  90             NOP
00401021 │.  90             NOP
00401022 │.  90             NOP
00401023 │.  90             NOP
00401024 └$  C3             RETN
00401025     90             NOP
00401026     00             DB 00
```

图 2-23　CALL 及 RET 指令练习

首先在执行 CALL 之前需要观察堆栈，然后 F7 键单步步入值再次观察 EIP 和堆栈，堆栈变化前后如图 2-24 和图 2-25 所示。

从图 2-24 和图 2-25 中可以看出，在使用 OD 的 F7 键单步步入 CALL 指令后，堆栈栈顶由原来的 0012FF8C 变为 0012FF88，并且将 00401005 这个地址保存在了堆栈中。然后观察 EIP 寄存器的值为 00401024，查看反汇编窗口，当前要执行的代码停留在了 RETN 处。

在 RETN 处按下 F8 或 F7 键，将栈顶的值 00401005 送入 EIP 寄存器中，并且堆栈栈顶又变回到了原来的 0012FF8C 处。查看反汇编窗口，当前要执行的代码停留在了地址为

00401005 处的 mov eax, 00401024 处。

地址	数值	注释
0012FF8C	7749EE6C	返回
0012FF90	7FFDF000	
0012FF94	0012FFD4	
0012FF98	778B3AB3	返回
0012FF9C	7FFDF000	
0012FFA0	7499CF61	
0012FFA4	00000000	
0012FFA8	00000000	
0012FFAC	7FFDF000	
0012FFB0	00000000	
0012FFB4	00000000	
0012FFB8	00000000	
0012FFBC	0012FFA0	
0012FFC0	00000000	

图 2-24　CALL 指令单步步入之前

地址	数值	注释
0012FF88	00401005	返回
0012FF8C	7749EE6C	返回
0012FF90	7FFDF000	
0012FF94	0012FFD4	
0012FF98	778B3AB3	返回
0012FF9C	7FFDF000	
0012FFA0	7499CF61	
0012FFA4	00000000	
0012FFA8	00000000	
0012FFAC	7FFDF000	
0012FFB0	00000000	
0012FFB4	00000000	
0012FFB8	00000000	
0012FFBC	0012FFA0	

图 2-25　CALL 指令单步步入之后

6．串操作指令

串操作指令主要操作在内存中连续区域的数据，此处讨论 movs、stos 和 rep 三个常用的指令。

（1）串传送指令

串传送指令 MOVS 是借助 ESI 寄存器和 EDI 寄存器，把内存中源地址（ESI 指向源地址）的数据送入内存的目的地址（EDI 指向目的地址）中。MOVS 指令有 MOVSB、MOVSW 和 MOVSD 三种宽度。

指令格式如下：

```
MOVSB
MOVSW
MOVSD
```

在默认的情况下，MOVS 相当于 MOVSD，因为笔者是以 32 位操作系统来讨论该条汇编指令的。

在执行了 MOVS 指令后，ESI 寄存器和 EDI 寄存器指向的地址会自动增加 1 个单位（根据指令增加 1 个字节、2 个字节或 4 个字节）或者自动减少 1 个单位（根据指令减少 1 个字节、2 个字节或 4 个字节）。两个寄存器指向的地址是增加还是减少，需要依赖 EFLAGS 标志寄存器的 DF 标志位进行控制。当 DF 标志位为 0 时，执行 MOVS 指令后 ESI 寄存器和 EDI 寄存器指向的地址会自增；当 DF 标志位为 1 时，执行 MOVS 指令后 ESI 寄存器和 EDI 寄存器指向的地址会自减。

在 OD 调试器中练习如下代码：

```
MOV ESI, 00403000
MOV EDI, 00403010
CLD
MOVS
STD
MOVS
```

代码中，CLD 指令是对 DF 标志位进行复位，也就是设置 DF 标志位为 0；STD 指令是对 DF 标志位进行置位，也就是设置 DF 标志位为 1。在执行 MOVS 后，注意观察 ESI 寄存器和 EDI 寄存器的值的变化，以及其指向的地址中的值的变化。

（2）串存储指令

串存储指令 STOS 是将 AL/AX/EAX 的值存储到 EDI 寄存器指向的内存单元。STOS 指令有 STOSB、STOSW 和 STOSD 三种宽度。

指令格式如下：

```
STOSB
STOSW
STOSD
```

在默认情况下，STOS 相当于 STOSD，因为笔者是以 32 位操作系统来讨论该条汇编指令的。

在执行了 STOS 指令后，EDI 寄存器指向的地址会自动增加 1 个单位（根据指令增加 1 个字节、2 个字节或 4 个字节）或者自动减少 1 个单位（根据指令减少 1 个字节、2 个字节或 4 个字节）。EDI 寄存器指向的地址是增加还是减少，需要依赖 EFLAGS 标志寄存器的 DF 标志位进行控制。当 DF 标志位为 0 时，执行 STOS 指令后 EDI 寄存器指向的地址会自增；当 DF 标志位为 0 时，执行 STOS 指令后 EDI 寄存器指向的地址会自减。

在 OD 调试器中练习如下代码：

```
MOV AL,1
MOV EDI, 00403000
STOSB
MOV AX,2
STOSW
MOV EAX,3
STOSD
STD
STOSD
```

在执行 MOVS 指令后，注意观察 EDI 寄存器的值的变化，以及其指向的地址中的值的变化。

在初始化某块缓冲区时会用到 STOS 指令。

（3）重复前缀指令

MOVS 指令和 STOS 指令每执行一次，最多能操作 4 个字节的数据，但是通过配合重复前缀指令则可以实现 MOVS 指令或 STOS 指令的重复执行。

REP 指令通过配合 ECX 寄存器即可实现重复执行的操作，当执行一次 REP 指令时，ECX 寄存器的值都会自动减 1，如果 ECX 寄存器的值不为 0 则重复执行，如果 ECX 寄存器的值为 0 则重复执行结束。

启动 OD 调试器，在数据窗口中将 00403000 地址处进行数据填充。首先，选中 00403000 地址处的 16 个字节的数据，然后按下空格即可对该地址处的数据进行编辑，如图 2-26 所示（注意，需要修改多少数据，就需要先选中多少数据）。在反汇编窗口中输入如下指令：

```
MOV ESI, 00403000
MOV EDI, 00403010
MOV ECX, 4
```

REP MOVS 通过 F7 键单步步入调试跟踪以上的汇编指令，在执行到 REP MOVS 时，注意 ECX 寄存器、ESI 寄存器和 EDI 寄存器的变化，并注意 EDI 寄存器指向的 00403010 地址处值的变化。

在执行 4 次 REP MOVS 后，地址 00403010 处开始的 16 个字节的数据与地址 00403000 处开始的 16 个字节的数据相同，为什么执行 4 次即可将 16 个字节的数据从地址 00403000 处全部传递到地址 00403010 处呢？原因是，代码中的 MOVS 一次传递 4 个字节的数据，因此执行 4 次即可传递完成。

第2章 汇编语言入门

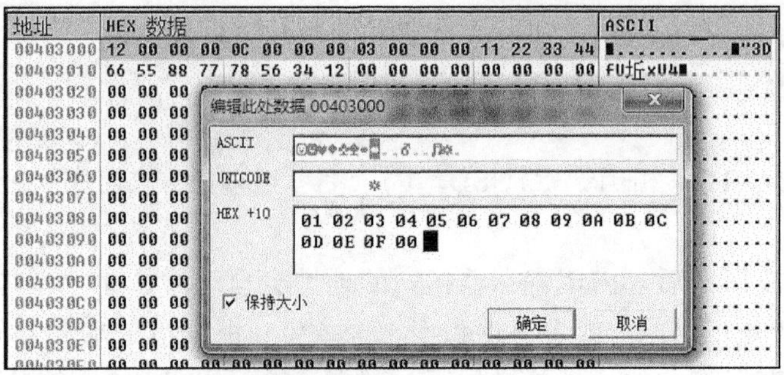

图 2-26 填充 00403000 地址

读者可自行修改为一次传递一个数据的 MOVSB 指令进行测试。

STOS 指令配合 REP 指令完成重复串存储的代码这里不再进行演示，读者可参照“串存储指令”的代码例子配合 REP 指令自行完成。

2.3 寻址方式

在程序执行的过程中，CPU 会不断地处理数据。CPU 处理的数据通常来自三个地方：数据在指令中直接给出，数据在寄存器中保存，数据在内存中保存。在使用高级语言进行开发的时候，CPU 如何对数据处理对于程序员来说是不需要关心的，编译器会在代码编译的时候进行这些处理。而在使用汇编语言编写程序时，指令操作的数据来自何处，CPU 应该从哪里取出数据，则是汇编程序员需要自己解决的问题。CPU 寻找最终要操作数据的过程，称为“寻址”。

寻址介绍

1．指令中给出数据

操作数直接放在指令中，作为指令的一部分存放在代码里，这种方式称为立即数寻址。这是唯一在指令中给出数据的方式，也是最直观的知道数据是多少的方式。

举例代码如下：

```
MOV ESI, 00403010
MOV EDI, 00403020
```

在执行完上面的指令后，ESI 寄存器的值是指令中给出的值，即 00403010；EDI 寄存器的值也是指令中给出的值，即 00403020。

2．数据在寄存器中

操作数在寄存器中存放，在指令中指定寄存器名即可，这种方式称为寄存器寻址方式。这是唯一数据在寄存器中给出的方式。

举例代码如下：

```
MOV EAX, 00403000
MOV ESI, EAX
```

在上面指令中，第一条指令是立即数寻址，将 00403000 放入 EAX 寄存器中；第二条指令是把 EAX 寄存器中的值传递给 ESI 寄存器。因此，ESI 寄存器中的值是 00403000。

3．数据在内存中

数据在内存中存放可以有多种方式给出，主要有直接寻址、寄存器间接寻址、变址寻址和基址变址寻址。

（1）直接寻址

在指令中直接给出操作数所在的内存地址称为直接寻址方式。

举例代码如下：

```
MOV DWORD PTR [00403000], 12345678
MOV EAX, DWORD PTR [00403000]
```

在上面的指令中，重点观察第二条指令，第二条指令是将内存地址为 00403000 处的 4 个字节的值传送到 EAX 寄存器中。请在 OD 调试器中调试以上两条汇编指令。

（2）寄存器间接寻址

操作数的地址由寄存器给出，这里的地址指的是内存地址，而实际的操作数存储在内存中。

举例代码如下：

```
MOV DWORD PTR [403000], 12345678
MOV EAX, 00403000
MOV EDX, [EAX]
```

上面 3 条指令执行完成后，EDX 寄存器取到了内存地址为 00403000 处的值，即 12345678。

（3）其他

除了立即数寻址和寄存器寻址外，其余的寻址方式所寻找的操作数均在内存当中。除了直接寻址和寄存器间接寻址外，还有寄存器相对寻址、变址寻址、基址变址寻址、比例因子寻址等，这里不再一一进行介绍。下面给出其他几种寻址方式的形式，而不再介绍其具体的名称，需要详细掌握寻址可自行参考汇编相关书籍。

其他的寻址方法的形式如下：

① [寄存器 + 立即数]

② [寄存器 + 寄存器 + 数据宽度（1/2/4/8）]

③ [寄存器 + 寄存器 × 数据宽度（1/2/4/8）+ 立即数]

2.4 总结

关于汇编的知识就介绍到这里了，以上的知识基本上可以满足阅读简单汇编代码的需要，而在逆向的时候，读汇编代码的机会比较多一些，而用汇编写程序的机会则少一些。

汇编算是一门比较古老的编程语言，如果说汇编比较难学，可能就是汇编需要站在 CPU 的角度去考虑问题，毕竟寄存器、内存这些东西都需要程序员自己去告诉 CPU 应该如何操作。但是，其实只要掌握了常用的一些汇编指令也就算是可以了，在本章讨论的问题当中没有涉及诸如高级程序设计中的分支、循环之类的程序结构，在汇编当中使用的无非就是跳转指令，其实高级语言进行编译后分支和循环结构也都变成了汇编语言中的跳转指令。因此，汇编也不能算是很难而学不会的编程语言。

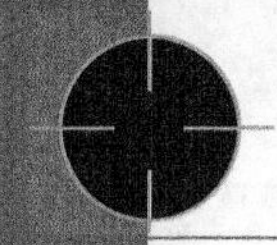

最后给读者一些学习汇编指令的建议。要自行学习一个汇编指令，至少需要掌握指令的参数、影响的标志位和指令支持的寻址方式。如果要更深入地掌握一条汇编指令，就需要掌握指令消耗的 CPU 时间、指令机器码的长度等。对于指令消耗的 CPU 时间来说，对程序进行优化时是非常有用的。而掌握指令的长度会用在某些苛刻的环境中，比如缓冲区溢出技术中，为了解决缓冲区小的情况，就需要使用更短字节码的汇编指令了。

本书的重点是讨论逆向工具，希望在逆向相关领域有一定的发展，就必须深入学习和掌握汇编语言，这样在今后的学习中才会更加游刃有余。

第3章 熟悉调试工具 OllyDbg

工具的目的主要是起到杠杆的作用，用最省力的办法干最大的事情。在物理学中有杠杆，在金融界有杠杆，在计算机世界中也需要杠杆。在计算机诞生之初，对程序的调试需要使用各种控制按钮与指示灯（在早期可能有比这更艰苦的调试方式）。控制按钮用来改变和操作程序的流程，指示灯用来给操作者反馈当前程序的执行情况或执行状态，由于程序的复杂，用按钮和指示灯是无法很好地满足程序的调试的。

不过值得庆幸的是，用控制按钮和指示灯调试程序是计算机诞生之初的事情了，笔者与读者所处的时代，已经有了更先进、更直观和更好用的调试利器。下面，笔者就带领准备入行的新人来接触一下本书的第一款逆向工具——OllyDbg，简称 OD。

本章关键字：OllyDbg　调试　OD 插件　OD 脚本

3.1　认识 OD 调试环境

OllyDbg 是一款应用层下具有可视化界面的 32 位反汇编动态分析调试器。OD 被众多的安全爱好者所喜欢，常常被用来进行脱壳、功能分析、漏洞挖掘等。同时，OD 有良好的扩展性，提供了丰富的接口，目前拥有相当多的插件供 OD 使用者进行使用，使得 OD 在原有的基础上更加的强大。

3.1.1　启动调试

调试者在通过 OD 调试器准备调试一个软件或程序时，要让 OD 调试器和准备调试的软件或程序建立调试关系。OD 调试器与被调试的软件或程序有 3 种方式建立调试关系，分别是“直接打开被调试程序”“附加到被调试程序所产生的进程上”和“实时调试”。

1．直接打开被调试程序

打开被调试软件或程序最直接的方式就是通过 OD 菜单栏的“文件”→“打开”（或按下快捷键 F3）来完成。打开对话框如图 3-1 所示。

通过菜单“文件”→“打开”后，会弹出如图 3-1 所示的“打开 32 位可执行文件”的对话框，在该对话框中可以选择一个可执行程序进行调试，通常调试的是 EXE 文件，有时也会调试 DLL 文件。选中要调试的可执行程序后，单击“打开”按钮，被选中的软件或程序就与 OD 调试器建立起了调试关系。

图 3-1 OD 打开可执行文件对话框

在图 3-1 所示对话框的最下方有一个可以输入“参数”的输入框。通常情况下，在使用 OD 调试程序时可以直接打开程序，但是有些可执行程序是需要带入参数才能被正确执行的，比如常用的一些命令，如“ping”、“netstat”等。在这种情况下，则需要在“参数”后面的输入框中输入相应的参数。在图 3-1 中，选择的被调试的程序为 ping 命令，传入的参数是 127.0.0.1。

注意： 在“参数”输入框中输入的参数会原样地带入到被调试程序中，比如有的命令的参数开关需要“-”或者“/”字样等，则直接在参数框中进行输入即可。

2. 附加到被调试程序所产生的进程上

OD 直接打开被调试程序，是从被调试程序开始创建时，调试器就接管了被调试的可执行程序。OD 也可以直接调试正在运行中的程序，即调试器附加到被调试程序所创建的进程上来进行调试。比如为了进行“爆”破，等待被破解程序弹出类似“注册失败”的对话框后，再通过 OD 附加到被破解程序的进程上，从而分析弹出对话框的流程。

附加到被调试程序所创建的进程上的方法，是通过 OD 菜单的“文件”→“附加”弹出“选择要附加的进程”的对话框，如图 3-2 所示。

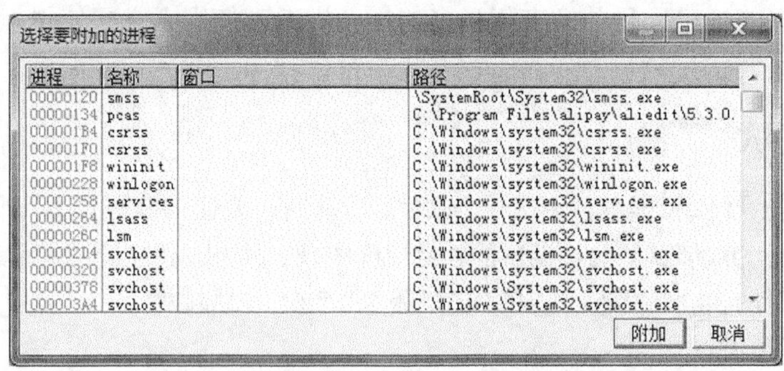

图 3-2 OD 选择要附加的进程

在图 3-2 “选择要附加的进程”窗口中，有一个进程列表，在进程列表中选中相应的进程，然后单击“附加”按钮，OD 就会附加到进程上，从而可以对进程进行调试。

注意： 在“选择要附加的进程”窗口中的进程列表中，红色的进程代表被当前 OD 调试的进程。

3．实时调试

实时调试也称作即时调试，就是程序在运行时崩溃后，可以选择被调试器接管并进行调试。在一般的用户系统中，程序崩溃后是无法进行调试的，但是在装有 VC、DELPHI 等系统中，这些开发工具会设置为系统的调试工具，当程序崩溃后，会通过 VC 或 DELPHI 的调试工具进行调试。

如果需要使用 OD 为系统调试工具，则需要对 OD 进行设置。在 OD 菜单的“选项”→“实时调试设置”中，选择“设置 OllyDbg 为实时调试器”，并且选择“附加前需要确认”。如图 3-3 所示。

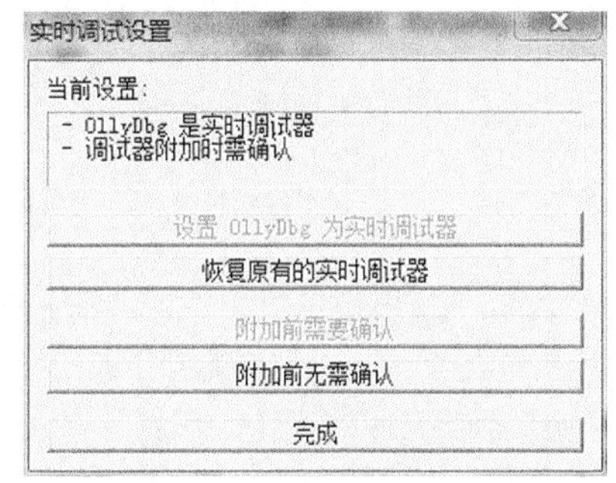

图 3-3　OD 实时调试设置

写一段简单的程序来测试 OllyDbg 的实时调试，代码如下：

```
    .386
    .model flat, stdcall
    option casemap : none

include windows.inc
include kernel32.inc
includelib kernel32.lib
include user32.inc
includelib user32.lib

    .const
szText  db  'hello', 0

    .code
start:
    invoke MessageBox, NULL, offset szText, NULL, MB_OK
    ; int 3 触发软件中断
    int 3

    invoke ExitProcess, 0

    end start
```

将上面的代码编译、连接并运行，运行后会先由 MessageBox 弹出一个“hello”字符串的对话框。然后由 INT 3 触发一个软件中断，触发软件中断后，如图 3-4 所示。

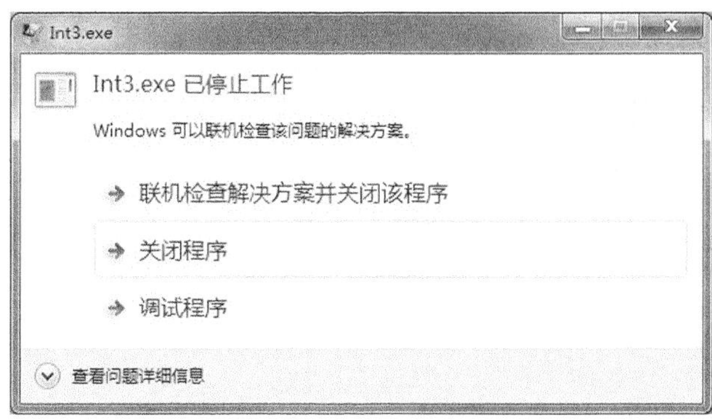

图 3-4　INT 3 触发的中断

在出现该对话框后，单击“调试程序”即可通过设置好的实时调试器，即 OD 进行调试，

OD 调试崩溃的软件时停留在崩溃的地址处，如图 3-5 所示。

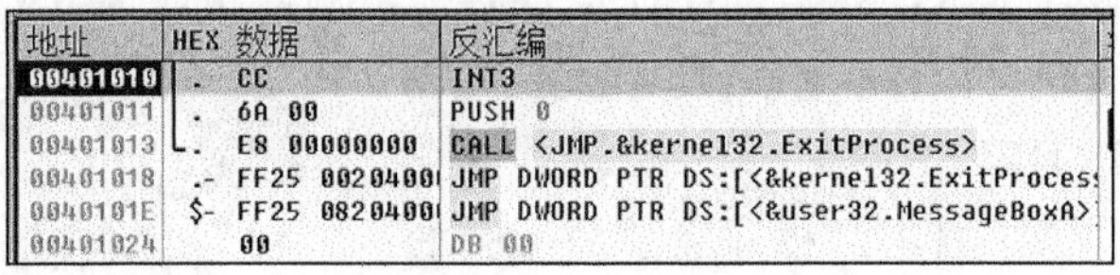

```
地址       HEX 数据            反汇编
00401010   .  CC               INT3
00401011   .  6A 00            PUSH 0
00401013   L. E8 00000000      CALL <JMP.&kernel32.ExitProcess>
00401018   .- FF25 0020400     JMP DWORD PTR DS:[<&kernel32.ExitProces
0040101E   $- FF25 0820400     JMP DWORD PTR DS:[<&user32.MessageBoxA>]
00401024      00               DB 00
```

图 3-5　OD 实时调试停留位置

从图 3-5 可以看出，当 OD 作为实时调试器来调试产生异常的程序后，会直接停留在产生异常的地址处，这样就可以通过 OD 中的其他窗口来分析产生异常的原因了。

如果希望通过 OD 调试自己编写的程序，为了只调试关键部分，可在关键的部分处写一条 INT3 指令让其触发软件中断，然后就可以使用实时调试器进行调试。这种方法不仅限于使用 OD 调试器。

3.1.2　熟悉 OD 窗口

当被调试程序与调试器建立调试关系之后，就可以开始在 OD 中进行正式的动态调试分析。在 OD 中有很多的窗口，除了第 2 章介绍的 CPU 窗口外，还有其他许多辅助调试窗口，如记录窗口、状态窗口、信息窗口等。下面，笔者带领大家逐个认识 OD 中常用的窗口。

1．CPU 窗口

CPU 窗口是 OD 中的主窗口，所有调试工作都是在 CPU 窗口中完成的，因为 CPU 窗口可以反映当前 CPU 所执行的指令，查看寄存器的值、状态以及堆栈的结构。CPU 窗口如图 3-6 所示。

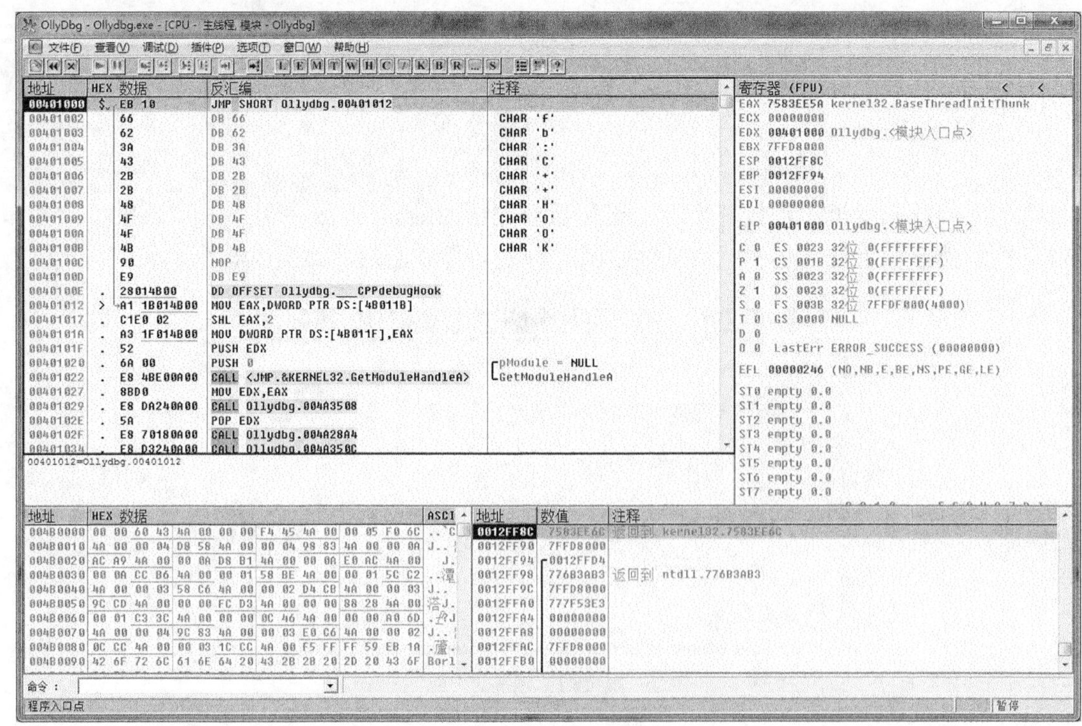

图 3-6　OD 的 CPU 窗口

CPU 窗口已经在第 2 章介绍过了，也是读者已经熟悉了的窗口，在第 2 章时读者已经在 CPU 窗口的反汇编窗口中写了很多的汇编代码。这里在带领大家再回顾一下 CPU 窗口。

CPU 窗口中有五个窗口，分别是反汇编窗口、寄存器窗口、栈窗口、数据窗口和信息窗口。

（1）反汇编窗口

反汇编窗口用于显示被调试程序的代码，搜索、分析、查找、修改、下断等与反汇编相关的操作，它有四个列，分别是地址列、十六进制数据列、反汇编代码列和注释列。

地址列：在该列的某个地址上进行双击，会显示其他地址与双击地址的相对位置，再次在该列上双击会恢复为标准的地址形式。

十六进制数据列：双击该列会在当前地址设置断点，再次单击会取消断点。

反汇编代码列：双击该列可以修改当前的汇编指令。该功能读者已经在第 2 章熟练使用。

（2）寄存器窗口

寄存器窗口用于显示和解释当前线程环境的 CPU 寄存器的内容与状态，并且可以通过双击寄存器的值来改变它的值。

（3）栈窗口

堆栈窗口用于显示当前的线程的栈，栈窗口随着 ESP 寄存器的变化而变化，栈窗口可以识别出堆栈框架、函数调用结构以及结构化异常处理结构。

栈窗口分为 3 列，分别是地址列、数值列和注释列。栈始终随着 ESP 寄存器在变化，不利于观察栈中的某个地址，因此单击“地址列”可以将栈窗口“锁定”，即栈窗口不会随 ESP 寄存器的变化而刷新窗口。

栈有两个较为重要的功能，一个是用于调用函数时的参数传递，另一个是函数内的局部变量的空间。在栈内获得数据时，往往是通过 ebp 寄存器或 esp 寄存器加偏移获得数据的，因此在栈窗口单击鼠标右键，在弹出的右键菜单中的“地址”菜单项中可以选择“相对于 ESP”或“相对于 EBP”两个选项，可以改变栈地址显示方式。

（4）数据窗口

数据窗口可以用多种显示格式显示内存中的数据。要查看指定内存地址的数据，可以通过 Ctrl + G 快捷键来输入要显示的地址。

注意：数据窗口同样可以显示栈窗口的数据和反汇编的数据，只是数据窗口是静态的，不会随软件的调试而更新显示数据窗口的内容。但是在修改大量数据或在内存中查看指定地址的数据时，还是很方便的。

（5）信息窗口

信息窗口用于解释反汇编窗口中的命令，比如解释当前出栈操作的栈地址、栈中的值、当前寄存器的值、来自某地址的跳转、来自某地址的调用等信息。

2．内存窗口

内存窗口显示了程序各个模块在内存中的地址及分布情况，如图 3-7 所示。

从图 3-7 中可以看出，内存映射窗口显示了被调试程序分配的所有内存块。内存块是可执行文件的节表，OD 会将该节表的信息输出。在内存窗口中可以通过单击鼠标右键弹出的菜单完成设置断点、搜索、设置内存访问/写入断点、查看资源等功能。

地址	大小	属主	区段	包含	类型	访问	初始访问	已映射为
00010000	00010000				Map	RW	RW	
00020000	00001000				Priv	RW	RW	
0010E000	00002000				Priv	RW 保护	RW	
00110000	00020000			堆栈 于 主	Priv	RW 保护	RW	
00130000	00004000				Map	R	R	
00140000	00001000				Priv	RW	RW	
00150000	00067000				Map	R	R	\Device\HarddiskVo
001C0000	00006000				Map	R	R	
00280000	00003000				Map	R	R	
00290000	00101000				Map	R	R	
003A0000	00001000				Priv	RW	RW	
003B0000	00003000				Priv	RW	RW	
00400000	00001000	Ollydbg		PE 文件头	Imag	R	RWE	
00401000	000AF000	Ollydbg	.text	代码	Imag	R	RWE	
004B0000	0005B000	Ollydbg	.data	数据	Imag	R	RWE	
0050B000	00001000	Ollydbg	.tls		Imag	R	RWE	
0050C000	00001000	Ollydbg	.rdata		Imag	R	RWE	
0050D000	00002000	Ollydbg	.idata	输入表	Imag	R	RWE	
0050F000	00002000	Ollydbg	.edata	输出表	Imag	R	RWE	
00511000	00063000	Ollydbg	.rsrc	资源	Imag	R	RWE	
00574000	0000C000	Ollydbg	.reloc	重定位	Imag	R	RWE	
00700000	00003000				Priv	RW	RW	
00740000	0000B000				Priv	RW	RW	
01740000	000C1000				Map	R	R	
6DC20000	00001000	COMCTL32		PE 文件头	Imag	R	RWE	
6DC21000	00075000	COMCTL32	.text	代码, 输入表,	Imag	R	RWE	
6DC96000	00003000	COMCTL32	.data		Imag	R	RWE	
6DC99000	00007000	COMCTL32	.rsrc	资源	Imag	R	RWE	
6DCA0000	00004000	COMCTL32	.reloc	重定位	Imag	R	RWE	
749A0000	00001000	VERSION		PE 文件头	Imag	R	RWE	
749A1000	00005000	VERSION	.text	代码, 输入表,	Imag	R	RWE	
749A6000	00001000	VERSION	.data	数据	Imag	R	RWE	
749A7000	00001000	VERSION	.rsrc	资源	Imag	R	RWE	
749A8000	00001000	VERSION	.reloc	重定位	Imag	R	RWE	

图 3-7　OD 的内存窗口

3．断点窗口

断点窗口显示了设置的所有软断点，如图 3-8 所示。

地址	模块	激活	反汇编	注释
0040101A	Ollydbg	始终	MOV DWORD PTR DS:[4B011F],EAX	
0040102F	Ollydbg	已禁止	CALL Ollydbg.004A28A4	
00401041	Ollydbg	始终	PUSH Ollydbg.004B00C4	
7629D9F3 kernel32.GetModuleHandleA	kernel32	始终	MOV EDI,EDI	

图 3-8　OD 的断点窗口

从图 3-8 中可以看出，当前 OD 调试器中设置了四条软断点（所谓的软断点，是指使用 F2 快捷键、BP 命令设置的断点等，但是不包括内存断点和硬件断点），设置断点的地址从图 3-8 的第一列可以查看。如果在 API 函数的首地址上设置了断点，那么在地址后会给出 API 函数的名称。设置好的断点如果不想使用，可以进行删除；如果设置的断点只是暂时不想使用，则可以通过使用空格键来切换其“是否激活”的状态，设置的断点只有在激活的状态下会生效。

4．调用堆栈窗口

调用堆栈用来显示当前代码所属函数的调用关系，调用堆栈窗口如图 3-9 所示。

调用堆栈窗口根据选定线程的栈，来反向地观察函数调用关系，同时包含被调用函数的参数。调用栈窗口一共有五个列，分别是地址列、堆栈列、函数过程/参数列、调用来自列和结构列。

地址列：是当前调用时的栈地址。

堆栈列：是当前栈地址中的值。

函数过程/参数列：被调用的函数的地址或参数。

调用来自列：是调用该函数的地址。

结构列：是相对应的栈结构（栈框架）的 EBP 寄存器的值。

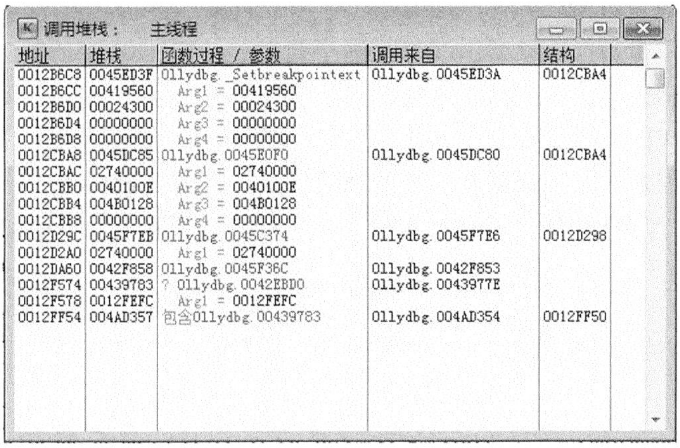

调用堆栈：　主线程

地址	堆栈	函数过程 / 参数	调用来自	结构
0012B6C8	0045ED3F	Ollydbg._Setbreakpointext	Ollydbg.0045ED3A	0012CBA4
0012B6CC	00419560	Arg1 = 00419560		
0012B6D0	00024300	Arg2 = 00024300		
0012B6D4	00000000	Arg3 = 00000000		
0012B6D8	00000000	Arg4 = 00000000		
0012CBA8	0045DC85	Ollydbg.0045E0F0	Ollydbg.0045DC80	0012CBA4
0012CBAC	02740000	Arg1 = 02740000		
0012CBB0	0040100E	Arg2 = 0040100E		
0012CBB4	004B0128	Arg3 = 004B0128		
0012CBB8	00000000	Arg4 = 00000000		
0012D29C	0045F7EB	Ollydbg.0045C374	Ollydbg.0045F7E6	0012D298
0012D2A0	02740000	Arg1 = 02740000		
0012DA60	0042F858	Ollydbg.0045F36C	Ollydbg.0042F853	
0012F574	00439783	? Ollydbg.0042EBD0	Ollydbg.0043977E	
0012F578	0012FEFC	Arg1 = 0012FEFC		
0012FF54	004AD357	包含Ollydbg.00439783	Ollydbg.004AD354	0012FF50

图 3-9　OD 的调用堆栈窗口

从图 3-9 中第 1 行信息可以看出，当前代码所在地函数首地址是 OllyDbg 模块中的_Setbreakpointext 函数中，调用该函数的位置来源于 OllyDbg.0045ED3A 地址处，而 OllyDbg.0045ED3A 函数所在地函数首地址在 OllyDbg.00045E0F0 地址处。其调用关系模拟如下：

```
Fun OllyDbg._Setbreakpointext(Arg1, Arg2, Arg3, Arg4)
{
}
Fun OllyDbg.0045E0F0()
{
    ......
  // 调用_Setbreakpointext()
  // 调用该函数的地址是 0045ED3A
  _Setbreakpointext(Arg1, Arg2, Arg3, Arg4);
}
```

各个调用关系之间的 Arg1、Arg2 是由调用方函数传递给被调用方的函数参数。调用堆栈可以快速地看出当前地址的调用关系，从而快速地找出该调用来自何处。

5. Window 窗口

Window 窗口用于显示所有属于被调试程序窗口及其窗口相关的重要参数，如图 3-10 所示。

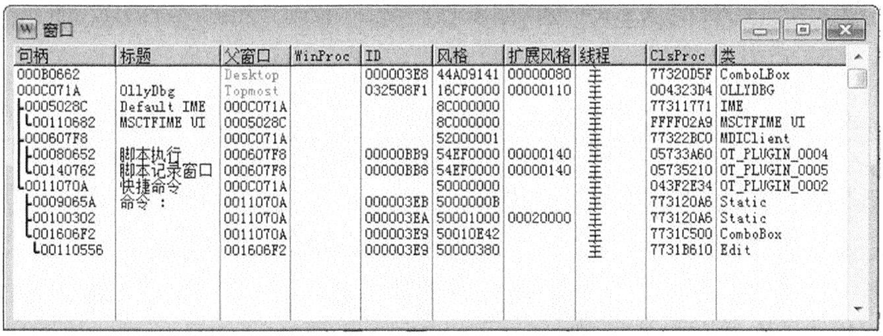

窗口

句柄	标题	父窗口	WinProc	ID	风格	扩展风格	线程	ClsProc	类
000B0662		Desktop		000003E8	44A09141	00000080		77320D5F	ComboLBox
000C071A	OllyDbg	Topmost		032508F1	16CF0000	00000110		004323D4	OLLYDBG
0005028C	Default IME	000C071A			8C000000			77311771	IME
00110682	MSCTFIME UI	0005028C			8C000000			FFFF02A9	MSCTFIME UI
000607F8		000C071A			52000001			77322BC0	MDIClient
00080652	脚本执行	000607F8		00000BB9	54EF0000	00000140		05733A60	OT_PLUGIN_0004
00140762	脚本记录窗口	000607F8		00000BB8	54EF0000	00000140		05735210	OT_PLUGIN_0005
0011070A	快捷命令	000C071A			50000000			043F2E34	OT_PLUGIN_0002
0009065A	命令 :	0011070A		000003EB	5000000B			773120A6	Static
00100302		0011070A		000003EA	50001000	00020000		773120A6	Static
001606F2		0011070A		000003E9	50010E42			7731C500	ComboBox
00110556		001606F2		000003E9	50000380			7731B610	Edit

图 3-10　OD 的 Window 窗口

在 Window 窗口中会显示被调试程序窗口上的控件的信息，比如控件的风格、控件的句柄、控件的标题等信息。在调试时往往需要跟踪某个控件的处理事件，因此该功能非常的重要。

6．补丁窗口

补丁窗口记录了调试者在调试程序时对程序的修改，如图 3-11 所示。

补丁窗口记录对被调试程序修改的地址、修改的大小（即修改的字节个数）、修改前和修改后的指令及注释（该处的注释是在 CPU 窗口的反汇编代码处添加到注释）。

补丁窗口可以很方便地将调试者的修改记录下来，以方便调试者对自己修改的字节码进行管理，当某处字节码修改有问题或者修改需要恢复时，可以进行方便的操作。

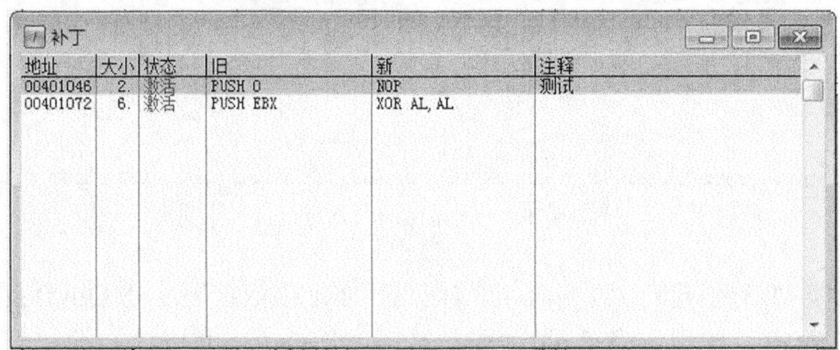

图 3-11　OD 的补丁窗口

7．其他

前面介绍了 OD 中的各个窗口，这些窗口可以通过菜单栏的“查看（V）”菜单项打开，也可以通过工具栏上的“窗口切换”工具来选择使用不同的功能窗口。工具栏上切换窗口的工具如图 3-12 所示。

L E M T W H C / K B R ... S

图 3-12　OD 的工具切换工具栏

工具栏各个按钮依次对应的窗口是记录数据窗口（Alt+L）、可执行模块窗口（Alt+E）、内存映射窗口（Alt+M）、线程窗口、Window 窗口、句柄窗口、CPU 窗口（Alt+C）、补丁窗口（Ctrl+P）、调用堆栈窗口（Alt+K）、断点窗口（Alt+B）、参考窗口、运行跟踪窗口和源码窗口。

3.2　OD 中的断点及跟踪功能

在调试器中有两个很重要的功能，分别是跟踪执行反汇编代码和设置断点。在第 2 章的内容中，笔者在介绍汇编指令的同时，已经向读者简单介绍过单步跟踪执行代码方法，本节首先介绍的是 OD 设置断点的方法，然后再介绍 OD 中关于跟踪的方法。

断点是调试者使用调试器调试程序时的重要功能，通过设置断点调试者可以使一个进程（进程中的所有线程）的执行暂停在设置断点的位置上，当程序被中断后调试者可以对程序中的反汇编代码、寄存器、栈、内存等线程的上下文环境进行观察和分析，并使用单步来执行线程，使得可以动态地了解代码的执行流程及各个关键寄存器或数据结构的变化。

通常调试器会提供软件断点、硬件断点和内存断点等几种基本的断点类型。OD 调试器同样也具备这三种设置断点的方式。下面介绍 OD 中设置断点的各种方式。

3.2.1 OD 中设置断点的方法

断点是调试器的重要功能，OD 为调试者提供有多种设置断点的方法。本节主要介绍 OD 调试器常用的设置断点的方法。

1．软件断点

软件断点是 OD 中最常使用的断点。在前面介绍 OD 中的子窗口时介绍过“断点窗口”，“断点窗口”中管理的断点即是软件断点。

（1）普通操作

在反汇编窗口中选中要设置断点的反汇编指令行并按下 F2 键就可以设置一个软件断点，也可以双击反汇编窗口中的“十六进制数据列”来设置软件断点。设置了软件断点的反汇编指令行的“地址列”会变成红色高亮。在已经设置软件断点的反汇编地址处再次按 F2 键或者双击“十六进制数据列”，则软件断点被取消。由于在 OD 中设置断点使用 F2 快捷键，所以也经常称其为 F2 断点。

（2）命令操作

除了使用 F2 快捷键设置断点以外，也可以使用通过在命令插件中输入命令来管理软件断点。

使用 bp 命令可以设置一个软件断点，通过 bc 命令可以删除一个已经设置的软件断点。通过 bp 设置的软件断点同样可以在“断点窗口”中进行查看。通过命令设置软件断点的方便之处在于可以对 API 函数直接设置断点，有时为了避免检测，也会在 API 的其他偏移处设置断点。

使用命令设置软件断点如图 3-13、图 3-14 和图 3-15 所示。

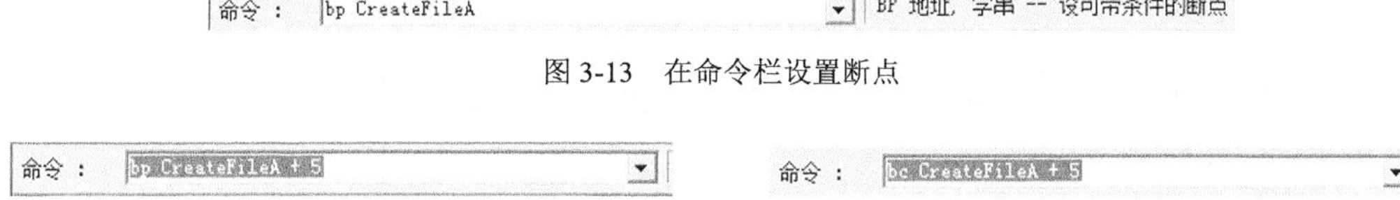
命令：
bp CreateFileA
BP 地址, 字串 -- 设可带条件的断点
命令：
bp CreateFileA + 5
命令：
bc CreateFileA + 5

图 3-13　在命令栏设置断点

图 3-14　在命令栏设置带偏移的 API 断点

图 3-15　在命令栏删除断点

注意：

① 软件断点只能在代码上设置，在其他位置设置并没有什么用处；

② 软件断点可以在代码的任意位置上设置，并且断点的数量不受限制。

2．硬件断点

硬件断点的原理和软件断点的原理不同，硬件断点依赖 CPU 中的调试寄存器。调试寄存器一共有八个，其中有 4 个用于设置断点，因此硬件断点的数量只有 4 个。

硬件断点可以使用右键菜单也可以使用命令来进行设置。

（1）菜单操作

在 CPU 窗口的反汇编窗口或数据窗口单击鼠标右键，在弹出的菜单中找到“断点”菜单项，可以看到相应的设置硬件断点的子菜单项，如图 3-16 和图 3-17 所示。

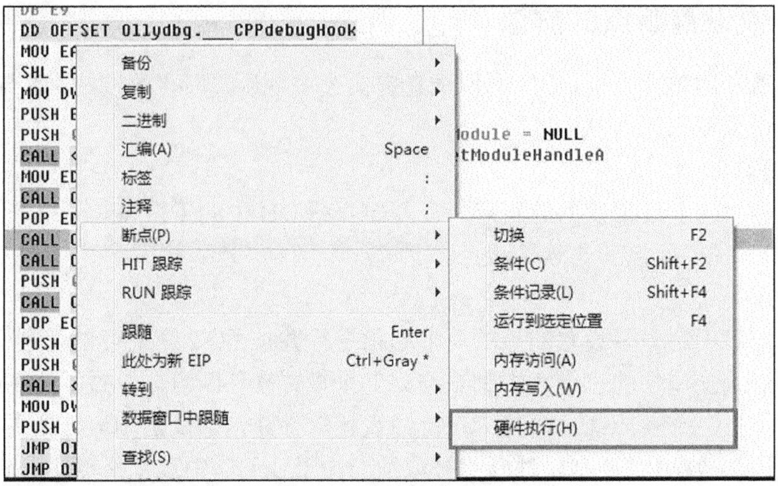

图 3-16　在反汇编窗口中设置硬件断点的菜单项

从图 3-16 和图 3-17 可以看出，在反汇编窗口中设置硬件断点，只能设置“硬件执行”断点。在数据窗口中可以设置“硬件访问”“硬件写入”和“硬件执行”3 种类型的硬件断点，并且在“硬件访问”和“硬件写入”类型的断点可以分别设置长度为“字节”“字”和“双字”的硬件断点。

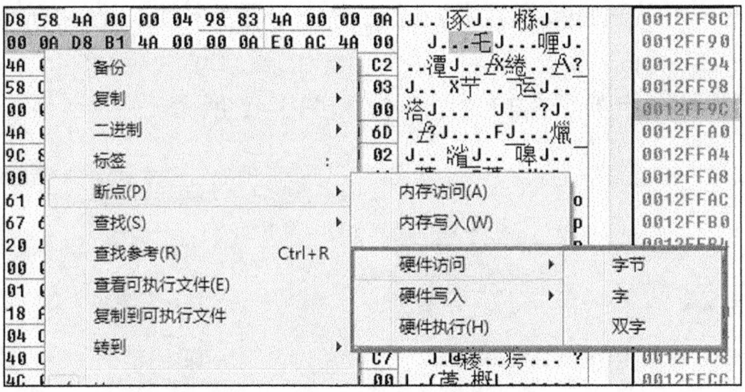

图 3-17　在数据窗口中设置硬件断点的菜单项

（2）命令操作

硬件断点也像软件断点那样可以通过命令插件来设置，与硬件断点相关的命令包含 HE、HW、HR 和 HD。其中，HE 表示硬件执行断点，HW 和 HR 表示硬件写断点和硬件读断点，HD 表示删除断点。

对于断点的管理可以通过菜单项的“调试”→“硬件断点”来进行查看，如图 3-18 所示。从图 3-18 中可以看出，写入和访问断点都有大小，而执行断点则没有大小这个概念。

3．内存断点

一般的调试器都具有软件断点、硬件断点和内存断点。前面介绍了软件断点和硬件断点，现在来介绍内存断点。

在很多情况下，需要知道某块内存中的数据是被什么情况下访问或写入的，因此内存断点就会非常的有用。内存断点通过在反汇编窗口或数据窗口单击鼠标右键弹出的菜单项中的“断点”子菜单下有“内存访问”和“内存写入”两种方式。在设置了内存断点后，在“断点”子菜单下会出现“删除内存断点”的子菜单项。关于内存断点设置与删除的菜单项如图 3-19 所示。

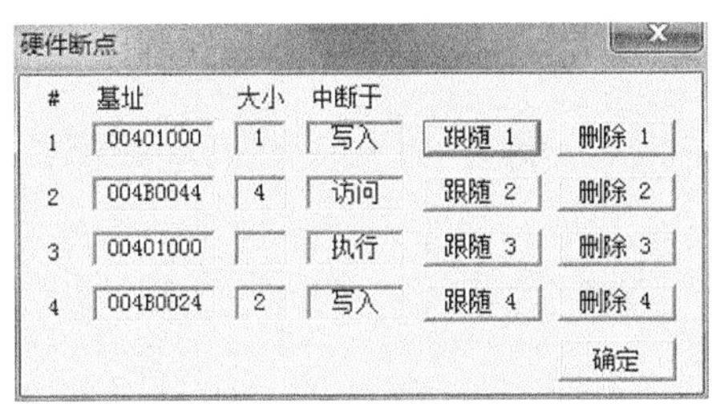

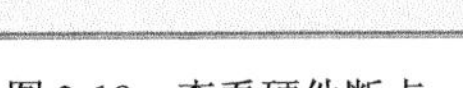
图 3-18　查看硬件断点

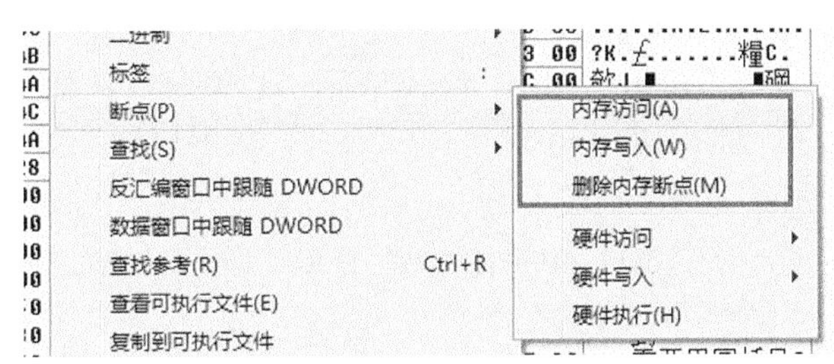

图 3-19　内存断点设置

在内存窗口（Alt+M 可以切换到内存窗口）中，选择某个内存块，然后单击鼠标右键，在弹出的菜单中同样可以进行“设置内存访问断点”和“设置内存写入断点”两项。

注意： OD 只可以设置一个内存断点，如果之前设置了一个内存断点，再设置新的内存断点时会将之前的自动删除。

4．一次性内存访问断点

一次性内存访问断点与内存断点类似，该断点需要在内存窗口（Alt+M 可以切换到内存窗口）。在内存窗口中，选中某块内存然后单击鼠标右键，在弹出的菜单中选择“在访问上设置断点”或者按下快捷键 F2，即可设置一次性内存访问断点。

一次性内存访问断点类似于内存断点，区别在于，一次性内存访问断点在中断后会被自动删除，只能使用一次。

5．条件断点

很多时候在某一个地址处设置断点，断点会很频繁地被断下，而断下后往往不是调试者需要调试的内容。在某一个地址设置的断点被频繁地断下后，调试者就要不停地按 F9 键让程序继续执行，直到遇到真正需要调试的断点为止。这样的断点会给调试者带来很多不方便。因此，OD 为调试者提供了“条件断点”和“条件记录断点”，当调试者设置“条件断点”和“条件记录断点”后，调试器遇到被设置断点的地址时，首先会计算断点的条件是否满足，如果满足调试者设置的断点条件，OD 才会暂停被调试的程序使其中断。

（1）条件断点

设置条件断点可以在需要设定条件断点的位置按下“Shift+F2”组合键，在弹出的输入条件对话框中输入条件。也可以在命令插件中直接输入条件，两者的方式是类似的。

在比较的条件中常见的表达式运算符有：加减法（+、−）、逻辑运算与或非（&&、||、!）、关系运算大于小于等于（>、>=、<、<=、==和!=）等各种运算符。

下面给出一些简单的条件断点中的条件示例：

① EAX == 12345678，表示 EAX 寄存器等于 12345678。

② [EAX] == 12345678，表示 EAX 寄存器中保存的值是一个内存地址，内存地址中的值等于 12345678。

③ [[EAX]] == 12345678，表示 EAX 寄存器中保存的值是一个内存地址，内存地址中保存的值是另外一个内存地址，第二个内存地址中的值等于 12345678。

④ ESI==00403000 && EDI==00403010，表示 ESI 寄存器的值为 00403000 且 EDI 寄存器的值为 00403010。

⑤ [403000] != 10，表示内存地址 403000 的值不等于 10。

⑥ STRING [403010] == "test"，表示以地址 403010 为起始地址，以 NULL 作为结尾的 ASCII 字符串。

⑦ [STRING [403010]] == "test"，表示以地址 403010 为起始地址的，如果匹配到开头为"test"的字符串。

在 LoadLibraryA 函数中设置断点，在加载 kernel32.dll 时断下。

LoadLibrary 函数原型如下：

```
HMODULE LoadLibrary(
  LPCTSTR lpFileName          // 调用 DLL 的名称
);
```

在 LoadLibraryA 函数下断时，在栈内可以观察到 LoadLibrary 函数的参数，如图 3-20 所示。将栈的地址设置为"相对于 ESP"的显示方式，设置方式是在栈窗口单击鼠标右键，在弹出的菜单中选择"地址"→"相对于 ESP"进行设置。

地址	数值	注释
ESP ==>	004385C8	CALL 到 LoadLibraryA 来自 Ollydbg.004385C3
ESP+4	004B83A9	FileName = "PSAPI.DLL"
ESP+8	00000000	
ESP+C	004B00C4	Ollydbg.004B00C4
ESP+10	006B2BFD	

图 3-20　调用 LoadLibraryA 的参数

从图 3-20 中可以看出，在调用 LoadLibrary 函数时，参数保存在 ESP+4 所指向的位置当中。在这里不理解的读者可以返回进行尝试，看每次调用 LoadLibrary 函数时，参数是否都保存在 ESP+4 所指向的位置当中。该部分的内容在后面将讲解。

删除刚才对 LoadLibraryA 函数设置的断点，在命令窗口输入如图 3-21 所示的命令插件来设置一个条件断点。也可以通过在 LoadLibraryA 函数的地址处按下 Shift+F2 组合键来设置条件断点，如图 3-22 所示。

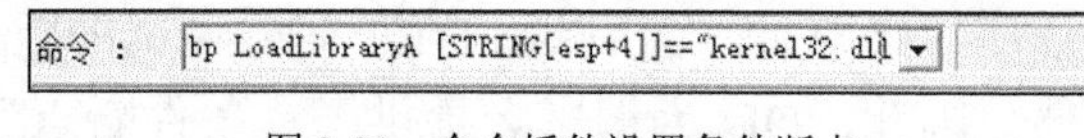

图 3-21　命令插件设置条件断点

地址	HEX 数据	反汇编
75B4DD65 LoadLibraryA	8BFF	MOV EDI,EDI
75B4DD67	55	PUSH EBP
75B4DD68	8BEC	MOV EBP,ESP
75B4DD6A	837D	
75B4DD6E	53	
75B4DD6F	56	
75B4DD70	57	
75B4DD71	74 18	
75B4DD73	68 A0	

加 条件于 kernel32.LoadLibraryA

[STRING[ESP+4]]=="kernel32.dll"

确定　取消

图 3-22　直接在 LoadLibraryA 地址上设置条件断点

使用条件断点设置断点后，被设置断点的地址处的高亮显示与软件断点的高亮显示方式不同。当设置好条件断点后，只有当条件满足后才会中断。也就是只有在 LoadLibraryA 函数的参数是 kernel32.dll 时，OD 才会中断显示，其他的则不会进行中断，这样可以极大地方便调试者的调试工作。

（2）条件记录断点

设置条件记录断点与设置条件断点类似，在需要设置条件记录断点的地址上按下“Shift+F4”组合键，会弹出设置条件记录断点的对话框，如图 3-23 和图 3-24 所示。

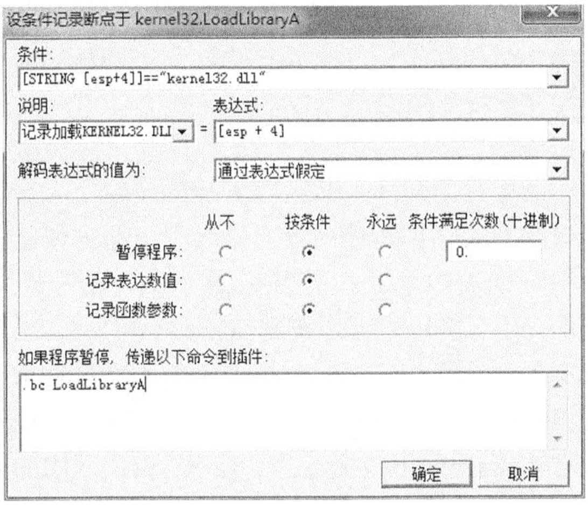

图 3-23　在 LoadLibraryA 地址上设置条件记录断点

```
7651DD65 COND: 记录加载KERNEL32.DLL = 004B84A6
7651DD65 CALL 到 LoadLibraryA 来自 Ollydbg.00438611
           FileName = "KERNEL32.DLL"
7651DD65 条件断点位于 kernel32.LoadLibraryA
```

图 3-24　条件记录断点中断后的记录

图 3-23 中也是对 LoadLibraryA 函数设置条件断点，断点的条件同样是在加载“kernel32.dll”时才中断。观察图 3-23 中的各个设置。

① 条件：输入要设置的条件表达式，图中设置的是“[STRING[ESP+4]]”。

② 说明和表达式：这不是必填项，但是为了在调试的记录窗口（Alt+L 可以切换至记录窗口，图 3-24 就是在记录窗口记录的条件断点信息）中可以方便地查看信息，建议填写。在图 3-24 中，第一行的“7651DD65”是被中断的地址，在这里是 LoadLibraryA 函数的地址，“COND：记录加载 KERNEL32.DLL=004B84A6”给出两个信息，第一个信息“记录加载 KERNEL32.DL”是调试者在条件记录断点中填写的“说明”，第二个信息“004B84A6”是调试者在条件记录断点中填写的“表达式”的值。在图 3-23 中的“表达式”中，笔者填写了“[esp + 4]”，当中断时“[esp + 4]”的值是“004B84A6”，这里可以从栈窗口中进行观察。

③ 解码表达式的值：该下拉组合框中有很多选项，其中这些选项会影响记录窗口（Alt+L 可以切换至记录窗口）的信息。在图 3-23 中，笔者选择的是“通过表达式假定”，在这里可以选择“指向 ASCII 字符的指针”，然后观察记录窗口的信息，如图 3-25 所示。

```
7651DD65 COND: 记录加载KERNEL32.DLL = 004B84A6 "KERNEL32.DLL"
7651DD65 CALL 到 LoadLibraryA 来自 Ollydbg.00438611
           FileName = "KERNEL32.DLL"
7651DD65 条件断点位于 kernel32.LoadLibraryA
```

图 3-25　解码表达式的值为“指向 ASCII 字符的指针”

图 3-25 的第一行信息中，在“COND”最后给出了“004B84A6”解析后是字符串“KERNEL32.DLL”，这里的内存数据完全由调试者自己解析。当然，如果解析的内容并非是字符串信息，则显示的可能是其他的信息，读者可以自行尝试。

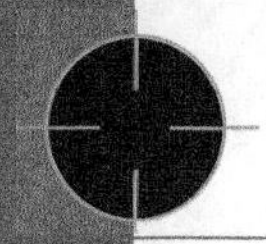

④ 暂停程序：当 OD 拦截到条件断点时是否要中断在设断处，如果设置为“按条件”，那么当执行到调试者所设置的断点地址处时，OD 就会暂停程序并中断在断点处。在“暂停程序”中的“条件满足次数（十进制）”处可以设置在第几次满足条件时程序才进行中断。

⑤ 记录表达数值：如果将该项设置为“从不”，那么断点被中断后，在记录窗口中无法查看到图 3-24 中的第一行信息。

⑥ 记录函数参数：如果将该项设置为“从不”，那么断点被中断后，在记录窗口中无法查看到图 3-24 中的第二行和第三行信息。

⑦ 如果程序暂停，传递以下命令到插件：当条件断点被满足并中断后所要执行的命令，比如当第一次中断 LoadLibraryA 函数加载 kernel32.dll 后就需要删除该断点，则可以在该处输入命令“.bc LoadLibraryA”。注意，在输入命令时前面会有一个“.”。

6．消息断点

消息断点用于调试带有窗口的应用程序，命令行的程序不适用。在 Windows 下，窗口程序是基于消息的，因此消息断点用好，在调试带有窗口的程序时还是会带来一些方便的。

消息断点也类似于条件断点，它针对特定的窗口消息设置相应的断点。消息断点在“Window 窗口”中进行设置（单击工具栏上的“W”按钮即可切换到 Window 窗口）。当切换到 Window 窗口后，首先单击右键弹出菜单中的“刷新”按钮，这样便于能正常显示出所有的“窗口”。选中要设置断点的窗口记录，然后在右键弹出的菜单当中，选择“在 ClassProc 上设置消息断点”，如图 3-26 所示。当选择“在 ClassProc 上设置消息断点”后会出现如图 3-27 所示的设置断点的对话框。

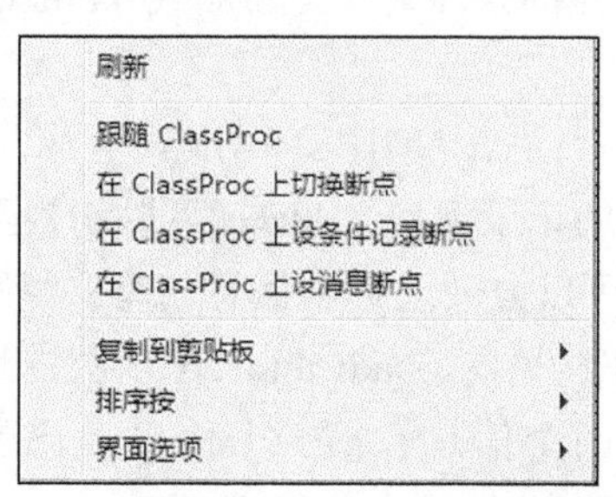

图 3-26　Window 窗口的右键菜单

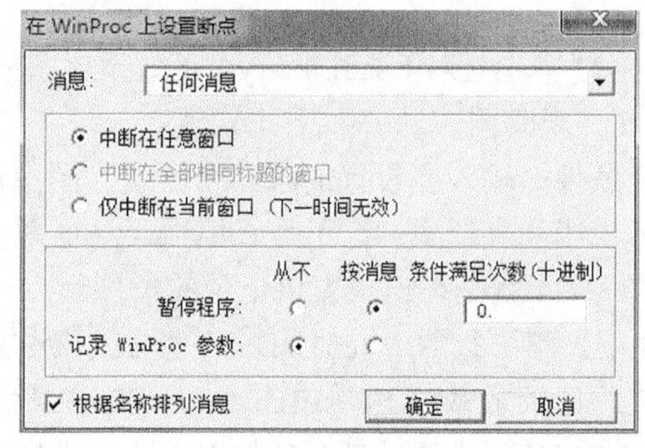

图 3-27　在 WinProc 上设置断点

在图 3-27 的“消息”框中选择合适的消息进行下断，即可设置相应的消息断点。设置消息断点后，如果希望修改消息断点可以在当初选择的窗口记录上再次单击“在 ClassProc 上设置消息断点”来修改下断的消息。同样也可以在断点窗口（Alt + L 可以切换到断点窗口）来修改消息断点，当在断点窗口修改消息断点时会发发现，修改的窗口与消息记录断点的窗口相同。

3.2.2　OD 中跟踪代码的介绍

前面介绍了 OD 的窗口与设置断点的方法，接下来再简单介绍一下 OD 的代码跟踪。在这里，笔者简单地介绍一些调试中用到的快捷键，让读者可以在使用 OD 调试时进行使用。

1．单步

在调试时，可以使用 F7 和 F8 两个快捷键让程序进行单步调试。F8 键是单步步过，在按 F8 键后代码会依次进行执行，但是遇到 CALL 指令时，并不进入 CALL 指令调用的地址处，遇到 REP 指令时不进行重复。F7 键是单步步入，在按 F7 键后代码同样会依次进行执行，遇到 CALL 指令时，则进入 CALL 指令调用的地址处，遇到 REP 指令时会按照 REP 重复的次数再不断的重复。

2．查看/运行到指定的位置

在调试中，经常有一种情况，就是在调试的时候会把关键的需要分析的反汇编代码的地址记录下来，如果这次没有分析完或分析的过程中程序执行了，那么下次就可以在这个地址接着调试。比如，记录好一个地址，下次需要去改地址继续调试的话，那么通过快捷键“Ctrl+G”，然后输入要去的地址就可以进入到指定的地址。然后再按下快捷键 F4，就可以运行到选中所在之处了。

“Ctrl +G”是跳转到指定的地址，“F4”是运行到选中的地址。两者的区别是，前者是为了快速地查看或者到达某个地址处，这是一个静态的方式；后者是运行到指定的地址处，这是一个动态的方式。

3．查看 CALL/JMP 指令目的地址的反汇编代码

在很多时候，遇到 CALL 指令或者 JMP 指令时，调试者只想简单地查看一下 CALL 指令目标地址或 JMP 指令目标地址的反汇编代码，而不一定会去真正地调试它们，那么在遇到 CALL 指令或 JMP 指令时按下“回车”键，就可以到 CALL 指令或 JMP 指令的目标地址进行查看。在这种情况下也属于是静态查看的，因为 CPU 并没有真正运行到此地址处。

4．返回调用处

当设置断点进入某个函数后，也就是进入某个 CALL 指令后，按下 Alt＋F9 组合键可以返回到函数的调用处。

3.3 OD 中的查找功能和编辑功能

OD 的查找功能非常强大，并且可以在 OD 中修改程序的反汇编代码，从而保存反汇编代码以达到修改被调试程序的目的。

3.3.1 OD 的搜索功能

OD 的搜索功能有很多，在 CPU 的主窗口中单击鼠标右键，在弹出的菜单中，有一个菜单项为“查找”，它有非常多的子菜单项，这里笔者介绍几个较为常用的查找功能。

1．命令

命令是用来搜索一条汇编指令使用的，使用快捷键 Ctrl+F 可以弹出查找命令的输入框，如图 3-28 所示。在查找命令窗口中可以使用模糊匹配，如图 3-29 所示。在图 3-29 中，在查找命令窗口输入“mov r32, eax”，会匹配出 mov 指令的目标操作数是 32 位寄存器，且源操作数是 eax 寄存器的所有指令，如 mov esi, eax。

图 3-28 “查找命令”对话框

图 3-29　查找命令的模糊匹配

注意：查找到第一条指令后，要查找第二条指令时，按 Ctrl+L 快捷键后会查找下一条指令。该快捷键也同样适用于其他的查找方式。

2．命令序列

命令序列可以同时按照多条汇编指令进行匹配，同样支持模糊匹配查询。按下 Ctrl+S 快捷键可以弹出“查找命令序列”窗口，如图 3-30 所示。

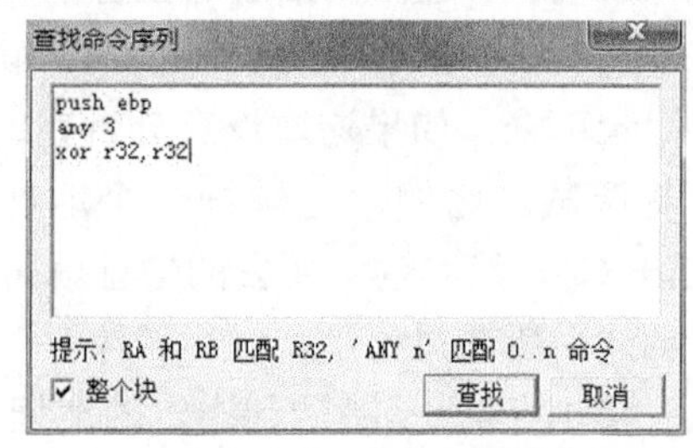

图 3-30　查找命令序列的模糊匹配

在图 3-30 中，通过使用 any 和 r32 来进行模糊查询，any 3 表示小于等于 3 条任意指令，r32 是代表 32 位的寄存器。匹配到的汇编代码形式如下所示：

形式一：

```
PUSH EBP
MOV EBP,ESP
ADD ESP,-144
XOR EAX,EAX
```

形式二：

```
PUSH EBP
CALL <JMP.&KERNEL32.GlobalFree>
XOR EAX,EAX
```

形式三：

```
PUSH EBP
XOR EBP,EBP
```

使用 any 模糊匹配可以忽略中间的任意条指令，合理地使用会识别出相应的汇编结构、函数起始或结尾等。

3．二进制字符串

二进制字符串搜索是搜索特征码很好的方法，通过快捷键 Ctrl+B 可以打开“要查找的二进制字串”的对话框，如图 3-31 所示。

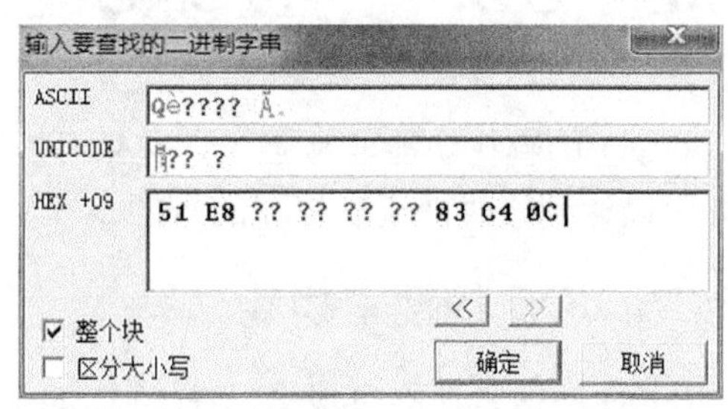

图 3-31 “要查找的二进制字串”对话框

在查找二进制字串时，在 HEX 输入框中输入相应的十六进制数，在图 3-31 中输入的内容是“51 E8 ?? ?? ?? ?? 83 C4 0C”，在二进制字串中的“？”是通配符，同样是用来支持模糊搜索的。以上的特征码，搜索到的内容如下形式：

形式一：

```
51              PUSH   ECX
E8 30ED0900   CALL   004A3954      ;  CALL 后面的地址是 004A3954
83C4 0C         ADD   ESP,0C
```

形式二：

```
51              PUSH   ECX
E8 FFDE0900   CALL    004A3530 ;  CALL 后面的地址是 004A3530
```

```
83C4 0C         ADD  ESP,0C
```

观察使用二进制字串搜索特征码搜索到的两段反汇编代码所对应的机器码，在 CALL 指令后面对应的地址值是不相同的，在搜索特征码时，E8 后面的？号对应的就是 CALL 指令后的地址，在搜索时使用了 8 个“？”替换原来的地址，因此这段特征码搜索对应的汇编指令为：

```
PUSH ECX
CALL ????????
ADD  ESP, 0C
```

在使用“命令序列”搜索汇编指令时，模糊搜索针对的是寄存器，而使用“二进制字串”搜索汇编指令时，模糊搜索针对的是反汇编中的数值，如地址、常量等。

4．所有模块间的调用

所有模块间的调用可以搜索进程内调用的所有 API 函数，并且可以在所有模块的调用上，或者某个调用 API 函数的地址进行设置断点。

5．所有文本字串参考

在调试程序时，通常是找到一个明显的线索来入手进行调试。在调试时，弹出的对话框中的字符串或程序中输出的字符串，都是明显入手调试的线索。通过搜索所有文本字符串参考，并进行设置断点，或者根据字符串调用的地址来分析程序执行的流程，有助于快速地调试，找到关键的代码位置。

3.3.2 OD 修改的编辑功能

在调试程序的时候，经常会给程序打一些补丁。所谓的打补丁，就是修改反汇编的代码，以便改变程序执行的流程。如果需要在调试完成后也以此方式执行程序，就需要将修改后的程序进行保存，则下次执行时就会按照在 OD 中打过补丁的方式进行执行了。

1．OD 的修改功能

在 OD 中可以对反汇编代码或十六进制数据进行修改。

（1）修改代码

在反汇编窗口的任意反汇编代码上按下空格就可以编辑当前的代码，OD 支持汇编代码的直接修改。当 CPU 执行到修改后的反汇编代码处时，CPU 是按照修改后的反汇编代码进行执行的。按下空格弹出修改的代码如图 3-32 所示。

在修改反汇编代码时，如果修改后的机器码长度比原反汇编代码的机器码长度长，OD 是不允许修改的。如果需要将修改过的反汇编代码还原，在补丁窗口（Ctrl+P 可以切换至补丁窗口）中进行管理，也可以选中修改后的反汇编代码按下 Alt+Backspace 键还原。

（2）修改十六进制数据

在 CPU 窗口的数据窗口中，选中要修改的数据，然后按下空格在弹出的如图 3-33 所示的对话框中进行数据修改。

在修改数据时，可以以 ASCII、UNICODE 和十六进制数据 3 种方式进行修改。修改后的数据同样可以通过选中修改后的数据然后按下 Alt+Backspace 快捷键来还原修改的数据。

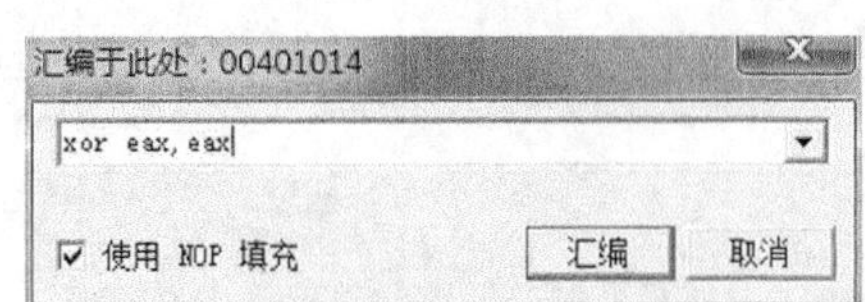

图 3-32　修改汇编代码

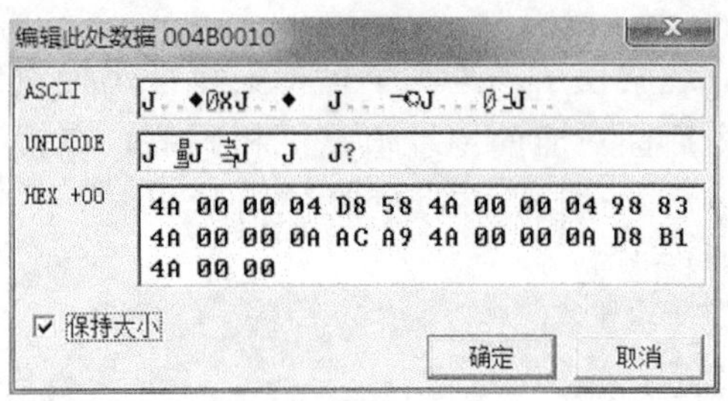

图 3-33　数据修改

2．OD 的保存功能

保存文件的功能比较简单，先选中修改后的反汇编代码，然后单击鼠标右键，在弹出的菜单中选择“赋值到可执行文件”的“选择”子菜单项，在弹出的“文件”窗口中单击右键，在弹出的菜单中选择“保存”即可。

3.4　OD 中的插件功能

OD 不但自身有强大的功能，而且提供了非常好的接口，以便调试者可以开发出自己的插件来扩展 OD 的功能。本节将介绍 OD 插件的相关内容。

3.4.1　OD 常用插件介绍

本节介绍一些关于 OD 常用的插件。OD 的插件都在 OD 目录的 plugin 文件夹下存放着（插件所在位置可以在 OD 菜单中单击“选项”→“界面”，弹出对话框后选择“目录”选项卡，在“插件路径”处可以进行设置），安装插件的方法就是将插件的 DLL 文件放置在该目录下即可，OD 默认最多可以加载 32 个插件。添加的插件全部在 OD 菜单栏的“插件”菜单下可以找到。

1．CmdBar 插件（CmdBar.dll）

该插件就是 OD 中的命令行插件，它是 OD 最常用的插件，几乎已经成为了“标配”的插件。命令插件提供了非常多的常用命令，在命令插件的输入框中输入任意字母，在输入框的后面会给出以该字母开头的所有命令。在输入完整的命令后，在输入框的后面会给出该命令的解释。

2．StringRef 插件（ustrrefadd.dll）

该插件是字符串插件，在实例中搜索字符串就是使用的该插件。该插件支持以 ASCII 编码和 UNICODE 编码形式进行查找。该插件比 OD 提供的查找功能更为强大，因此在实例当中搜索字符串时使用了该插件。

3．CleanupEx 插件（CleanupEx.dll）

该插件用于清除 OD 调试时的中间文件。OD 的中间文件保存在 OD 目录的 uud 文件夹中。中间文件所在位置可以在 OD 菜单中单击“选项”→“界面”，弹出对话框后选择“目录”选项卡，在“UUD 路径”处可以进行设置。UUD 中保存了调试者在调试时加入的注释、设置的断点等信息。有时候 UUD 文件会影响调试者的调试，那么可以通过该插件清除掉对应的 UUD 文件。或者 UUD 文件中的很多调试中间文件已经没有用处，那么可以清除掉全部的 UUD 文件。

4．ApiBreak 插件（ApiBreak.dll）

该插件对常用的 API 函数继续了分类，设置 API 断点只需要选中相应类型的 API 函数即可，这样对于不熟悉 API 函数的调试者是有一定帮助的。

5．OllyFlow 插件（OllyFlow.dll）

该插件可以生成当前反汇编代码的流程图和调用关系，该插件依赖于 wingraph32.exe 这个可执行文件，因此在使用前需要先设置该可执行文件所在的路径。

6．OllyDump 插件（OllyDump.dll）

该插件用于 OD 进行脱壳时的文件转存。

7．ODbgScript 插件（ODbgScript.dll）

该插件用于让 OD 支持脚本文件的一个解释器。在调试时为了不用总是重复地完成某些动作，可以使用脚本来自动地完成一系列的动作。该插件目前多用于自动进行脱壳时用，在网上有非常多的 ODbgScript 脚本，下载以后直接通过该插件就能进行使用。由于该插件的强大，在这里介绍 ODbgScript 插件的功能。ODbgScript 插件的菜单项如图 3-38 所示。

在图 3-34 中可以看出，ODbgScript 插件菜单可以直接“运行脚本”，也可以“中止”“暂停”“恢复”和“单步”操作脚本的执行，下面还有“脚本窗口”和“脚本记录”两个窗口。该插件的脚本窗口如图 3-35 所示。

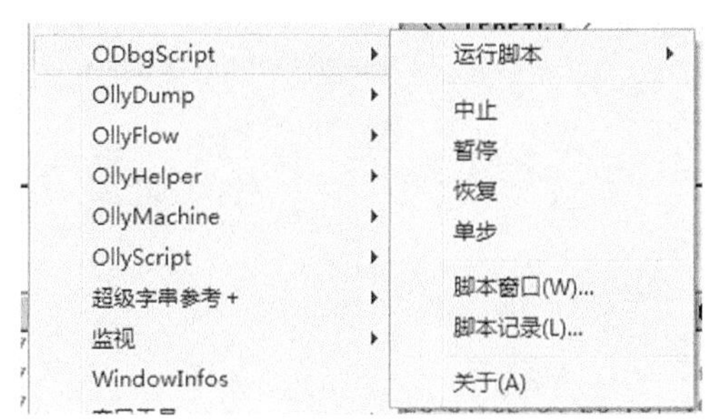

图 3-34　ODbgSscript 插件菜单项

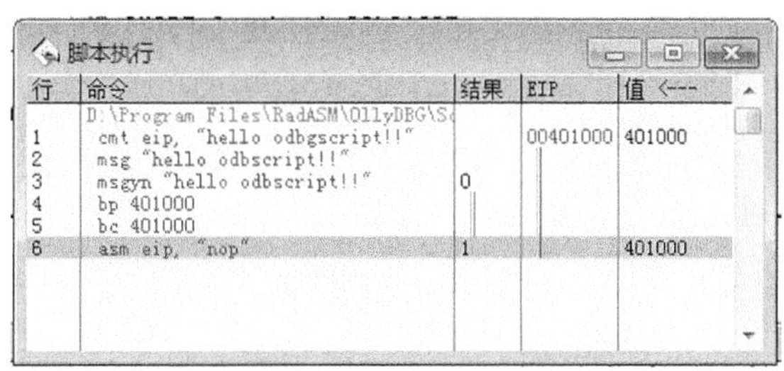

图 3-35　ODbgSscript 插件的脚本窗口

在脚本窗口中一共有 5 列信息，分别是“行”“命令”“结果”“EIP”和“值”。

行：表示为脚本中的每条命令按流水有一个行号。

命令：表示脚本中编写的命令。

结果：表示执行脚本后的一个结果值。

EIP：即执行后 EIP 寄存器的值。

值：变量的结果或地址值。

在脚本窗口中加载一个脚本，然后单击鼠标右键，会弹出一个菜单项，该菜单可以对脚本进行调试，比如单步、编辑、设置断点等。

ODbgScript 的语法与汇编语言类似，在后面的内容中会进行介绍。

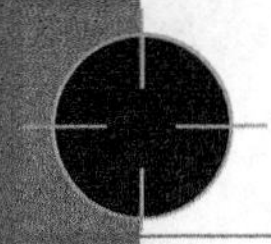

8．其他

对于 OD 的插件还有很多，这里无法逐一地进行介绍，本节也是对几个常用的插件进行了介绍。其他的插件还有用于反调试的，扩展 OD 调试功能的，扩展 OD 记录功能的，非常的多。在调试时，经常遇到一些软件有反调试的代码，那么使用一些插件就会直接忽略很多反调试，比如 StrongOD、Hide Od 等。这里不特别进行介绍说明。

3.4.2　OD 插件脚本编写

OD 脚本插件有前面介绍的 ODbgScript，还有一款脚本插件是 OllyMachine，后者是由国人开发的。本节主要介绍 ODbgScript 插件脚本的编写。

1．从例子开始介绍

在 3.4 节的例子中，通过调试可以得出以下步骤。首先，在 GetDlgItemTextA 函数设置断点，第一次在 GetDlgItemTextA 函数后可以得到输入的用户名，在得到用户名以后会根据用户名生成一个序列号（序列号的地址在 004021BB 处），生成完序列号以后，会再次通过 GetDlgItemTextA 函数获取序列号，然后通过将生成的序列号和输入的序列号进行比较，从而完成验证。

从上面的步骤可以发现，只要第二次在 GetDlgItemTextA 函数上中断后去读取 004021BB 地址处的内存，即可得到生成的正确的序列号。

2．写 ODS 脚本获取序列号

ODbgScript 脚本的功能非常强大，以上的步骤用很简单的几个 ODS 脚本即可完成。脚本如下：

```
// 获取 CrackMe 对应用户名序列号的 ODS 脚本

// 从 user32.dll 中获取 GetDlgItemTextA 的地址
gpa "GetDlgItemTextA", "user32.dll"
// 对 GetDlgItemTextA 函数设置断点
bp $RESULT
// 按下 SHIFT+F9 执行代码
esto
/*
    在上面的 esto 后面
    会弹出 CrackMe 的程序界面
    在程序界面中输入用户名和序列号
    单击“Test”按钮后
    程序会执行并中断在 GetDlgItemTextA 处
*/
// 程序被中断后，再次通过 esto 执行代码
esto
/*
    执行上面的 esto 代码后
程序会执行并第二次中断在 GetDlgItemTextA 函数上
*/
// 这时调用 msg 函数显示 004021bb 内存处的内容
msg [004021bb]
// 清除掉对 GetDlgItemTextA 函数的断点
bc $RESULT
// 脚本执行完成并返回
ret
```

将代码键入到任意的文本编辑器中，然后保存。

3．在 OD 中调试脚本

打开 OD，然后加载 CrackMe。选择菜单中的“插件”→“ODbgScript”→“脚本窗口”。

打开脚本窗口后，单击右键选择“载入脚本”→“打开”，找到保存好的 ODS 脚本文件。

以载入的方式加载，打开 ODS 脚本，可以对脚本进行单步调试。打开脚本以后按“S”键将会单步执行第一条 ODS 脚本指令。执行后的指令会变成红色。

在执行完第二条指令 bp $RESULT 后，打开断点窗口（通过 Alt+B 组合键可以切换至断点窗口）可以看到，已经对 GetDlgItemTextA 函数设置了断点，如图 3-36 所示。

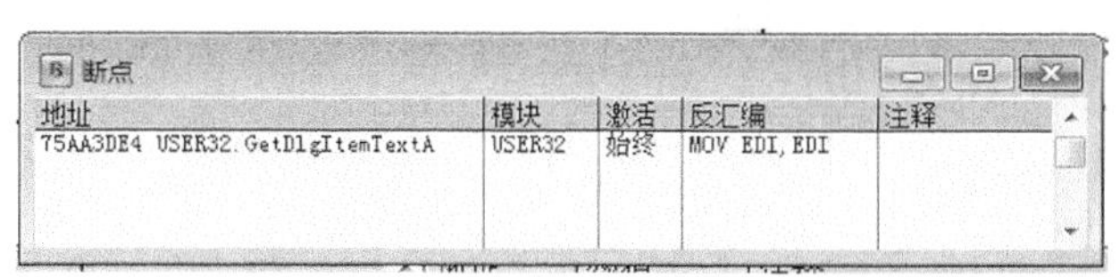

图 3-36　ODS 脚本设置断点

执行第三行的 esto 指令后，相当于按下了 Shift+F9 组合键让程序运行。当程序运行起来，输入用户名和序列号，单击 test 按钮，程序会继续运行后中断在 GetDlgItemTextA 函数处。

这时继续按“S”键执行第四行的 esto 指令，程序会再次运行并中断在 GetDlgItemTextA 函数处。由于程序执行的速度很快，OD 还没有来得及刷新，已经又中断在 GetDlgItemTextA 函数处，看起来好像没有任何的变化，其实已经执行过了。

继续按“S”键执行 msg [004021bb]指令，执行后会弹出如图 3-37 所示的对话框，上面显示着正确的序列号值。

图 3-37　ODS 脚本弹出序列号的对话框

剩下两条指令，执行 bc $RESULT 指令后，会清除 GetDlgItemTextA 函数的断点。再执行 ret 指令后，会弹出“脚本结束”的对话框。

在这里，简单地介绍了一个 ODS 脚本的编写以及 ODS 脚本的调试和运行。ODS 脚本有近百条指令，可以通过参考 ODS 脚本的手册来完整地进行学习。

3.4.3　OD 插件的开发

OD 的插件实质上是一个 DLL 文件，它里面导出了 OD 需要的几个函数，从而可以在 OD 中加载，出现在 OD 的菜单当中，同时 OD 的插件调用了 OD 本身提供的很多接口函数，因此它也可以直接使用 OD 中很多便捷的功能。其他的功能与写 DLL 基本没有差别。

1．准备工作

在开发 OD 插件时，首先需要得到开发插件的开发包，在开发包中提供了一个.h 的头文件和一个.lib 的库文件。这里以 VC2005 为例子，将得到的 plugin.h 头文件和 ollydbgvc7.lib 库文件放到新建的 DLL 解决方案目录下。

在 plugin.h 文件中，定义了大量的常量、结构体以及函数。

2．基本插件开发介绍

（1）OD 基本导出函数

在开发插件的时候，至少需要导出 ODBG_Plugininit 函数和 ODBG_Plugindata 函数这两个函数。下面分别介绍这两个函数的函数原型。

ODBG_Plugininit 函数的原型如下：

```
int  _export cdecl ODBG_Plugininit(
int ollydbgversion,
HWND hw,
ulong *features
);
```

该函数的作用是将需要初始化和分配的资源放在该函数中。

该函数有 3 个参数，作用分别如下。

Ollydbgversion：插件所兼容的 OD 的版本号。

hw：OD 主窗口句柄。

features：保留参数。

该函数如果执行成功则返回 0，发生错误则返回-1。当该函数的返回值为-1 时，该插件会自动在 OD 中卸载掉。

在调用该函数时，可以对插件所支持的版本号进行调用。plugin.h 头文件中提供了一个版本号常量，定义如下：

```
#define PLUGIN_VERSION 110       // Version of plugin interface
```

ODBG_Plugindata 函数的原型如下：

```
int  _export cdecl ODBG_Plugindata(char shortname[32]);
```

该函数的作用是为 OD 插件指定一个名字，名字的长度最长是 31 个字符，并且以 NULL 结尾。

该函数的参数 shortname 用于指定插件的名称，该插件的名称将显示在 OD 的插件菜单中。

以上两个函数是在编写 OD 插件时必须导出的函数。通常情况下，OD 插件菜单项会有子菜单项，单击菜单时会有相应的功能。因此，还需要编写两个需要导出的函数，分别是 ODBG_Pluginmenu 函数和 ODBG_Pluginaction 函数。下面介绍这两个函数的函数原型。

ODBG_Pluginmenu 函数的原型如下：

```
int  _export cdecl ODBG_Pluginmenu(
int origin,
char data[4096],
void *item
);
```

该函数的作用是在 OD 的主菜单或窗口中添加菜单项。

该函数的参数有 3 个，分别如下。

origin：调用 ODBG_Pluginmenu 函数的窗口代码，也就是需要把添加的菜单项添加到何处，可以选择的有 PM_MAIN、PM_CPUDUMP、PM_CPUSTACK 等。

data：用于描述菜单的结构。

ODBG_Pluginaction 函数的原型如下：

```
void _export cdecl ODBG_Pluginaction(
int origin,
int action,
void *item
);
```

该函数的作用是用户在 OD 中单击插件的菜单时的响应。

（2）OD 插件开发简单模板

根据前面对几个导出函数的介绍，在这里给出一个开发插件的简单模板。代码如下所示：

```
// 定义插件名称
static char g_szPluginName[] = "CleanUDD";
```

```
// 保存 OD 的主窗口句柄
static HWND g_hWndMain = NULL;

// 初始化 OD 插件
extc int _export cdecl ODBG_Plugininit(int ollydbgversion,HWND hw, ulong *features)
{
    char szLoadStr[MAXBYTE] = {};

    // 判断插件
    if ( ollydbgversion < PLUGIN_VERSION )
    {
        return -1;
    }

    // 保存 OD 主窗口句柄
    g_hWndMain = hw;

    lstrcpy(szLoadStr, g_szPluginName);
    lstrcat(szLoadStr, "插件加载成功");

    // 在日志窗口显示显示加载信息
    Addtolist(0, 0, szLoadStr);

    return 0;
}

// 对插件的名称进行赋值
extc int _export cdecl ODBG_Plugindata(char shortname[32])
{
    lstrcpy(shortname, g_szPluginName);

    return PLUGIN_VERSION;
}

// 在 OD 窗口设置菜单
extc int _export cdecl ODBG_Pluginmenu(int origin,char data[4096],void *item)
{
    if ( PM_MAIN == origin )
    {
        lstrcpy(data, "0 &CleanUdd | 1 &AboutPlugin");
        return 1;
    }

    return 0;
}

// 插件的菜单相应处理
extc void _export cdecl ODBG_Pluginaction(int origin,int action,void *item)
{
    switch ( origin )
    {
        case PM_MAIN:
        {
            switch ( action )
            {
                case 0:
                {
                    break;
                }
                case 1:
                {
                    break;
                }
            }
            break;
```

```
        }
        case PM_CPUDUMP:
        {
            break;
        }
        default:
        {
            break;
        }
    }
}
```

在以上代码中，对于各个菜单项的相应函数需要单独进行编写，然后放到 switch 结构中对应的位置即可。

3．插件实例

在本节，笔者将带领读者编写一个简单的 OD 插件，功能是完成删除调试中间文件，即 UDD 文件。该插件类似于 CleanupEx.dll 插件提供的功能。

编写该程序非常简单，只要遍历 UDD 目录下的所有文件，然后进行删除即可。实例插件并不像 CleanupEx.dll 插件提供了更多的功能，只是进行简单的文件遍历以及文件删除的操作。

首先，拷贝一份上面的代码模板，然后添加如下函数：

```
void CleanUdd()
{
    // 当前 OD 的路径
    char szDir[MAX_PATH] = {};
    char szTmp[MAX_PATH] = {};
    HANDLE hFind = NULL;
    WIN32_FIND_DATA wfd = { 0 };

    // 得到 OD 系统的目录，并拼接 UDD 所在目录
    GetCurrentDirectory(MAX_PATH, szDir);
    lstrcat(szDir, "\\udd\\");
    lstrcpy(szTmp, szDir);
    lstrcat(szTmp, "*.*");

    // 遍历文件
    hFind = FindFirstFile(szTmp, &wfd);

    if ( hFind != INVALID_HANDLE_VALUE )
    {
        do
        {
            if ( lstrcmp(wfd.cFileName, ".")  != 0 &&
                 lstrcmp(wfd.cFileName, "..") != 0 )
            {
                lstrcpy(szTmp, szDir);
                lstrcat(szTmp, wfd.cFileName);

                // 删除文件
                DeleteFile(szTmp);
            }
        } while ( FindNextFile(hFind, &wfd) );

        MessageBox(NULL, "删除成功", "提示", MB_OK);
    }
}
```

以上函数是用于删除 UDD 文件的函数，首先需要得到 UDD 所在的目录，在代码中通过 GetCurrentDirectory 来获得 OD 的目录，然后通过字符串连接函数形成类似 OD\UDD\这样形式

的目录。这里是为了演示而这样写的，正确的方式应该从 ollydbg.ini 文件的 UDD Path 下读取。

获得 UDD 的目录后，对该目录进行文件遍历，将遍历到的文件逐一进行删除即可。源代码在这里不做过多的讲解。

注意：如果读者对 Win32 编程不是了解的话，推荐阅读笔者的另外一本书《C++黑客编程揭秘与防范》(第2版)。

编写好以上函数后，修改菜单的相应事件，代码如下所示：

```
// 插件的菜单相应处理
extc void _export cdecl ODBG_Pluginaction(int origin,int action,void *item)
{
    switch ( origin )
    {
        case PM_MAIN:
        {
            switch ( action )
            {                case 0:
                {
                    // 增加了对 CleanUdd 的调用
                    CleanUdd();
                    break;
                }
            }
            break;
        }
        default:
        {
            break;
        }
    }
}
```

以上就完成了一个简单 OD 插件的开发，将 OD 提供的头文件和库文件添加到项目工程文件下，然后编译连接，将生成的 DLL 文件复制到 OD 的 Plugin 目录下，然后打开 OD 就可以看到如图 3-38 所示。

图 3-38 清除 UDD 的插件的菜单

关于更多的编写 OD 插件的知识，可参考 OD 插件开发的手册。

3.5 总结

本章主要介绍 OllyDbg 这款逆向工具的使用。在本章中较为详细地介绍了 OD 的主要窗口，以及较为常用的功能，如单步、断点、搜索等。另外，为了让读者能结合实际情况理解 OD 的用法，使用了简单的 CrackMe 的实例演示了 OD 的使用。为了让读者今后在使用 OD 的过程中，能够以自动化的方式完成枯燥重复的工作，也简单地介绍了 ODbgScript 脚本的编写。本章还通过编写简单的删除 UDD 文件的插件演示了如何开发 OD 的插件。

第4章 PE 工具详解

对于进行逆向而言，PE 结构（其实是一种文件格式，因为在进行开发时，它被定义成各种结构体，因此通常叫它 PE 结构）这个概念想必每位学习者在入门时都会听说过。PE 格式即 Portable Executable File Format，它是微软公司设计的在 Windows 系统下的可执行文件的格式。在 Windows 下使用的程序软件都是 PE 格式的，常见的扩展名如 EXE、DLL、OCX 和 SYS 等都属于是 PE 文件格式的。因此，作为一名逆向爱好者，对 PE 格式的掌握是必需的。

本章主要介绍有关 PE 文件格式相关的工具，并介绍 PE 文件相关的结构，以帮助读者深入了解和掌握 PE 格式。

本章关键字：PE 结构　PE 解析　PE 修改

4.1　常用 PE 工具介绍

PE 文件格式是 Windows 操作系统下可执行文件的标准格式，可执行文件的装载、内存分布、执行等都依赖于 PE 文件格式，而在逆向分析软件时，为了有效、更高效地了解程序，必须掌握 PE 文件格式。请读者考虑一下，为什么用 OD 打开一个可执行文件后，OD 可以正确地识别哪些部分是代码（CPU 窗口的反汇编窗口中的内容），哪些部分是数据（CPU 窗口中的数据窗口），OD 加载可执行程序后为什么能够正确地停在代码的入口处，OD 如何知道哪里是代码的入口处等。其实，并不是 OD 有多么的智能，这些全都是依赖于 PE 文件结构，OD 只是依照并解析 PE 文件格式后获得的相关数据。

对于掌握反病毒、免杀、反调试、壳等相关知识，PE 文件格式是重中之重。

4.1.1　PE 工具

说到 PE 工具，一般指的是 PE 文件格式查看（解析）工具、PE 文件格式编辑工具、PE 文件格式修改工具等。PE 文件格式查看工具，是通过解析 PE 文件格式后以方便逆向者阅读的形式来显示 PE 文件格式各个结构、属性等字段的值。PE 文件格式编辑工具可以编辑修改 PE 文件格式各个结构、属性等字段值的工具。PE 文件格式修改工具可以在既有的 PE 文件结构中添加或者删除某些结构。

上述的 PE 工具只是狭义上的 PE 工具。在广义上来说，PE 相关的工具其实并不单单是 PE 文件结构的查看和修改，依赖 PE 文件格式的工具还有壳识别工具（识别壳或者开发环境的工具）、资源编辑工具、导入表修复工具（这种工具一般会被认为是壳修复工具）等。这些都是专门某一项或某一个特定功能的 PE 工具。

下面介绍一些常用的 PE 工具。

4.1.2 Stud_PE 介绍

Stud_PE 是一个功能强大的 PE 文件格式编辑工具，它可以查看 PE 文件格式，可以进行文件格式的比较，可以进行壳的识别等。它还提供了支持插件的功能。当然，这里介绍它主要是演示它的 PE 文件格式的查看功能（所谓的查看，其实是解析的功能，按照 PE 文件格式的具体字段进行解析并显示）。Stud_PE 的主界面如图 4-1 所示。

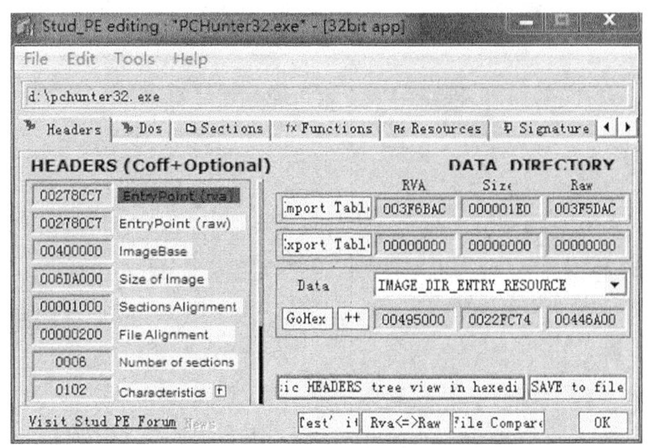

图 4-1 Stud_PE 主界面

在图 4-1 中，Stud_PE 主界面中包含菜单栏、文本框和一组选项卡。在菜单中可以使用 Stud_PE 的插件。Stud_PE 主要的解析功能在它的选项卡中，主要包含 PE 头部、数据目录、DOS 头、节表等信息。

Stud_PE 可以将 PE 文件格式的关键结构体的字段进行解析，并以十六进制的方式对应显示。单击“Basic HEADERS tree view in hexeditor”按钮，来显示并查看 PE 文件结构各头部对应的 HEX 数据，如图 4-2 所示。

通过图 4-2 选择左侧的“树型结构 PE 头部”或头部的字段，在右侧会以选中的方式查看相对应的十六进制的数据。这个功能非常好，因为在学习各种文件格式的时候都会依照格式的数据结构来了解它每个字段对应的十六进制值，只有这样学习，才能更深刻地掌握该种文件格式。

Stud_PE 可以对 PE 文件格式进行修改。在对 PE 文件格式进行修改后，单击图 4-1 中的“Save to file”按钮，即可保存修改后的数据。

Stud_PE 这款工具还提供了诸如虚拟地址与文件地址转换的计算器（Rva<=>Raw）、文件比较的功能（File Compare），它们都在 Stud_PE 工具最下方。虚拟地址与文件地址转换是较

为常用的功能，因为在很多情况下需要用到几种地址的转换。文件比较功能在分析病毒或加/脱壳的文件时是非常实用的。

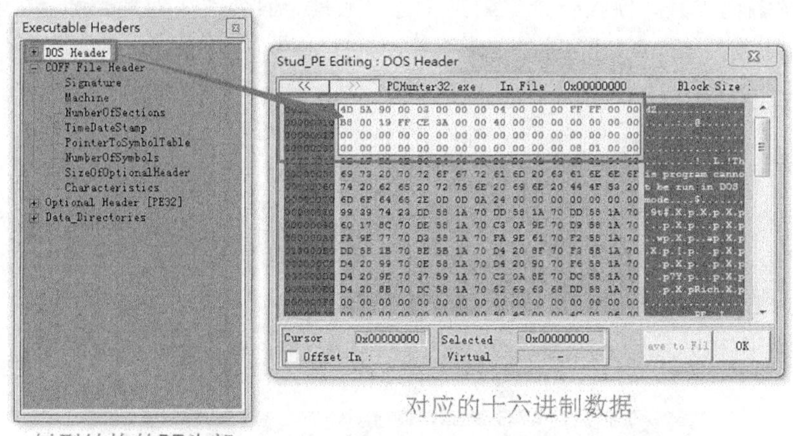

图 4-2 以 hex 方式显示 PE 各头部对应的数据

4.1.3 PEiD 介绍

PEiD 是一款 PE 文件识别工具，主要用来识别可执行程序的开发环境。如果可执行程序被加壳，那么 PEiD 将会识别出可执行程序加壳的类型，如图 4-3 所示。

在图 4-3 中，可以看到选中的部分就是 PEiD 识别出来的开发环境的名称和版本号。PEiD 的主要用处就是进行识别壳，它不具备 PE 文件格式编辑的功能，但是它支持 PE 文件格式各个数据结构的查看。

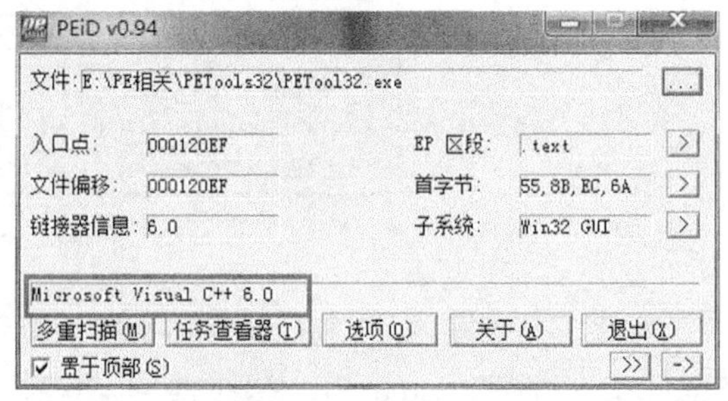

图 4-3 PEiD 主界面

在 PEiD 中，通过“任务查看器”可以查看系统中的进程列表和进程中的模块列表，通过单击右键所弹出的菜单，可以将进程的可执行文件或者进程中模块对应的可执行文件进行载入并识别。

在 PEiD 的选项对话框中，可以设置 PEiD 扫描的模式，分别是“普通扫描”“深度扫描”和“核心扫描”3 种方式，3 种方式读者可以自行进行测试。为了可以随时对任意可执行文件进行壳的识别，可以通过 PEiD 选项中的“右键菜单扩展”将 PEiD 集成到鼠标右键的菜单当中。

注意： PEiD 的识别功能其实依赖于其目录下的 userdb.txt 文件，目前 PEiD 的识别常常会不准确，读者可以选择与 PEiD 功能相同的工具，如 FFI、ExeInFope、DiE64 等工具。这些工具的使用与 PEiD 的使用基本类似，这里不再进行介绍。

4.1.4 LordPE 介绍

LordPE 也是一款功能强大的 PE 工具，它类似于 Stud_PE 结合了很多的功能，而不像 PEiD 那样功能较为单一。

LordPE 是众多 PE 工具中使用得较多的一款 PE 工具，它集合了转存进程、重建 PE 文件、PE 文件编辑等功能。LordPE 的主界面与 PE 查看界面如图 4-4 和图 4-5 所示。

在图 4-4 中 LordPE 的主界面上，左侧的上半部分是一个进程的列表，下半部分是进程中对应模块的列表，通过这两个列表可以将进程或进程中的模块转存到磁盘上，对于进程而言 LordPE 可以修正映像的大小，该功能在脱壳中是经常用到的。

在图 4-4 中 LordPE 的主界面上，右侧部分有许多按钮，第一个“PE 编辑器”按钮是用于查看和编辑 PE 文件格式的，单击后打开如图 4-5 所示的界面。在图 4-5 中的左侧部分也显示了 PE 结构中较为重要和关键的一些字段。而在图 4-5 中的右侧部分中，提供了查看 PE 结构中的节表、数据目录、计算虚拟地址与文件地址的转换等功能的按钮。

在图 4-4 中 LordPE 的主界面右侧，有一个“重建 PE”的按钮，该功能可以修复和优化 PE 程序，该功能常常用在程序脱壳之后。

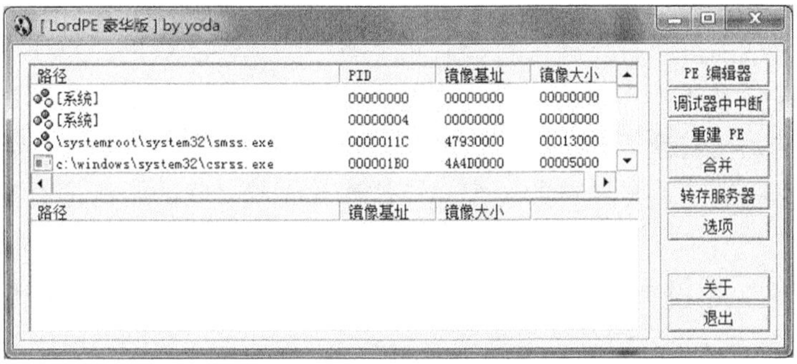

图 4-4　LordPE 主界面

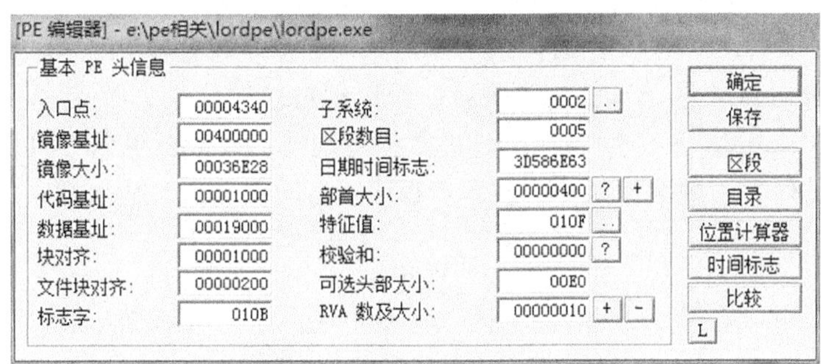

图 4-5　LordPE 的 PE 查看界面

注意： 无论是修改 PE 文件格式，还是修复或者优化，在进行诸如此类的操作之前一定要对原始的程序进行备份，因为对 PE 文件格式进行操作后很可能因为修改不当而导致程序无法执行。

4.2　PE 文件格式详解

在 PE 文件格式工具的介绍当中，笔者并没有具体介绍 PE 工具中解析后各字段或结构内容具体的含义。因为 PE 文件格式是 Windows 操作系统下可执行文件的格式，并不是三言两语能够解释清楚的，它是一套完整的知识结构。因此，笔者才单独拿出来介绍 PE 文件格式的常用的数据结构及其含义。

PE（Portable Executable），即可移植的执行体。在 Windows 操作系统平台（包括 Win 9x、Win NT、Win CE 等）下，所有的可执行文件（包括 EXE 文件、DLL 文件、SYS 文件、OCX 文件、COM 文件等）均使用 PE 文件结构。这些使用 PE 文件结构的可执行文件也可以称为 PE 文件。

普通程序员也许没有必要掌握 PE 文件结构，因为其大多是开发服务性、决策性、辅助性的软件，比如 MIS、HIS、CRM 等软件。但是对于学习逆向知识、信息安全的人员而言，掌握 PE 文件结构的知识就非常重要了。

4.2.1　PE 文件结构全貌介绍

1．PE 文件结构全貌

Windows 系统下的可执行文件中包含着各种类型的二进制数据，包括代码、数据、资源等。虽然 Windows 系统下的可执行文件中包含着如此众多类型的数据，但是其存放都是有序的、结构化的，这完全依赖于 PE 文件结构对各种数据的管理。同样，PE 结构是由若干个复杂的结构体组合而成的，不是单单的一个结构体那么简单，它的结构是由多个不同的结构体组成的。

PE 结构包含的结构体有 DOS 头、PE 标识、文件头、可选头、目录结构、节表等。要掌握 PE 结构，首先要对 PE 结构有一个整体上的认识，要知道 PE 结构分为哪些部分，这些部分大概是起什么作用的。有了宏观的概念以后，就可以深入地对 PE 结构的各个结构体进行细致的学习了。图 4-6 可以让读者对 PE 结构有个大致的了解。

从图 4-6 中可以看出，PE 文件结构大致分为四大部分，其中每个部分又可以进行细分，存在若干个小的部分。从数据管理的角度来看，可以把可执行文件大致分为两个部分，其一的 DOS 头、PE 头和节表属于构成可执行文件的数据管理结构或数据组织结构部分，其二的节表数据才是可执行文件真正的数据部分，包含着程序执行时真正的代码、数据、资源等内容。

DOS头	MZ头部
	DOS存根
PE头	PE标识（PE\0\0）
	文件头
	可选头
节表	节表一
	节表二
	……
	节表N
节表数据	节表数据一（可能是代码或数据）
	节表数据二（可能是代码或数据）
	……
	节表数据N（可能是代码或数据）

图 4-6　PE 结构总览图

简单地通过 LordPE 和 OD 来查看一下 PE 结构以及相关数据的关系。如图 4-7 所示。

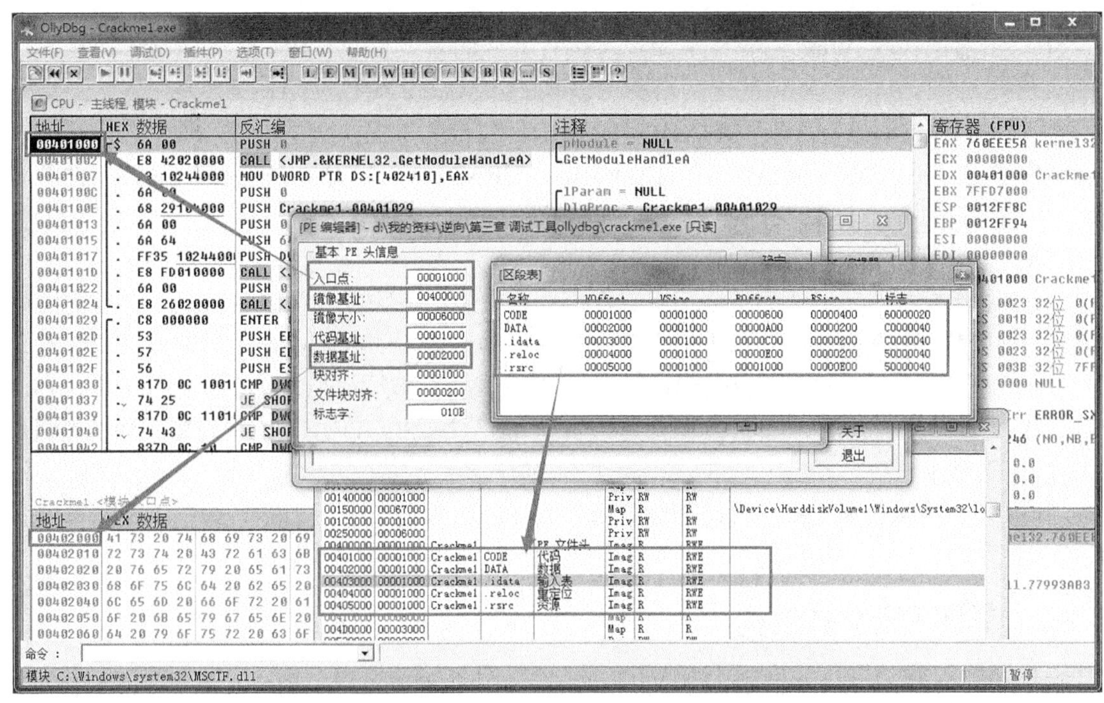

图 4-7 PE 结构与 OD 调试的内容

从图 4-7 可以看出，LordPE 通过解析 PE 结构中的字段，得到了该可执行程序的映射基址、入口地址、数据基址，OD 中也隐含着 PE 结构解析的模块，否则它无法知道何处是代码的入口，数据窗口中的数据从哪里开始显示。同样可以看出，在 OD 的内存窗口（OD 内存窗口可以通过 Alt+M 组合键来打开）中显示了可执行程序的各个节表，与在 LordPE 中显示的节表是相同的，在 OD 中还根据节表的属性给出了每个节中可能会存放哪些数据。

2. PE 结构各部分简介

根据图 4-6 给出的 PE 结构总览图先大致了解一下每部分的作用，然后进行深入讲解。

（1）DOS 头

DOS 头分为两部分，分别是“MZ 头部”和“DOS 存根”。MZ 头部是真正的 DOS 头部，由于其开始处的两个字节为“MZ”，因此 DOS 头也可以叫作 MZ 头。该头部用于程序在 DOS 系统下加载，它的结构被定义为 IMAGE_DOS_HEADER。

DOS 存根是一段简单的 DOS 程序，主要用于输出类似“This program cannot be run in DOS mode.”的提示字符串。

为什么 PE 结构的最开始位置有这样一段 DOS 头部呢？关键是为了可执行程序可以兼容 DOS 系统。DOS 系统下的可执行文件与 Windows 系统下的可执行文件的扩展名都为 EXE。但是，在现今的 Windows NT 系统下，Win32 下的 PE 程序是不能在 DOS 下运行的，因此保留这样一个简单的 DOS 程序用于提示“不能运行于 DOS 模式下”。不过该 DOS 存根程序可以通过连接参数进行修改，使得该可执行文件既可以在 Windows 下运行，也可以在 DOS 系统下运行，具体如何通过连接参数可参考连接器。

（2）PE 头

PE 头部保存着 Windows 系统加载可执行文件的重要信息。PE 头部由 IMAGE_NT_HEADERS 定义，从该结构体的定义名称可以看出，IMAGE_NT_HEADERS 是由多个结构体组合而成的，该结构体中包含了 IMAGE_NT_SIGNATRUE（它不是结构体，而是一个宏定义）、IMAGE_FILE_HEADER 和 IMAGE_OPTIONAL_HEADER 三部分。PE 头部在 PE 文件中的位置不是固定不变的，PE 头部的位置由 DOS 头部的某个字段给出。

（3）节表

程序的组织按照各属性的不同而保存在不同的节中，在 PE 头部之后就是一个结构体数组构成的节表。节表中描述了各个节在整个文件中的位置与加载入内存后的位置，同时定义了节的属性（只读、可读写、可执行等）。描述节表的结构体是 IMAGE_SECTION_HEADER，如果 PE 文件中有 N 个节，那么节表就是由 N 个 IMAGE_SECTION_HEADER 组成的数组。

（4）节数据

可执行文件中的真正程序代码部分就保存在 PE 结构的节中，当然，数据、资源等内容也保存在节中。节表只是描述了节数据的起始地址、大小及属性等信息。

4.2.2 详解 PE 文件结构

PSDK（Platform Software Development Kits，平台软件开发包）的头文件 Winnt.h 中包含了 PE 文件结构的定义格式。PE 头文件分为 32 位和 64 位版本。64 位的 PE 结构是对 32 位 PE 结构进行了扩展，这里主要讨论 32 位的 PE 文件结构。

1．DOS 头部详解——IMAGE_DOS_HEADER

对于一个 PE 文件来说，最开始的位置就是一个 DOS 程序。DOS 程序包含了一个 DOS 头部和一个 DOS 程序体（DOS 存根或 DOS 残留）。DOS 头部是用来装载 DOS 程序的，DOS 程序也就是如图 4-6 中的那个 DOS 存根。也就是说，DOS 头是用来装载 DOS 存根用的。保留这部分内容是为了与 DOS 系统相兼容。当 Win32 程序在 DOS 下被执行时，DOS 存根程序会有礼貌地输出“This program cannot be run in DOS mode.”字样对用户进行提示。在 VC 开发环境下可以通过修改参数而改变 DOS 存根。

虽然 DOS 头部是为了装载 DOS 程序的，但是 DOS 头部中一个字段保存着指向 PE 头部位置的值。DOS 头部在 Winnt.h 头文件中被定义为 IMAGE_DOS_HEADER，其定义如下：

```
typedef struct _IMAGE_DOS_HEADER {      // DOS .EXE header
    WORD   e_magic;                     // Magic number
    WORD   e_cblp;                      // Bytes on last page of file
    WORD   e_cp;                        // Pages in file
    WORD   e_crlc;                      // Relocations
    WORD   e_cparhdr;                   // Size of header in paragraphs
    WORD   e_minalloc;                  // Minimum extra paragraphs needed
    WORD   e_maxalloc;                  // Maximum extra paragraphs needed
    WORD   e_ss;                        // Initial (relative) SS value
    WORD   e_sp;                        // Initial SP value
    WORD   e_csum;                      // Checksum
    WORD   e_ip;                        // Initial IP value
    WORD   e_cs;                        // Initial (relative) CS value
    WORD   e_lfarlc;                    // File address of relocation table
    WORD   e_ovno;                      // Overlay number
    WORD   e_res[4];                    // Reserved words
    WORD   e_oemid;                     // OEM identifier (for e_oeminfo)
    WORD   e_oeminfo;                   // OEM information; e_oemid specific
```

```
    WORD    e_res2[10];                    // Reserved words
    LONG    e_lfanew;                      // File address of new exe header
  } IMAGE_DOS_HEADER, *PIMAGE_DOS_HEADER;
```

该结构体中需要掌握的字段只有两个，分别是第一个字段 e_magic 和最后一个字段 e_lfanew 字段。

e_magic 字段是一个 DOS 可执行文件的标识符，占用 2 个字节。该位置保存着的字符是"MZ"。该标识符在 Winnt.h 头文件中有如下的一个宏定义：

```
#define IMAGE_DOS_SIGNATURE                 0x5A4D      // MZ
```

在 Windows 下只要一个文件是 PE 文件，那么开头的两个字节肯定是 4D 5A。

e_lfanew 字段中保存着 PE 头的起始位置。

接下来，笔者通过实际的例子带领读者查看 PE 文件结构的信息。在 VC 下创建一个简单的"Win32 Application"程序，然后生成一个可执行文件，用于学习和分析 PE 文件结构的组织。

程序代码如下：

```
int WINAPI WinMain( __in HINSTANCE hInstance,
                    __in_opt HINSTANCE hPrevInstance,
                    __in_opt LPSTR lpCmdLine,
                    __in int nShowCmd )
{
    MessageBox(NULL, _T("Hello World!"), _T("Hello"), MB_OK);

    return 0;
}
```

该程序的功能只是弹出一个 MessageBox 对话框。为了减小程序的体积，使用"Release"方式进行编译连接程序，并把编译好的程序用 C32Asm 打开（也可以使用 Stud_PE 进行打开，但是由于 Stud_PE 显示的十六进制数据太小不利于截图，因此这里使用了 C32Asm 这款十六进制编辑器软件）。C32Asm 是一个反汇编与十六进制编辑于一体的程序，其界面如图 4-8 所示。

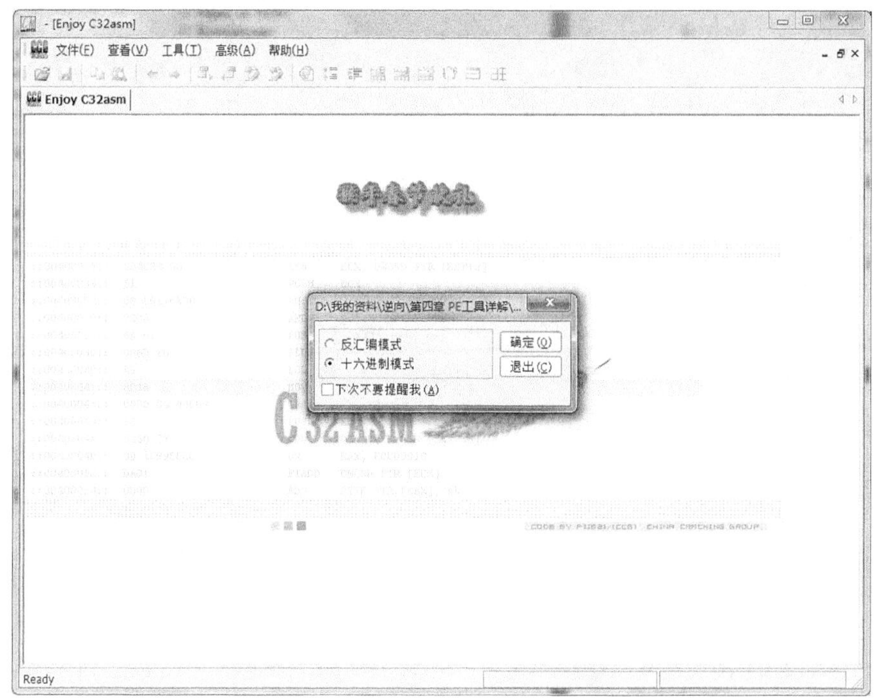

图 4-8　C32Asm 程序界面

在如图 4-8 的 C32Asm 中选择以“十六进制模式”方式打开，单击“确定”按钮，程序即被 C32Asm 程序以十六进制的模式打开，如图 4-9 所示。

```
Enjoy C32asm   (HEX)PeTest.exe
00000000: 4D 5A 90 00 03 00 00 00 04 00 00 00 FF FF 00 00   MZ?.........ÿÿ..
00000010: B8 00 00 00 00 00 00 00 40 00 00 00 00 00 00 00   ?.......@.......
00000020: 00 00 00 00 00 00 00 00 00 00 00 00 00 00 00 00   ................
00000030: 00 00 00 00 00 00 00 00 00 00 00 00 E0 00 00 00   ............?...
00000040: 0E 1F BA 0E 00 B4 09 CD 21 B8 01 4C CD 21 54 68   ..?.???L?Th
00000050: 69 73 20 70 72 6F 67 72 61 6D 20 63 61 6E 6E 6F   is program canno
00000060: 74 20 62 65 20 72 75 6E 20 69 6E 20 44 4F 53 20   t be run in DOS
00000070: 6D 6F 64 65 2E 0D 0D 0A 24 00 00 00 00 00 00 00   mode....$.......
00000080: 75 1C 6E AD 31 7D 00 FE 31 7D 00 FE 31 7D 00 FE   u.n?}.?}.?}.?
00000090: 16 BB 7B FE 33 7D 00 FE 16 BB 6E FE 30 7D 00 FE   .粄?}.?籲?}.?
000000A0: 16 BB 7D FE 30 7D 00 FE 16 BB 6D FE 25 7D 00 FE   .粆?}.?籱?}.?
000000B0: F2 72 5D FE 34 7D 00 FE 31 7D 01 FE 18 7D 00 FE   騬]?}.?}.?}.?
000000C0: 16 BB 72 FE 30 7D 00 FE 16 BB 78 FE 30 7D 00 FE   .粯?}.?粁?}.?
000000D0: 52 69 63 68 31 7D 00 FE 00 00 00 00 00 00 00 00   Rich1}.?.......
000000E0: 50 45 00 00 4C 01 04 00 [illegible]                PE..L...儲  ....
000000F0: 00 00 00 00 E0 00 03 01 0B 01 08 00 00 08 00 00   ....?.........
```

图 4-9　十六进制编辑状态下的 C32Asm

在图 4-9 中可以看到，在文件偏移为 0x00000000 的位置处保存着 2 个字节的内容为 0x5A4D，用 ASCII 码表示则是“MZ”。图 4-9 中的前两个字节明明写着“4D 5A”，为什么说的是 0x5A4D 呢？到上面看 Winnt.h 头文件中定义的那个宏，也写着是 0x5A4D。这是为什么呢？如果读者还记得前面章节中介绍的字节顺序的内容，那么就应该明白为什么这么写了。这里使用的系统是小尾方式存储，即高位保存高字节，地位保存低字节。这个概念是很重要的，希望读者不要忘记。

注意：① 在这里，如果以 ASCII 码的形式去考察 e_maigc 字段的话，那么它的值的确是“4D 5A”两个字节，但是为什么宏定义是“0x5A4D”呢？因为 IMAGE_DOS_HEADER 对于 e_magic 的定义是一个 WORD 类型。定义成 WORD 类型，在代码中进行比较时是可以直接使用数值进行比较的，而如果定义成 CHAR 类型，或者按照 ASCII 码来进行比较的话，相比数值比较就会稍显麻烦。

② 在 Winnt.h 头文件中可以找到 IMAGE_DOS_SIGNATURE 的定义，但是这里的定义是 0x5A4D。

在图 4-9 中 0x0000003C 的位置处，就是 IMAGE_DOS_HEADER 的 e_lfanew 字段，该字段保存着 PE 头部的起始位置。PE 头部的地址是多少呢？是 0xE0000000 吗？如果认为是 0xE0000000，那么就错了，原因还是字节序的问题。因此，e_lfanew 的值为 0x000000E0。在文件偏移为 0x000000E0 的地址处保存着“50 45 00 00”，与之对应的 ASCII 字符为“PE\0\0”。这里就是 PE 头部开始的位置。

在“PE\0\0”和 IMAGE_DOS_HEADER 之间的内容是 DOS 存根，就是一个没什么太大用处的 DOS 程序。由于这个程序本身没有什么利用的价值，因此这里就不对这个 DOS 程序进行介绍。在免杀、PE 文件大小优化等技术中会对这部分进行处理，可以将该部分直接删除，然后将 PE 头部整体向前移动，也可以将一些配置数据保存在此处等。在 C32Asm 中选中 DOS 存根程序，也就是从 0x00000040 处一直到 0x000000DF 处的内容，然后单击右键选择“填充”命令，在弹出的“填充数据”对话框中，选中“使用十六进制填充”单选按钮，在其后的编辑框中输入“00”，单击“确定”按钮，该过程如图 4-10 和图 4-11 所示。

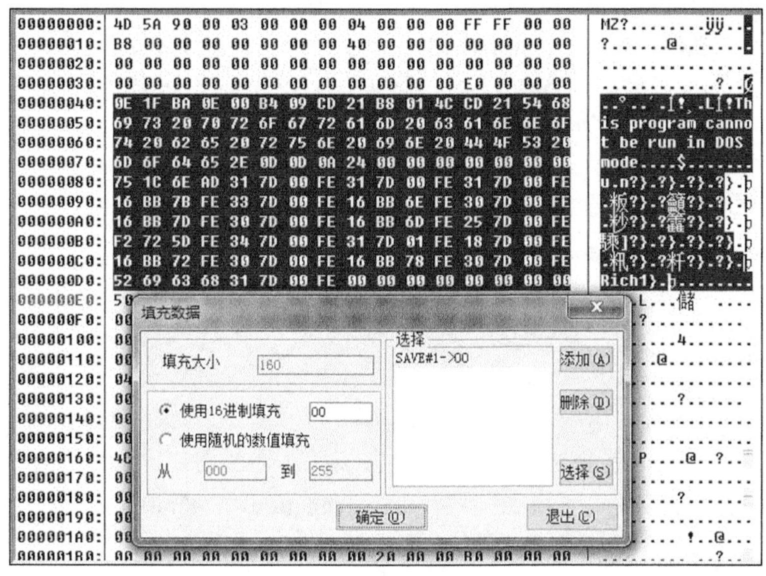

图 4-10 填充数据

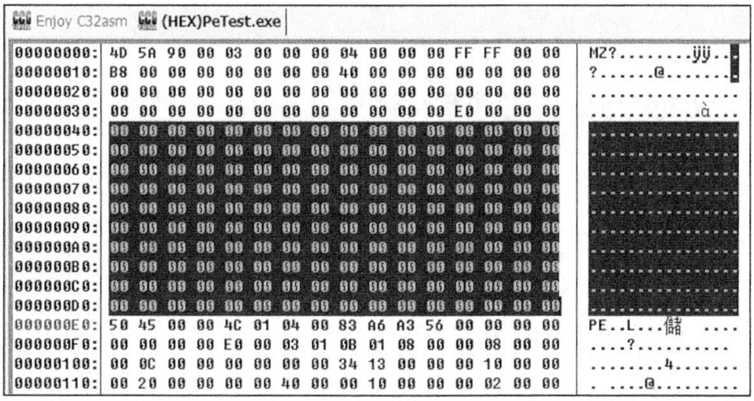

```
Enjoy C32asm   (HEX)PeTest.exe
00000000: 4D 5A 90 00 03 00 00 00 04 00 00 00 FF FF 00 00
00000010: B8 00 00 00 00 00 00 00 40 00 00 00 00 00 00 00
00000020: 00 00 00 00 00 00 00 00 00 00 00 00 00 00 00 00
00000030: 00 00 00 00 00 00 00 00 00 00 00 00 E0 00 00 00
00000040: 00 00 00 00 00 00 00 00 00 00 00 00 00 00 00 00
00000050: 00 00 00 00 00 00 00 00 00 00 00 00 00 00 00 00
00000060: 00 00 00 00 00 00 00 00 00 00 00 00 00 00 00 00
00000070: 00 00 00 00 00 00 00 00 00 00 00 00 00 00 00 00
00000080: 00 00 00 00 00 00 00 00 00 00 00 00 00 00 00 00
00000090: 00 00 00 00 00 00 00 00 00 00 00 00 00 00 00 00
000000A0: 00 00 00 00 00 00 00 00 00 00 00 00 00 00 00 00
000000B0: 00 00 00 00 00 00 00 00 00 00 00 00 00 00 00 00
000000C0: 00 00 00 00 00 00 00 00 00 00 00 00 00 00 00 00
000000D0: 00 00 00 00 00 00 00 00 00 00 00 00 00 00 00 00
000000E0: 50 45 00 00 4C 01 04 00 83 A6 A3 56 00 00 00 00
000000F0: 00 00 00 00 E0 00 03 01 0B 01 08 00 00 08 00 00
00000100: 00 0C 00 00 00 00 00 00 34 13 00 00 00 10 00 00
00000110: 00 20 00 00 00 00 40 00 00 10 00 00 00 02 00 00
```

图 4-11 填充后的数据

通过图 4-10 和图 4-11 可以看出，使用 C32Asm 把 DOS 存根部分全部以 0 进行填充，填充完毕以后，单击工具栏上的“保存”按钮对修改后的内容进行保存。保存时会提示“是否进行备份”，选择“是”，则修改后的文件就被保存了。找到修改后的文件然后运行，程序中的 MessageBox 对话框依旧弹出，说明这里的内容的确无关紧要，不会影响程序的正常运行。DOS 存根部分经常由于需要而保存其他数据，因此这种填充操作较为常见。具体填充什么数据，读者可以在使用过程中自行发挥想象。

对于 DOS 头部而言，里面只有两个关键的字段，就是 e_magic 和 e_lfanew。对于其他无用的字段也可以进行填充或者放置其他的数据，这点读者可以自行测试。

2．PE 头部详解——IMAGE_NT_HEADERS

DOS 头部是为了兼容 DOS 系统而遗留的，DOS 头中的最后一个字节给出了 PE 头的位置。PE 头部是真正用来装载 Windows 程序的头部，PE 头的定义为 IMAGE_NT_HEADERS，该结构体包含 PE 标识符、文件头 IMAGE_FILE_HEADER 和可选头 IMAGE_OPTIONAL_HEADER 三部分。IMAGE_NT_HEADERS 是一个宏定义，其定义如下：

```
#ifdef _WIN64
typedef IMAGE_NT_HEADERS64                   IMAGE_NT_HEADERS;
typedef PIMAGE_NT_HEADERS64                  PIMAGE_NT_HEADERS;
#else
typedef IMAGE_NT_HEADERS32                   IMAGE_NT_HEADERS;
typedef PIMAGE_NT_HEADERS32                  PIMAGE_NT_HEADERS;
#endif
```

该头分为 32 位和 64 位两个版本，其定义依赖于是否定义了_WIN64 宏。这里只讨论 32 位的 PE 文件格式，来看一下 IMAGE_NT_HEADERS32 的定义，该定义如下：

```
typedef struct _IMAGE_NT_HEADERS {
    DWORD Signature;
    IMAGE_FILE_HEADER FileHeader;
    IMAGE_OPTIONAL_HEADER32 OptionalHeader;
} IMAGE_NT_HEADERS32, *PIMAGE_NT_HEADERS32;
```

该结构体的 Signature 就是 PE 标识符，标识该文件是否是 PE 文件。该部分占 4 个字节，即“50 45 00 00”。该部分可以参考图 4-9 所示。Signature 在 Winnt.h 中有一个宏定义如下：

```
#define IMAGE_NT_SIGNATURE   0x00004550  // PE00
```

该值非常重要。在判断一个文件是否是 PE 文件时，首先要判断文件的起始位置是否为“MZ”，如果是“MZ”，那么通过 DOS 头部的相应偏移取得“PE 头部的位置”，接着判断文件该位置的前四个字节是否为“PE\0\0”。如果是的话，则说明该文件是一个有效的 PE 文件。

在 PE 头中，除了 IMAGE_NT_SIGNATURE 以外，还有两个重要的结构体，分别是 IMAGE_FILE_HEADER（文件头）和 IMAGE_OPTIONAL_HEADER（可选头）。这两个头在 PE 头部占据重要的位置，因此需要详细介绍。

注意：将一个可执行文件用文本编辑器打开，在文本编辑器中也能够直接看到 MZ 和 PE 两个很明显的特征。当然，用文本编辑器打开可执行文件时，尽量使用 notepad++，而不是使用 Windows 自带的 notepad。

3．文件头部详解——IMAGE_FILE_HEADER

文件头结构体 IMAGE_FILE_HEADER 是 IMAGE_NT_HEADERS 结构体中的一个结构体，紧接在 PE 标识符的后面。IMAGE_FILE_HEADER 结构体的大小为 20 个字节，起始位置为 0x000000E4，结束位置为 0x000000F7，如图 4-12 所示。

```
000000C0: 00 00 00 00 00 00 00 00 00 00 00 00 00 00 00 00
000000D0: 00 00 00 00 00 00 00 00 00 00 00 00 00 00 00 00
000000E0: 50 45 00 00 4C 01 04 00 83 A6 A3 56 00 00 00 00
000000F0: 00 00 00 00 E0 00 03 01 0B 01 08 00 00 08 00 00
00000100: 00 0C 00 00 00 00 00 00 34 13 00 00 00 10 00 00
00000110: 00 20 00 00 00 00 40 00 00 10 00 00 00 02 00 00
```

图 4-12　IMAGE_FILE_HEADER 在 PE 文件中的位置

IMAGE_FILE_HEADER 的起始位置取决于 PE 头部的起始位置，PE 头部的位置取决于 IMAGE_DOS_HEADER 中 e_lfanew 字段中的值。除了 IMAGE_DOS_HEADER 的起始位置外，其他头的位置都依赖于 PE 头部的起始位置。

IMAGE_FILE_HEADER 结构体包含了 PE 文件的一些基础信息，其结构体在 Winnt.h 头文件中的定义如下：

```
typedef struct _IMAGE_FILE_HEADER {
    WORD    Machine;
    WORD    NumberOfSections;
    DWORD   TimeDateStamp;
    DWORD   PointerToSymbolTable;
    DWORD   NumberOfSymbols;
    WORD    SizeOfOptionalHeader;
    WORD    Characteristics;
} IMAGE_FILE_HEADER, *PIMAGE_FILE_HEADER;
```

IMAGE_FILE_HEADER 结构体的大小在 Winnt.h 头文件中也给出了相关的定义，定义如下：

```
#define IMAGE_SIZEOF_FILE_HEADER             20
```

下面介绍该结构体的各个字段。

Machine：该字段是 WORD 类型，占用 2 个字节。该字段表示可执行文件的目标 CPU 类型，该字段的取值如表 4-1 所列。

表 4-1 Machine 字段的取值

宏 定 义	值	说 明
IMAGE_FILE_MACHINE_I386	0x014c	Intel 32
IMAGE_FILE_MACHINE_IA64	0x0200	Intel 64

从图 4-12 中可以看出，Machine 字段的值为“4C 01”，即 0x014C，表示支持 Intel 32 位的 CPU。Machine 字段的值如果为“00 02”，即 0x0200，表示支持 Intel 64 位的 CPU。在表 4-1 中给出的 Machine 的取值并不是其所有的取值，该字段的所有取值可参考 Winnt.h 头文件。

NumberOfSection：该字段是 WORD 类型，占用 2 个字节。该字段表示 PE 文件的节表的个数。从图 4-12 中可以看出，该字段的值为“04 00”，即 0x0004，也就是说明了该 PE 文件的节表有 4 个，相对应的节表数据也有 4 个。

TimeDataStamp：该字段表明文件是何时被创建的。这个值是自 1970 年 1 月 1 日以来用格林尼威治时间计算的秒数。

PointerToSymbolTable：该字段很少被使用，这里不进行介绍。

NumberOfSymbols：该字段很少被使用，这里不进行介绍。

SizeOfOptionalHeader：该字段为 WORD 类型，占用 2 个字节。该字段指定 IMAGE_OPTIONAL_HEADER 结构体的大小。在图 4-12 中，该字段的值为“E0 00”，即 0x00E0，也就是说 IMAGE_OPTIONAL_HEADER 结构体的大小为 0x00E0。由该字段可以看出，IMAGE_OPTIONAL_HEADER 结构体的大小可能是会改变的。因此需要注意的是，在解析 PE 文件格式需要定位节表位置的时候，计算 IMAGE_OPTIONAL_HEADER 的大小时，应该从 IMAGE_FILE_HEADER 结构体中的 SizeOfOptionalHeader 字段指定的值来获取，而不应该直接使用 sizeof(IMAGE_OPTIONAL_HEADER)来计算。

在 32 位系统下和在 64 位系统下，PE 文件格式的结构是有所不同的，不同的地方主要在 IMAGE_OPTIONAL_HEADER 中是有变化的，最明显的变化就是其字段的多少是不一样的，还有一点是字段的宽度也是不一样的，因此 IMAGE_OPTIONAL_HEADER 具体的大小是由 IMAGE_FILE_HEADER 结构体中的 SizeOfOptionalHeader 给出的。在程序中编写关于 PE 文件格式解析的代码时，一定要注意这点，因为编写代码的时候不会知道最终解析的是 32 位还是 64 位的 PE 文件格式。

Characteristics：该字段为 WORD 类型，占用 2 个字节。该字段指定文件的类型，取值如表 4-2 所列。

表 4-2　Characteristics 字段的取值

宏　定　义	值	说　　明
IMAGE_FILE_RELOCS_STRIPPED	0x0001	文件中不存在重定位信息
IMAGE_FILE_EXECUTABLE_IMAGE	0x0002	文件可执行
IMAGE_FILE_SYSTEM	0x1000	系统文件
IMAGE_FILE_DLL	0x2000	DLL 文件
IMAGE_FILE_32BIT_MACHINE	0x0100	目标平台为 32 位平台

从图 4-12 中可以看出，该字段的值为“03 01”，即 0x0103。该值表示文件运行的目标平台为 Windows 的 32 位平台，是一个可执行文件且文件中不存在重定位信息。表 4-2 中并不是 Characteristics 字段所有的取值，该字段的所有取值可参考 Winnt.h 头文件。

4．可选头详解——IMAGE_OPTIONAL_HEADER

IMAGE_OPTIONAL_HEADER 在几乎所有的参考书中都被称作“可选头”。虽然它被称作可选头，但是该头部并不是一个可选的头部，而是一个必须存在的头部，不可以没有。该头被称作“可选头”的原因，笔者认为是在该头部的数据目录数组中，有的数据目录项是可有可无的，数据目录项的部分是可选的，因此称为“可选头”。而笔者觉得如果称为“选项头”会更直接一点。不管如何称呼它，只要读者能够知道 IMAGE_OPTIONAL_HEADER 头是必须存在的，且数据目录部分是可选的，就可以了。

可选头紧挨着文件头，文件头的结束位置在 0x000000F7，那么可选头的起始位置为 0x000000F8。可选头的大小在文件头中已经给出，其大小为 0x00E0 字节（十进制为 224 字节），其结束位置为 0x000000F8+0x00E0-1=0x000001D7，如图 4-13 所示。

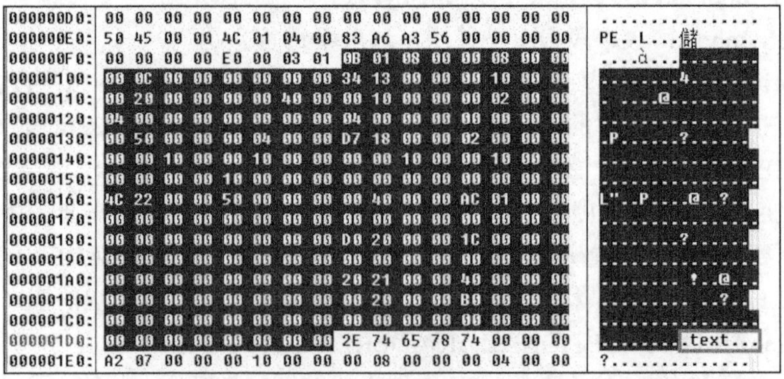

```
000000D0: 00 00 00 00 00 00 00 00 00 00 00 00 00 00 00 00
000000E0: 50 45 00 00 4C 01 04 00 83 A6 A3 56 00 00 00 00
000000F0: 00 00 00 00 E0 00 03 01 0B 01 08 00 00 08 00 00
00000100: 00 0C 00 00 00 00 00 00 34 13 00 00 00 10 00 00
00000110: 00 20 00 00 00 00 40 00 00 10 00 00 00 02 00 00
00000120: 04 00 00 00 00 00 00 00 04 00 00 00 00 00 00 00
00000130: 00 50 00 00 00 04 00 00 D7 18 00 00 02 00 00 00
00000140: 00 00 10 00 00 10 00 00 00 00 10 00 00 10 00 00
00000150: 00 00 00 00 10 00 00 00 00 00 00 00 00 00 00 00
00000160: 4C 22 00 00 50 00 00 00 00 40 00 00 AC 01 00 00
00000170: 00 00 00 00 00 00 00 00 00 00 00 00 00 00 00 00
00000180: 00 00 00 00 00 00 00 00 D0 20 00 00 1C 00 00 00
00000190: 00 00 00 00 00 00 00 00 00 00 00 00 00 00 00 00
000001A0: 00 00 00 00 00 00 00 00 20 21 00 00 40 00 00 00
000001B0: 00 00 00 00 00 00 00 00 00 20 00 00 B0 00 00 00
000001C0: 00 00 00 00 00 00 00 00 00 00 00 00 00 00 00 00
000001D0: 00 00 00 00 00 00 00 00 2E 74 65 78 74 00 00 00
000001E0: A2 07 00 00 00 10 00 00 00 08 00 00 00 04 00 00
```

图 4-13　IMAGE_OPTIONAL_HEADER 在 PE 文件中的位置

可选头的定位有一个小技巧，起始位置的定位相对比较容易找到，按照 PE 标识开始寻找是非常简单的。文件头的定位在十六进制编辑器中，首先找到 PE 标识符，它是很明显的一个特征。然后文件头的大小是一行（一行是 16 个字节）多 4 个字节，也就是 20 个字节，再然后就是可选头的起始位置。

可选头结束位置也是有方法找到的，通常情况下（注意，这里是指通常情况下，而不是手工构造的变形 PE 文件格式），可选头的结尾后面跟着的是第一项节表的名称。观察图 4-13，文件偏移 0x000001D8 处的节名称是“.text”，也就是说，可选头的结束位置在 0x000001D8 偏移的前一个字节处，即 0x000001D7 处。

可选头是对文件头的一个补充。文件头主要描述文件的相关信息，而可选头主要是用来管理 PE 文件被操作系统装载时所需要的信息。该头同样有 32 位版本与 64 位版本之分。IMAGE_OPTIONAL_HEADER 是一个宏，其定义如下：

```
#ifdef _WIN64
typedef IMAGE_OPTIONAL_HEADER64              IMAGE_OPTIONAL_HEADER;
typedef PIMAGE_OPTIONAL_HEADER64             PIMAGE_OPTIONAL_HEADER;
#define IMAGE_SIZEOF_NT_OPTIONAL_HEADER      IMAGE_SIZEOF_NT_OPTIONAL64_HEADER
#define IMAGE_NT_OPTIONAL_HDR_MAGIC          IMAGE_NT_OPTIONAL_HDR64_MAGIC
#else
typedef IMAGE_OPTIONAL_HEADER32              IMAGE_OPTIONAL_HEADER;
typedef PIMAGE_OPTIONAL_HEADER32             PIMAGE_OPTIONAL_HEADER;
#define IMAGE_SIZEOF_NT_OPTIONAL_HEADER      IMAGE_SIZEOF_NT_OPTIONAL32_HEADER
#define IMAGE_NT_OPTIONAL_HDR_MAGIC          IMAGE_NT_OPTIONAL_HDR32_MAGIC
#endif
```

32 位版本和 64 位版本的选择是根据是否定义了_WIN64 宏而决定的。在定义中能看到其他几个常量，分别定义如下：

```
#define IMAGE_SIZEOF_NT_OPTIONAL32_HEADER     224
#define IMAGE_SIZEOF_NT_OPTIONAL64_HEADER     240

#define IMAGE_NT_OPTIONAL_HDR32_MAGIC       0x10b
#define IMAGE_NT_OPTIONAL_HDR64_MAGIC       0x20b
```

前两个宏定义是可选头的大小。IMAGE_SIZEOF_NT_OPTIONAL32_HEADER 宏是 32 位可选头的大小，它的大小是 224 个字节，即 0x00E0，这个值在前面的 IMAGE_FILE_HEADER 中已经分析过了。IMAGE_SIZEOF_NT_OPTIONAL64_HEADER 宏是 64 位可选头的大小，它的大小是 240 个字节，即 0x00F0。从这里再一次可以看出，在解析 PE 时，可选头的大小是不确定的，一定要通过 IMAGE_FILE_HEADER 结构体的 SizeOfOptinalHeader 来得到。

后两个宏定义是 32 位可选头和 64 位可选头的标识符。在这里只观察 32 位可选头的定义，IMAGE_OPTIONAL_HEADER32 结构体的定义如下：

```
//
// Optional header format.
//

typedef struct _IMAGE_OPTIONAL_HEADER {
    //
    // Standard fields.
    //

    WORD    Magic;
    BYTE    MajorLinkerVersion;
    BYTE    MinorLinkerVersion;
    DWORD   SizeOfCode;
    DWORD   SizeOfInitializedData;
    DWORD   SizeOfUninitializedData;
    DWORD   AddressOfEntryPoint;
    DWORD   BaseOfCode;
    DWORD   BaseOfData;

    //
    // NT additional fields.
```

```
    //
    DWORD   ImageBase;
    DWORD   SectionAlignment;
    DWORD   FileAlignment;
    WORD    MajorOperatingSystemVersion;
    WORD    MinorOperatingSystemVersion;
    WORD    MajorImageVersion;
    WORD    MinorImageVersion;
    WORD    MajorSubsystemVersion;
    WORD    MinorSubsystemVersion;
    DWORD   Win32VersionValue;
    DWORD   SizeOfImage;
    DWORD   SizeOfHeaders;
    DWORD   CheckSum;
    WORD    Subsystem;
    WORD    DllCharacteristics;
    DWORD   SizeOfStackReserve;
    DWORD   SizeOfStackCommit;
    DWORD   SizeOfHeapReserve;
    DWORD   SizeOfHeapCommit;
    DWORD   LoaderFlags;
    DWORD   NumberOfRvaAndSizes;
    IMAGE_DATA_DIRECTORY DataDirectory[IMAGE_NUMBEROF_DIRECTORY_ENTRIES];
} IMAGE_OPTIONAL_HEADER32, *PIMAGE_OPTIONAL_HEADER32;
```

该结构体的成员变量非常多，为了能够更好地掌握该结构体，这里对可选头结构体的成员变量一一进行介绍。

Magic：该成员指定了文件的标识，该标识类型取值如表 4-3 所列。

表 4-3　　Magic 字段的取值

宏 定 义	值	说　明
IMAGE_NT_OPTIONAL_HDR32_MAGIC	0x10b	32 位系统可执行文件
IMAGE_NT_OPTIONAL_HDR64_MAGIC	0x20b	64 位系统可执行文件

MajorLinkerVersion：主连接版本号。

MinorLinkerVersion：次连接版本号。

SizeOfCode：代码节的大小，如果有多个代码节的话，该值是所有代码节大小的总和（通常只有一个代码节），该处是指所有包含可执行属性的节点大小。

SizeOfInitializedData：已初始化数据块的大小。

SizeOfUninitializedData：未初始化数据块的大小。

AddressOfEntryPointer：程序执行的入口地址。该地址是一个相对虚拟地址，简称 EP（EntryPoint），这个值指向了程序第一条要执行的代码。程序如果被加壳后会修改该字段的值，成为壳的入口地址，这样壳代码就有机会先进行执行了。在脱壳的过程中找到了加壳前的入口地址，就说明找到了原始入口点，原始入口点称为 OEP。该字段的地址指向的不是 main 函数的地址，也不是 WinMain 函数的地址，而是运行库的启动代码的地址。对于 DLL 来说，这个值的意义不大，因为 DLL 甚至可以没有 DllMain 函数，没有 DllMain 只是无法捕获装载和卸载 DLL 时的四条消息。如果在 DLL 装载或卸载时没有需要进行处理的事件，可以将 DllMain 函数省略掉。

BaseOfCode：代码节的起始相对虚拟地址。

BaseOfData：数据节的起始相对虚拟地址。

ImageBase：文件被装入内存后的首选建议装载地址。对于 EXE 文件来说，通常情况下该地址就是装载地址；对于 DLL 文件来说，可能就不是其装入内存后的地址。

打开 OD 后，OD 停留在第一行的反汇编代码处就是 AddressOfEntryPoint+ImageBase 的值，OD 在打开被调试程序后，数据窗口默认显示的位置是 BaseOfData+ImageBase 的值。对于 EXE 文件而言，所有的相对虚拟地址加上 ImageBase 后，就得到了虚拟地址；对于 DLL 而言，在其装入内存后，就需要通过重定位表修正相关的地址信息。

BaseOfCode 和 AddressOfEntryPointer 是有区别的，BaseOfCode 只是代码节的起始位置，而不是入口。用 C 语言举个例子，对于程序员而言，C 语言的入口是 main 函数，如果在 main 函数前定义了其他的函数，那么打开这个 C 语言的源代码后，最上面的函数可以说是代码的开始位置，而不能说是 C 语言的入口。

SectionAlignment：节表数据被装入内存后的对齐值,也就是节表数据被映射到内存中需要对齐的单位。在 Win32 下，通常情况下，内存对齐的该值为 0x1000 字节，也就是 4KB 大小。Windows 操作系统的内存分页一般为 4KB，这样做的原因是在切换时速度会快。

FileAlignment：节表数据在文件中的对齐值。通常情况下，该值为 0x1000 字节或 0x200 字节。在文件对齐为 0x1000 字节时，由于与内存对齐值相同，可以加快操作系统对可执行文件装载入内存的速度。而文件对齐值为 0x200 字节时，可以占用相对较少的磁盘空间。0x200 字节是 512 字节，通常磁盘的一个扇区即为 512 字节。

注意：程序无论是在内存中还是磁盘上，都无法恰好满足 SectionAlignment 和 FileAlignment 值的倍数，在不足的情况下编译器会自动地进行补 0，这样就导致节数据与节数据之间存在着为了对齐而存在的大量的 0 空隙。这些空隙对于病毒之类的程序而言就有了可利用的价值，病毒通过搜索空隙而将病毒代码进行植入，从而在不改变文件大小的情况下感染文件。

MajorOperatingSystemVersion：要求最低操作系统的主版本号。

MinorOperatingSystemVersion：要求最低操作系统的次版本号。

MajorImageVersion：可执行文件的主版本号。

MinorImageVersion：可执行文件的次版本号。

Win32VersionValue：该成员变量是被保留的。

SizeOfImage：可执行文件装入内存后的总大小。该大小按内存对齐方式对齐。

SizeOfHeaders：整个 PE 头部的大小。这个 PE 头部指 DOS 头、PE 头、节表的总和大小。该大小按照文件对齐方式进行对齐。

CheckSum：校验和值。对于 EXE 文件通常为 0；对于 SYS 文件（驱动文件、内核文件），则必须有一个校验和。

SubSystem：可执行文件的子系统类型。该值如表 4-4 所列，详细可参考 Winnt.h 头文件。

表 4-4　　SubSystem 字段的取值

宏 定 义	值	说 明
IMAGE_SUBSYSTEM_UNKNOWN	0	未知子系统
IMAGE_SUBSYSTEM_NATIVE	1	不需要子系统
IMAGE_SUBSYSTEM_WINDOWS_GUI	2	图形子系统

续表

宏 定 义	值	说 明
IMAGE_SUBSYSTEM_WINDOWS_CUI	3	控制台子系统
IMAGE_SUBSYSTEM_WINDOWS_CE_GUI	9	WinCE 子系统
IMAGE_SUBSYSTEM_XBOX	14	Xbox 子系统

DllCharacteristics：指定 DLL 文件的属性。对于 DLL 来说其取值如表 4-5 所列，详细可参考 Winnt.h 头文件。

表 4-5　DllCharacteristics 字段的取值

宏定义	值	说明
IMAGE_DLLCHARACTERISTICS_DYNAMIC_BASE	0x0040	DLL 可以在加载时被重定位
IMAGE_DLLCHARACTERISTICS_FORCE_INTEGRITY	0x0080	强制进行代码完整性校验

SizeOfStackReserve：为线程保留的栈大小，以字节为单位。

SizeOfStackCommit：为线程已提交的栈大小，以字节为单位。

SizeOfHeapReserve：为线程保留的堆大小。

SizeOfHeapCommit：为线程提交的堆大小。

LoadFlags：保留字段，必须为 0。MSDN 上的原话为“This member is obsolete”，说是一个废弃的字段。但是该值在某些情况下还是会被用到的，比如针对原始的低版本的 OD 来说，修改该值会起到反调试的作用。

NumberOfRvaAndsize：数据目录项的个数。该个数在 Winnt.h 头文件中有一个宏定义，其定义如下：

```
#define IMAGE_NUMBEROF_DIRECTORY_ENTRIES    16
```

DataDirectory：数据目录表，由 NumberOfRvaAndSize 个 IMAGE_DATA_DIRECTORY 结构体组成的数组。该数组包含输入表、输出表、资源、重定位等数据目录项的 RVA（相对虚拟地址）和大小。IMAGE_DATA_DIRECTORY 结构体的定义如下：

```
//
// Directory format.
//

typedef struct _IMAGE_DATA_DIRECTORY {
    DWORD   VirtualAddress;
    DWORD   Size;
} IMAGE_DATA_DIRECTORY, *PIMAGE_DATA_DIRECTORY;
```

VirtualAddress：实际上是数据目录的 RVA。

Size：给出了该数据目录项的大小（以字节计算）。

数据目录中的成员在数组中的索引如表 4-6 所列，详细的索引定义可参考 Winnt.h 头文件。

表 4-6　数据目录成员在数组中的索引

宏 定 义	值	说 明
IMAGE_DIRECTORY_ENTRY_EXPORT	0	导出表在数组中的索引
IMAGE_DIRECTORY_ENTRY_IMPORT	1	导入表在数组中的索引
IMAGE_DIRECTORY_ENTRY_RESOURCE	2	资源在数组中的索引

续表

宏 定 义	值	说 明
IMAGE_DIRECTORY_ENTRY_BASERELOC	5	重定位表在数组中的索引
IMAGE_DIRECTORY_ENTRY_TLS	9	TLS 在数组中的索引
IMAGE_DIRECTORY_ENTRY_IAT	12	导入地址表在数组中的索引

在数据目录中，并不是所有的目录项都会有值，很多目录项的值为 0。因为很多目录项的值为 0，所以说数据目录项是可选的。对于数据目录中的具体数据，并不包含在可选头中，只是可选头提供了相应数据的相对虚拟地址，具体数据目录中的内容在后面的内容中将进行介绍。

可选头的结构体至此介绍完了，希望读者按照该结构体中各个成员变量的含义自行学习可选头中的十六进制值的含义。只有参考结构体的说明去对照分析 PE 文件格式中的十六进制值，才能更好、更快地掌握 PE 结构。

补充：在 IMAGE_OPTIONAL_HEADER32 结构体中，SizeOfCode、SizeOfInitializedData、SizeOfUninitializedData、BaseOfCode 和 BaseOfData 字段都可以填充 0，也就是说 Windows 操作系统在装载 PE 文件进入内存时是不需要它们的。这里请根据具体的情况进行测试，笔者测试的系统是 Windows 7。

5．节表详解——IMAGE_SECTION_HEADER

节表的位置在 IMAGE_OPTIONAL_HEADER 结构体的后面，节表中的每个 IMAGE_SECTION_HEADER 中都存放着可执行文件被映射到内存中所在位置的信息，节的个数由 IMAGE_FILE_HEADER 中的 NumberOfSections 给出，节表如图 4-14 所示。

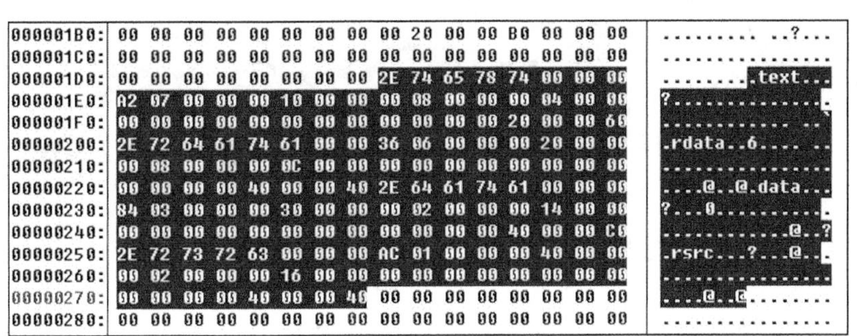

图 4-14 IMAGE_SECTION_HEADER 在 PE 文件中的位置

由 IMAGE_SECTION_HEADER 结构体构成的节表起始位置在 0x000001D8 处，最后一个节表项结束的位置在 0x00000277 处。IMAGE_SECTION_HEADER 的大小为 40 字节，该文件有 4 个节表项，因此共占用 160 字节。

IMAGE_SECTION_HEADER 结构体的定义如下：

```
//
// Section header format.
//

#define IMAGE_SIZEOF_SHORT_NAME              8

typedef struct _IMAGE_SECTION_HEADER {
```

```
    BYTE    Name[IMAGE_SIZEOF_SHORT_NAME];
    union {
            DWORD   PhysicalAddress;
            DWORD   VirtualSize;
    } Misc;
    DWORD   VirtualAddress;
    DWORD   SizeOfRawData;
    DWORD   PointerToRawData;
    DWORD   PointerToRelocations;
    DWORD   PointerToLinenumbers;
    WORD    NumberOfRelocations;
    WORD    NumberOfLinenumbers;
    DWORD   Characteristics;
} IMAGE_SECTION_HEADER, *PIMAGE_SECTION_HEADER;
```

IMAGE_SECTION_HEADER 结构体的大小为 40 字节，在 Winnt.h 头文件中提供了它的宏定义，定义如下：

```
#define IMAGE_SIZEOF_SECTION_HEADER          40
```

这个结构体相对于 IMAGE_OPTIONAL_HEADER 结构体来说，成员变量少了很多。下面介绍 IMAGE_SECTION_HEADER 结构体的各个成员变量。

Name：该成员变量保存着节表项的名称，节表项的名称用 ASCII 编码来保存。节名称的长度为 IMAGE_SIZEOF_SHORT_NAME，这是一个宏定义，其定义的值为 8。也就是说，节表项的名称长度是 8 个 ASCII 字符，多余的字节会被自动截断。通常情况下，节表项名称以“.”为开始。当然，这是编译器的习惯，并非强制性的约定，比如微软公司的开发环境，如 VC、VB 是以这种方式命名节表项的名称，而 Borland 公司的 Delphi 或 BCB 开发环境则不会以这种方式命名节表项的名称。下面来看图 4-14 中文件偏移 0x000001D8 处的前 8 个字节的内容为“2E 74 65 78 74 00 00 00”，其对应的 ASCII 字符为“.text”。

注意：

（1）节表项的名称和传统的 C 语言字符串有所不同，C 语言的字符串是以 NULL 为结尾，而节表项的名称是 8 个 ASCII 字符，并没有要求以 NULL 结尾，因此在解析节表项名称时需要注意。

（2）节表项的名称可以随意地改变，甚至可以删除掉，因此不能以节表项的名称作为依据判断节中保存的内容，也不能通过节表项的名称判断加壳的种类。

VirtualSize：该值为节数据实际的大小，该值不一定是对齐后的值，该字段的值在某些情况下可以为 0。

VirtualAddress：该值为该节区数据装入内存后的相对虚拟地址，这个地址是按内存对齐的。该地址加上 IMAGE_OPTIONAL_HEADER 结构体中的 ImageBase 才是内存中的虚拟地址。

SizeOfRawData：该值为该节区数据在磁盘上的大小，该值是按照文件对齐进行对齐后的值，但是也有例外。

PointerToRawData：该值为该节区在磁盘文件上的偏移地址。

Characteristics：该值为该节区的属性。该属性的部分取值如表 4-7 所列，更详细的取值可参考 Winnt.h 头文件中的定义。

观察图 4-14 中，偏移为 0x000001FC 处的值，该值为 0x60000020，该节区的属性为可读、可执行且包含代码。

IMAGE_SECTION_HEADER 结构体主要用到的成员变量只有这 6 个，其余的不是必须了解的，这里不进行介绍。关于 IMAGE_SECTION_HEADER 结构体的介绍就到这里。

表 4-7　　Characteristics 字段的取值

宏定义	值	说明
IMAGE_SCN_CNT_CODE	0x00000020	该节区包含代码
IMAGE_SCN_MEM_SHARED	0x10000000	该节区为可共享节区
IMAGE_SCN_MEM_EXECUTE	0x20000000	该节区为可执行节区
IMAGE_SCN_MEM_READ	0x40000000	该节区为可读节区
IMAGE_SCN_MEM_WRITE	0x80000000	该节区为可写节区

补充：

VirtualSize 是指节数据的实际大小（未对齐的），SizeOfRawData 是指节数据在磁盘上的大小（是对齐的）。通常情况下，VirtualSize 的值是小于等于 SizeOfRawData 的。但是有一种情况，VirutalSize 的值是大于 SizeOfRawData 的值的，在这种情况下 VirtualSize 的值不能为 0。

举一个简单的例子来说明。在 Win32 汇编语言中有一个标识符是“.data?”，该标识符是用来定义缓冲区用的，也就是说，该缓冲区在 PE 文件中只保留了内存的大小信息，而没有实际地占用磁盘的空间。看一个简单的代码，代码如下：

```
    .386
    .model flat, stdcall
    option casemap:none

    include windows.inc
    include kernel32.inc
    includelib kernel32.lib
    include user32.inc
    includelib user32.lib

; 未初始化数据
    .data?
data    db  1000h dup (?)
; 数据
    .data
szText  db  'Test', 0
; 代码
    .code

start:
    invoke MessageBox, NULL, offset szText, NULL, MB_OK
    mov data, 1
    invoke ExitProcess, NULL

    end start
```

在以上的汇编代码中，.data?表示的是未初始化的数据，通过 data db 1000h dup (?)，定义了 1000h 个 Byte 大小的缓冲区。在代码中有一条指令 mov data,1 对这块内存进行了操作。对以上代码进行编译连接，然后用 LordPE 打开它，观察它的节表，如图 4-15 所示。

从图 4-15 中可以看出，VSize 的大小是 1008，RSize 的大小是 200，在这里 VirtualSize 字段的值是比 SizeOfRawData 字段的值大。VirtualSize 的 1008h 表示 1000h 个 Byte 的缓冲区和 5 个字节的字符串。在这种情况下，VirtualSize 字段是不能填充为 0 的。

1000h 个字节的缓冲区和 5 个字节的字符串，为什么占用 1008h 个内存空间呢？用 OD

打开该可执行文件来说明这个问题，如图 4-16 所示。

从图 4-16 中可以看出，实际上，未初始化数据的开始位置在 3008h 处，字符串的空间在 3000h 处。

[区段表]

名称	VOffset	VSize	ROffset	RSize	标志
.text	00001000	0000002A	00000400	00000200	60000020
.rdata	00002000	00000092	00000600	00000200	40000040
.data	00003000	00001008	00000800	00000200	C0000040

图 4-15　观察.data 节的 VirtualSize

```
反汇编                                          注释
PUSH 0                                          ┌Style = MB_OK|MB_APPLMODAL
PUSH 0                                          │Title = NULL
PUSH VirtualS.00403000                          │Text = "Test"
PUSH 0                                          │hOwner = NULL
CALL <JMP.&user32.MessageBoxA>                  └MessageBoxA
MOV BYTE PTR DS:[403008],1
PUSH 0                                          ┌ExitCode = 0
CALL <JMP.&kernel32.ExitProcess>                └ExitProcess
JMP DWORD PTR DS:[<&kernel32.ExitProcess        kernel32.ExitProcess
JMP DWORD PTR DS:[<&user32.MessageBoxA>]        user32.MessageBoxA
DB 00
```

图 4-16　.data?数据的起始位置

修改上面的代码，将.data 注释掉，并修改 MessageBox 函数的调用参数。

注释掉的代码如下：

```
    .data
szText  db  'Test', 0
```

修改 MessageBox 函数的参数如下：

```
invoke MessageBox, NULL, NULL, NULL, MB_OK
```

重新编译连接修改后的代码，然后使用 LordPE 再次打开该可执行文件，查看其节表，如图 4-17 所示。

[区段表]

名称	VOffset	VSize	ROffset	RSize	标志
.text	00001000	00000028	00000400	00000200	60000020
.rdata	00002000	00000092	00000600	00000200	40000040
.data	00003000	00001000	00000000	00000000	C0000040

图 4-17　对比观察.data 节的 VirtualSize

从图 4-17 中可以看出，将代码中的.data 和字符串定义注释掉以后，RSize 字段的值为 0，而 VSize 字段的值为 1000h。也就是为初始化的数据在磁盘上是不占用空间的，但是当 Windows 将可执行文件装载到内存中进行执行时，此部分是需要占用空间的，否则代码中的 mov data, 1 就要报错。

4.2.3　PE 结构的三种地址

前面介绍了 PE 文件格式的几个部分，分别是 IMAGE_DOS_HEADER、IMAGE_NT_HEADERS、IMAGE_FILE_HEADER、IMAGE_OPTIONAL_HEADER 和 IMAGE_SECTION_

HEADER。PE 文件格式中的重要的头部就基本介绍结束了。还有一部分没有介绍的内容，它们并不在 PE 的头部中存放着，而是分散在各个节区中存放着，比如导入表、导出表、资源等内容，这些内容也是非常重要的，它们的位置由 IMAGE_OPTIONAL_HEADER 的数据目录给出。这些内容将在后面进行介绍。在介绍这些内容之前，需要先来了解关于 PE 文件格式一个重要的知识点。

1．与 PE 结构相关的三种地址

在 OD 中调试程序时看到的地址与在 C32Asm 中以十六进制形式查看程序时看到的地址是有所差异的。在双击一个 EXE 的可执行程序后，程序会被 Windows 装载器加载入内存，载入内存后的程序的地址与在文件中的地址有着不同的形式，而且 PE 相关的地址不只有这两种形式。与 PE 结构相关的地址有 VA（虚拟地址）、RVA（相对虚拟地址）和 FOA（文件偏移地址）3 种形式。

这 3 种形式的具体的解释如下。

（1）VA（虚拟地址）：PE 文件被 Windows 加载到内存后的地址。

（2）RVA（相对虚拟地址）：PE 文件虚拟地址相对于映射基地址（对于 EXE 文件来说，映射基地址是 IMAGE_OPTIONAL_HEADER 的 ImageBase 字段的值）的偏移地址。

（3）FOA（文件偏移地址）：相对于 PE 文件在磁盘上文件开头的偏移地址，FOA 就是在 C32Asm 中以十六进制形式查看时的地址。

这 3 种地址都是与 PE 文件结构密切相关的，前面简单地引用过这几个地址，但是前面只是说到了概念。从了解节表开始，这 3 种地址的概念就非常重要了，否则后面的很多内容将无法理解了。

这 3 个概念之所以重要，是因为后面要不断地使用它们，而且三者之间的关系也很重要。每个地址之间的转换也很重要，尤其是 VA 和 FOA 之间的转换、RVA 和 FOA 之间的转换。这两个转换不能说复杂，但是需要掌握一定的公式，在熟练掌握公式并进行练习后，3 种地址的转换就非常容易了。

PE 文件在磁盘上与在内存中的结构是一样的。所不同的是，在磁盘上，文件是按照 IMAGE_OPTIONAL_HEADER 的 FileAlignment 进行对齐的。而在内存中，映像文件是按照 IMAGE_OPTIONAL_HEADER 的 SectionAligment 进行对齐的。这两个值前面已经介绍过了，这里再进行简单的回顾。FileAlignment 的值可以是以磁盘上的扇区为单位的，也可以是按照内存分页进行对齐的。也就是说，FileAlignment 如果按照磁盘扇区进行对齐，那么它的值为 512 字节，也就是十六进制的 0x200 字节；FileAlignment 如果按照内存分页进行对齐，通常 Win32 平台一个内存分页的大小为 4096 字节（4KB），那么它按照内存分页对齐的话，它的值为 4096 字节，也就是十六进制的 0x1000 字节。而 SectionAlignment 是以内存分页为单位对齐的，那么它的取值是 0x1000 字节。根据不同的编译器，FileAlignment 的值会与 SectionAlignment 的值相同，它们都是 0x1000 字节。这样通常情况下磁盘文件和内存映像的结构是完全一样的（不一样的情况就是使用了类似.data?节）。有的编译器生成的可执行文件 FileAlignment 与 SectionAlignment 的值不同，那么在这个时候该可执行文件在磁盘文件和内存映射就有细微的差别了。其主要区别在于，根据对齐的实际情况而多填充了很多 0 值。PE 文件在磁盘上与在内存映射中的区别如图 4-18 所示。当一个节有 0x10 字节的时候，当

FileAlignment 为 0x200 和 SectionAlignment 为 0x1000 时，该节数据在磁盘上需要填 0x1F0 字节来进行对齐，而装载如内存后需要填充 0xFF0 字节进行对齐。

除了文件对齐与内存对齐的差异外，文件的起始地址从 0 地址开始，用 C32Asm 的十六进制模式查看 PE 文件时起始位置为 0x00000000。而在内存中，它的起始地址为 IMAGE_OPTIONAL_HEADER 结构体的 ImageBase 字段（该说法值针对的是 EXE 文件，DLL 文件的映射地址不一定固定，但是绝对不会是 0x00000000）。

2．三种地址的转换

（1）地址转换前的准备工作

当 FileAlignment 与 SectionAlignment 的值不相同时，磁盘文件与内存文件映像的同一节表数据在磁盘和内存中的偏移也不相同。当 FileAlignment 与 Section Alignment 的值相同时，如果存在类似.data?节的话，磁盘文件与内存映像的同一节表数据在磁盘和内存中的偏移也不相同。这样两个偏移就发生了一个需要转换的问题。当知道某数据的 RVA，希望在文件中读取同样的数据的时候，就必须将 RVA 转换为 FOA，反之，也是同样的情况。

下面用一个例子来介绍如何进行转换。找一个可执行文件，然后用 LordPE 打开它，查看它的节表情况，如图 4-19 所示。

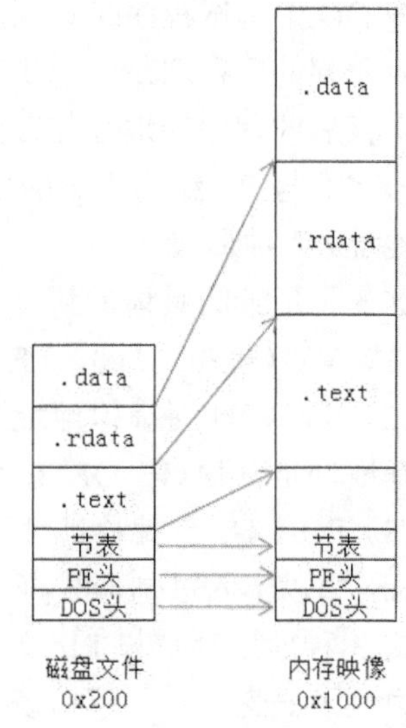

图 4-18　不同对齐值的磁盘文件与文件映像

[区段表]

名称	VOffset	VSize	ROffset	RSize	标志
.text	00001000	000035CE	00001000	00004000	60000020
.rdata	00005000	000007DE	00005000	00001000	40000040
.data	00006000	000029FC	00006000	00003000	C0000040

图 4-19　LordPE 显示节表

从图 4-19 的标题栏可以看到，这里不叫“节表”，而叫“区段表”。一般情况，节表这个位置称为表，因为它只是一个描述，而对应的节的数据，则称为节区，或者是区块，或者是节数据等，这是指的具体的数据。

从图 4-19 中可以看到，节表的第一个节表项的名称为“.text”。通常情况下，第一个节区中存放的是代码，入口点也通常落在这个节表项中（在早期壳不流行时，杀毒软件的启发式查杀就是通过判断可执行程序的入口点是否在第一个节区就可以判断该程序是否被病毒感染。如今，由于壳的流行，这种判断方法就不可靠了）。在图 4-19 中，关键要看的是 ROffset，它表明了该节区在文件中的起始位置。PE 头部包括 DOS 头、PE 头和节表，通常不会超过 512 字节，也就是说，不会超过 0x200 的大小。如果这个 ROffset 为 0x00001000，那么通常情况下可以确定该文件的磁盘对齐大小为 0x1000（注意：这个测试程序是笔者自己写的，因此比较熟悉程序的 PE 结构。而且这也是一种经验的判断。严格来讲，还是要去查看 IMAGE_

OPTIONAL_HEADER 的 SectionAlignment 和 FileAlignment 两个成员变量的值。这里是通过观察节表来进行学习和思考，因此没有去查看这两个字段）。测试验证一下这个程序，从图 4-19 中可以看出，每个节的“VOffset”和“ROffset”的值是相同的，则说明磁盘对齐与内存对齐是一样的，这样就没有办法完成演示转换工作了。不过，可以人为地修改文件对齐大小。也可以通过工具来修改文件对齐的大小。这里仍然借助 LordPE 来修改其文件对齐大小。修改方法很简单，先将要修改的测试文件复制一份，以便将来与修改后的文件进行对比。打开 LordPE，单击左侧的“重建 PE”按钮，然后选择刚才复制的那个测试文件，如图 4-20 和图 4-21 所示。

重建 PE 功能中有压缩文件大小的功能，这里的压缩也就是修改磁盘文件的对齐值，避免过多地因对齐而进行补 0，使其少占用磁盘空间。用 LordPE 查看这个进行重建的 PE 文件的节表，如图 4-22 所示。

从图 4-22 中可以看出 VOffset 和 ROffset 的值已经不相同，它们的对齐值也不相同了。读者可以自己验证一下 FileAlignment 和 SectionAlignment 的值是否相同。

对比观察图 4-19 和图 4-22 中 VSize 和 RSize 的值，在使用 LordPE 重建 PE 前，VSize 的值是未经过对齐的，在重建 PE 后 VSize 进行了对齐。RSize 的值刚好相反。

注意： 重建 PE 功能经常用在脱壳以后对 PE 文件格式的修复。如果脱壳后发现可执行程序不能运行了，可以先尝试重建 PE。

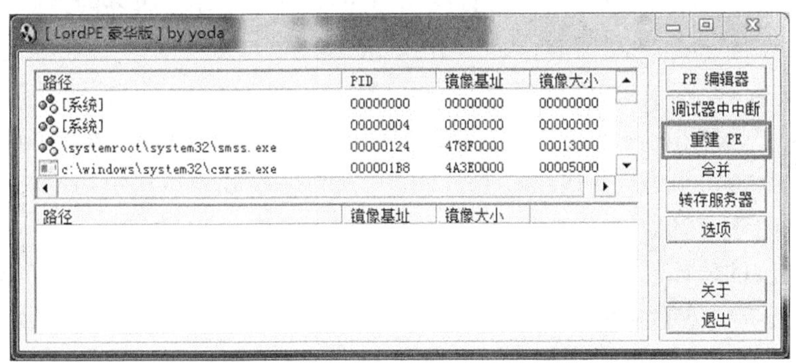

图 4-20　LordPE 上的重建按钮

现在有两个功能完全一样而且 PE 文件结构也一样的文件了，唯一的不同就是它们的磁盘对齐大小不同。现在从这两个程序中分别寻找同一个节区内的数据，学习不同地址之间的转换。

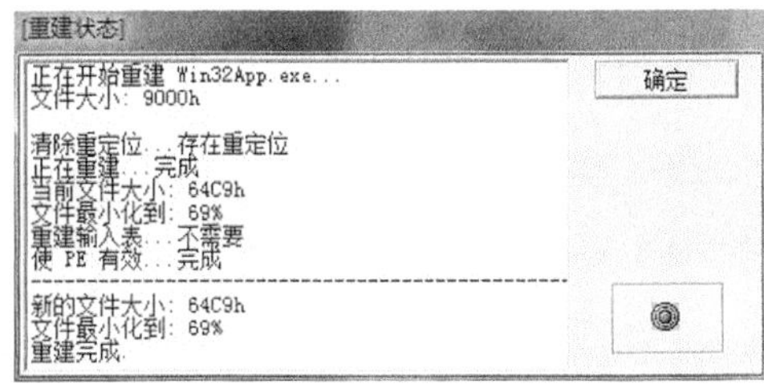

图 4-21　重建 PE 功能输出结果

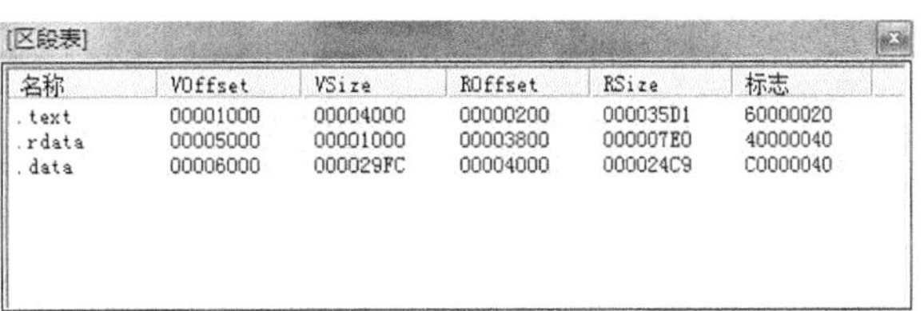

[区段表]

名称	VOffset	VSize	ROffset	RSize	标志
.text	00001000	00004000	00000200	000035D1	60000020
.rdata	00005000	00001000	00003800	000007E0	40000040
.data	00006000	000029FC	00004000	000024C9	C0000040

图 4-22　重建 PE 文件后的节表

（2）相同对齐值的地址转换

先用 OD 打开未进行重建 PE 结构的测试程序，找到反汇编中调用 MessageBox 函数处要弹出对话框的两个字符串参数的虚拟地址，如图 4-23 和图 4-24 所示。

地址	HEX 数据	反汇编	注释
00401000	$ 6A 00	PUSH 0	Style = MB_OK|MB_APPLMODAL
00401002	. 68 40604000	PUSH Win32App.00406040	Title = "hello"
00401007	. 68 30604000	PUSH Win32App.00406030	Text = "hello world!"
0040100C	. 6A 00	PUSH 0	hOwner = NULL
0040100E	. FF15 9C504001	CALL DWORD PTR DS:[<&USER32.MessageBoxA]	MessageBoxA
00401014	. 33C0	XOR EAX,EAX	
00401016	. C2 1000	RETN 10	

图 4-23　MessageBox 函数中使用的字符串地址

地址	HEX 数据	ASCII
00406030	68 65 6C 6C 6F 20 77 6F 72 6C 64 21 00 00 00 00	hello world!....
00406040	68 65 6C 6C 6F 00 00 00 9D 11 40 00 02 00 00 00	hello...?@.....
00406050	05 00 00 C0 0B 00 00 00 00 00 00 00 1D 00 00 C0	￥..?.......█..?

图 4-24　两个字符串的地址在数据窗口的现实

从图 4-23 和图 4-24 中可以看到，字符串“hello world!”的地址为 0x00406030，字符串“hello”的地址为 0x00406040。这两个地址都是虚拟地址，也就是前面说的 VA。

这里需要进行的是地址之间的转换，为什么地址要进行转换呢？因为，在很多时候需要通过内存中某个数据的虚拟地址来得到它在文件中的偏移地址从而进行修改，这样就涉及了转换问题。

将 VA（虚拟地址）转换为 RVA（相对虚拟地址）相对是比较容易的，RVA（相对虚拟地址）是通过 VA（虚拟地址）减去 IMAGE_OPTIONAL_HEADER 结构体的 ImageBase（映像文件的装载虚拟地址，对于 EXE 文件而言是 ImageBase，对于 DLL 而言是实际的装载地址）字段的值，即 RVA = VA – ImageBase。在该 PE 文件中，ImageBase 的值为 0x00400000，那么 RVA = 0x00406030 – 0x00400000 = 0x00006030。通过“hello world!”字符串的 VA 计算得到了该字符串的 RVA。由于 IMAGE_OPTIONAL_HEADER 结构体中的 SectionAlignment 字段和 FileAlignment 字段的值相同，因此其 FOA（文件偏移地址）的值也为 0x00006030。用 C32Asm 打开该 PE 可执行文件查看文件偏移地址 0x00006030 处的内容，如图 4-25 所示。

```
00006010: 00 00 00 00 00 00 00 00 00 00 00 00 00 00 00 00   ................
00006020: 00 00 00 00 00 00 00 00 00 00 00 00 00 00 00 00   ................
00006030: 68 65 6C 6C 6F 20 77 6F 72 6C 64 21 00 00 00 00   hello world!....
00006040: 68 65 6C 6C 6F 00 00 00 9D 11 40 00 02 00 00 00   hello...?@......
00006050: 05 00 00 C0 0B 00 00 00 00 00 00 00 1D 00 00 C0   ...?..........?.
```

图 4-25　文件偏移 0x00006030 处的内容

从这个例子中可以看出，当 SectionAlignment 字段和 FileAlignment 字段的值相同时，同一个节表项中数据的 RVA（相对虚拟地址）和 FOA（文件偏移地址）是相同的。RVA 的值是用 VA - ImageBase 计算得到的。

注意： ① 上面的例子使用的是 EXE 文件进行演示，对于 DLL 的话，DLL 的装载地址并不是 IMAGE_OPTIONAL_HEADER 结构体中的 ImageBase 字段。因此不能按照上面的方式转换，需要得到具体的 DLL 文件装载到内存中的起始位置。

② SectionAlignment 和 FileAlignment 相同时，也存在 RVA 和 FOA 不同的情况，这点在前面介绍过，一定要注意这种特殊情况，可靠的方法还是需要进行计算。

（3）不同对齐值的地址转换

用 OD 打开“重建 PE”后的测试程序，同样找到反汇编中调用 MessageBox 函数使用的那个字符串“hello world!”，看其虚拟地址是多少。它的虚拟地址仍然是 0x00406030。同样，用虚拟地址减去装载地址，相对虚拟地址的值仍然为 0x00006030。不过用 C32Asm 打开该文件查看的话会有所不同。用 C32Asm 看一下 0x00006030 地址处的内容，如图 4-26 所示。

从图 4-26 中可以看到，用 C32Asm 打开该文件后，文件偏移 0x000006030 处并没有“hello world!”和“hello”字符串。这就是由于文件对齐与内存对齐的差异所引起的。这时需要通过一些简单的计算把 RVA 转换为 FOA。

```
00006010: 00 00 00 00 00 00 00 00 00 00 00 00 00 00 00 00 | ................
00006020: 00 00 00 00 00 00 00 00 00 00 00 00 00 00 00 00 | ................
00006030: 00 00 00 00 00 00 00 00 00 00 00 00 00 00 00 00 | ................
00006040: 00 00 00 00 00 00 00 00 00 00 00 00 00 00 00 00 | ................
00006050: 00 00 00 00 00 00 00 00 00 00 00 00 00 00 00 00 | ................
00006060: 00 00 00 00 00 00 00 00 00 00 00 00 00 00 00 00 | ................
```

图 4-26 文件偏移 0x00006030 处没有“hello world!”字符串

把 RVA 转换为 FOA 的方法很简单，首先看一下当前的 RVA 或者 FOA 属于哪个节。例子中，0x00006030 这个 RVA 属于.data 节中的数据。0x00006030 这个 RVA 相对于该节的起始 RVA 地址 0x00006000 来说偏移 0x30 字节。再看.data 节文件中的起始位置为 0x00004000，以.data 节点文件起始偏移 0x00004000 加上节内偏移 0x30 字节的值为 0x00004030。用 C32Asm 看一下 0x00004030 地址处的内容，如图 4-27 所示。

```
00004010: 00 00 00 00 00 00 00 00 00 00 00 00 00 00 00 00 | ................
00004020: 00 00 00 00 00 00 00 00 00 00 00 00 00 00 00 00 | ................
00004030: 68 65 6C 6C 6F 20 77 6F 72 6C 64 21 00 00 00 00 | hello world!....
00004040: 68 65 6C 6C 6F 00 00 00 9D 11 40 00 02 00 00 00 | hello...?@......
00004050: 05 00 00 C0 0B 00 00 00 00 00 00 00 1D 00 00 C0 | ...?..........?.
00004060: 04 00 00 00 00 00 00 00 96 00 00 C0 04 00 00 00 | ........?.?.....
```

图 4-27 0x00004030 文件偏移处的内容

从图 4-27 中可以看出，在文件偏移 0x00004030 处保存着“hello world!”字符串，也就是说，手动将 RVA 转换为 FOA 是正确的。通过 LordPE 工具来验证一下，首先用 LordPE 打开该可执行程序，然后单击“文件位置计算器”，在“VA”处输入虚拟地址“00406030”，最后单击“执行”按钮。在单击“执行”按钮后，LordPE 会自动计算 RVA、偏移量（即 FOA）的值，并且给出该 VA 所属的区段（即节表）和该节表数据起始的十六进制值。如图 4-28 所示。

再来回顾一下这个计算过程。

某数据的 FOA=该数据所在节的起始 FOA+（某数据的 RVA–该数据所在节的起始 RVA）

除了上面的计算方法以外，还有一种计算方法，即用节的起始 RVA 值减去节的起始文件偏移值，得到一个差值，再用 RVA 减去这个得到的差值，就可以得到其所对应的 FOA。用上面的例子进行计算，0x00006030 地址所属节的起始 RVA 值为 0x00006000，减去该地址所属的文件偏移为 0x00004000，即 0x00006000 – 0x00004000 = 0x00002000，然后用 0x00006030 减去 0x00002000，得到的值为 0x00004030。通过将节的起始 RVA 和起始 FOA 的差值计算得出后，用具体的 RVA 进行减法运算依然可以得到相应的地址。

公式如下：

某数据的 FOA=该数据的 RVA-（该数据所在节的起始 RVA–该数据所在节的起始 FOA）

知道如何通过 RVA 转换为 FOA，那么通过 FOA 转换为 RVA 的方法也就不难了。这 3 种地址相互的转换方法就介绍完了。读者如果没有理解，那么可以反复地按照公式进行学习和计算。只要在头脑中建立起关于磁盘的位置结构和内存映像的结构，那么理解起来就不会太吃力。

小结：

RVA 与 FOA 不同的原因是由于节的起始位置的不同而导致的，而节的起始位置的不同是由两个原因影响的，第一种原因是比较直接的影响，就是 IMAGE_OPTINAL_HEADER 中 FileAlignment 和 SectionAlignment 两个字段的值不相同，也就是文件对齐和内存对齐不同；第二种原因是存在没有对应的磁盘数据的节，比如.data?节不存在对应的磁盘文件，但是在被装入内存后，却存在虚拟地址，这也是导致 PE 文件各个节起始位置不同的原因。

因此，在以上两种情况下，RVA 和 FOA 地址是需要进行转换的。

（4）FOA 与 RVA 转换工具

FOA 与 RVA 的转换工具除了前面介绍的 LordPE 以外，还有其他工具也可以完成转换，但使用较多的就是 LordPE，或者是一些单独的、专门用来进行地址偏移转换工具。这样的工具更小巧，功能更加单一，比如 OC。

OC 是偏移量转换器的意思，该工具如图 4-29 所示。从图 4-29 中可以看出，OC 的转换结果与 LordPE 的转换结果是相同的，但是它不支持从 RVA 到 FOA 的转换。

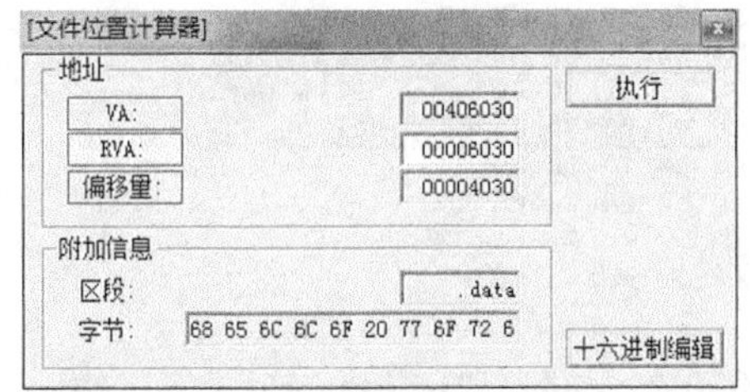

图 4-28　用 LordPE 计算 RVA 为 0x00006030 的文件偏移

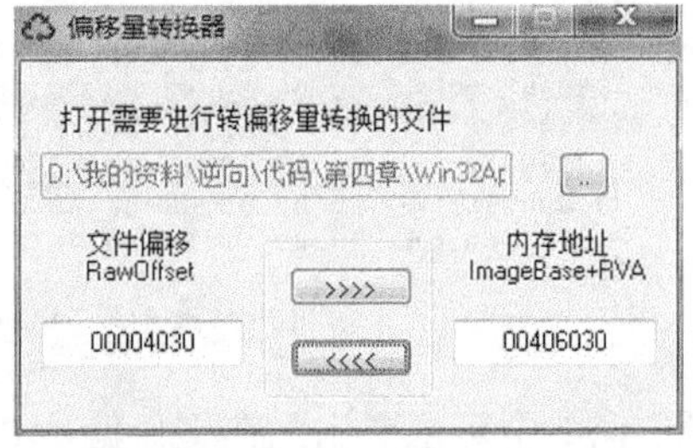

图 4-29　用 OC 进行 RVA 与 FOA 的转换

4.3　数据目录相关结构详解

前面介绍的内容都是存在于文件开始的 PE 头部的相关 PE 文件格式结构体。除此之外，还有一些 PE 文件格式相关的结构体不在 PE 的头部，而是分散在各个节数据当中。它们的位置由 IMAGE_OPTIONAL_HEADER 结构体中的 DataDirectory 数组（数据目录）给出相应的 RVA。本章前面几小节的内容将 PE 文件结构的内容介绍了一部分，只有介绍数据目录中几个重要的结构体后，才能算是把 PE 文件结构入门需要掌握的知识介绍完整了。

数据目录中保存了导出表、导入表、重定位表等重要的结构供 PE 文件装载时使用。下面分别讨论数据目录中较为重要的相关结构体。

4.3.1 导入表

在编写程序时为了将代码模块化，会编写各式各样的自定义函数来进行使用。同样，也会编写各种函数供其他程序员进行使用。当需要把自己写好的函数给其他程序员使用，又不希望其他程序员随意修改自己写的函数时，可以将自己写的函数都放到 DLL（动态连接库文件）文件中。除此而外，在编写程序时，也会调用系统提供的各种类型的 DLL 文件，比如，在程序中使用了 MessageBox 函数后，可执行程序会装载 user32.dll 这个 DLL 文件，因为 MessageBox 函数的实现代码在 user32.dll 文件中。

那么，可执行文件是如何知道程序中使用了哪些 DLL，又如何知道程序中使用了这些 DLL 中的哪些函数呢？这些全都保存在可执行程序的导入表中。

1．导入表的查看

导入表可以通过任意的 PE 解析工具进行查看，这里仍然使用 LordPE 进行查看。打开 LordPE，然后单击“PE 编辑器”选择一个要查看的 PE 文件，在 PE 编辑器界面单击“目录”按钮会打开“目录表”窗口，如图 4-30 所示。

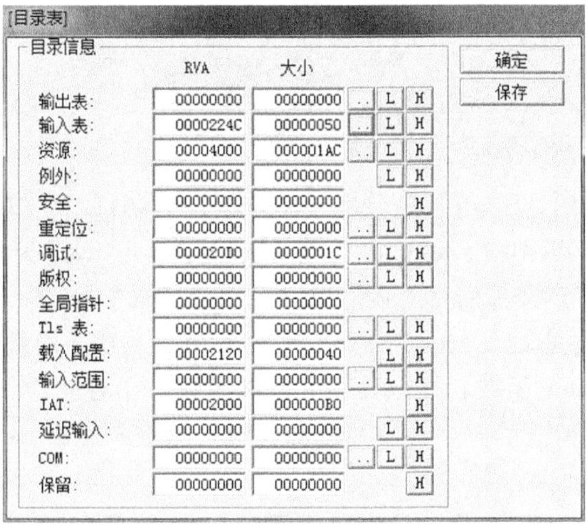

[目录表]

目录信息

	RVA	大小
输出表:	00000000	00000000
输入表:	0000224C	00000050
资源:	00004000	000001AC
例外:	00000000	00000000
安全:	00000000	00000000
重定位:	00000000	00000000
调试:	000020D0	0000001C
版权:	00000000	00000000
全局指针:	00000000	00000000
Tls 表:	00000000	00000000
载入配置:	00002120	00000040
输入范围:	00000000	00000000
IAT:	00002000	000000B0
延迟输入:	00000000	00000000
COM:	00000000	00000000
保留:	00000000	00000000

确定 保存

图 4-30 LordPE 查看数据目录表

在前面介绍 IMAGE_OPTIONAL_HEADER 结构体中 DataDirectory 字段时，给出了数据目录的结构体，定义如下：

```
typedef struct _IMAGE_DATA_DIRECTORY {
    DWORD   VirtualAddress;
    DWORD   Size;
} IMAGE_DATA_DIRECTORY, *PIMAGE_DATA_DIRECTORY;
```

该结构体的 VirtualAddress 中保存了数据目录项的 RVA，Size 给出了数据目录项的大小。在图 4-30 中，LordPE 已经将该结构体进行解析，并在对应的位置上给出了相应的说明。比如，导入表（LordPE 中称为输入表）的起始 RVA 是 0x0000224C，资源的起始 RVA 是 0x4000。

LordPE 在各个数据目录项后有相应按钮，以便以多种方式查看数据目录项。

① 第一个“..”按钮是以窗口的形式查看数据目录项的信息，该种方式查看相对直观一些，比如查看导入表的信息如图 4-31 所示。

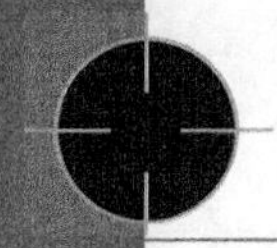

② 第二个“L”按钮是以文本的形式查看数据目录项的信息，该种方式查看方便复制到文本编辑器中进行查看，比如查看导入表的信息如图 4-32 所示。

③ 第三个“H”按钮是以 HEX 形式查看数据目录项的信息，该种方式是直接查看 PE 文件的十六进制信息，这种方式便于在学习 PE 文件格式时使用，比如查看导入表的信息如图 4-33 所示。

[输入表]

DLL名称	OriginalFir...	日期时间标志	ForwarderChain	名称	FirstThunk
USER32.dll	00002344	00000000	00000000	0000235A	000020A8
MSVCR80.dll	000022D8	00000000	00000000	00002470	0000203C
KERNEL32.dll	0000229C	00000000	00000000	00002628	00002000

ThunkRVA	Thunk 偏移	Thunk 值	提示	API名称
000022D8	00000ED8	00002418	00CC	__p__commode
000022DC	00000EDC	00002428	00D0	__p__fmode
000022E0	00000EE0	00002436	016D	_encode_pointer
000022E4	00000EE4	00002448	00E6	__set_app_type
000022E8	00000EE8	0000245A	014E	_crt_debugger_hook
000022EC	00000EEC	0000247C	03ED	_unlock
000022F0	00000EF0	00002408	0111	_adjust_fdiv
000022F4	00000EF4	00002494	027C	_lock

Thunk 数: 1Ah / 26d (OriginalFirstThunk chain)　　□ 总是查看 FirstThunk(V)

图 4-31　以窗口的形式查看导入表

注意：在 IMAGE_DATA_DIRECTORY 结构体的 Size 字段给出的值并不是一个准确的值，一般情况下将其修改为 0 后，可执行程序仍然可以正常运行。读者可以自行测试导入表、资源表等。笔者在 Windows 7 系统下将导入表和资源的 Size 字段修改为 0 后可以正常运行，只是在修改为 0 后，在 LordPE 中通过 HEX 方式查看 PE 结构的十六进制信息时，不会以选中的方式进行显示。

在图 4-31 中可以看出，LordPE 打开的 EXE 文件在执行时需要装载 3 个 DLL 文件，分别是 user32.dll、msvcr80.dll 和 kernel32.dll 三个动态链接。该 EXE 文件在每个 DLL 文件又使用了若干个函数。对于 PE 文件而言，调用的其他模块的函数称为“导入函数”。

比如，在编写程序时使用了 MessageBox 函数，MessageBox 函数的实现代码在 user32.dll 模块中，因此 MessageBox 函数就是该程序的导入函数。相对地，各种模块提供的被其他程序员使用的函数称为“导出函数”，比如 MessageBox 函数就是由 user32.dll 这个模块导出的一个函数。

对于进行软件破解、逆向分析、病毒分析而言，通过观察导入函数的名称，可以猜测程序中具有哪些功能，破解者、逆向分析人员等在调试分析软件、病毒时就可以通过导入表中的函数进行入手。

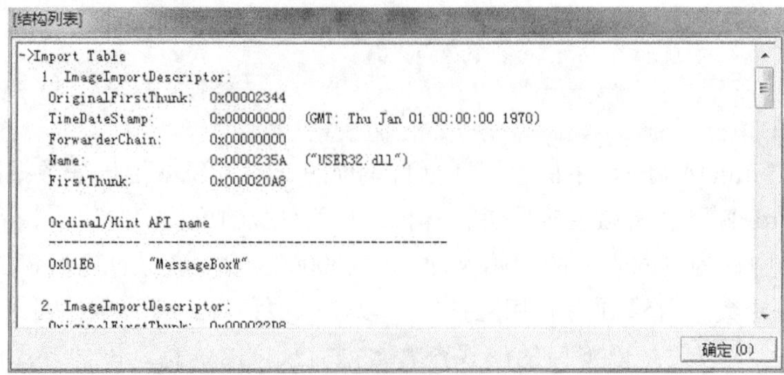

```
[结构列表]
->Import Table
  1. ImageImportDescriptor:
   OriginalFirstThunk:  0x00002344
   TimeDateStamp:       0x00000000  (GMT: Thu Jan 01 00:00:00 1970)
   ForwarderChain:      0x00000000
   Name:                0x0000235A  ("USER32.dll")
   FirstThunk:          0x000020A8

   Ordinal/Hint API name
   ------------ ---------------------------------------
   0x01E6       "MessageBoxW"

  2. ImageImportDescriptor:
                                                    确定(O)
```

图 4-32　以文本的形式查看导入表

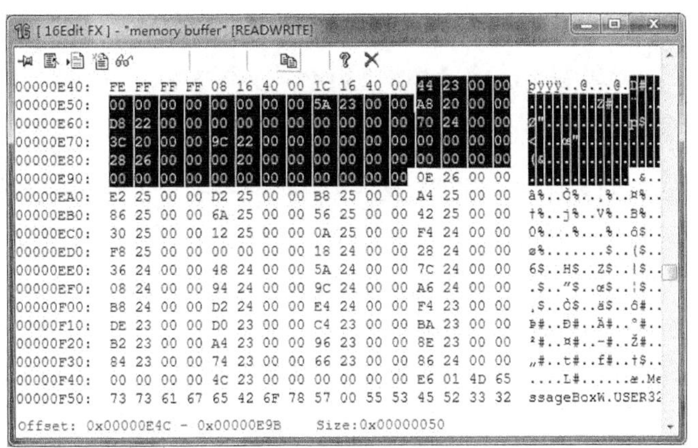

图 4-33 以 HEX 的形式查看导入表

2. 导入表的结构

（1）导入表结构体介绍

通过前面的介绍读者已经了解到导入表的作用以及如何通过 LordPE 来查看导入表的信息。本节详细介绍导入表的结构体。

导入表的结构体定义在 Winnt.h 头文件中，它的定义如下：

```
typedef struct _IMAGE_IMPORT_DESCRIPTOR {
    union {
        DWORD   Characteristics;
        DWORD   OriginalFirstThunk;
    };
    DWORD   TimeDateStamp;
    DWORD   ForwarderChain;
    DWORD   Name;
    DWORD   FirstThunk;
} IMAGE_IMPORT_DESCRIPTOR;
```

导入表的结构体名称为 IMAGE_IMPORT_DESCRIPTOR，一共有 5 个字段，下面分别进行介绍。

OriginalFirstThunk：该字段保存了指向导入函数名称（序号）的 RVA 表，这个表其实是一个 IMAGE_THUNK_DATA 结构体。

Name：指向导入模块名称的 RVA。

FirstThunk：该字段保存了指向导入地址表的 RVA，在 PE 文件没有被装载前它的内容与 OriginalFirstThunk 指向相同的内容，也就是在 PE 文件没有被装载前它也指向 IMAGE_THUNK_DATA 结构体。当被 Windows 操作系统装入内存后，它的值则发生了变化，被装载入内存后，这里保存了导入函数实际地址。

注意： 从 OriginalFirstThunk 和 FirstThunk 这两个名称来看，前者 original 是原始的意思。

OriginalFirstThunk 和 FirstThunk 都保存了指向 IMAGE_THUNK_DATA 的 RVA，IMAGE_THUNK_DATA 结构体的定义如下：

```
typedef struct _IMAGE_THUNK_DATA32 {
    union {
        DWORD ForwarderString;      // PBYTE
```

```
        DWORD Function;                // PDWORD
        DWORD Ordinal;
        DWORD AddressOfData;           // PIMAGE_IMPORT_BY_NAME
    } u1;
} IMAGE_THUNK_DATA32;
typedef IMAGE_THUNK_DATA32 * PIMAGE_THUNK_DATA32;
```

IMAGE_THUNK_DATA 结构体分为 32 位和 64 位的版本，这里主要针对 32 位的版本。IMAGE_THUNK_DATA 结构体中是一个 union，也就是一个联合体。也就是说，联合体内的四个字段占用相同的空间，而表示的意义是不相同的。在使用时，主要使用 Oridinal 和 AddressOfData 两个字段，下面进行介绍。

Oridinal：导入函数的序号，当 IMAGE_THUNK_DATA 的最高位为 1 时，该值有效。

AddressOfData：指向 IMAGE_IMPORT_BY_NAME 结构体的 RVA，当 IMAGE_THUNK_DATA 的最高位不为 1 时，该值有效。

通过对这两个字段的解释可以明白，Oridinal 和 AddressOfData 本质上是一个值，但是在使用时取决于 IMAGE_THUNK_DATA 的最高位。当 IMAGE_THUNK_DATA 的最高位为 1 时，使用的是序号进行导入的函数，导入函数的序号是 Oridinal 的低 31 位；当最高位不为 1 时，说明导入函数是通过名称进行导入的，而 AddressOfData 保存了指向 IMAGE_IMPORT_BY_NAME 的 RVA。

通过 IMAGE_THUNK_DATA 结构体，可以了解导入函数是通过序号还是名称导入的。如果是通过序号进行导入，那么导入序号可以在 IMAGE_THUNK_DATA 中获得；如果是通过名称导入，那么就需要借助 IMAGE_IMPORT_BY_NAME 来得到导入函数的名称。IMAGE_IMPORT_BY_NAME 结构体的定义如下：

```
typedef struct _IMAGE_IMPORT_BY_NAME {
    WORD    Hint;
    BYTE    Name[1];
} IMAGE_IMPORT_BY_NAME, *PIMAGE_IMPORT_BY_NAME;
```

IMAGE_IMPORT_BY_NAME 结构体的字段含义如下。

Hint：该字段表示该函数在导出函数表中导出函数名称对应的序号，该值不是必需的；

Name：该字段表示导入函数的函数名称。导入函数是一个以 ASCII 编码保存的字符串，并以 NULL 结尾。IMAGE_IMPORT_BY_NAME 中使用 Name[1]来定义该字段，表示该字段是一个只有 1 个字节长度的字符串数组。在实际中函数名称不可能只有 1 个字节的长度，其实这是一种编程的技巧，通过数组越界来进行访问变长字符串的功能。

以上的介绍就是关于导入表相关的各个结构体。一个 IMAGE_IMPORT_DESCRIPTOR 可以描述一个导入信息，在一个可执行文件中，往往需要导入多个模块，比如在例子中就导入了 user32.dll、kernel32.dll 和 msvcr80.dll 三个 DLL 模块，那么在导入表中对应的就有三个 IMAGE_IMPORT_DESCRIPTOR 结构体，最后一个结构体以全 0 表示结束。相对应地，PE 文件会从一个模块中导入若干个函数，那么 OriginalFirstThunk 和 FirstThunk 指向的 IMAGE_THUNK_DATA 也是若干个，导入了几个函数函数，IMAGE_THUNK_DATA 就会有几个，最后一个结构体也是以全 0 表示结束。

导入表在磁盘上的文件结构如图 4-34 所示。图 4-34 中简单地画出了 IMAGE_IMPORT_DESCRIPTOR、IMAGE_THUNK_DATA 和 IMAGE_IMPORT_BY_NAME 之间的关系，同时在 IMAGE_THUNK_DATA 中也表示出了以函数序号导入和以函数名称导入的细微差别。

（2）OriginalFirstThunk 和 FirstThunk 的区别

在 IMAGE_IMPORT_DESCRIPTOR 结构体中的 OriginalFirstThunk 和 FirstThunk 都指向了 IMAGE_THUNK_DATA 结构体，但是两者是有区别的。当 PE 文件在磁盘上时，两者都指向的 IMAGE_THUNK_DATA 结构体中保存的是相同的内容，而当文件被装入内存后，两者指向的 IMAGE_THUNK_DATA 结构体中保存的内容就不相同了。

PE 文件在磁盘上时，OriginalFirstThunk 指向的 IMAGE_THUNK_DATA 中保存的是导入函数的序号或指向导入函数名称的 RVA，因此称为导入名称表，即 INT。FirstThunk 指向的 IMAGE_THUNK_DATA 中保存的也是导入函数的序号或指向导入函数名称的 RVA。此时，它们在磁盘上是没有区别的。

当 PE 文件从磁盘装载入内存中后，OriginalFirstThunk 指向的 IMAGE_THUNK_DATA 中保存的仍然是导入函数的序号或指向导入函数名称的 RVA。而 FirstThunk 指向的 IMAGE_THUNK_DATA 中则被 Windows 操作系统的 PE 装载器填充为导入函数的地址，因此这里被称为导入地址表，即 IAT。导入表在内存中的结构如图 4-35 所示。从图 4-35 中可以看出 FirstThunk 所指向的 IMAGE_THUNK_DATA 在内存中保存的是导入函数实际的地址。

（3）手动分析 PE 文件在磁盘上的导入表

学习 PE 文件结构还是要借助十六进制编辑器来进行，现在仍然通过 C32Asm 十六进制编辑器来分析 IMAGE_IMPORT_DESCRIPTOR 结构体。用 C32Asm 打开要进行分析的 PE 文件（为了讲解方便，笔者这里使用的是一个 FileAlignment 和 SectionAlignment 值相同的 PE 文件），首先定位到数据目录的第二项，如图 4-36 所示。

在图 4-36 中看到了数据目录的第二项内容，其值分别是 0x0000543C 和 0x0000003C。根据数据目录结构体的定义，0x0000543C 的值表示 IMAGE_IMPORT_DESCRIPTOR 的 RVA，注意这里给出的是 RVA。现在是通过使用十六进制编辑器打开的在磁盘上的 PE 文件，那么就需要通过 RVA 转换为 FOA，也就是从相对虚拟地址转换为文件偏移地址。使用 LordPE 来进行转换，如图 4-37 所示。

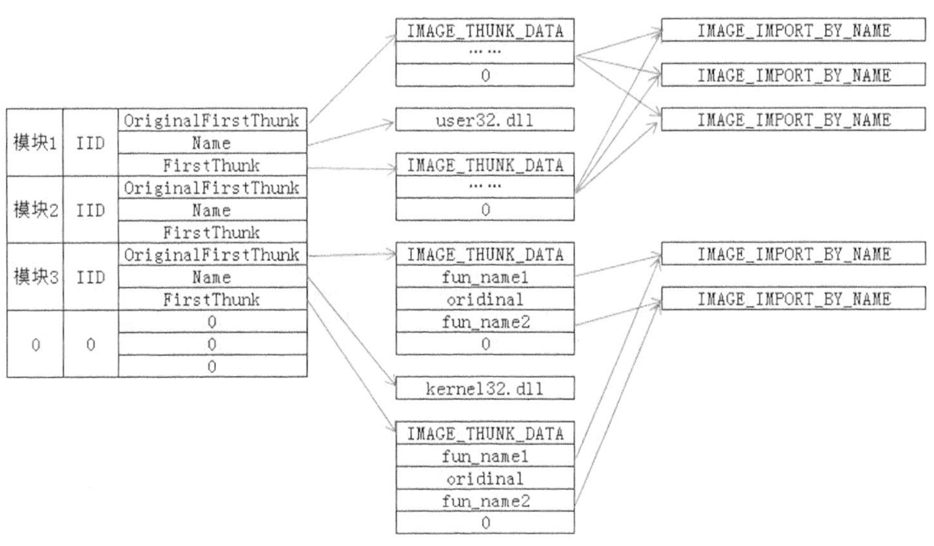

图 4-34　导入表在磁盘上的结构

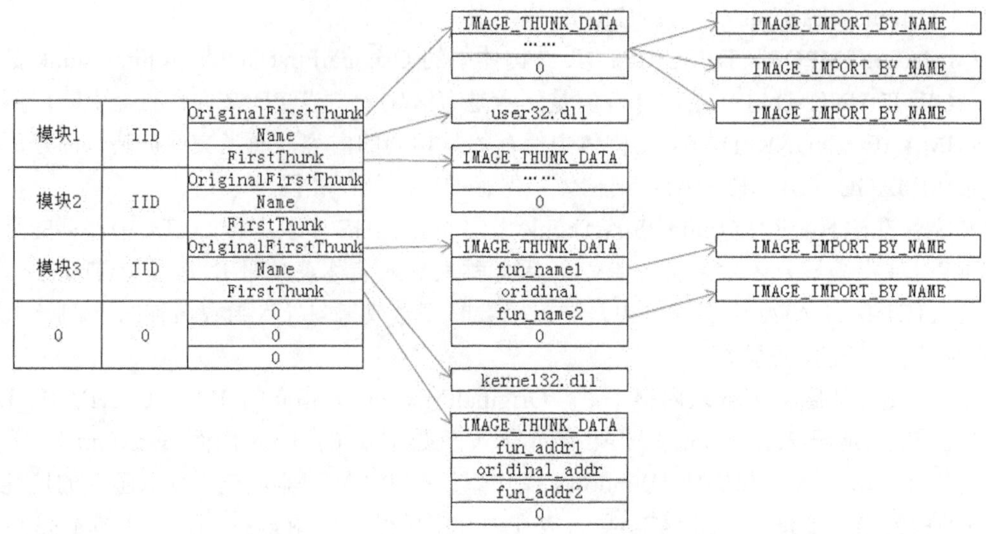

图 4-35　导入表在内存中的结构

```
00000110: 04 00 00 00 00 00 00 00 00 90 00 00 00 10 00 00
00000120: 00 00 00 00 02 00 00 00 00 00 10 00 00 10 00 00
00000130: 00 00 10 00 00 10 00 00 00 00 00 00 10 00 00 00
00000140: 00 00 00 00 00 00 00 00 3C 54 00 00 3C 00 00 00
00000150: 00 00 00 00 00 00 00 00 00 00 00 00 00 00 00 00
00000160: 00 00 00 00 00 00 00 00 00 00 00 00 00 00 00 00
00000170: 00 00 00 00 00 00 00 00 00 00 00 00 00 00 00 00
```

图 4-36　数据目录中导入表的 RVA

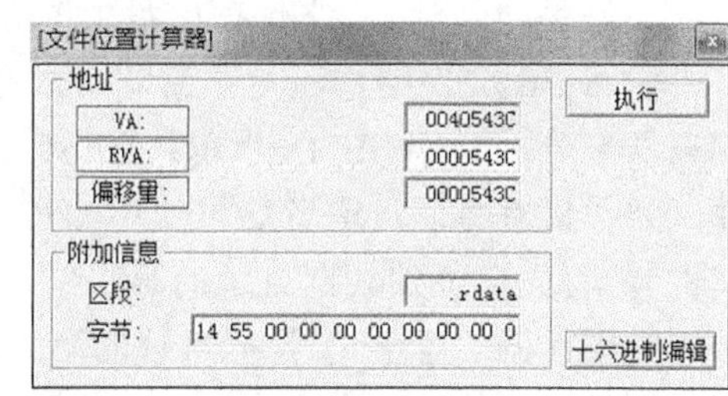

图 4-37　计算导入表的 FOA

从图 4-37 中可以看出，0x0000543C 这个 RVA 对应的 FOA 也为 0x0000543C。那么在 C32Asm 中转移到 0x0000543C 的偏移地址处，按下 Ctrl+G 快捷键，在弹出的对话框中填入“543C”，如图 4-38 所示。

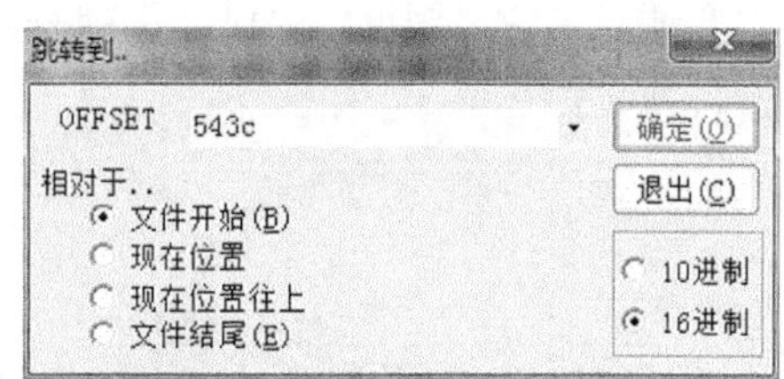

图 4-38　C32Asm 中的“跳转到”功能

在图 4-38 中单击“确定”按钮，来到文件偏移为 0x0000543C 的偏移地址处，如图 4-39 所示。

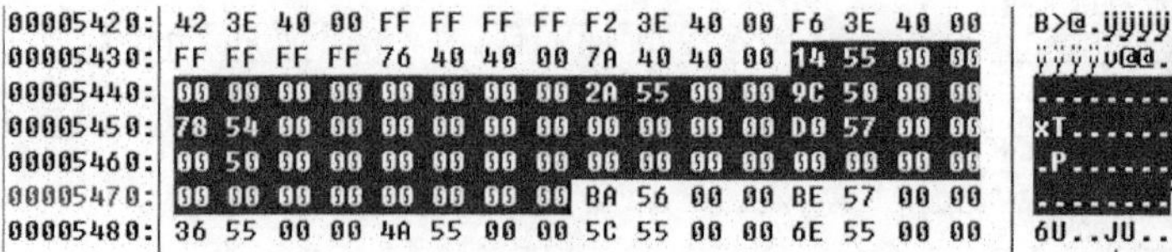

图 4-39　导入表的位置

来到文件偏移为 0x0000543C 地址处就是 IMAGE_IMPORT_DESCRIPTOR 结构体的开始位置。从图 4-39 中可以看出，该文件有两个 IMAGE_IMPORT_DESCRIPTOR 结构体。按照数据目录的长度 0x3C 来进行计算，应该有 3 个 IMAGE_IMPORT_DESCRIPTOR 结构体，但是第三个 IMAGE_IMPORT_DESCRIPTOR 结构体是一个全 0 结构体，它标志着 IMAGE_IMPORT_DESCRIPTOR 的结束。这两个结构体的对应关系如表 4-8 所列。

表 4-8　　IMAGE_IMPORT_DESCRIPTOR 数据整理表一

IMAGE_IMPORT_DESCRIPTOR 数据整理				
OriginalFirstThunk	TimeDataStamp	ForwarderChain	Name	FirstThun
00005514	00000000	00000000	0000552A	0000509C
00005478	00000000	00000000	000057D0	00005000

前面已经提到，对于 IMAGE_IMPORT_DESCRIPTOR 结构体，只需要关心 Name、OriginalFirstThunk 和 FirstThunk 这 3 个字段，其余并不需要关心。首先来看一下 Name 字段的数据。在表 4-8 中，两个 Name 字段的值分别为 0x0000552A 和 0x000057D0，这两个值同样是 RVA，该值需要转换为 FOA，经转换这两个值相同。在 C32Asm 中查看这两个偏移地址的内容，分别如图 4-40 和图 4-41 所示。

```
00005510: 00 00 00 00 1C 55 00 00 00 00 00 00 DF 01 4D 65  .....U......?Me
00005520: 73 73 61 67 65 42 6F 78 41 00 55 53 45 52 33 32  ssageBoxA.USER32
00005530: 2E 64 6C 6C 00 00 7F 01 47 65 74 4D 6F 64 75 6C  .dll..■.GetModul
00005540: 65 48 61 6E 64 6C 65 41 00 00 B7 01 47 65 74 53  eHandleA..?GetS.
```

图 4-40　0x0000552A 处的内容为“user32.dll”

```
000057B0: 74 53 74 72 69 6E 67 54 79 70 65 41 00 00 BD 01  tStringTypeA..?.
000057C0: 47 65 74 53 74 72 69 6E 67 54 79 70 65 57 00 00  GetStringTypeW..
000057D0: 4B 45 52 4E 45 4C 33 32 2E 64 6C 6C 00 00 00 00  KERNEL32.dll....
000057E0: 00 00 00 00 00 00 00 00 00 00 00 00 00 00 00 00  ................
```

图 4-41　0x000057D0 处的内容为“kernel32.dll”

重新对表 4-8 所列的数据表格进行整理，如表 4-9 所列。

表 4-9　　IMAGE_IMPORT_DESCRIPTOR 数据整理表二

IMAGE_IMPORT_DESCRIPTOR 数据整理表二			
DllName	OriginalFirstThunk	Name	FirstThunk
USER32.DLL	00005514	0000552A	0000509C
KERNEL32.DLL	00005478	000057D0	00005000

接着分析 OriginalFirstThunk 和 FirstThunk 两个字段的内容，这两个字段的内容都保存了指向 IMAGE_THUNK_DATA 结构体数组起始的 RVA。看一下第二条 IMAGE_IMPORT_DESCRIPTOR 结构体中的 OriginalFirstThunk 和 FirstThunk 的数据内容。在 C32Asm 中查看 0x00005478 和 0x000057D0 两个偏移地址处的内容，如图 4-42 和图 4-43 所示。

从图 4-42 和图 4-43 中可以看出，在磁盘文件中，OriginalFirstThunk 和 FirstThunk 字段中 RVA 指向的 DWORD 类型数组是相同的。在通过编写代码枚举导入函数时，通常会读取 OriginalFirstThunk 字段的 RVA 来找到导入函数。但是有些情况下，OriginalFirstThunk 的值为 0，这时需要通过读取 FirstThunk 的值得到导入函数的 RVA。

在图 4-42 中选中的值是 OriginalFirstThunk 中保存的 RVA 所指向的 IMAGE_THUNK_DATA 表，在图 4-43 中选中的值是 FirstThunk 中保存的 RVA 所指向的 IMAGE_THUNK_DATA

表。表中的每一项 IMAGE_THUNK_DATA 都是 4 个字节。

在图 4-42 中，文件偏移 0x00005478 地址处的 DWORD 值为 0x000056BA，转换为二进制数值后该值的最高位是 0，因此该值是指向 IMAGE_IMPORT_BY_NAME 的结构体。在 C32Asm 中查看 0x000056BA 文件偏移处的值，并与 LordPE 解析导入表的信息进行对照，如图 4-44 和图 4-45 所示。

从图 4-44 和图 4-45 中可以看出，通过 LordPE 解析的导入函数与在 C32Asm 中分析的结果是相同的。

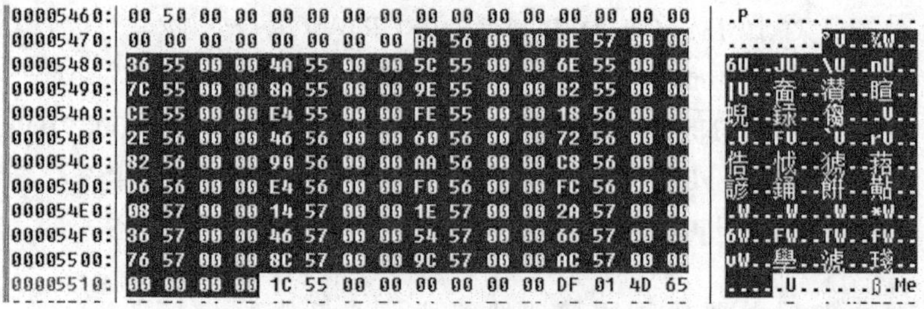

```
00005460: 00 50 00 00 00 00 00 00 00 00 00 00 00 00 00 00  .P..............
00005470: 00 00 00 00 00 00 00 00 BA 56 00 00 BE 57 00 00  ........篤..網..
00005480: 36 55 00 00 4A 55 00 00 5C 55 00 00 6E 55 00 00  6U..JU..\U..nU..
00005490: 7C 55 00 00 8A 55 00 00 9E 55 00 00 B2 55 00 00  |U..奤..濽..睻..
000054A0: CE 55 00 00 E4 55 00 00 FE 55 00 00 18 56 00 00  蜺..錸..僞...V..
000054B0: 2E 56 00 00 46 56 00 00 60 56 00 00 72 56 00 00  .V..FV..`V..rV..
000054C0: 82 56 00 00 90 56 00 00 AA 56 00 00 C8 56 00 00  俈..怴..猇..萕..
000054D0: D6 56 00 00 E4 56 00 00 F0 56 00 00 FC 56 00 00  諺..銿..餠..黇..
000054E0: 08 57 00 00 14 57 00 00 1E 57 00 00 2A 57 00 00  .W...W...W..*W..
000054F0: 36 57 00 00 46 57 00 00 54 57 00 00 66 57 00 00  6W..FW..TW..fW..
00005500: 76 57 00 00 8C 57 00 00 9C 57 00 00 AC 57 00 00  vW..學..滽..琗..
00005510: 00 00 00 00 1C 55 00 00 00 00 00 00 DF 01 4D 65  .....U......ß.Me
```

图 4-42　OriginalFirstThunk 数据的内容

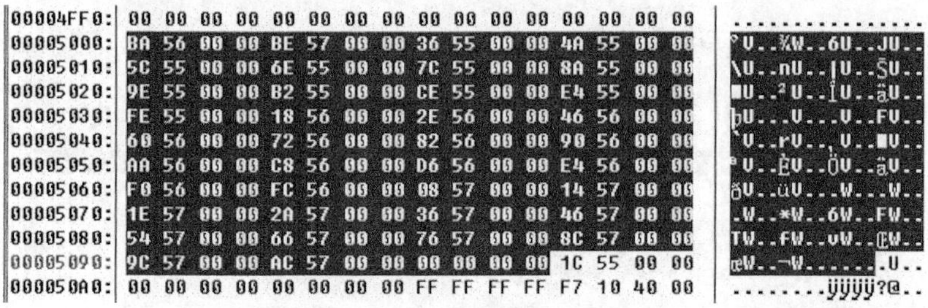

```
00004FF0: 00 00 00 00 00 00 00 00 00 00 00 00 00 00 00 00  ................
00005000: BA 56 00 00 BE 57 00 00 36 55 00 00 4A 55 00 00  ºV..¾W..6U..JU..
00005010: 5C 55 00 00 6E 55 00 00 7C 55 00 00 8A 55 00 00  \U..nU..|U..ŠU..
00005020: 9E 55 00 00 B2 55 00 00 CE 55 00 00 E4 55 00 00  žU..²U..ÎU..äU..
00005030: FE 55 00 00 18 56 00 00 2E 56 00 00 46 56 00 00  þU...V...V..FV..
00005040: 60 56 00 00 72 56 00 00 82 56 00 00 90 56 00 00  `V..rV..‚V...V..
00005050: AA 56 00 00 C8 56 00 00 D6 56 00 00 E4 56 00 00  ªV..ÈV..ÖV..äV..
00005060: F0 56 00 00 FC 56 00 00 08 57 00 00 14 57 00 00  ðV..üV...W...W..
00005070: 1E 57 00 00 2A 57 00 00 36 57 00 00 46 57 00 00  .W..*W..6W..FW..
00005080: 54 57 00 00 66 57 00 00 76 57 00 00 8C 57 00 00  TW..fW..vW..ŒW..
00005090: 9C 57 00 00 AC 57 00 00 00 00 00 00 1C 55 00 00  œW..¬W.......U..
000050A0: 00 00 00 00 00 00 00 00 FF FF FF FF F7 10 40 00  ........ÿÿÿÿ?@..
```

图 4-43　FirstThunk 数据的内容

```
00005690: 58 01 47 65 74 45 6E 76 69 72 6F 6E 6D 65 6E 74  X.GetEnvironment
000056A0: 56 61 72 69 61 62 6C 65 41 00 E9 01 47 65 74 56  VariableA.?GetV.
000056B0: 65 72 73 69 6F 6E 45 78 41 00 14 02 48 65 61 70  ersionExA...Heap
000056C0: 44 65 73 74 72 6F 79 00 12 02 48 65 61 70 43 72  Destroy...HeapCr
000056D0: 65 61 74 65 00 00 83 03 56 69 72 74 75 61 6C 46  eate..?VirtualFF
```

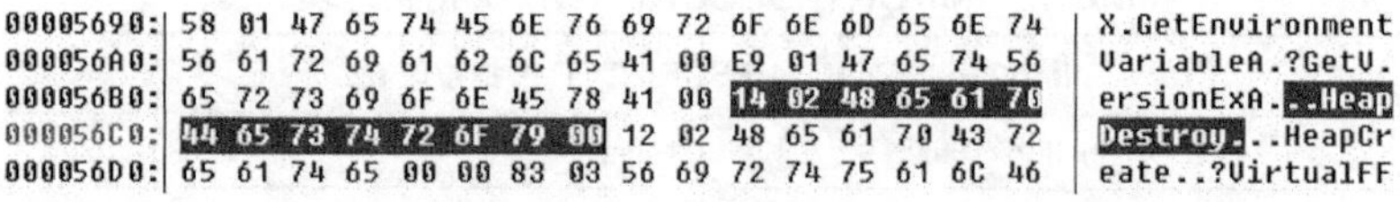

图 4-44　0x000056BA 处 IMAGE_IMPORT_BY_NAME 结构体的内容

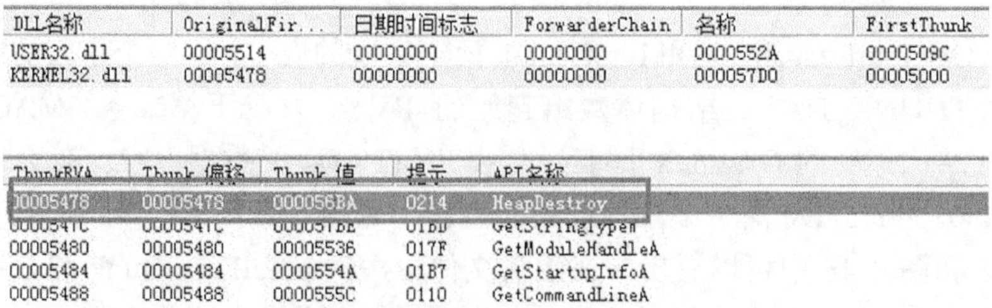

DLL名称	OriginalFir...	日期时间标志	ForwarderChain	名称	FirstThunk
USER32.dll	00005514	00000000	00000000	0000552A	0000509C
KERNEL32.dll	00005478	00000000	00000000	000057D0	00005000

ThunkRVA	Thunk 偏移	Thunk 值	提示	API名称
00005478	00005478	000056BA	0214	HeapDestroy
0000547C	0000547C	000057BE	01BD	GetStringTypeW
00005480	00005480	00005536	017F	GetModuleHandleA
00005484	00005484	0000554A	01B7	GetStartupInfoA
00005488	00005488	0000555C	0110	GetCommandLineA

图 4-45　LordPE 中 0x000056BA 处解析

在查看图 4-44 时回忆 IMAGE_IMPORT_BY_NAME 结构体的定义，该结构体的前两个字节表示一个序号，在图 4-44 中该序号的值为 0x0214，序号后面的字符串即是导入函数的函数名称，在如图 4-44 中导入函数的名称为 HeapDestroy 函数，该函数是堆操作相关的函数。

观察图 4-43 中文件偏移 0x00005000 地址处的 DWORD 值为 0x000056BA，该值与图 4-42 中文件偏移 0x00005478 地址处的 DWORD 值相同。那么，说明文件偏移 0x00005000 地址处保存的 RVA 值也与图 4-44 所示相同。

由于导入表中导入的函数较多，关于其他的导入函数，请读者自行分析整理到表格中进行观察。

（4）手动分析 PE 文件在内存中的导入表

前面已经反复说过 PE 文件在磁盘文件中，OriginalFirstThunk 和 FirstThunk 字段指向的内容相同，在前面分析中也印证了这一点。当 PE 文件被装载入内存后，OriginalFirstThunk 仍然指向导入函数的名称表，而 FirstThunk 字段指向的内容会被填充为导入函数的地址。将刚才分析的程序用 OD 打开，然后直接分析 FirstThunk 指向的内容。

注意：OD 打开 PE 文件后就已经完成了对 PE 文件装载的工作，此时整个 PE 文件已经进入内存当中。

在前面的分析中知道，kernel32.dll 文件的 FirstThunk 的 RVA 为 0x00005000。将该 RVA 转换为 VA，其 VA 地址为 0x00405000。在 OD 的数据窗口中直接查看 0x00405000 地址处的内容，如图 4-46 所示。

<table>
<tr><th>地址</th><th>HEX 数据</th><th>ASCII</th></tr>
<tr><td>00405000</td><td>95 2D 36 77 E6 54 37 77 A3 DA 36 77 10 1E 32 77</td><td>?6w鎁7w乙6w■■2w</td></tr>
<tr><td>00405010</td><td>67 90 37 77 F9 2A 36 77 BA BD 37 77 C5 2D 36 77</td><td>g?w?6w航7w?6w</td></tr>
<tr><td>00405020</td><td>50 D9 36 77 29 08 38 77 0A D9 36 77 4A CA 37 77</td><td>P?w)■8w.?wJ?w</td></tr>
<tr><td>00405030</td><td>64 6D 37 77 AA F0 36 77 62 CA 37 77 7C 6D 37 77</td><td>dm7w 6wb?w|m7w</td></tr>
<tr><td>00405040</td><td>79 90 37 77 4F 90 37 77 6C 6C 37 77 F2 D8 36 77</td><td>y?wO?wll7w蜇6w</td></tr>
<tr><td>00405050</td><td>30 DF 36 77 24 F1 36 77 CD 6C 37 77 70 C5 36 77</td><td>0?w$?w蛰7wp?w</td></tr>
<tr><td>00405060</td><td>9A 94 35 77 A6 55 37 77 37 90 37 77 BB DA 36 77</td><td>殲5w 7w7?w悔6w</td></tr>
<tr><td>00405070</td><td>CA 45 36 77 BE 2E B8 77 EA C5 36 77 29 03 BA 77</td><td>蕫6w?竪昱6w) 蓑</td></tr>
<tr><td>00405080</td><td>44 CE 36 77 15 DE 36 77 B7 F0 36 77 F8 FA 37 77</td><td>D?w■?w佛6w 7w</td></tr>
<tr><td>00405090</td><td>44 54 37 77 45 6D 35 77 00 00 00 00 E1 EA EE 75</td><td>DT7wEm5w....彡 頤</td></tr>
<tr><td>004050A0</td><td>00 00 00 00 00 00 00 00 FF FF FF FF F7 10 40 00</td><td>........ÿÿÿÿ?@.</td></tr>
<tr><td>004050B0</td><td>0B 11 40 00 5F 5F 47 4C 4F 42 41 4C 5F 48 45 41</td><td>■■@.__GLOBAL_HEA</td></tr>
</table>

图 4-46　FirstThunk 在内存中的数据

从图 4-46 与图 4-43 的对比可以看出，FirstThunk 指向 RVA 的数据已经发生了变化，这些值即为导入函数的地址表。在 OD 的数据窗口单击鼠标右键，在弹出的菜单中选择“长型”→“地址”，再次观察 FirstThunk 的内容，如图 4-47 所示。

地址	数值	注释
00405000	77362D95	kernel32.HeapDestroy
00405004	773754E6	kernel32.GetStringTypeW
00405008	7736DAA3	kernel32.GetModuleHandleA
0040500C	77321E10	kernel32.GetStartupInfoA
00405010	77379067	kernel32.GetCommandLineA
00405014	77362AF9	kernel32.GetVersion
00405018	7737BDBA	kernel32.ExitProcess
0040501C	77362DC5	kernel32.TerminateProcess
00405020	7736D950	kernel32.GetCurrentProcess
00405024	77380829	kernel32.UnhandledExceptionFilter
00405028	7736D90A	kernel32.GetModuleFileNameA
0040502C	7737CA4A	kernel32.FreeEnvironmentStringsA

图 4-47　FirstThunk 中保存的值即为导入函数地址

从图 4-47 中可以清楚地看出，FirstThunk 指向的 RVA 处的内容是导入函数的地址表。在图 4-47 中的注释列，OD 清楚地标示出了地址对应的导入模块和导入函数。在图 4-47 中虚拟地址 0x00405000 处保存的地址是 0x77362D95，该地址是一个 VA 地址，即为 HeapDestroy 函数的入口地址。在 OD 中的反汇编窗口中，通过 Ctrl+G 快捷键来到 0x77362D95 地址处，如图 4-48 所示。在图 4-48 中，OD 的反汇编窗口中虚拟地址 0x77362D95 即是 HeapDestroy 函数的入口地址。在 PE 文件被 Windows 装载器加载入内存中后，FirstThunk 指向的 IMAGE_THUNK_DATA 表中的值全部被填充为导入函数地址，该地址表

称为导入函数地址表，即 IAT。

地址	HEX 数据	反汇编
77362D95 HeapDestroy	8BFF	MOV EDI,EDI
77362D97	55	PUSH EBP
77362D98	8BEC	MOV EBP,ESP
77362D9A	5D	POP EBP
77362D9B	EB 05	JMP SHORT <JMP.&API-MS-Win-Core-Heap-L1-
77362D9D	90	NOP

图 4-48　0x77362D95 即为 HeapDestroy 函数的入口地址

（5）导入表的作用

导入表的作用是为了 PE 文件可以调用其他模块导出的函数。本节通过 OD 来观察 PE 文件中的代码是如何调用到导出函数的。用 OD 打开演示的可执行程序，如图 4-49 所示。

地址	HEX 数据	反汇编	注释
00401000	$ 6A 00	PUSH 0	Style = MB_OK|MB_APPLMODAL
00401002	. 68 40	PUSH Win32App.00406040	Title = "hello"
00401007	. 68 30	PUSH Win32App.00406030	Text = "hello world!"
0040100C	. 6A 00	PUSH 0	hOwner = NULL
0040100E	. FF15	CALL DWORD PTR DS:[<&USER32.MessageBoxA>]	MessageBoxA
00401014	. 33C0	XOR EAX,EAX	
00401016	. C2 10	RETN 10	

图 4-49　调用 MessageBox 函数

在图 4-49 中可以看到虚拟地址 0x0040100E 处是一条 CALL 指令，CALL 指令调用了 User32.dll 模块的 MessageBoxA 函数。实际的反汇编代码并不知道调用的是 MessageBoxA 函数，在反汇编窗口之所以能够显示出函数的模块与函数名称是 OD 帮助分析的。现在，对 OD 进行设置，依次单击 OD 菜单的“选项”→“调试设置”，在“调试设置”窗口中选择“反汇编”选项卡，将“显示符号地址”选项的选中状态勾选成“未选中”状态，如图 4-50 所示。

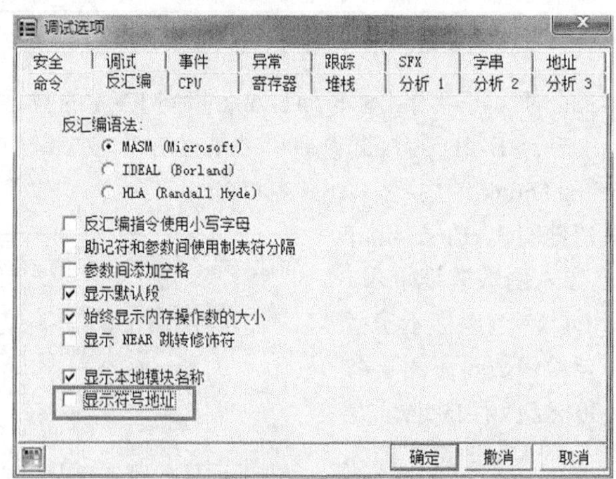

图 4-50　将“显示符号地址”选项去掉

再次观察反汇编窗口处对 MessageBoxA 函数的调用，如图 4-51 所示。

对比图 4-49 和图 4-51 可以看出，在虚拟地址 0x0040100E 处的 CALL 指令后面跟随的是 [40509C]的内存地址。这是一条内存间接寻址的，在 OD 的“内存窗口”查看内存 0040509C

处保存的地址，如图 4-52 所示。

地址		HEX 数据	反汇编	注释
00401000	┌$	6A 00	PUSH 0	┌Style = MB_OK|MB_APPLMODAL
00401002	.	68 40	PUSH 406040	Title = "hello"
00401007	.	68 30	PUSH 406030	Text = "hello world!"
0040100C	.	6A 00	PUSH 0	hOwner = NULL
0040100E	.	FF15	CALL DWORD PTR DS:[40509C]	└MessageBoxA
00401014	.	33C0	XOR EAX,EAX	
00401016	└.	C2 10	RETN 10	

图 4-51　调用 MessageBox 函数的地址

从图 4-52 中可以看出，地址 0x40509C 处保存的是 0x75EEEAE1，该地址是 MessageBoxA 函数的入口地址。而 0x0040509C 则是由 FirstThunk 给出的 IAT 表中的一项。

在编译器编译代码时，代码中调用了一个导入函数，这时编译器会生成类似 call [XXXXXXXX]这样的代码，而在 PE 文件被装入内存时，PE 装载器会在 XXXXXXXX 地址中保存真正的函数地址。形式如图 4-53 所示。

00405094	77356D45	kernel32.GetStringTypeExA
00405098	00000000	
0040509C	75EEEAE1	USER32.MessageBoxA
004050A0	00000000	
004050A4	00000000	

图 4-52　内存 0x0040509C 地址处的值

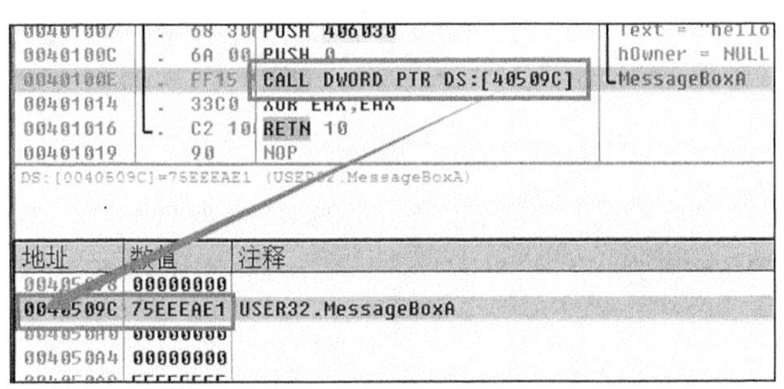

图 4-53　调用导入函数的形式

在图 4-53 中可以看出，CALL 指令最终调用的地址是 0x75EEEAE1 这个地址，为什么编译器在编译代码时不直接生成 CALL 75EEEAE1 这样的指令呢？这是因为 DLL 是动态装载的，在装载之前是无法确定 DLL 文件会装入的地址，因此只能以这样的形式在代码中预留一个空间用于保存真实的地址。保存导入函数真实的地址就是导入函数地址表，即 IAT。这样，本节的知识就与前面的知识串在一起了。

以上介绍的是在 PE 文件在装载时导入表的作用。那么在软件安全方面，可以通过替换 IAT 表中的地址来完成“钩子”的功能，在壳方面导入表也是一个非常重要的战场。

补充：导入地址表（即 IAT）可以通过两种方式获得，第一种方式是通过 IMAGE_IMPORT_DESCRIPTOR 的 FirstThunk 进行获取，另外一种方式是通过数据目录的中第 12 项（注意：下标从 0 开始）进行查找。

（6）绑定导入表

绑定导入表与导入表有一定的关系，但是它在 PE 文件被装载入内存时并不起决定作用，因此这里简单进行介绍。

首先来观察一种情况，用 C32Asm 打开 Windows 系统自带的计算器程序（计算器程序是在系统盘的 Windows\System32\目录下的 calc.exe 程序），然后定位到它的导入表，如图 4-54 所示。

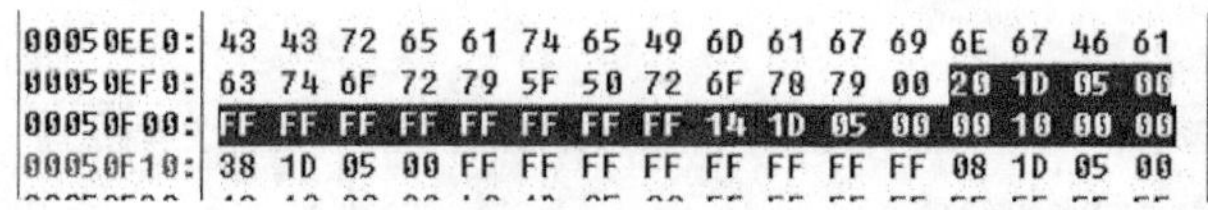

图 4-54　计算器的第一个 IID 结构

在图 4-54 中，文件偏移为 0x00050EFC 的位置就是计算器程序的第一个导入表结构体，这里对该结构体进行分析。

首先查看它的 DLL 的名称，其名称的 RVA 是 0x00051D14，转换为 FOA 后其地址为 0x00051114，该项导入表导入的 DLL 的名称为 SHELL32.DLL，说明这里找到的是一个导入表项。

接着查看它的 OriginalFirstThunk 的 RVA 是 0x00051D20，转换为 FOA 后其地址为 0x00051120，它指向的 IMAGE_THUNK_DATA 表如图 4-55 所示。

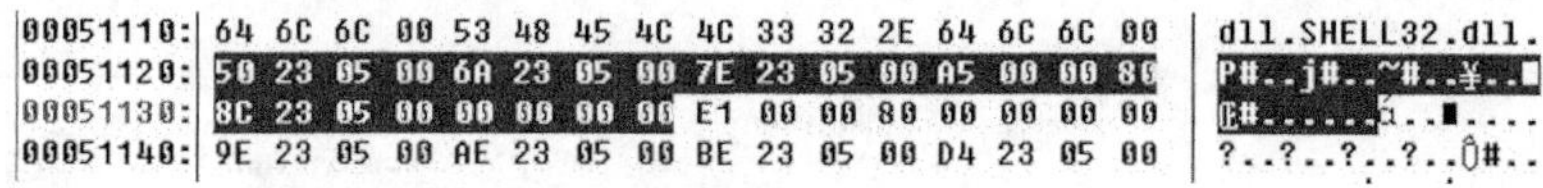

图 4-55　OriginalFirstThunk 指向的 IMAGE_THUNK_DAT 表

最后查看它的 FirstThunk 的 RVA 是 0x00001000，转换为 FOA 后其地址为 0x00000400，它指向的 IMAGE_THUNK_DATA 表如图 4-56 所示。

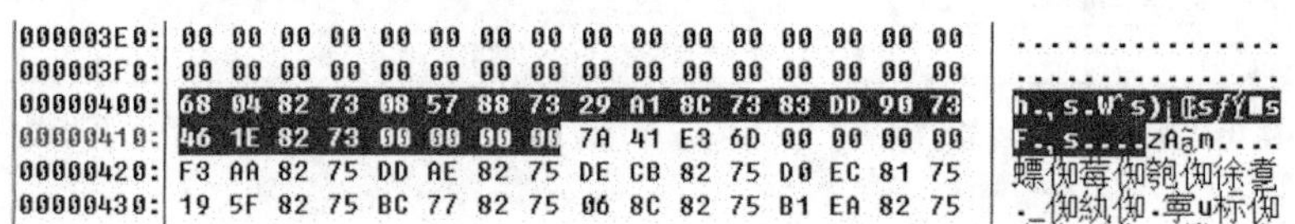

图 4-56　FirstThunk 指向的 IMAGE_THUNK_DAT 表

对比观察图 4-55 和图 4-56 中 OriginalFirstThunk 和 FirstThunk 分别指向的 IMAGE_THUNK_DATA 数据的内容是不相同的。在前面介绍导入表时，OriginalFirstThunk 和 FirstThunk 分别指向的 IMAGE_THUNK_DATA 中的数据内容是相同的，但是为什么这里不相同了呢？注意观察 FirstThunk 指向的 IMAGE_THUNK_DATA 中保存的数据，这里存储的数据都形如 0x73820468、0x73885708、0x738CA129 等，这些数据看起来非常像内存的地址。其实这里保存的就是内存的地址。在图 4-56 中，该 PE 文件在磁盘上的 FirstThunk 指向的 IMAGE_THUNK_DATA 中已经存储了函数的地址，说明该 PE 文件使用了绑定导入表。

PE 文件被装载入内存时，Windows 需要根据导入表中的模块名称和函数名称去装载相应的模块，得到导入函数的地址并填充导入地址表。这个过程是需要时间的，因此 Windows 为了提高 PE 文件装载的速度，从而设计出了绑定导入表，也就是直接将导入函数写入 PE 文件中。

在解析 PE 文件的时候，如何得知当前的导入地址表中保存的是指向函数名称 RVA 的 IMAGE_THUNK_DATA，还是保存着函数地址的 IMAGE_THUNK_DATA 呢？这里就需要通过 IMAGE_IMPORT_DESCRIPTOR 结构体中的 TimeDateStamp 来进行判断了。通常情况下，TimeDateStamp 值为 0，而如果使用了绑定导入表，则 TimeDateStamp 的值是 FFFFFFFF。

使用绑定导入表中的地址，需要有两个前提，第一个前提是 DLL 实际的装载地址与其 IMAGE_OPTIONAL_HEADER 中 ImageBase 的地址相同，即 DLL 不能发生重定位，第二个前提是 DLL 中提供的函数的地址没有发生变化。

第一个前提是 DLL 的装载地址与 IMAGE_OPTIONAL_HEADER 中 ImageBase 的地址相同，该值是否相同需要在 PE 文件被装载时进行判断。

第二个前提，DLL 中提供的函数的地址没有发生变化。EXE 文件如何知道绑定导入表中 DLL 的函数没有发生变化呢？在 PE 文件使用了绑定导入表后，Windows 在装载 PE 文件时，就会考察绑定导入表的信息，绑定导入表在 Winnt.h 中的定义如下：

```
typedef struct _IMAGE_BOUND_IMPORT_DESCRIPTOR {
    DWORD   TimeDateStamp;
    WORD    OffsetModuleName;
    WORD    NumberOfModuleForwarderRefs;
// Array of zero or more IMAGE_BOUND_FORWARDER_REF follows
} IMAGE_BOUND_IMPORT_DESCRIPTOR,  *PIMAGE_BOUND_IMPORT_DESCRIPTOR;
```

在 IMAGE_BOUND_IMPORT_DESCRIPTOR 中也有一个 TimeDateStamp，该值是一个真正的时间戳。这个时间戳是用来与 DLL 中的时间戳进行比较的。如果在绑定导入表中的 TimeDateStamp 的值与 DLL 编译时生成的时间戳相同，则说明 DLL 导出函数的地址没有发生变化。用 LordPE 查看 Calc.exe 文件的绑定导入表，如图 4-57 所示。

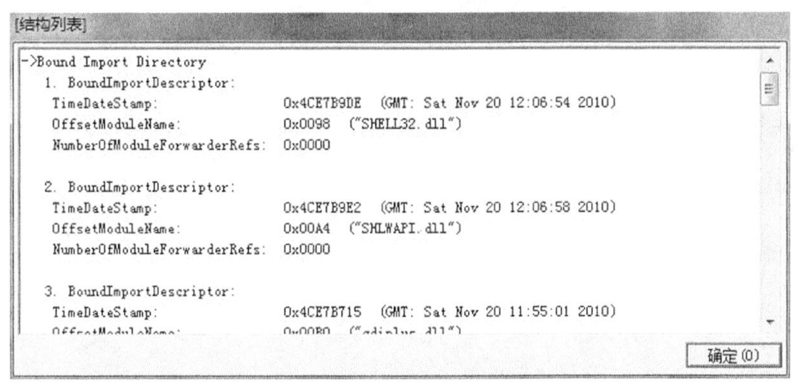

图 4-57　绑定导入表信息

从图 4-57 中可以看出，TimDateStamp 是一个时间戳，OffsetModuleName 是绑定模块的名称，该值不是一个 RVA 也不是一个 FOA，而是一个以第一个 IMAGE_BOUND_IMPORT_DESCRIPTOR 结构体为起始地址的偏移。因此要得到绑定模块的名称，需要通过当前绑定导入表项的 OffsetModuleName 的值加上第一个 IMAGE_BOUND_IMPORT_DESCRIPTOR 的地址。NumberOfModuleForwarderRefs 表示转发引用的数量。

介绍绑定导入表是为了解释导入表中的 IAT 中保存函数地址的情况。在通常的 PE 文件中是没有导入表的，只有 Windows 系统目录下的微软自己的可执行文中存在绑定导入表。对于 Windows 系统装载 PE 而言它不是必需的。绑定导入表的设计初衷是提高 PE 文件的装载速度，仅此而已。

4.3.2　导出表

导出表即导出函数表，导出函数的作用是提供给其他的可执行程序调用的函数。调用的 API 函数都是由操作系统中的 DLL 文件导出的函数，比如 MessageBoxA 函数是由 user32.dll 文件导出的，ExitProcess 函数是由 kernel32.dll 文件导出的。

通常情况下 DLL 文件会提供许多导出函数，有时 EXE 文件也会提供导出函数。比如，OD 就提供了很多导出函数，供 OD 的使用进行插件的开发。

1．导出函数的定义和调用

（1）导出函数的定义

DLL 导出文件有两种方式，一种方式是直接在函数定义时进行导出，另外一种方式是通过定义.def 文件进行导出。这里，介绍通过.def 文件进行导出的方法。

在 VS 中新建一个 DLL 的项目，然后写入如下的代码：

```
#include <Windows.h>

void Func1()
{
    MessageBox(NULL, "Func_1", NULL, MB_OK);
}

void Func2()
{
    MessageBox(NULL, "Func_2", NULL, MB_OK);
}

void Func3()
{
    MessageBox(NULL, "Func_3", NULL, MB_OK);
}

void Func4()
{
    MessageBox(NULL, "Func_4", NULL, MB_OK);
}

void Func5()
{
    MessageBox(NULL, "Func_5", NULL, MB_OK);
}
```

以上定义了 5 个函数，5 个函数的功能相同，都是通过调用 MessageBox 函数来弹出一个提示对话框。这样 DLL 的代码就写完了，但是这样 DLL 中的函数是无法被调用的，还需要定义个.def 文件，将要公开的函数进行导出。.def 文件的定义如下：

```
LIBRARY    "DllExport"

EXPORTS

Func1     @ 3
Func2     @ 5
Func3     @ 6 NONAME
Func5
```

在前面学习导入表的时候提到过，导入函数可以通过函数名进行导入，也可以通过序号进行导入。原因是导出函数可以通过函数名进行导出，也可以通过函数序号进行导出。在上面.def 的定义中，Func1 是函数名，其对应的导出序号是 3，该句说明 Fun1 函数同时以名称和序号导出。Func3 在导出序号 6 后面加了一个参数 NONAME，说明该函数只以序号进行导出。当 Func5 函数名后的序号被省略时，系统会分配给它一个序号。

在上面的.def 中一共导出了四个函数，其中 Func3 没有通过函数名称进行导出。

（2）导出函数的调用

导出函数的调用有两种方式，一种方式就是直接进行调用，然后在程序进行编译时会生成导入表，这种方式称作隐式调用。第二种方式是通过使用 LoadLibrary 函数和 GetProcAddress 函数进行调用，这种方式称作显示调用。这里主要演示显示调用的方式。

在 VS 中建立一个 EXE 的项目，然后写入如下的代码：

```
#include <Windows.h>

typedef void (*Func)();

int _tmain(int argc, _TCHAR* argv[])
{
    HMODULE hMod = LoadLibrary("DllExport.dll");

    Func Func1 = (Func)GetProcAddress(hMod, "Func1");
    Func1();
    Func Func2 = (Func)GetProcAddress(hMod, "Func2");
    Func2();
    Func Func3 = (Func)GetProcAddress(hMod, (LPCSTR)6);
    Func3();

    // Func4 是一个没有导出的函数
    // Func Func4 = (Func)GetProcAddress(hMod, "Func4");
    // Func4();

    Func Func5 = (Func)GetProcAddress(hMod, "Func5");
    Func5();

    FreeLibrary(hMod);
    return 0;
}
```

在代码中，对 Func1、Func2 以及 Func5 通过函数名称获得了函数的地址，对于 Func3 并没有通过名称进行导出，而是使用了函数序号进行导出，因此在通过 GetProcAddress 函数获得 Func3 的函数地址时，使用的是其导出序号。

对上面的代码进行编译、连接并运行，将生成的 EXE 文件和 DLL 文件放在同一个目录下面，运行 EXE 文件，然后会弹出 MessageBox 对话框，说明前面编写的 DLL 文件的导出函数是没有问题的。

2. 导出函数的查看

导出函数是数据目录中的第一项，导出函数表同样可以使用 PE 解析工具进行查看，这里笔者还是使用 LordPE 工具进行查看。用 LordPE 打开前面生成的 DLL 文件，然后选择数据目录的第一项进行查看，如图 4-58 所示。

在 LordPE 的“输出表”中可以分为上下两部分，上面的部分是导出表的信息，下面的部分是导出表的函数信息。在窗口上半部分中可以看到 DLL 文件的名称、导出函数的数量、以函数名称导出的函数的数量等信息。在窗口的下半部分中可以看到有 4 个导出函数，其中有 3 个函数是以函数名称导出的。

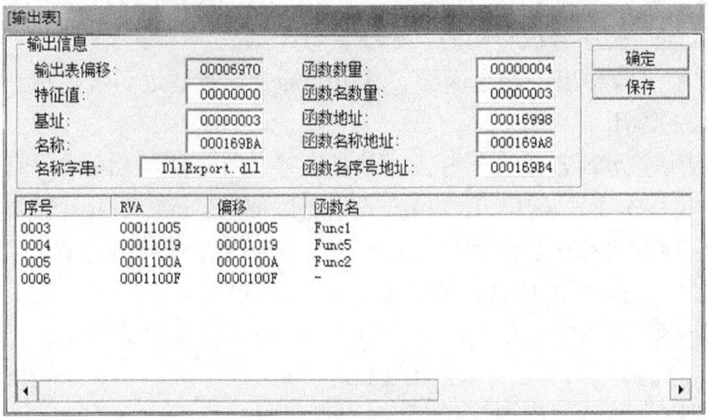

[输出表]

输出信息

输出表偏移:	00006970	函数数量:	00000004
特征值:	00000000	函数名数量:	00000003
基址:	00000003	函数地址:	00016998
名称:	000169BA	函数名称地址:	000169A8
名称字串:	DllExport.dll	函数名序号地址:	000169B4

确定　保存

序号	RVA	偏移	函数名
0003	00011005	00001005	Func1
0004	00011019	00001019	Func5
0005	0001100A	0000100A	Func2
0006	0001100F	0000100F	-

图 4-58　LordPE 查看导出函数表

3．导出表的结构体

（1）导出表结构体介绍

前面在 VS 中用 C 编写了一个简单的 DLL 文件，并且用 LordPE 查看了解析后的导出表，本节来介绍导出表的结构体。该结构体在 Winnt.h 中被定义为 IMAGE_EXPORT_DIRECTORY，其定义如下：

```
//
// Export Format
//

typedef struct _IMAGE_EXPORT_DIRECTORY {
    DWORD   Characteristics;
    DWORD   TimeDateStamp;
    WORD    MajorVersion;
    WORD    MinorVersion;
    DWORD   Name;
    DWORD   Base;
    DWORD   NumberOfFunctions;
    DWORD   NumberOfNames;
    DWORD   AddressOfFunctions;     // RVA from base of image
    DWORD   AddressOfNames;         // RVA from base of image
    DWORD   AddressOfNameOrdinals;  // RVA from base of image
} IMAGE_EXPORT_DIRECTORY, *PIMAGE_EXPORT_DIRECTORY;
```

导出表的结构体字段比导入表的字段稍多，但是却没有导入表的那么复杂。下面逐个介绍导入表 IMAGE_EXPORT_DIRECTORY 结构体的各个字段。

Characteristics：表示导出表的导出标志，这里是一个保留字段，必须为 0。

TimeDateStamp：导出数据被创建的时间戳。这个时间戳的作用在介绍绑定导入表时介绍过，绑定导入表中的时间戳会与 DLL 中的时间戳进行对比，如果两个时间戳不相同，那么绑定导入表是不生效的。

MajorVersion：主版本号。该值可以自行设置，默认值是 0。

MinorVersion：次版本号。该值可以自行设置，默认值是 0。

Name：包含这个 DLL 名称的 ASCII 码字符串的 RVA。

Base：映像中导出符号的起始序数值。这个字段指定了导出地址表的起始序数值，通常该值为 1。

NumberOfFunctions：导出函数的数量。

NumberOfNames：以函数名称导出的函数的数量，该字段的值小于等于 NumberOfFunction 的值。当小于 NumberOfFunction 的值时，说明 DLL 中有以序号导出的函数。

AddressOfFunctions：该字段保存了导出函数地址表的 RVA，该表中的数量是 NumberOfFunctions 的值。

AddressOfNames：该字段保存了导出名称指针表的 RVA，该表中的数量是 NumberOfNames 的值。

AddressOfNamesOrdinals：该字段保存了导出序数表的 RVA，该表中的数量是 NumberOfNames 的值。这里的值是一个索引值，并不是真正的导出函数的序号。这个表的值加上 Base 字段的值，才是真正的导出函数的序号。

（2）手动分析导出表

只有通过以十六进制的方式手动分析 PE 结构的各个结构体的各个字段，才会对 PE 文件结构有深入的了解。本小节通过使用 C32Asm 来分析导出表。

首先定位到导出表的位置，数据目录的后面紧挨着节表，因此手动定位数据目录时通过节表来向上定位会更快。导出表是数据目录表的第一项，数据目录的起始 RVA 为 0x00016970，转换为 FOA 后的地址是 0x00006970，通过 Ctrl + G 快捷键来到 FOA 为 0x00006970 地址处，定位到导出表的数据如图 4-59 所示。

从图 4-59 开始的位置就是导出表所在的位置，选中的部分即为导出表的十六进制数据，根据导出表的结构体来逐字节地分析导出表的内容，将导出表的结构体与导出表的十六进制数据整理为表 4-10。

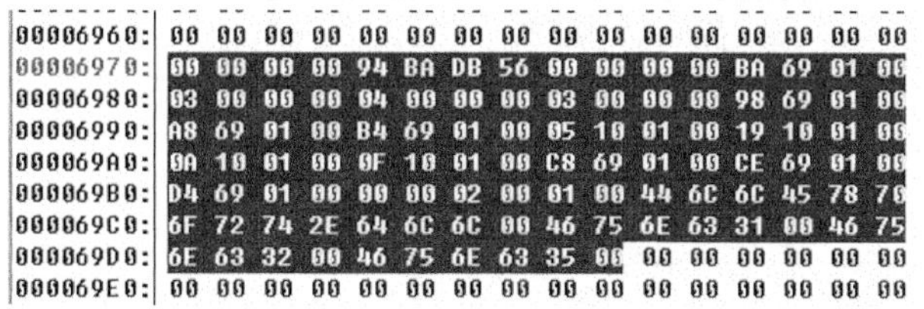

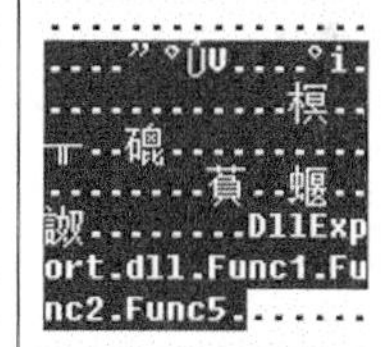

图 4-59　C32Asm 中的导出表

表 4-10　　IMAGE_EXPORT_DIRECTORY 结构体整理

IAMGE_EXPORT_DIRECTORY			
Characteristics	TimeDateStamp	MajorVersion	MinorVersion
00 00 00 00	94 BA DB 56	00 00	00 00
Name	Base	NumberOfFunctions	NumberOfNames
BA 69 01 00	03 00 00 00	04 00 00 00	03 00 00 00
AddressOfFunctions	AddressOfNames	AddressOfNameOrdinals	
98 69 01 00	A8 69 01 00	B4 69 01 00	

导出表的 TimeDateStamp 字段是 DLL 文件生成时的时间戳，可以通过 LordPE 工具进行解码（如图 4-60 所示），解码后的时间是格林尼治时间，这个时间并不是本地时间。

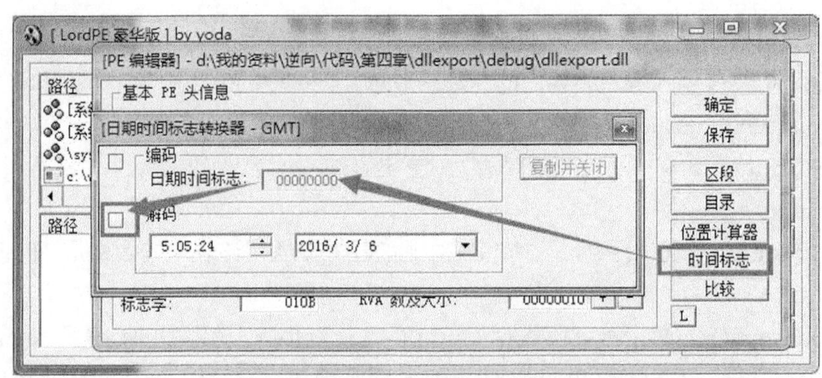

图 4-60　LordPE 对时间戳进行解码

导出表的 Name 字段是 DLL 的名称的 RVA 地址，在表 4-10 中，Name 字段的值为 0x000169BA，将该 RVA 转换 FOA 后的值为 0x000069BA，在该 FOA 中查看保存的内容为 DllExport.dll。

Base 是导出符号的起始序数值，在这里该值为 3。

NumberOfFunctions 和 NumberOfNames 分别表示导出函数的个数和以名字导出的函数的个数，在这里导出函数的个数是 4，以名字导出的函数的个数是 3。

接下来就是 3 张表的 RVA 了，3 个 RVA 分别是 0x00016998、0x000169A8 和 0x000169B4，将这 3 个 RVA 分别转换为 FOA 后的地址为 0x00006998、0x000069A8 和 0x000069B4。分别整理 3 张表的信息，如表 4-11、表 4-12 和表 4-13 所列。

表 4-11　导出函数地址表

导出函数地址表	
导出地址表 FOA：0x00006998	
导出起始序号：3	
导出序号	导出地址
3	0x00011005
4	0x00011019
5	0x0001100A
6	0x0001100F

表 4-12　导出函数名称表

导出函数名称表			
导出函数名称表 FOA:0x000069A8			
索引（表的顺序）	RVA	FOA	导出函数名称
1	0x000169C8	0x000069C8	Func1
2	0x000169CE	0x000069CE	Func2
3	0x000169D4	0x000069D4	Func5

表 4-13　　导出名称序数表

导出名称序数表		
导出名称序数表 FOA：0x000069B4		
索引（表的顺序）	FOA	序数值
1	0x000069B4	0x0000
2	0x000069B6	0x0002
3	0x000069B8	0x0001

有了上面 3 张表的信息就可以知道函数的地址了，举例说明。查找导出函数名为 Func1 所对应的函数地址。

① 在表 4-12 中找到 Fun1，然后查看其对应的索引，它的索引值为 1。

② 在表 4-13 中找出对应的索引 1，得到其序数值为 0x0000。

③ 将得到的序数值 0x0000 与表 4-11 中的导出起始序号 3 相加，得到的值为 3。

④ 在导出地址表中查找导出序号为 3 的导出地址，导出地址为 0x00011005。

即导出函数 Func1 对应的导出地址为 0x00011005。在图 4-58 中可以看到，这里手动计算的结果与 LordPE 解析的结果是相同的。

读者可以自行通过表 4-11、表 4-12 和表 4-13 来计算 Func2 和 Func5 所对应的函数地址。在可以完成通过导出函数名来查找导出函数地址后，读者可以通过导出函数地址来找到导出函数名。

补充：

在前面介绍 DLL 中时间戳的解码时，使用的是 LordPE 的功能，然而 LordPE 解码后的值并不是本地的时间，这里提供一段简单的程序，用于将时间戳转换为本地时间，具体代码如下：

```
#include <time.h>
int _tmain(int argc, _TCHAR* argv[])
{
    time_t lt;

    lt = 0x56dbba94;     // 这里是时间戳的值

    printf(ctime(&lt));
    printf(asctime(localtime(&lt)));
    printf(asctime(gmtime(&lt)));

    return 0;
}
```

在图 4-61 中，第一行和第二行的输出是生成 DLL 文件时的本地时间，第三行的输出则与 LordPE 中解码的时间相同。

```
C:\Windows\system32\cmd.exe
Sun Mar 06 13:05:24 2016
Sun Mar 06 13:05:24 2016
Sun Mar 06 05:05:24 2016
请按任意键继续. . .
```

图 4-61　对时间戳的解码

4.3.3　重定位表

前面介绍了关于导出表的内容，通常情况下导出表只存在于 DLL 中。对于 EXE 文件而言，其实也是可以有导出表的，用 LordPE 来查看 OD，就可以看到 OD 导出了很多的函数，如图 4-62 所示。

[输出表]

输出信息

输出表偏移:	000CE200	函数数量:	000000BC
特征值:	00000000	函数名数量:	000000BC
基址:	00000001	函数地址:	0010F028
名称:	0010F780	函数名称地址:	0010F318
名称字串:	ollydbg.exe	函数名序号地址:	0010F608

确定
保存

序号	RVA	偏移	函数名
0001	00054EFC	000544FC	_Addsorteddata
0002	0005A60C	00059C0C	_Addtolist
0003	0007F284	0007E884	_Analysecode
0004	000054AC	00004AAC	_Assemble
0005	0005A474	00059A74	_Broadcast
0006	00076224	00075824	_Browsefilename
0007	00054B20	00054120	_Calculatecrc
0008	00015E60	00015460	_Checkcondition
0009	00008208	00007808	_Compress

图 4-62　ollydbg.exe 的导出表

OD 导出了非常多的函数，它的作用是为 OD 插件的开发提供现成的函数。导出表并不是 DLL 文件的专利，同样 EXE 文件也是存在的。本节介绍的另外一个表结构是重定位表，该表存在的价值也是为 DLL 使用的。在某些开发环境下生成的 EXE 文件中也是存在重定位表的，但是即使存在也是没什么作用的。

1．重定位表的介绍

（1）建议装入地址 ImageBase

在前面介绍 IMAGE_OPTIONAL_HEADER 结构体时，其中有一个 ImageBase 字段，该字段是建议装载地址。为什么是建议装载地址呢？意思是说，按照 ImageBase 给出的地址进行装载，装载速度是最快的，但是也有时候 Windows 装载器是不会按照 ImageBase 给出的地址将 DLL 进行装入的，因此 ImageBase 只是一个建议的装载地址，而不是实际的装载地址。

为什么 Windows 装载器不使用 IMAGE_OPTIONAL_HEADER 中 ImageBase 字段提供的地址作为装载地址呢？每个进程在运行时地址空间是独立的，首先装载的是 EXE 文件，EXE 文件会根据 ImageBase 字段给出的地址值进行装入，而 DLL 文件的 ImageBase 给出的地址值就有可能被其他 DLL 文件的 ImageBase 所占用。简单来说，A.DLL 文件中的 ImageBase 的值是 0x10000000，而 B.DLL 文件中的 ImageBase 的值也是 0x10000000，在 A.DLL 文件被装入内存后，B.DLL 文件就无法再使用 0x10000000 这个地址进行装入了。

（2）举例查看 ImageBase 被占用的情况

为了更好地观察 ImageBase 字段给出的地址被占用的情况，笔者对前面的 DLL 文件进行简单的修改。

```
// 测试重定向表时添加
int a = 0x12345678;
```

```
void Func1()
{
    // 测试重定向表时添加
    printf("%x-%x\r\n", a, &a);

    MessageBox(NULL, "Func_1", NULL, MB_OK);
}
```

在 DLL 的代码中增加了一个整型的全局变量 int a，然后在 Func1 函数中输出了全局变量 a 的值和地址。对该 DLL 文件重新进行编译连接，然后将生成的 DLL 文件复制一份。在笔者这里，两个 DLL 文件的名称分别是 DllExport.dll 和 DllExport1.dll。为什么要复制一份同样的 DLL 文件出来呢？因为这两个 DLL 文件的 ImageBase 值是相同的，这样可以很好地看出 ImageBase 被占用的情况。

用 LordPE 来观察两个 DLL 文件的 ImageBase 值，如图 4-63 所示。在图 4-63 中可以看出 DllExport.dll 和 DllExport1.dll 的 ImageBase 值是相同的，都是 0x10000000。

接下来修改调用 DLL 文件的 EXE 的代码，代码如下：

```
HMODULE hMod = LoadLibrary("DllExport.dll");
// 测试重定向表时添加
HMODULE hMod2 = LoadLibrary("DllExport1.dll");

Func Func1 = (Func)GetProcAddress(hMod, "Func1");
Func1();
// 测试重定向表时添加
Func func1_1 = (Func)GetProcAddress(hMod2, "Func1");
func1_1();
```

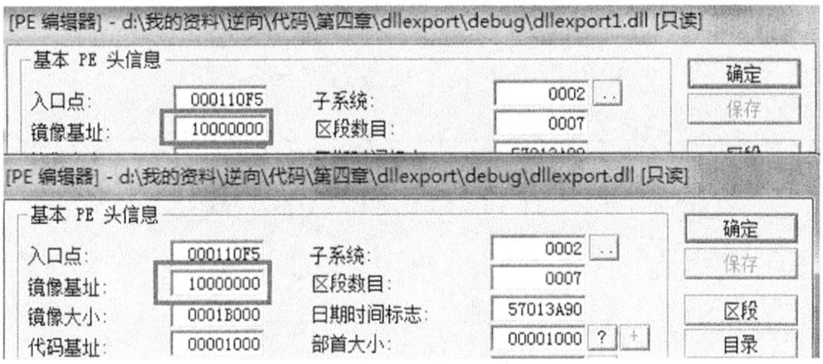

图 4-63 两个 DLL 具有相同的 ImageBase

在代码中分别用 LoadLibrary 动态加载了 DllExport.dll 和 DllExport1.dll，然后又分别调用了两个 DLL 中的 Func1 函数。请读者记住，两个 DLL 是完全相同的，不同的只是它们的文件名。

在 OD 中对 EXE 文件进行调试，在 LoadLibraryA 函数处进行下断，两次 LoadLibraryA 被中断返回后观察 OD 的内存窗口，如图 4-64 所示。

在图 4-64 中主要观察 CallDll（这个模块是 EXE 文件装载入内存模块）、DllExport 和 DllExport1 三个模块。在图 4-64 中可以看出，DllExport 装入的地址是 0x10000000，而 DllExport1 装入的地址是 0x00530000。读者可以多次使用 OD 重新加载调试该 EXE 文件，在每次加载调试时会发现，每次 DllExport.dll 文件都会加载入 0x10000000，而 DllExport1.dll 文件每次装载的位置都不会相同。

002E0000	00001000		002E0000			Map	R	R
[illegible]	[illegible]		[illegible]			Priv	RW	RW
00400000	00001000	CallDll	00400000		PE 文件头	Imag	R	RWE
00401000	00010000	CallDll	00400000	.textbss	代码	Imag	R	RWE
00411000	00004000	CallDll	00400000	.text	SFX	Imag	R	RWE
00415000	00002000	CallDll	00400000	.rdata		Imag	R	RWE
00417000	00001000	CallDll	00400000	.data	数据	Imag	R	RWE
00418000	00001000	CallDll	00400000	.idata	输入表	Imag	R	RWE
00419000	00001000	CallDll	00400000	.rsrc	资源	Imag	R	RWE
[illegible]	[illegible]		[illegible]			Map	R	R
00530000	00001000	DllExp_1	00530000		PE 文件头	Imag	R	RWE
00531000	00010000	DllExp_1	00530000	.textbss	代码	Imag	R	RWE
00541000	00004000	DllExp_1	00530000	.text	SFX	Imag	R	RWE
00545000	00002000	DllExp_1	00530000	.rdata	输出表	Imag	R	RWE
00547000	00001000	DllExp_1	00530000	.data	数据	Imag	R	RWE
00548000	00001000	DllExp_1	00530000	.idata	输入表	Imag	R	RWE
00549000	00001000	DllExp_1	00530000	.rsrc	资源	Imag	R	RWE
0054A000	00001000	DllExp_1	00530000	.reloc	重定位	Imag	R	RWE
00570000	00003000		00570000			Priv	RW	RW
[illegible]	[illegible]		[illegible]			Map	R	R
10000000	00001000	DllExpor	10000000		PE 文件头	Imag	R	RWE
10001000	00010000	DllExpor	10000000	.textbss	代码	Imag	R	RWE
10011000	00004000	DllExpor	10000000	.text	SFX	Imag	R	RWE
10015000	00002000	DllExpor	10000000	.rdata	输出表	Imag	R	RWE
10017000	00001000	DllExpor	10000000	.data	数据	Imag	R	RWE
10018000	00001000	DllExpor	10000000	.idata	输入表	Imag	R	RWE
10019000	00001000	DllExpor	10000000	.rsrc	资源	Imag	R	RWE
1001A000	00001000	DllExpor	10000000	.reloc	重定位	Imag	R	RWE
10200000	00001000	MSVCR80D	10200000		PE 文件头	Imag	R	RWE
10201000	000CB000	MSVCR80D	10200000	.text	代码	Imag	R	RWE

图 4-64　EXE 与 DLL 的内存分布

然后对比观察 DllExport.dll 文件的 Func1 函数的部分代码和 DllExport1.dll 文件的 Func1 函数的部分代码，如图 4-65 和图 4-66 所示。

```
1001138C  F3:AB           REP STOS DWORD PTR ES:[EDI]
1001138E  68 00700110     PUSH DllExpor.10017000
10011393  A1 00700110     MOV EAX,DWORD PTR DS:[10017000]
10011398  50              PUSH EAX
10011399  68 44550110     PUSH DllExpor.10015544            ASCII "%x-%x■■"
1001139E  E8 D9FDFFFF     CALL DllExpor.1001117C
100113A3  83C4 0C         ADD ESP,0C
```

图 4-65　DllExport 中 Func1 的部分代码

```
0054138C  F3:AB           REP STOS DWORD PTR ES:[EDI]
0054138E  68 00705400     PUSH DllExp_1.00547000
00541393  A1 00705400     MOV EAX,DWORD PTR DS:[547000]
00541398  50              PUSH EAX
00541399  68 44555400     PUSH DllExp_1.00545544            ASCII "%x-%x■■"
0054139E  E8 D9FDFFFF     CALL DllExp_1.0054117C
005413A3  83C4 0C         ADD ESP,0C
```

图 4-66　DllExport1 中 Func1 的部分代码

在数据窗口中查看 0x10017000 和 0x00547000 两个内存地址中的值，可以看出两个内存地址中的值都是 0x12345678。也就是说，这两个地址都是代码中的全局变量 int a。查看两个函数的输出内容，如图 4-67 所示。

```
D:\我的资料\逆向\代码\第四章\DllExport\debu
12345678-10017000
12345678-547000
```

图 4-67　两个 DLL 文件中 Func1 函数的输出

在图 4-67 中可以看出，第一行的输出是 DllExport.dll 文件中 Func1 函数的输出，第二行的输出是 DllExport1.dll 文件中 Func1 函数的输出，它们输出的值是相同的，但是保存值的地址却是两个。接下来，继续深入该问题。用 LordPE 分别计算 0x10017000 和 0x00547000 这两个 VA 地址的 RVA 地址，如图 4-68 和图 4-69 所示。

在图 4-68 中，LordPE 将 0x10017000 这个 VA 地址正确地计算出了 RVA 地址 0x00017000，而图 4-69 中，LordPE 无法将 0x00547000 这个 VA 地址进行正确的计算。从图 4-69 中发现，

LordPE 对 DLL 文件通过 VA 计算 RVA 时，如果实际的装入地址和 ImageBase 的建议装入地址不一致时，是无法通过 VA 值来计算 RVA 值的。

在 LordPE 无法进行计算时，好在读者在前面已经学会了如何进行 3 种地址的计算，在这里手动计算一下 0x00547000 这个 VA 地址转换为 RVA 的。由于 DllExport1.dll 装载的地址是 0x00530000，所以 VA 转换成 RVA 的过程是 0x00547000-0x00530000=0x00017000。可以看出，DllExport1.dll 转换后的 RVA 值和 DllExport.dll 转换后的 RVA 值是相同的。

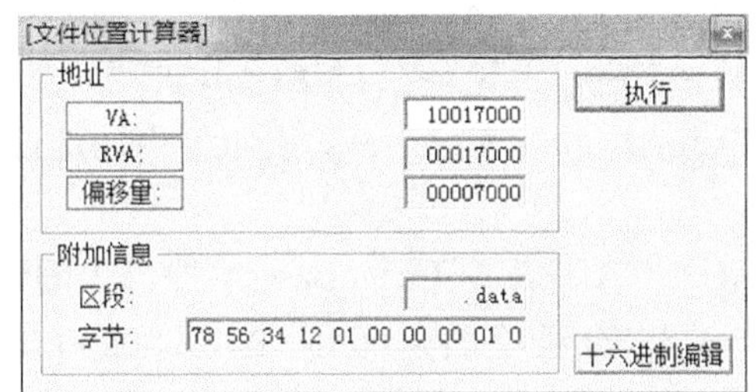

图 4-68 LordPE 计算 DllExport.dll 文件的 RVA

图 4-69 LordPE 计算 DllExport1.dll 文件的 RVA

在图 4-68 中，LordPE 通过 DllExport.dll 的 VA 地址 0x10017000 计算出了 int a 这个全局变量的 FOA 地址为 0x00007000，由于 DllExport.dll 和 DllExport1.dll 是两个完全一样的文件，所以这里通过 C32Asm 来查看 DllExport1.dll 文件的 FOA 为 0x00007000 地址处的内容，如图 4-70 所示。

```
00006FD0: 00 00 00 00 00 00 00 00 00 00 00 00 00 00 00 00
00006FE0: 00 00 00 00 00 00 00 00 00 00 00 00 00 00 00 00
00006FF0: 00 00 00 00 00 00 00 00 00 00 00 00 00 00 00 00
00007000: 78 56 34 12 01 00 00 00 01 00 00 00 01 00 00 00
00007010: 01 00 00 00 01 00 00 00 98 57 01 10 40 56 01 10
00007020: 18 56 01 10 D8 55 01 10 A4 55 01 10 80 55 01 10
00007030: 00 00 00 00 00 00 00 00 E0 5C 01 10 AC 5C 01 10
```

图 4-70 C32Asm 查看 DllExport1.dll 的 0x7000 的文件偏移

从图 4-70 中可以看出，在 FOA 为 0x00007000 的偏移处正好是 int a 全局变量的值。

整理前面的内容，在 VS 中生成了一个 DLL 文件，DLL 文件中有一个 int a 的整型变量中存储了 0x12345678 的整型值。当 DLL 被装入不同的地址后，全局变量的地址会随着装入地址的改变而改变。分别查看 DllExport.dll 和 DllExport1.dll 装入后对 int a 变量的引用代码。

DllExport.dll 装入后对 int a 变量的引用如下：

```
1001138E    68 00700110     PUSH DllExpor.10017000
10011393    A1 00700110     MOV EAX,DWORD PTR DS:[10017000]
10011398    50              PUSH EAX
10011399    68 44550110     PUSH DllExpor.10015544
1001139E    E8 D9FDFFFF     CALL DllExpor.1001117C

    DllExport1.dll 装入后对 int a 变量的引用：
0054138E    68 00705400     PUSH DllExp_1.00547000
00541393    A1 00705400     MOV EAX,DWORD PTR DS:[547000]
00541398    50              PUSH EAX
00541399    68 44555400     PUSH DllExp_1.00545544
0054139E    E8 D9FDFFFF     CALL DllExp_1.0054117C
```

在第一段代码中，0x10011393 中引用 int a 的地址是 0x10017000；在第二段代码中，0x541393 中引用 int a 的地址是 0x00547000。为什么同一份 DLL 代码，在装载地址不同时，引用同一个变量的地址会发生改变呢？答案是，当 DLL 文件加载的地址不是 ImageBase 字段给出的地址时，就会对 DLL 文件进行重定位。哪些数据是需要被重定位的呢？这个是开发环境去考虑的，对于逆向人员而言，要找到需要重定位的数据，只要通过 IMAGE_OPTIONAL_

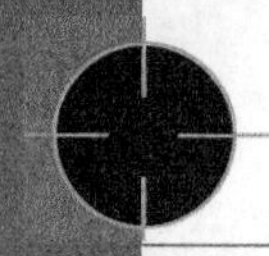

HEADER 中数据目录的 IMAGE_DIRECTORY_ENTRY_BASERELOC 即可找到重定位表的位置，在 Winnt.h 中 IMAGE_DIRECTORY_ENTRY_BASERELOC 的定义如下：

```
#define IMAGE_DIRECTORY_ENTRY_BASERELOC        5   // Base Relocation Table
```

注意：在 OD 中的反汇编窗口或者数据窗口中看到带下划线部分，就是需要进行重定位的部分，仔细观察图 4-65 和图 4-66。

（3）DLL 如何被重新定位

DLL 的重定位具体地说是 DLL 中的地址被进行了重定位，那么 DLL 中的地址是如何被进行重定位的呢？这里还是以例子中的全局变量 int a 来进行讨论。在 DllExport.dll 中，对于 int a 的引用使用的地址是 0x10017000，而在 DllExport1.dll 中对 int a 的引用使用的地址是 0x00547000。

DllExport.dll 装载的地址是 IMAGE_OPTIONAL_HEADER 中 ImageBase 字段提供的值，也就是 DllExport.dll 装载的地址是 PE 结构中给出的建议装载地址 0x10000000。当 DllExport1.dll 进行装载时，它的建议装载地址也是 0x10000000，但是此时的 0x10000000 地址已经被 DllExport.dll 占用，因此 DllExport1.dll 被装入了其他的地址，在例子中它被装入了 0x00530000 地址中。

两个 DLL 文件中都存在一个 int a 的全局变量，它的 RVA 地址是 0x00017000，但是在 DLL 中对于它的引用并不是使用的 RVA 地址，而是使用的 VA 地址，且它的 VA 地址是 0x10017000。通过 C32Asm 的反汇编功能来查看 DllExport1.dll 中对 int a 全局变量的引用，如图 4-71 所示。

```
Enjoy C32asm    DllExport1.dll
::1001138D::  AB                 STOSD
::1001138E::  68 00700110        PUSH    10017000
::10011393::  A1 00700110        MOV     EAX, DWORD PTR [10017000]
::10011399::  68 44550110        PUSH    10015544
::1001139E::  E8 D9FDFFFF        CALL    1001117C
```

图 4-71　C32Asm 反汇编查看 DllExport1.dll 对 int　a 的引用

在 C32Asm 中反汇编 DllExport1.dll 时，需要查看 0x1001138E 地址处，因为 C32Asm 进行反汇编时不会将 DLL 加载到内存中，它只是简单地读取文件对其反汇编，因此查看时使用的是建议装载地址进行显示的（显示时使用装载地址，实际根本没有进行装载）。从图 4-71 中可以看出，在 DLL 中对全局变量的引用使用的是 0x10017000。

当 DLL 被装入 ImageBase 提供的地址时，0x10017000 地址是可以被使用的，而装入 0x00530000 地址时，就不能够再使用 0x10017000 这个地址了，此时就需要根据装载地址对 0x10017000 这个地址进行修正，修正的方法非常简单。

首先，用实际的装载地址减去建议装载地址，也就是用 0x00530000 减去 0x10000000，得出的差值是 0xF0530000。

然后，用得出的差值对全局变量进行修正，也就是用差值 0xF0530000 加上 0x10017000，得出的实际地址就是 0x00547000。

这样就完成了 DLL 被重定位后的地址修正。

（4）重定位表的查看

那么，哪些地址在 DLL 被重定位后需要进行修正呢？这时就要借助开发环境在连接时生成的重定位表了。使用 LordPE 打开 DllExport1.dll 文件，然后查看它的数据目录，在数据目录的第六项就是重定位项，单击“重定位”后的按钮，打开如图 4-72 所示的“重定位表”窗口。

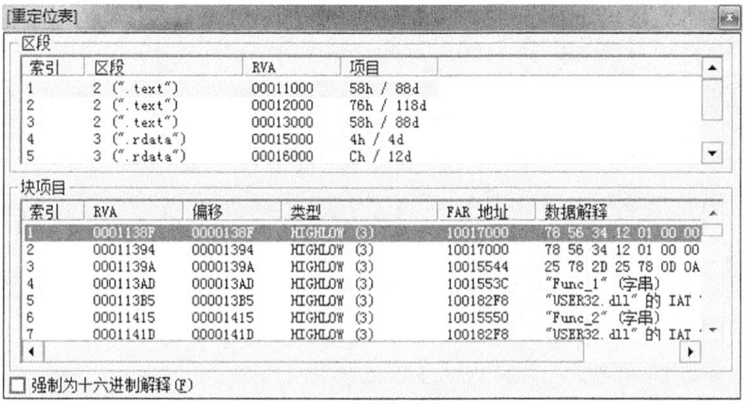

[重定位表]

区段

索引	区段	RVA	项目
1	2 (".text")	00011000	58h / 88d
2	2 (".text")	00012000	76h / 118d
3	2 (".text")	00013000	58h / 88d
4	3 (".rdata")	00015000	4h / 4d
5	3 (".rdata")	00016000	Ch / 12d

块项目

索引	RVA	偏移	类型	FAR 地址	数据解释
1	0001138F	0000138F	HIGHLOW (3)	10017000	78 56 34 12 01 00 00
2	00011394	00001394	HIGHLOW (3)	10017000	78 56 34 12 01 00 00
3	0001139A	0000139A	HIGHLOW (3)	10015544	25 78 2D 25 78 0D 0A
4	000113AD	000013AD	HIGHLOW (3)	1001553C	"Func_1" (字串)
5	000113B5	000013B5	HIGHLOW (3)	100182F8	"USER32.dll" 的 IAT
6	00011415	00001415	HIGHLOW (3)	10015550	"Func_2" (字串)
7	0001141D	0000141D	HIGHLOW (3)	100182F8	"USER32.dll" 的 IAT

☐ 强制为十六进制解释 (F)

图 4-72 在 LordPE 中查看重定位表

图 4-72 在 LordPE 中查看重定位表，LordPE 中的重定位表中列出这么多的内容，看起来比前面介绍的导入表和导出表都复杂一些，其实重定位表的内容并没有像 LordPE 中给出的这么多。在 LordPE 的“重定位表”窗口中，分为上下两个列表框，分别是“区段”和“快项目”。

“区段”列表框给出了重定位表的分布和数量，可以看到区段的第一行给出是.text 节 RVA 为 0x00011000 开始处的 4K 地址中有 88 个（10 进制表示的，58h 是 16 进制表示的）需要进行重定位修复的地址。为什么是 0x00011000 开始处的 4K 地址中呢？因为在区段的第二行，RVA 地址是从 0x00012000 处开始的。

“块项目”列表中的内容是根据“区段”的不同而不同的，它给出了被选中“区段”中的具体项目内容。在图 4-72 中，笔者选中了“区段”列表框中的第一行，在“块项目”列表中则显示了 88 个该区段所要修正的 RVA 地址。

在这里通过例子简单地介绍如何查看 LordPE 解析的重定位表。

为了方便分析，这里使用 DllExport.dll 对 int a 全局变量的引用，引用代码如下：

```
1001138E    68 00700110      PUSH DllExpor.10017000
10011393    A1 00700110      MOV EAX,DWORD PTR DS:[10017000]
10011398    50               PUSH EAX
10011399    68 44550110      PUSH DllExpor.10015544
1001139E    E8 D9FDFFFF      CALL DllExpor.1001117C
```

在代码中，地址 0x1001138F 和 0x10011394 都用到了 0x10017000，0x10017000 就是全局变量 int a。计算这两个地址的 RVA，分别是 0x0001138F 和 0x00011394，可以看出这两个 RVA 地址属于.text 区段，且起始 RVA 为 0x00011000 中的地址。在图 4-72 的 LordPE 中选择的就是该行，然后在“块项目”列表框中查看 RVA 列，发现第一行和第二行就是引用 int a 全局变量的 RVA 地址。这就说明，这两个地址是需要进行重定位的。

在“块项目”列表框中，实际存储的内容只有一个类型，其余的 RVA、偏移等都是 LordPE 在解析时解析出来的。

2．手动分析重定位表

手动分析重定位表前，先来介绍重定位的数据结构，然后再通过十六进制来手动分析重定位表的内容。

（1）重定位表的介绍

重定位表通过数据目录中的第五项进行定位（下标从 0 开始），在 Winnt.h 中有重定位表索引的定义如下：

```
#define IMAGE_DIRECTORY_ENTRY_BASERELOC       5   // Base Relocation Table
```

得到重定位表的地址后就可以按照重定位表的定义进行分析，重定位表在 Winnt.h 中的定义如下：

```
//
// Based relocation format.
//

typedef struct _IMAGE_BASE_RELOCATION {
    DWORD   VirtualAddress;
    DWORD   SizeOfBlock;
//  WORD    TypeOffset[1];
} IMAGE_BASE_RELOCATION;
typedef IMAGE_BASE_RELOCATION UNALIGNED * PIMAGE_BASE_RELOCATION;
#define IMAGE_SIZEOF_BASE_RELOCATION         8
```

重定位表是由多个 IMAGE_BASE_RELOCATION 组合而成的，在重定位表的定义中一共有 VirtualAddress、SizeOfBlock 和 TypeOffset 三个字段。下面分别介绍该结构体中各个字段的含义。

VirtualAddress：重定位数据的起始 RVA 地址。在图 4-72 中，该地址是“区段”列表中的“RVA”列。

SizeOfBlock：当前区段重定位结构的大小。该大小不是 IMAGE_BASE_RELOCATION 结构体的大小，IMAGE_BASE_RELOCATION 结构体的大小是 8 个字节，该字段的大小还包括重定位数据的大小，即 8 个字节+N*WORD。

TypeOffset：重定位数据的数组，也就是图 4-72 中“块项目”列表框中的内容。在 Winnt.h 中，它被定义成了只有一个下标的 WORD 数组，其目的是通过数组的越界来访问变长的数组。这里与在介绍导入表时（IMAGE_IMPORT_BY_NAME.Name[1]）通过定义一个下标的字节数组越界访问函数名是相同的。每个 TypeOffset 都是一个 WORD 类型，占用 16 个字节。高 4 位表示该 TypeOffset 的类型，低 12 位表示“区段”内需要重定位的“偏移地址”，由低 12 位与 VirtualAddress 相加就是需要进行重定位的 RVA 地址。TypeOffset 的类型取值如下：

```
//
// Based relocation types.
//

#define IMAGE_REL_BASED_ABSOLUTE              0
#define IMAGE_REL_BASED_HIGH                  1
#define IMAGE_REL_BASED_LOW                   2
#define IMAGE_REL_BASED_HIGHLOW               3
#define IMAGE_REL_BASED_HIGHADJ               4
#define IMAGE_REL_BASED_MIPS_JMPADDR          5
#define IMAGE_REL_BASED_MIPS_JMPADDR16        9
#define IMAGE_REL_BASED_IA64_IMM64            9
#define IMAGE_REL_BASED_DIR64                 10
```

在 Win32 下，所有的重定位类型都是 IMAGE_REL_BASED_HIGHLOW。在 Winnt.h 头文件中，TypeOffset 是被注释掉的，该部分可有可无，只要知道该“区段”重定位表的大小就可以通过计算得到重定位表数据的个数，从而遍历得到该区段中所有的重定位数据。

重定位的数量如何计算得到呢？SizeOfBlock 给出的是整个区段重定位表的大小，由 SizeOfBlock 给出的值减去 8 个字节(也就是减去 VirtualAddress 和 SizeOfBlock 占用的字节)，然后再除以 2 就是 TypeOffset 的数量。

重定位是由多个 IMAGE_BASE_RELOCATION 组合而成的，且以一个全 0 的 IMAGE_BASE_RELOCATION 结束。

（2）重定位表的手动分析

手动分析重定位表，步骤和分析导入表与导出表类似，先用 C32Asm 打开要分析的 DLL 文件，通过 IMAGE_OPTIONAL_HEADER 结构体中的数据目录得到重定位表的 RVA 转换成 FOA，然后跳转到相应的 FOA 处进行分析。

在图 4-73 中，就是第一块重定向表。由于重定位表中的数据较多，只要对其关键部分进行分析，其余部分可以类推，这里就只将第一行的数据单独列出来进行分析。第一行数据如下：

00 10 01 00 B8 00 00 00 8F 33 94 33 9A 33 AD 33

在第一行的 16 个字节中，前 8 个字节是 VirtualAddress 和 SizeOfBlock 两个字段，后 8 个字节是 TypeOffset 字段的值。

前 4 个字节 00 10 01 00 是十六进制的 0x00011000，该值是 VirtualAddress，表示该块重定位表的起始 RVA。对比图 4-72 中“区段”列表框中第一行的“RVA”列。

接下来的 4 个字节是 B8 00 00 00 是十六进制的 0x000000B8，该值是 SizeOfBlock，表示该重定位块的大小。通过这个值，可以知道该重定位块有多少个重定位项，首先用 0x000000B8 减去 8 个字节，也就是减去 VirtualAddress 和 SizeOfBlock 所占用的字节，剩下的字节是 0x000000B0 个字节。由于一个重定位项占用 2 个字节，因此使用 0x000000B0 除以 2，就得出了该重定位块的重定位项的个数是 58h 个，即十进制的 88 个。对比图 4-72 中“区段”列表框中第一行的“项目”列。

第一行的最后 8 个字节就是该块重定位表中的重定位项，由于一个重定位项占用 2 个字节，因此 8 个字节中可以分为 4 个项，分别是 0x338F、0x3394、0x339A 和 0x33AD，将其整理为表 4-14 所列。

```
00009FF0: 00 00 00 00 00 00 00 00 00 00 00 00 00 00 00 00
0000A000: 00 10 01 00 B8 00 00 00 8F 33 94 33 9A 33 AD 33
0000A010: B5 33 15 34 1D 34 75 34 7D 34 D5 34 DD 34 35 35
0000A020: 3D 35 72 35 78 35 82 37 95 37 EA 37 F7 37 07 38
0000A030: 0F 38 15 38 1B 38 3B 38 48 38 8E 38 96 38 9E 38
0000A040: AD 38 B5 38 E3 38 E9 38 0E 39 16 39 2B 39 34 39
0000A050: 39 39 51 39 56 39 64 39 75 39 7B 39 81 39 89 39
0000A060: A5 39 AD 39 B6 39 BF 39 DE 39 E4 39 F8 39 00 3A
0000A070: 17 3A 1E 3A 30 3A 37 3A 6B 3A 74 3A 79 3A 7F 3A
0000A080: 85 3A 8B 3A 96 3A 9C 3A 86 3B 8B 3B 9D 3B C5 3B
0000A090: D8 3B F9 3B 0E 3C 7A 3C 8D 3C C1 3C D6 3C 22 3D
0000A0A0: D6 3D DB 3D ED 3D 2C 3E 8E 3E 98 3E B1 3E FA 3E
0000A0B0: 43 3F 89 3F AA 3F DF 3F 00 20 01 00 F4 00 00 00
0000A0C0: 29 30 49 30 94 30 DF 30 F2 30 10 31 C6 31 CB 31
```

图 4-73 第一个重定向表

表 4-14　　重定位表项

重定位表项			
VirtualAddress	0x00011000	SizeOfBlock	0x000000B8
	高 4 位值	低 12 位值	需重定位地址项
0x338F	3	0x038F	0x00011000+0x038F=0x001138F
0x3394	3	0x0394	0x00011000+0x0394=0x0011394
0x339A	3	0x039A	0x00011000+0x039A=0x001139A
0x33AD	3	0x03AD	0x00011000+0x03AD=0x00113AD

从表 4-14 与图 4-72 中 LordPE 解析的部分进行对比，可以发现手动分析的重定位地址项与 LordPE 解析的相同。这就是对重定位表的分析，整个重定位表的结束是以一个全 0 的 IMAGE_BASE_RELOCATION 结束的。

本节重点介绍了导入表、导出表和重定位表，这 3 张表是 PE 文件格式中常用的表，也是非常重要的表，在学习壳的知识时对这 3 张表进行熟悉是非常重要的。希望读者可以手动完成对这 3 张表的手动分析，从而加深对它们的了解。

4.4　总结

本章介绍了几个常用的 PE 文件格式的工具，在 PE 文件格式的工具中读者需要掌握几种工具，分别是 PE 文件结构解析工具、PE 文件结构的比较工具和 PE 文件结构的修改工具。其中关于 PE 文件格式解析工具需要对各种文件进行尝试，确保找一款兼容性较好的解析工具，因为在分析病毒或分析壳的时候，PE 文件结构可能被变形，因此在解析的时候有些工具会解析得不准确。

除了关于 PE 文件结构的工具介绍外，还介绍了关于 PE 文件格式关键的几个结构体。首先介绍了 PE 文件结构的头部结构体，然后介绍了导入表、绑定导入表、导出表和重定位表。在了解 PE 文件格式的结构体后，在今后学习逆向其他相关的知识时会有很大的帮助，比如病毒分析、加壳脱壳等知识都会用到 PE 文件格式的知识，希望读者认真学习本章的知识。

第5章 PE 文件格式实例

第 4 章介绍了 PE 文件格式的工具和 PE 文件格式中关键的文件结构，包括 PE 文件结构的头部，导入表、导出表和重定向表。本章主要介绍关于 PE 文件结构的实例，通过实例来加深对 PE 文件文件结构的了解。

本章关键字： 手写 PE 加壳 脱壳

5.1 手写 PE 文件

手写 PE 文件是一件辛苦的事件，但是它并不是一件复杂的事件，之所以辛苦是因为需要按照十六进制字节的方式去逐一地构造 PE 文件格式的各个结构。通过手工构造一个 PE 文件，可以深入地掌握 PE 文件格式的各个结构。

在第 4 章中，笔者带领大家通过 C32Asm 分析了 PE 文件格式中关键的几个结构体，相信读者通过十六进制字节的方式手动地构造一个 PE 文件是难度不大的。本节，笔者来构造一个简单的 PE 文件。

5.1.1 手写 PE 文件的准备工作

在准备用十六进制字节完成一个 PE 文件前，首先要知道要完成的这个 PE 文件要干什么，其次要把这个文件的结构规划一下，最后才能开始动手。不要盲目地开始，否则过程中会做很多的修改，将一个本来简单的事情搞得复杂化。

首先，笔者带领大家完成的这个 PE 文件是一个简单的 EXE 可执行文件，这个可执行文件简单地弹出有一个“确定”按钮的提示对话框，提示对话框上显示“Hello,PE File!”字符串，在单击“确定”按钮后，可执行程序退出。

然后，分析程序功能会用到的 API 函数。弹出提示对话框使用的 API 函数是 MessageBox 函数，进程退出使用的 API 函数是 ExitProcess 函数。MessageBox 函数是系统中 user32.dll 导出的一个函数，ExitProcess 函数是系统中 kernel32.dll 中导出的一个函数。

最后，对 PE 文件进行简单的规划，规划如图 5-1 所示。

在图 5-1 中，首先按照 PE 头部的顺序依次为 DOS 头（IMAGE_DOS_HEADER）、PE 标识符（PE\0\0）、文件头（IMAGE_FILE_HEADER）、可选头（IMAGE_OPTIONAL_HEADER）和节表（IMAGE_SECTION_HEADER）。

其中节表部分有 3 个 IMAGE_SECTION_HEADER，为了在手动打造 PE 文件时尽可能地简单，因此笔者将节划分为 3 个，分别是用来存放代码的代码节（将其命名为.text 节）、字符串的数据节（将其命名为.data 节）和导入表的导入表节（将其命名为.idata 节）。下面分别介绍每个节的作用。

在代码节中存放调用 MessageBox 函数和 ExitProcess 函数的代码；在数据节中存放调用 MessageBox 函数时，在提示框中显示的内容，即存放的是字符串的数据；在导入表节中存放 MessageBox 函数和 ExitProcess 函数的导入函数信息。

相对应节表中存在节的数量，程序体中也相应地分为 3 部分。为了在手工打造的时候尽可能简单，笔者让每个节的大小都为 1000h 字节，这样 3 个节的大小一共是 3000h 字节。那么 3 个节的大小，连同 PE 头部 1000h 的大小，该 PE 文件的大小为 4000h 字节。

PE头部	IMAGE_DOS_HEADER PE\0\0 IMAGE_FILE_HEADER IMAGE_OPTIONAL_HEADER IMAGE_SECTION_HEADER*3	1000h
程序体	代码节(.text)	1000h
	数据节(.data)	1000h
	导入表节(.idata)	1000h

图 5-1　PE 文件结构图

有了以上的信息，接下来笔者带领读者通过前面用过的工具 C32Asm 来使用十六进制字节的形式构造完成一个 PE 文件。

注意：本节的内容旨在对 PE 文件格式具体数据结构的掌握和记忆，在手工完成 PE 文件的时候如果已经忘记具体结构的细节，请再次阅读第 4 章的内容。

5.1.2　用十六进制字节完成 PE 文件

在上一节已经介绍了要打造的 PE 文件的结构规划，本节开始动手完成这个 PE 文件。构造 PE 文件的顺序是，将所有需要使用到的结构逐一地进行构造，也就是先将 IMAGE_DOS_HEADER、IMAGE_FILE_HEADER、IMAGE_OPTIONAL_HEADER、IMAGE_SECTION_HEADER、IMAGE_IMPORT_DESCRIPTOR 和数据节造好，最后完成 PE 文件的代码。这样做的好处是，代码所需要使用的数据、导入表已经构建完成，只要在使用的时候直接使用即可。

1．构造 IMAGE_DOS_HEADER 结构

在 PE 文件格式中，首先是以 IMAGE_DOS_HEADER 开始的。再来回顾一下 IMAGE_DOS_HEADER 结构体的定义，该结构体在 Winnt.h 中的定义如下：

```
typedef struct _IMAGE_DOS_HEADER {
    WORD   e_magic;
    WORD   e_cblp;
    WORD   e_cp;
    WORD   e_crlc;
    WORD   e_cparhdr;
    WORD   e_minalloc;
    WORD   e_maxalloc;
    WORD   e_ss;
    WORD   e_sp;
    WORD   e_csum;
    WORD   e_ip;
    WORD   e_cs;
```

```
    WORD    e_lfarlc;
    WORD    e_ovno;
    WORD    e_res[4];
    WORD    e_oemid;
    WORD    e_oeminfo;
    WORD    e_res2[10];
    LONG    e_lfanew;
  } IMAGE_DOS_HEADER, *PIMAGE_DOS_HEADER;
```

该结构体的大小为 40h 字节（十进制的 64 字节）。打开 C32Asm 编辑器，在菜单中选择“文件”→“新建十六进制文件”，在弹出的“建立新文件”对话框中“新文件大小”处，填写“64”，如图 5-2 所示。

填写好“新文件大小”后，单击“确定”按钮，在 C32Asm 中即可插入有 64 个字节的文件，如图 5-3 所示。

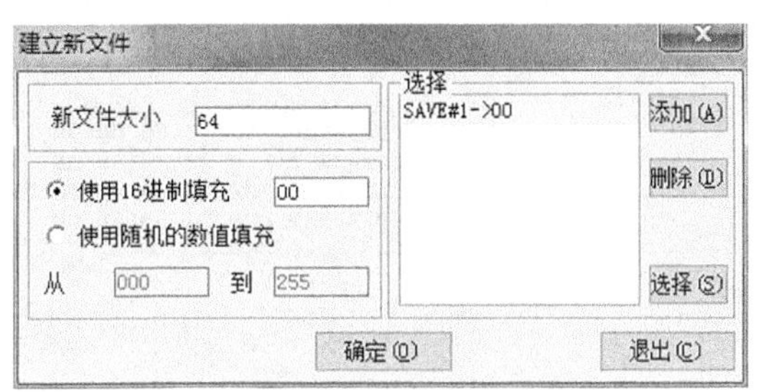

图 5-2 新建 64 字节的文件

```
00000000: 00 00 00 00 00 00 00 00 00 00 00 00 00 00 00 00  ................
00000010: 00 00 00 00 00 00 00 00 00 00 00 00 00 00 00 00  ................
00000020: 00 00 00 00 00 00 00 00 00 00 00 00 00 00 00 00  ................
00000030: 00 00 00 00 00 00 00 00 00 00 00 00 00 00 00 00  ................
```

图 5-3 C32Asm 编辑框中有 64 个字节

通过上面的步骤，创建了一个全为 0 的 64 个字节的数据，然后根据 IMAGE_DOS_HEADER 结构体来对该 64 个字节进行修改。在 IMAGE_DOS_HEADER 结构体中，重点的字段只有两个，分别是 e_magic 和 e_lfanew。它们的取值如表 5-1 所列。

表 5-1 IMAGE_DOS_HEADER 中关键字段取值

字段	取值	备注
e_magic	4D 5A	MZ 头标识
e_lfanew	40 00 00 00	指向 PE 标识符的偏移

在 IMAGE_DOS_HEADER 中，只需将这两个字段进行赋值即可，其余的字段为 0，填充完的内容如图 5-4 所示。

对于 IMAGE_DOS_HEADER 结构体中，在最后的 4 个字节是指向 PE 标识符的偏移，由于手工构造 PE 文件时不会像编译器一样插入 DOS Stub，因此在 DOS 头后紧跟着就是 PE 标识符，因此这里给出的值为 0x00000040。

```
00000000: 4D 5A 00 00 00 00 00 00 00 00 00 00 00 00 00 00
00000010: 00 00 00 00 00 00 00 00 00 00 00 00 00 00 00 00
00000020: 00 00 00 00 00 00 00 00 00 00 00 00 00 00 00 00
00000030: 00 00 00 00 00 00 00 00 00 00 00 00 40 00 00 00
```

图 5-4 IMAGE_DOS_HEADER 填充完的数据

注意：在填充不使用的字段为 0 时，一定要注意被填充字段的数据类型，不要少于字段类型的长度，也不要大于字段类型的长度。在后面对其他结构中的字段进行填充时也需要注意这一点。

2．构造 PE 标识符

在构造完 DOS 头后，紧跟着构造 PE 标识符，PE 标识符占 4 个字节，因此 C32Asm 中增加 4 个字节的数据。在 C32Asm 中单击菜单“编辑”→“插入数据”，在弹出的“插入数据”对话框中的“插入数据大小”处填入“4”即可。此时 C32Asm 会插入 4 个字节的全 0 数据。PE 标识符对应的十六进制数据为“50 45 00 00”，因此，将前两个字节修改为“50 45”，修改后的数据如图 5-5 所示。

```
00000000: 4D 5A 00 00 00 00 00 00 00 00 00 00 00 00 00 00
00000010: 00 00 00 00 00 00 00 00 00 00 00 00 00 00 00 00
00000020: 00 00 00 00 00 00 00 00 00 00 00 00 00 00 00 00
00000030: 00 00 00 00 00 00 00 00 00 00 00 00 40 00 00 00
00000040: 50 45 00 00
```

图 5-5　PE 标识符填充后的数据

3．构造 IMAGE_FILE_HEADER 结构

在 PE 标识符后，按照顺序应该构造 IMAGE_FILE_HEADER 结构体，该结构体在 Winnt.h 中的定义如下：

```
typedef struct _IMAGE_FILE_HEADER {
    WORD    Machine;
    WORD    NumberOfSections;
    DWORD   TimeDateStamp;
    DWORD   PointerToSymbolTable;
    DWORD   NumberOfSymbols;
    WORD    SizeOfOptionalHeader;
    WORD    Characteristics;
} IMAGE_FILE_HEADER, *PIMAGE_FILE_HEADER;
```

该结构体的大小为 14h 字节（十进制的 20 字节），同样在 C32Asm 中插入 20 个字节的全 0 数据，然后进行数据的修改填充。修改填充如表 5-2 所列。

表 5-2　　IMAGE_FILE_HEADER 中字段的填充

字　段	取　值	备　注
Machine	4C 01	表示 I386 的 CPU
NumberOfSection	03 00	该 PE 文件共有 3 个字节
SizeOfOptionalHeader	E0 00	在 Win32 下可选头的大小
Characteristics	03 01	没有重定位信息的 32 位平台的可执行文件

在填充数据时，SizeOfOptionalHeader 字段填充的大小是 32 位平台的 IMAGE_OPTIONAL_HEADER 结构体的大小，Characteristics 字段的值是由多个值组合而成的。关于值的组合请读者自行参考第 4 章的内容。

填充的数据都是 WORD 类型，其余没有填充的字段都保持 0 不变，修改后的数据如图 5-6 所示。

```
00000000: 4D 5A 00 00 00 00 00 00 00 00 00 00 00 00 00 00  MZ..............
00000010: 00 00 00 00 00 00 00 00 00 00 00 00 00 00 00 00  ................
00000020: 00 00 00 00 00 00 00 00 00 00 00 00 00 00 00 00  ................
00000030: 00 00 00 00 00 00 00 00 00 00 00 00 40 00 00 00  ............@...
00000040: 50 45 00 00 4C 01 03 00 00 00 00 00 00 00 00 00  PE..L...........
00000050: 00 00 00 00 E0 00 03 01                          ....?..
```

图 5-6　IMAGE_FILE_HEADER 填充后的数据

4．构造 IMAGE_OPTIONAL_HEADER 结构

接下来要构造的结构体是一个比较大的结构体，它是 PE 文件格式中最重要的结构体之一，它是可选头 IMAGE_OPTIONAL_HEADER，该结构体分为 32 位和 64 位两个版本。本节的实例是以 32 位平台为主的，因此这里使用的是 IMAGE_OPTIONAL_HEADER 的 32 位版本，该结构体在 Winnt.h 中的定义如下：

```
//
// Optional header format.
//

typedef struct _IMAGE_OPTIONAL_HEADER {
    //
    // Standard fields.
    //

    WORD    Magic;
    BYTE    MajorLinkerVersion;
    BYTE    MinorLinkerVersion;
    DWORD   SizeOfCode;
    DWORD   SizeOfInitializedData;
    DWORD   SizeOfUninitializedData;
    DWORD   AddressOfEntryPoint;
    DWORD   BaseOfCode;
    DWORD   BaseOfData;

    //
    // NT additional fields.
    //

    DWORD   ImageBase;
    DWORD   SectionAlignment;
    DWORD   FileAlignment;
    WORD    MajorOperatingSystemVersion;
    WORD    MinorOperatingSystemVersion;
    WORD    MajorImageVersion;
    WORD    MinorImageVersion;
    WORD    MajorSubsystemVersion;
    WORD    MinorSubsystemVersion;
    DWORD   Win32VersionValue;
    DWORD   SizeOfImage;
    DWORD   SizeOfHeaders;
    DWORD   CheckSum;
    WORD    Subsystem;
    WORD    DllCharacteristics;
    DWORD   SizeOfStackReserve;
    DWORD   SizeOfStackCommit;
    DWORD   SizeOfHeapReserve;
    DWORD   SizeOfHeapCommit;
    DWORD   LoaderFlags;
    DWORD   NumberOfRvaAndSizes;
    IMAGE_DATA_DIRECTORY DataDirectory[IMAGE_NUMBEROF_DIRECTORY_ENTRIES];
} IMAGE_OPTIONAL_HEADER32, *PIMAGE_OPTIONAL_HEADER32;
```

该结构体的大小为 0E0h 字节（十进制的 224 字节），在 C32Asm 中填充 224 字节的全 0 数据，然后按照表 5-3 所列进行填充。

表 5-3　　IMAGE_OPTIONAL_HEADER 中字段的填充

字　段	取　值	备　注
Magic	0B 01	32 位系统可执行文件
MajorLinkerVersion	00	
MinorLinkerVersion	00	
SizeOfCode	00 10 00 00	
SizeOfInitializedData	00 00 00 00	
SizeOfUninitializedData	00 00 00 00	
AddressOfEntryPoint	00 10 00 00	入口地址的 RVA 是 0x00001000
BaseOfCode	00 10 00 00	代码节的起始 RVA 是 0x00001000
BaseOfData	00 20 00 00	数据节的起始 RVA 是 0x00002000
ImageBase	00 00 40 00	可执行文件的映像基址是 0x00400000
SectionAlignment	00 10 00 00	节在内存中的对齐单位
FileAlignment	00 10 00 00	节在文件中的对齐单位
MajorOperatingSystemVersion	00 00	
MinorOperatingSystemVersion	00 00	
MajorImageVersion	00 00	
MinorImageVersion	00 00	
MajorSubSystemVersion	04 00	
MinorSubSystemVersion	00 00	
Win32VersionValue	00 00 00 00	
SizeOfImage	00 40 00 00	文件的映像大小为 0x4000
SizeOfHeaders	00 10 00 00	PE 头部的大小为 0x1000
CheckSum	00 00 00 00	
SubSystem	02 00	图形子系统
DllCharacteristics	00 00	
SizeOfStackReserve	00 00 10 00	
SizeOfStackCommit	00 10 00 00	
SizeOfHeapReserve	00 00 10 00	
SizeOfHeapCommit	00 10 00 00	
LoaderFlags	00 00 00 00	
NumberOfRvaAdnSizes	10 00 00 00	

上面将 IMAGE_OPTINAL_HEADER 结构体中的字段填充了一半，因为没有对数据目录进行填充。上面填充数据时，将 0 的部分同时在表格中进行了展示，因为 IMAGE_OPTIONAL_HEADER 结构体字段较多，如果不事先整理好就进行填充很容易出错。上面填充后的数据如图 5-7 所示。

```
00000000: 4D 5A 00 00 00 00 00 00 00 00 00 00 00 00 00 00   MZ..............
00000010: 00 00 00 00 00 00 00 00 00 00 00 00 00 00 00 00   ................
00000020: 00 00 00 00 00 00 00 00 00 00 00 00 00 00 00 00   ................
00000030: 00 00 00 00 00 00 00 00 00 00 00 00 40 00 00 00   ............@...
00000040: 50 45 00 00 4C 01 03 00 00 00 00 00 00 00 00 00   PE..L...........
00000050: 00 00 00 00 E0 00 03 01 0B 01 00 00 00 10 00 00   ....?...........
00000060: 00 00 00 00 00 00 00 00 00 10 00 00 00 10 00 00   ................
00000070: 00 20 00 00 00 00 40 00 00 10 00 00 00 10 00 00   . ....@.........
00000080: 00 00 00 00 00 00 00 00 00 00 00 00 00 00 00 00   ................
00000090: 00 40 00 00 00 10 00 00 00 00 00 00 02 00 00 00   .@..............
000000A0: 00 00 10 00 00 10 00 00 00 00 10 00 00 10 00 00   ................
000000B0: 00 00 00 00 10 00 00 00 00 00 00 00 00 00 00 00   ................
000000C0: 00 00 00 00 00 00 00 00 00 00 00 00 00 00 00 00   ................
000000D0: 00 00 00 00 00 00 00 00 00 00 00 00 00 00 00 00   ................
000000E0: 00 00 00 00 00 00 00 00 00 00 00 00 00 00 00 00   ................
000000F0: 00 00 00 00 00 00 00 00 00 00 00 00 00 00 00 00   ................
00000100: 00 00 00 00 00 00 00 00 00 00 00 00 00 00 00 00   ................
00000110: 00 00 00 00 00 00 00 00 00 00 00 00 00 00 00 00   ................
00000120: 00 00 00 00 00 00 00 00 00 00 00 00 00 00 00 00   ................
00000130: 00 00 00 00 00 00 00 00                           ........
```

图 5-7 IMAGE_OPTIONAL_HEADER 的前半部分填充

在图 5-7 选中的部分是按照表 5-3 填充的数据，在填充完 IMAGE_OPTIONAL_HEADER 的基础数据部分后，需要填充它的数据目录部分，由于手动完成的是一个 EXE 文件，因此数据目录中只需要存在两项，分别是第 1 个数据目录项和第 13 个数据目录项（数据目录的下标是从 0 开始的）。数据目录在 Winnt.h 中的定义如下：

```
//
// Directory format.
//

typedef struct _IMAGE_DATA_DIRECTORY {
    DWORD   VirtualAddress;
    DWORD   Size;
} IMAGE_DATA_DIRECTORY, *PIMAGE_DATA_DIRECTORY;
```

数据目录的第 1 项是导入表，第 13 项是导入地址表，根据图 5-1 对 PE 文件格式结构的规划，存放导入表相关的内容在 0x00003000 开始处。在 0x00003000 中，首先存放导入地址表，也就是数据目录的第 13 项。在导入地址表后放入导入表，也就是数据目录的第 1 项。导入地址表占用 16 字节，也就是从 0x00003000 开始，结束位置在 0x0000300f 的位置。而导入表从 0x00003010 处开始。按照该布局在数据目录中填写导入表和导入地址表的 RVA。填充完成后如图 5-8 所示。

```
00000000: 4D 5A 00 00 00 00 00 00 00 00 00 00 00 00 00 00
00000010: 00 00 00 00 00 00 00 00 00 00 00 00 00 00 00 00
00000020: 00 00 00 00 00 00 00 00 00 00 00 00 00 00 00 00
00000030: 00 00 00 00 00 00 00 00 00 00 00 00 40 00 00 00
00000040: 50 45 00 00 4C 01 03 00 00 00 00 00 00 00 00 00
00000050: 00 00 00 00 E0 00 03 01 0B 01 00 00 00 10 00 00
00000060: 00 00 00 00 00 00 00 00 00 10 00 00 00 10 00 00
00000070: 00 20 00 00 00 00 40 00 00 10 00 00 00 10 00 00
00000080: 00 00 00 00 00 00 00 00 00 00 00 00 00 00 00 00
00000090: 00 40 00 00 00 10 00 00 00 00 00 00 02 00 00 00
000000A0: 00 00 10 00 00 10 00 00 00 00 10 00 00 10 00 00
000000B0: 00 00 00 00 10 00 00 00 00 00 00 00 00 00 00 00
000000C0: 10 30 00 00 28 00 00 00 00 00 00 00 00 00 00 00
000000D0: 00 00 00 00 00 00 00 00 00 00 00 00 00 00 00 00
000000E0: 00 00 00 00 00 00 00 00 00 00 00 00 00 00 00 00
000000F0: 00 00 00 00 00 00 00 00 00 00 00 00 00 00 00 00
00000100: 00 00 00 00 00 00 00 00 00 00 00 00 00 00 00 00
00000110: 00 00 00 00 00 00 00 00 00 30 00 00 10 00 00 00
00000120: 00 00 00 00 00 00 00 00 00 00 00 00 00 00 00 00
00000130: 00 00 00 00 00 00 00 00
```

图 5-8 IMAGE_OPTIONAL_HEADER 的数据目录部分填充

IMAGE_OPTIONAL_HEADER 结构体的字段相对较多，填充时将其分为两部分进行填充，前面部分是一些普通的字段信息，后面部分是一个数组，分开填充也就简单了许多。

5．构造 IMAGE_SECTION_HEADER 结构

构造完 IMAGE_OPTIONAL_HEADER 后，接下来就要构造节表了，根据图 5-1 对于 PE 文件格式的规划，节表中一共需要包含 3 个节表项，也就是需要构造 3 个 IMAGE_SECTION_HEADER 结构体。

IMAGE_SECTION_HEADER 结构体在 Winnt.h 中定义如下：

```
//
// Section header format.
//

#define IMAGE_SIZEOF_SHORT_NAME              8

typedef struct _IMAGE_SECTION_HEADER {
    BYTE    Name[IMAGE_SIZEOF_SHORT_NAME];
    union {
            DWORD   PhysicalAddress;
            DWORD   VirtualSize;
    } Misc;
    DWORD   VirtualAddress;
    DWORD   SizeOfRawData;
    DWORD   PointerToRawData;
    DWORD   PointerToRelocations;
    DWORD   PointerToLinenumbers;
    WORD    NumberOfRelocations;
    WORD    NumberOfLinenumbers;
    DWORD   Characteristics;
} IMAGE_SECTION_HEADER, *PIMAGE_SECTION_HEADER;

#define IMAGE_SIZEOF_SECTION_HEADER          40
```

IMAGE_SECTION_HEADER 结构体的大小是 40 字节，由于需要构造 3 个节表项，因此节表大小占 120 字节。节表的填充如表 5-4 所列。

表 5-4　　节表中字段的填充

Name	VirtualSize	VirtualAddress	SizeOfRawData	PointerToRawData	Characteristics
.text	0x00001000	0x00001000	0x00001000	0x00001000	0x60000020
.data	0x00001000	0x00002000	0x00001000	0x00002000	0xC0000040
.idata	0x00001000	0x00003000	0x00001000	0x00003000	0xC0000040

在 C32Asm 中填充 120 字节的全 0 区，然后按照表 5-4 进行填充，为了方便填充，建议每次添加 40 字节，构造完一个节表项再添加下一个节表项。图 5-4 中，给出了需要填充的 IMAGE_SECTION_HEADER 的字段，其余的字段都填充为 0。填充完成后的结果如图 5-9 所示。

```
000000E0: 00 00 00 00 00 00 00 00 00 00 00 00 00 00 00 00   ................
000000F0: 00 00 00 00 00 00 00 00 00 00 00 00 00 00 00 00   ................
00000100: 00 00 00 00 00 00 00 00 00 00 00 00 00 00 00 00   ................
00000110: 00 00 00 00 00 00 00 00 00 30 00 00 10 00 00 00   .........0......
00000120: 00 00 00 00 00 00 00 00 00 00 00 00 00 00 00 00   ................
00000130: 00 00 00 00 00 00 00 00 2E 74 65 78 74 00 00 00   .........text...
00000140: 00 10 00 00 00 10 00 00 00 10 00 00 00 10 00 00   ................
00000150: 00 00 00 00 00 00 00 00 00 00 00 00 20 00 00 60   ............ ..`
00000160: 2E 64 61 74 61 00 00 00 00 10 00 00 00 20 00 00   .data........ ..
00000170: 00 10 00 00 00 20 00 00 00 00 00 00 00 00 00 00   ..... ..........
00000180: 00 00 00 00 40 00 00 C0 2E 69 64 61 74 61 00 00   ....@..?idata..
00000190: 00 10 00 00 00 30 00 00 00 10 00 00 00 30 00 00   .....0.......0..
000001A0: 00 00 00 00 00 00 00 00 00 00 00 00 40 00 00 C0   ............@..?
```

图 5-9　IMAGE_SECTION_HEADER 的填充

6．0 数据的填充

PE 文件结构的头部到这里就都填充完成了，在 IMAGE_OPTIONAL_HEADER 结构体中的 SizeOfHeader 字段的值是 0x00001000。因此，为了按照对齐粒度需要将头部的大小用 0 字节补足。目前已经填充的 PE 文件格式头部的大小为 432 字节，在 C32Asm 中，将光标移动到最后一个字节处，然后查看 C32Asm 右下角“光标”的值为“000001B0”，即十进制的 432。当然，光标在文件结尾的位置，因此可以直接查看“文件长度”，如图 5-10 所示。

光标: 000001B0 | 文件长度:432 bytes

图 5-10　文件长度

由于需要按照 0x00001000 的长度来进行对齐，因此用 0x1000−0x01B0=0x0E50，即十进制数的 3664。在 C32Asm 中插入“3664”个 0 字符将 PE 文件头按照 IMAGE_OPTIONAL_HEADER 的 SizeOfHeader 进行对齐。在插入 3664 个 0 字符后，文件的结束偏移地址是 0x00000FFF。

在填充完 PE 文件头部后，需要继续填充 0x00001000 字节的 0 字符，该 0x00001000 字节的数据用来存放.text 节的内容，即代码节的内容。继续使用 C32Asm 插入 4096 个 0 字符。

由于代码节是最后完成的部分，因此这里只是先对其填充 0 字符。

7．填充.data 节的数据

.data 节是用来保存程序在运行时弹出提示对话框时，对话框上显示的字符串。提示对话框使用的是 MessageBox 函数来完成，MessageBox 函数的函数原型在 MSDN 中的定义如下：

```
int MessageBox(
  HWND hWnd,
  LPCTSTR lpText,
  LPCTSTR lpCaption,
  UINT uType
);
```

MessageBox 函数的第二个参数和第三个参数分别是两个字符串，第二个参数 lpText 是提示对话框中用于显示的字符串，第三个参数 lpCaption 是提示对话框中标题显示的字符串。在本例子中，lpText 显示的字符串是“Hello, Pe Binary Diy!!”,lpCaption 显示的字符串是“Binary Diy”。

在 C32Asm 中先插入 4096 个 0 字符，然后在 0x00002000 的地址处写入 lpText 的值，在 0x00002020 的地址处写入 lpCaption 的值，如图 5-11 所示。

```
00001FF0: 00 00 00 00 00 00 00 00 00 00 00 00 00 00 00 00   ................
00002000: 48 65 6C 6C 6F 2C 50 45 20 42 69 6E 61 72 79 20   Hello,PE Binary 
00002010: 44 69 79 21 21 00 00 00 00 00 00 00 00 00 00 00   Diy!!...........
00002020: 42 69 6E 61 72 79 20 44 69 79 00 00 00 00 00 00   Binary Diy......
00002030: 00 00 00 00 00 00 00 00 00 00 00 00 00 00 00 00   ................
```

图 5-11　对数据的填充

在手动构造 PE 文件的时候，是由上到下完成的，因此每次插入数据时都需要从文件的结尾处插入数据，这点读者一定要记住。在填充具体值的时候，一定要注意插入数据的位置。

8．填充.idata 节的数据

.idata 节用来保存 PE 文件中重要的两个部分，分别是导入表和导入地址表。在填充.idata 节的数据之前，先来对.idata 节的数据进行分析。

导入表和导入地址表的地址分别是由数据目录给出的，在数据目录中，导入表的 RVA 地址是 0x00003010，导入地址表的 RVA 地址是 0x00003000。由于本实例构造的 PE 文件的 RVA 与 FOA 地址相同，因此不需要进行转换 RVA 即是 FOA。因此，导入地址表的偏移地址在 0x00003000，而导入表的偏移地址在 0x00003010 处。

在 C32Asm 中插入 4096 字节的 0 字符，然后构造导入表和导入地址表。

导入表在 Winnt.h 头文件中的定义如下：

```
typedef struct _IMAGE_IMPORT_DESCRIPTOR {
    union {
        DWORD   Characteristics;
        DWORD   OriginalFirstThunk;
    };
    DWORD   TimeDateStamp;
    DWORD   ForwarderChain;
    DWORD   Name;
    DWORD   FirstThunk;
} IMAGE_IMPORT_DESCRIPTOR;
```

在本实例中需要使用导入两个 DLL 文件，因此需要构造 3 个 IMAGE_IMPORT_DESCRIPTOR，因为导入表需要由一个全 0 的 IMAGE_IMPORT_DESCRIPTOR 来结束。由于导入表中的字段很多是一个具体的 RVA 值，因此首先来构造一个占位用的导入表，如表 5-5 所列。

表 5-5　导入表中字段的填充

OriginalFirstThunk	TimeDateStamp	ForwarderChain	Name	FirstThunk
AA AA AA AA	00 00 00 00	00 00 00 00	AA AA AA AA	AA AA AA AA
BB BB BB BB	00 00 00 00	00 00 00 00	BB BB BB BB	BB BB BB BB
CC CC CC CC	CC CC CC CC	CC CC CC CC	CC CC CC CC	CC CC CC CC

按照表 5-5 在文件偏移地址为 0x00003010 处进行构造占位用的导入表，如图 5-12 所示。

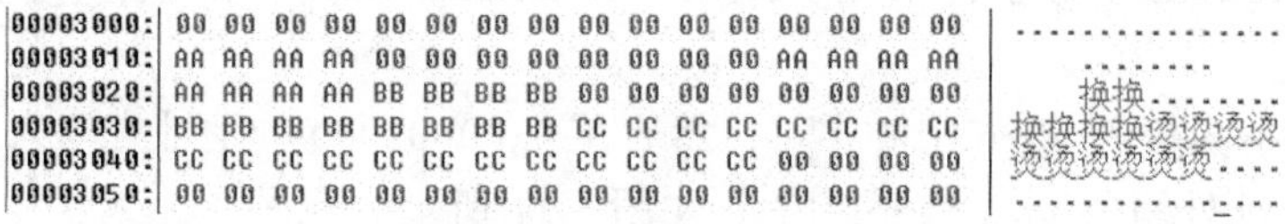

```
00003000: 00 00 00 00 00 00 00 00 00 00 00 00 00 00 00 00
00003010: AA AA AA AA 00 00 00 00 00 00 00 00 AA AA AA AA
00003020: AA AA AA AA BB BB BB BB 00 00 00 00 00 00 00 00
00003030: BB BB BB BB BB BB BB BB CC CC CC CC CC CC CC CC
00003040: CC CC CC CC CC CC CC CC CC CC CC CC 00 00 00 00
00003050: 00 00 00 00 00 00 00 00 00 00 00 00 00 00 00 00
```

图 5-12　占位用的导入表

在该实例中导入了两个 DLL 文件，分别是 user32.dll 和 kernel32.dll。在 user32.dll 中调用了 MessageBoxA 函数，在 kernel32.dll 中调用了 ExitProcess 函数。

先来构造 user32.dll 的导入信息，按照 IMAGE_IMPORT_DESCRIPTOR 结构体来进行构造。

① 在 0x00003050 地址处构造导入表的 Name 字段的值“user32.dll”。

② 在 0x00003060 地址处构造导入表的 OriginalFirstThunk 字段的值“0x00003070”。OriginalFirstThunk 指向的是一个 IMAGE_THUNK_DATA，而 IMAGE_THUNK_DATA 在高位不为 1 的情况下，指向一个 IMAGE_IMPORT_BY_NAME 结构体，该结构体在 Winnt.h 头文件中的定义如下：

```
typedef struct _IMAGE_IMPORT_BY_NAME {
    WORD    Hint;
    BYTE    Name[1];
} IMAGE_IMPORT_BY_NAME, *PIMAGE_IMPORT_BY_NAME;
```

③ 在 0x00003070 地址处根据 IMAGE_IMPORT_BY_NAME 结构体构造导入函数的名称。

④ 在 0x00003000 地址处是导入地址表，该值由 FirstThunk 来指向，该值在磁盘上时与 OriginalFirstThunk 相同。因此，在文件偏移地址 0x00003000 处填入 0x00003070。

按照构造 user32.dll 的方式构造 kernel32.dll 的导入信息，构造后的布局如图 5-13 所示。

```
00002FE0: 00 00 00 00 00 00 00 00 00 00 00 00 00 00 00 00  ................
00002FF0: 00 00 00 00 00 00 00 00 00 00 00 00 00 00 00 00  ................
00003000: 70 30 00 00 00 00 00 00 A0 30 00 00 00 00 00 00  p0......?..█...?
00003010: AA AA AA AA 00 00 00 00 00 00 00 00 AA AA AA AA      ........
00003020: AA AA AA AA BB BB BB BB 00 00 00 00 00 00 00 00      换换........
00003030: BB BB BB BB BB BB BB BB CC CC CC CC CC CC CC CC  换换换换谈谈谈谈
00003040: CC CC CC CC CC CC CC CC CC CC CC CC 00 00 00 00  谈谈谈谈谈谈....
00003050: 75 73 65 72 33 32 2E 64 6C 6C 00 00 00 00 00 00  user32.dll......
00003060: 70 30 00 00 00 00 00 00 00 00 00 00 00 00 00 00  p0..............
00003070: 00 00 4D 65 73 73 61 67 65 42 6F 78 41 00 00 00  ..MessageBoxA...
00003080: 6B 65 72 6E 65 6C 33 32 2E 64 6C 6C 00 00 00 00  kernel32.dll....
00003090: A0 30 00 00 00 00 00 00 00 00 00 00 00 00 00 00  ?...............
000030A0: 00 00 45 78 69 74 50 72 6F 63 65 73 73 00 00 00  ..ExitProcess...
```

图 5-13 导入表信息的填充

根据图 5-13 来重新完成导入表各字段的填充，如表 5-6 所列。

表 5-6 导入表字段的填充

OriginalFirstThunk	TimeDateStamp	ForwarderChain	Name	FirstThunk
60 30 00 00	00 00 00 00	00 00 00 00	50 30 00 00	00 30 00 00
90 30 00 00	00 00 00 00	00 00 00 00	80 30 00 00	08 30 00 00
00 00 00 00	00 00 00 00	00 00 00 00	00 00 00 00	00 00 00 00

根据表 5-6 填充导入表，填充完的导入表如图 5-14 所示。

```
00002FF0: 00 00 00 00 00 00 00 00 00 00 00 00 00 00 00 00  ................
00003000: 70 30 00 00 00 00 00 00 A0 30 00 00 00 00 00 00  p0......?......█
00003010: 60 30 00 00 00 00 00 00 00 00 00 00 50 30 00 00  `0..........P0..
00003020: 00 30 00 00 90 30 00 00 00 00 00 00 00 00 00 00  .0..?...........
00003030: 80 30 00 00 08 30 00 00 00 00 00 00 00 00 00 00  █0...0..........
00003040: 00 00 00 00 00 00 00 00 00 00 00 00 00 00 00 00  ................
00003050: 75 73 65 72 33 32 2E 64 6C 6C 00 00 00 00 00 00  user32.dll......
00003060: 70 30 00 00 00 00 00 00 00 00 00 00 00 00 00 00  p0..............
00003070: 00 00 4D 65 73 73 61 67 65 42 6F 78 41 00 00 00  ..MessageBoxA...
00003080: 6B 65 72 6E 65 6C 33 32 2E 64 6C 6C 00 00 00 00  kernel32.dll....
00003090: A0 30 00 00 00 00 00 00 00 00 00 00 00 00 00 00  ?..............█
000030A0: 00 00 45 78 69 74 50 72 6F 63 65 73 73 00 00 00  ..ExitProcess...
```

图 5-14 导入表的填充

使用 LordPE 打开该 EXE 文件查看其导入表信息，如图 5-15 所示。

通过使用 LordPE 打开该可执行文件，导入表的信息被正确地解析出来，说明手工构造的导入表信息是正确的。

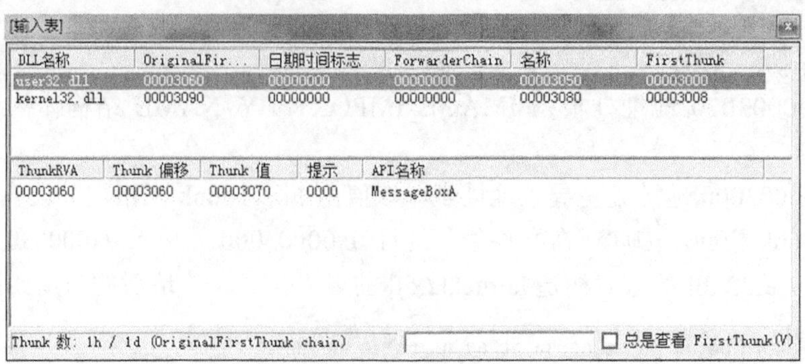

图 5-15 用 LordPE 查看构造完成的导入表

9．填充.text 节的数据

（1）在 OD 中查看 PE 文件

手工构造 PE 文件的最后一步，那就是填充 PE 文件的.text 节的内容，也就是可执行程序中的代码。将前面构造的 PE 文件用 OD 打开，OD 会自动停在 0x00401000 地址处，然后查看 OD 的数据窗口，数据窗口则是从地址 0x00402000 开始显示的。回忆一下在前面构造 IMAGE_OPTIONAL_HEADER 时对 ImageBase、AddressOfEntryPointer 和 BaseOfData 填充的值，正好 OD 打开就对应到了相应的地址处。打开 OD 后，反汇编窗口和数据窗口的内容分别如图 5-16 和图 5-17 所示。

在图 5-16 中看到 OD 的反汇编窗口中“HEX 数据”列显示的都是 0 字符，因为在构造 PE 文件时，并没有对.text 节填充任何内容，因此这里显示的是全 0 字符。

在图 5-17 中看到 OD 的数据窗口中显示了字符串“Hello,PE Binary Diy!!”和“Binary Diy”。这是在.data 节中填充的数据。

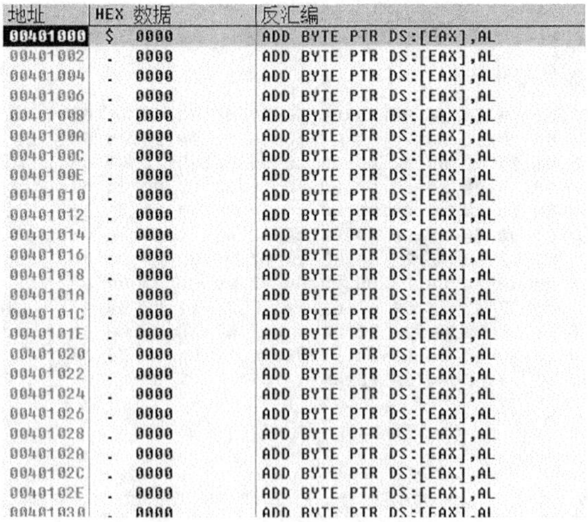

地址	HEX 数据	反汇编
00401000	$ 0000	ADD BYTE PTR DS:[EAX],AL
00401002	. 0000	ADD BYTE PTR DS:[EAX],AL
00401004	. 0000	ADD BYTE PTR DS:[EAX],AL
00401006	. 0000	ADD BYTE PTR DS:[EAX],AL
00401008	. 0000	ADD BYTE PTR DS:[EAX],AL
0040100A	. 0000	ADD BYTE PTR DS:[EAX],AL
0040100C	. 0000	ADD BYTE PTR DS:[EAX],AL
0040100E	. 0000	ADD BYTE PTR DS:[EAX],AL
00401010	. 0000	ADD BYTE PTR DS:[EAX],AL
00401012	. 0000	ADD BYTE PTR DS:[EAX],AL
00401014	. 0000	ADD BYTE PTR DS:[EAX],AL
00401016	. 0000	ADD BYTE PTR DS:[EAX],AL
00401018	. 0000	ADD BYTE PTR DS:[EAX],AL
0040101A	. 0000	ADD BYTE PTR DS:[EAX],AL
0040101C	. 0000	ADD BYTE PTR DS:[EAX],AL
0040101E	. 0000	ADD BYTE PTR DS:[EAX],AL
00401020	. 0000	ADD BYTE PTR DS:[EAX],AL
00401022	. 0000	ADD BYTE PTR DS:[EAX],AL
00401024	. 0000	ADD BYTE PTR DS:[EAX],AL
00401026	. 0000	ADD BYTE PTR DS:[EAX],AL
00401028	. 0000	ADD BYTE PTR DS:[EAX],AL
0040102A	. 0000	ADD BYTE PTR DS:[EAX],AL
0040102C	. 0000	ADD BYTE PTR DS:[EAX],AL
0040102E	. 0000	ADD BYTE PTR DS:[EAX],AL
00401030	. 0000	ADD BYTE PTR DS:[EAX],AL

图 5-16 OD 的反汇编窗口

在数据窗口中，通过 Ctrl+G 快捷键来到地址 0x00403000 处，查看导入表的信息，如图 5-18 所示。

地址	HEX 数据	ASCII
00402000	48 65 6C 6C 6F 2C 50 45 20 42 69 6E 61 72 79 20	Hello,PE Binary
00402010	44 69 79 21 21 00 00 00 00 00 00 00 00 00 00 00	Diy!!...........
00402020	42 69 6E 61 72 79 20 44 69 79 00 00 00 00 00 00	Binary Diy......
00402030	00 00 00 00 00 00 00 00 00 00 00 00 00 00 00 00	....

图 5-17　OD 的数据窗口

地址	HEX 数据	ASCII
00403000	E1 EA B8 77 00 00 00 00 BA BD 00 77 00 00 00 00	戋堅....航.w....
00403010	60 30 00 00 00 00 00 00 00 00 00 00 50 30 00 00	\`0..........P0..
00403020	00 30 00 00 90 30 00 00 00 00 00 00 00 00 00 00	.0..?..........
00403030	80 30 00 00 08 30 00 00 00 00 00 00 00 00 00 00	■0..■0..........
00403040	00 00 00 00 00 00 00 00 00 00 00 00 00 00 00 00	....
00403050	75 73 65 72 33 32 2E 64 6C 6C 00 00 00 00 00 00	user32.dll......
00403060	70 30 00 00 00 00 00 00 00 00 00 00 00 00 00 00	p0..............
00403070	00 00 4D 65 73 73 61 67 65 42 6F 78 41 00 00 00	..MessageBoxA...
00403080	6B 65 72 6E 65 6C 33 32 2E 64 6C 6C 00 00 00 00	kernel32.dll....
00403090	A0 30 00 00 00 00 00 00 00 00 00 00 00 00 00 00	?..............
004030A0	00 00 45 78 69 74 50 72 6F 63 65 73 73 00 00 00	..ExitProcess...

图 5-18　OD 中查看的导入表信息

从图 5-18 中地址 0x00403000 处可以看出，导入地址表的信息已经与构造 PE 文件时有所差别，因为导入地址表在装载入内存后其中的值会发生变化，它会被填充为实际的导入地址。在 OD 的数据窗口中单击鼠标右键，选择“长型”→“地址”，来使用直观的方式查看导入地址表的数据，如图 5-19 所示。

图 5-19 中“数值”列显示的“77B8EAE1”和“7700BDBA”即是被填充后的函数地址。

地址	数值	注释
00403000	77B8EAE1	user32.MessageBoxA
00403004	00000000	
00403008	7700BDBA	kernel32.ExitProcess
0040300C	00000000	

图 5-19　OD 中查看的导入地址表信息

（2）填充.text 的代码

在 OD 中查看了手工构造的 PE 文件，为什么要在 OD 中再次查看手工构造的 PE 文件呢？因为在编写代码时会使用到.data 节和.idata 节的内容，而此时在内存中的地址与在磁盘上的地址发生了少许的变化，因此需要在 OD 中对构造的数据进行查看。

在 OD 中对数据进行查看后，得到如下的结果：

① .text 节的位置从 0x00401000 处开始；

②“Hello,PE Binary Diy!!”字符串的地址在 0x00402000 处；

③“Binary Diy”字符串的地址在 0x00402020 处；

④“MessageBoxA”函数的导入地址在 0x403000 处；

⑤“ExitProcess”函数的导入地址在 0x403008 处。

在 OD 反汇编窗口的 0x00401000 地址处开始写入如下反汇编代码：

```
push 0
push 00402020
push 00402000
push 0
call 0040101A
push 0
call 00401020
jmp [00403000]
jmp [00403008]
```

在 OD 中完成上面的代码后，如图 5-20 所示。

选中录入的反汇编代码，单击鼠标右键，在弹出的菜单中选择“复制到可执行文件”→“选择”，在弹出的“文件”窗口中单击鼠标右键，在弹出的菜单中选择“保存文件”，将文件命名为“pe1.exe”进行保存。

至此手工构造一个可执行文件的任务就完成了，接下来找到保存的 pe1.exe 文件，双击运行它，会弹出如图 5-21 所示的对话框。

地址	HEX 数据	反汇编	注释
00401000	6A 00	PUSH 0	
00401002	68 20204000	PUSH pe.00402020	ASCII "Binary Diy"
00401007	68 00204000	PUSH pe.00402000	ASCII "Hello,PE Binary Di
0040100C	6A 00	PUSH 0	
0040100E	E8 07000000	CALL <JMP.&user32.MessageBoxA>	
00401013	6A 00	PUSH 0	
00401015	E8 06000000	CALL <JMP.&kernel32.ExitProcess>	
0040101A	- FF25 0030400	JMP DWORD PTR DS:[<&user32.MessageBoxA>	user32.MessageBoxA
00401020	- FF25 0830400	JMP DWORD PTR DS:[<&kernel32.ExitProces	kernel32.ExitProcess

图 5-20　OD 中对代码节进行填充

图 5-21　运行手工构造的可执行文件

MessageBox 函数成功的运行，说明该 PE 文件构造是成功的。

在第 4 章学习 PE 文件格式的结构体时，笔者强调需要通过十六进制字符来进行观察。在本节，又通过 C32Asm 和 OD 两款工具，在不依赖开发环境的基础上，从 IMAGE_DOS_HEADRE 开始，逐步地完成对 IMAGE_FILE_HEADER、IMAGE_OPTIONAL_HEADER、IMAGE_SECTION_HEADER 等结构体的填充，手动地构造了一个 PE 文件，并能够成功地运行。在手工构造 PE 文件的过程中再一次加深了对 PE 文件格式各个结构体的了解，而且对 PE 文件格式的整体结构有了更进一步的认识。

由于 PE 文件格式的重要性，希望读者可以完成该实例。

5.2　手工对 PE 文件进行减肥

前一节通过 C32Asm 和 OD 两个工具完成了一个 PE 文件，并且运行成功。该 PE 文件成功地弹出了一个提示对话框，虽然实例的目的达到了，但是该 PE 文件并不完美。因为该 PE 文件只弹出来一个提示对话框，如此简单的功能竟然要 4KB 大小（在构造 PE 文件时读者也应该发现了，其中有很多无用的只是为了用来对齐的 0 字符）。那么，把上一节完成的 pe1.exe 文件复制一份命名为 pe2.exe，本节通过 pe2.exe 来完成另外一个实例，对 PE 文件进行减肥。

5.2.1　修改压缩节区

上一节打造的 PE 文件体积过大，很明显的症状是因为用于对齐的 0 字符过多。为什么会有很多 0 字符用来进行对齐呢？因为为了方便第一次手工构造 PE 文件时障碍少一些，因此将 IMGAE_OPTIONAL_HEADER 结构体中的 SectionAlignment 字段和 FileAlignment 字段的值都设置为了 0x00001000，这样做省去了在填充数据时不必要的 RVA 和 FOA 之间的转换。

那么，当进行 PE 文件瘦身时，首先就来考虑改变磁盘上节区对齐的大小。注意，要改变的是节区在磁盘上对齐的大小而不是在内存中对齐的大小。因为在内存中节区对齐的大小最小就是 0x00001000，而在磁盘上节区对齐的大小最小可以是 0x00000200。

既然知道了问题的所在，那么就来考虑一下修改 PE 文件的步骤吧。

① 修改磁盘对齐大小的值，即 IMAGE_OPTIONAL_HEADER 中 FileAlignment 字段的值。

② 修改节表中关于磁盘的字段，即 IMAGE_SECTION_HEADER 中的 SizeOfRawData 和 PointerToRawData 两个字段的值。

③ 缩减每个节在磁盘中对应的多余的 0 字节。

1．修改文件对齐字段

PE 文件格式将不同类型的数据根据属性划分为多个不同的节，为了在装载时能快速地装入，每个节都按照一定的大小进行了对齐。每个节的数据不可能刚好是对齐值的大小，因此为了对齐，节与节之间有很多用于对齐的 0 字符。

文件对齐的最小单位是磁盘扇区的单位，内存对齐的最小单位是 CPU 对内存进行的分页大小。内存分页的大小为 0x00001000 字节，而磁盘扇区的大小为 0x00000200 字节。

在上一节手工打造的 PE 文件中，我们使用的文件对齐大小是 0x00001000，即 IMAGE_OPTIONAL_HEADER 的大小是 0x00001000，这样显然比磁盘扇区的大小大了许多，从而浪费了许多磁盘空间。为了减小 PE 文件在磁盘上占用的空间，需要将 IMAGE_OPTIONAL_HEADER 中 FileAlignment 字段的大小从 0x00001000 修改为 0x00000200。

因此，我们要完成的第一步就是将 IMAGE_OPTIONAL_HEADER 中 FileAlignment 字段的大小从 0x00001000 修改为 0x000002000。FileAlignment 字段修改前后对比如图 5-22 和图 5-23 所示。

```
00000050: 00 00 00 00 E0 00 03 01 0B 01 00 00 00 10 00 00
00000060: 00 00 00 00 00 00 00 00 00 10 00 00 00 10 00 00
00000070: 00 20 00 00 00 00 40 00 00 10 00 00 00 10 00 00
00000080: 00 00 00 00 00 00 00 00 04 00 00 00 00 00 00 00
00000090: 00 40 00 00 00 10 00 00 00 00 00 00 02 00 00 00
```

图 5-22　修改前的 FileAlignment

```
00000050: 00 00 00 00 E0 00 03 01 0B 01 00 00 00 10 00 00
00000060: 00 00 00 00 00 00 00 00 00 10 00 00 00 10 00 00
00000070: 00 20 00 00 00 00 40 00 00 10 00 00 00 02 00 00
00000080: 00 00 00 00 00 00 00 00 04 00 00 00 00 00 00 00
00000090: 00 40 00 00 00 10 00 00 00 00 00 00 02 00 00 00
```

图 5-23　修改后的 FileAlignment

2．修改节表相关属性

PE 文件格式的对齐分为磁盘对齐与内存对齐，文件对齐的最小值为 0x00000200，内存对齐的最小值为 0x00001000。因为节区的数据在内存中和在文件中对齐存在差异，导致节数据的起始位置在内存中与文件中也是不相同的。因此文件对齐和内存对齐有一个映射关系，这个映射关系体现在节表上。

当前 PE 文件中，节表各个字段的值如表 5-7 所列。

表 5-7　修改前节表各字段值

Name	VirtualSize	VirtualAddress	SizeOfRawData	PointerToRawData	Characteristics
.text	0x00001000	0x00001000	0x00001000	0x00001000	0x60000020
.data	0x00001000	0x00002000	0x00001000	0x00002000	0xC0000040
.idata	0x00001000	0x00003000	0x00001000	0x00003000	0xC0000040

在表 5-7 中，重点关注的两个字段是 SizeOfRawData 和 PointerToRawData，它们分别是该节区数据在磁盘文件上的大小和该节区在磁盘文件上的起始偏移地址。因为修改了 IMAGE_OPTIONAL_HEADER 中 FileAlignment 字段中的值，因此 SizeOfRawData 和 PointerToRawData 字段的值也需要进行相应的变动，变动后节表各字段的值如表 5-8 所列。

表 5-8　　修改后节表各字段值

Name	VirtualSize	VirtualAddress	SizeOfRawData	PointerToRawData	Characteristics
.text	0x00001000	0x00001000	0x00000200	0x00000200	0x60000020
.data	0x00001000	0x00002000	0x00000200	0x00000400	0xC0000040
.idata	0x00001000	0x00003000	0x00000200	0x00000600	0xC0000040

在 C32Asm 中根据表 5-8 修改节表中各个字段的值，修改前后的对比如图 5-24 和图 5-25 所示。

```
00000130: 00 00 00 00 00 00 00 00 2E 74 65 78 74 00 00 00
00000140: 00 10 00 00 00 10 00 00 00 10 00 00 00 10 00 00
00000150: 00 00 00 00 00 00 00 00 00 00 00 00 20 00 00 60
00000160: 2E 64 61 74 61 00 00 00 00 10 00 00 00 20 00 00
00000170: 00 10 00 00 00 20 00 00 00 00 00 00 00 00 00 00
00000180: 00 00 00 00 40 00 00 C0 2E 69 64 61 74 61 00 00
00000190: 00 10 00 00 00 30 00 00 00 10 00 00 00 30 00 00
000001A0: 00 00 00 00 00 00 00 00 00 00 00 00 40 00 00 C0
```

图 5-24　修改前的节表信息

```
00000130: 00 00 00 00 00 00 00 00 2E 74 65 78 74 00 00 00
00000140: 00 10 00 00 00 10 00 00 00 02 00 00 00 02 00 00
00000150: 00 00 00 00 00 00 00 00 00 00 00 00 20 00 00 60
00000160: 2E 64 61 74 61 00 00 00 00 10 00 00 00 20 00 00
00000170: 00 02 00 00 00 04 00 00 00 00 00 00 00 00 00 00
00000180: 00 00 00 00 40 00 00 C0 2E 69 64 61 74 61 00 00
00000190: 00 10 00 00 00 30 00 00 00 02 00 00 00 06 00 00
000001A0: 00 00 00 00 00 00 00 00 00 00 00 00 40 00 00 C0
```

图 5-25　修改后的节表信息

3．删除节区中多余的 0 字符

节表中对于节区在磁盘文件上的大小和节区在磁盘文件上的起始偏移已经进行了修改，按照偏移进行删除，删除节区中 0 字符时，我们从最后一个节区进行删除，在删除 0 字符数据时除了要删除节区中的 0 字符以外，还需要删除 PE 头部到.text 节区中间的 0 字符。

需要删除的文件偏移如表 5-9 所列。

表 5-9　　各节区需要删除的 0 字符

节　名　称	节偏移-长度	删除节偏移-长度
.idata	0x00003000-0x00003FFF	0x00003200-0x00003FFF
.data	0x00002000-0x00002FFFF	0x00002200-0x00002FFFF
.text	0x00001000-0x00001FFFF	0x00001200-0x00001FFFF
PE 头部	0x00000000-0x00000FFF	0x00000200-0x00000FFF

经过以上一系列的修改后，在 C32Asm 中对修改的文件进行保存。找到保存后的 pe2.exe 文件，观察它与 pe1.exe 文件，如图 5-26 所示。

从图 5-26 中可以看出，原来构造的 16KB 大小的 PE 文件，已经被缩小到 2KB 大小了。双击 pe2.exe 文件，可以看到 pe2.exe 文件可以被正确运行。这样表明，PE 文件减肥成功了。

pe1.exe	2016/4/20 0:16	应用程序	16 KB
pe2.exe	2016/4/24 19:42	应用程序	2 KB

图 5-26 pe1.exe 与 pe2.exe 文件大小的比对

补充：

pe2.exe 文件在修改了 IMAGE_OPTIONAL_HEADER 中 FileAlignment 字段的值和节表中各字段的值后，又删除了节区中不需要的 0 字符，虽然 pe2.exe 文件可以被正常运行了，但是在 IMAGE_OPTIONAL_HEADER 中有一个字段的值仍然是不正确的，即 SizeOfHeader 字段，该字段表示 PE 头部的大小，该字段的值为 0x00001000，但是实际 PE 头部的大小已经变为 0x00000200，虽然不影响 pe2.exe 文件的运行，但是为了保证严谨性，还是建议将其修改为 0x00000200。

5.2.2 节表合并

在上一节中，我们通过修改节表和节区等相关的信息，将 PE 文件中多余的 0 字符都进行了删除，将原本 16KB 大小的 PE 文件减肥到了 2KB 大小。本节仍然进行 PE 文件的减肥，本章完成的任务是将所有的节进行合并，最终只有一个节。

合并节也有合并节的讨论，合并节相比压缩节区要难一些，先来说一些步骤。

① 将.data 节中的数据移动到.text 节中。

② 将.idata 节中的数据移动到.text 节中，并修正导入表的数据。

③ 删除.data 节和.idata 节在节表中的数据，修正导入表的属性。

④ 修正 PE 头部的数据，包括节数量、映像大小、数据基址、数据目录。

⑤ 修正代码中对字符串和导入表的引用。

1．对.data 节和.idata 节数据的规划

在移动数据之前最好先对数据进行一个简单的规划。为了方便数据的分布和一些数据的调正（导入表的修正），需要先对数据的存放有一个合理的安排。

.data 节和.idata 节中的数据都要移动到.text 节中，因此先来看一下.text 节中数据的长度、.data 节数据的长度和.idata 节数据的长度。各个节数据的长度如表 5-10 所列。

表 5-10 各节中数据的长度

节名称	节中数据长度
.text	38 字节
.data	43 字节
.idata	174 字节

由于我们需要把.data 节和.idata 节中的数据都放入.text 节中，因此需要计算.text 节是否能够存放下 3 个节中的数据。如果.text 节能够存放下 3 个节中的全部数据，则直接将其他两个节中的数据复制过来即可；如果.text 节不能存放 3 个节中的全部数据，则需要修改.text 节的长度。因此，计算 3 个节数据长度的总和为 38+43+174=255 字节，而.text 节的大小为 0x200 个字节，即有 512 个字节。所以，.text 节的长度在不需要改变情况下即可放入 3 个节中的全

部数据。现在来查看一下.text 节的数据，如图 5-27 所示。

从图 5-27 中可以看出，.text 节的数据从文件偏移为 0x00000200 开始，那么，我们将.data 节的数据复制到文件偏移为 0x00000240 的位置处，将.idata 节的数据复制到文件偏移为 0x00000300 的位置处。

为什么要这么安排呢？其实读者完全可以按照自己的想法进行规划。笔者将.data 的内容放在文件偏移为 0x00000240 的位置处，是因为在.text 节的数据和从.data 节复制来的数据中间有一个间隔，这样在阅读的时候会显得清晰。而.idata 节中存放的是导入表的信息，导入表中的信息存在着大量的 RVA 信息，这些 RVA 信息需要进行修正后才能够被 Windows 装载器正确地填充，因此复制到.text 节的 0x00000230 处是为了方便修正导入表中的 RVA 地址。

注意：在调整 PE 文件结构时一定要做提前的规划，并不是因为 PE 文件结构的复杂，而是因为其中有一些需要计算的部分，找一个相对容易计算的位置进行调整，对我们的计算会带来很大的方便，调整的过程是一个需要特别细心的工作。

2．移动.data 节中的数据

移动.data 节的数据是比较简单的事情，.data 节在文件中的起始偏移地址为 0x00000400，从该地址复制 48 字节，然后粘贴到.text 节的 0x00000240 的位置处即可。在进行粘贴时，C32Asm 会提示文件会变大，如图 5-28 所示。

```
00000200: 6A 00 68 20 20 40 00 68 00 20 40 00 6A 00 E8 07
00000210: 00 00 00 6A 00 E8 06 00 00 00 FF 25 00 30 40 00
00000220: FF 25 08 30 40 00 00 00 00 00 00 00 00 00 00 00
00000230: 00 00 00 00 00 00 00 00 00 00 00 00 00 00 00 00
00000240: 00 00 00 00 00 00 00 00 00 00 00 00 00 00 00 00
00000250: 00 00 00 00 00 00 00 00 00 00 00 00 00 00 00 00
00000260: 00 00 00 00 00 00 00 00 00 00 00 00 00 00 00 00
00000270: 00 00 00 00 00 00 00 00 00 00 00 00 00 00 00 00
00000280: 00 00 00 00 00 00 00 00 00 00 00 00 00 00 00 00
00000290: 00 00 00 00 00 00 00 00 00 00 00 00 00 00 00 00
000002A0: 00 00 00 00 00 00 00 00 00 00 00 00 00 00 00 00
000002B0: 00 00 00 00 00 00 00 00 00 00 00 00 00 00 00 00
000002C0: 00 00 00 00 00 00 00 00 00 00 00 00 00 00 00 00
000002D0: 00 00 00 00 00 00 00 00 00 00 00 00 00 00 00 00
000002E0: 00 00 00 00 00 00 00 00 00 00 00 00 00 00 00 00
000002F0: 00 00 00 00 00 00 00 00 00 00 00 00 00 00 00 00
00000300: 00 00 00 00 00 00 00 00 00 00 00 00 00 00 00 00
00000310: 00 00 00 00 00 00 00 00 00 00 00 00 00 00 00 00
00000320: 00 00 00 00 00 00 00 00 00 00 00 00 00 00 00 00
00000330: 00 00 00 00 00 00 00 00 00 00 00 00 00 00 00 00
00000340: 00 00 00 00 00 00 00 00 00 00 00 00 00 00 00 00
00000350: 00 00 00 00 00 00 00 00 00 00 00 00 00 00 00 00
00000360: 00 00 00 00 00 00 00 00 00 00 00 00 00 00 00 00
00000370: 00 00 00 00 00 00 00 00 00 00 00 00 00 00 00 00
00000380: 00 00 00 00 00 00 00 00 00 00 00 00 00 00 00 00
00000390: 00 00 00 00 00 00 00 00 00 00 00 00 00 00 00 00
000003A0: 00 00 00 00 00 00 00 00 00 00 00 00 00 00 00 00
000003B0: 00 00 00 00 00 00 00 00 00 00 00 00 00 00 00 00
000003C0: 00 00 00 00 00 00 00 00 00 00 00 00 00 00 00 00
000003D0: 00 00 00 00 00 00 00 00 00 00 00 00 00 00 00 00
000003E0: 00 00 00 00 00 00 00 00 00 00 00 00 00 00 00 00
000003F0: 00 00 00 00 00 00 00 00 00 00 00 00 00 00 00 00
```

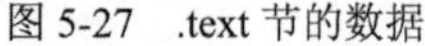

图 5-27　.text 节的数据

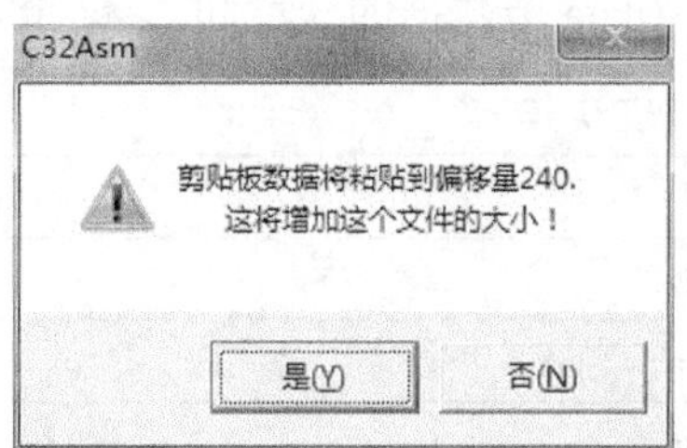

图 5-28　C32Asm 提示会改变文件大小

当 C32Asm 进行提示时，不必理会，直接点“是”按钮进行粘贴即可。此时.data 节中复制的 48 字节的数据即粘贴到了.text 节中，也就是文件偏移为 0x00000240 的地址处了。此时，需要将该偏移地址进行记录，因为在修正 PE 头部的 IMAGE_OPTION_HEADER 中的 BaseOfData 时会用到。

3. 移动.idata 节中的数据

移动.idata 节的数据是相对比较麻烦的事情。.idata 节中保存的是导入表的数据，导入表中记录了许多 RVA 信息，在文件中操作 RVA 信息就需要进行 FOA 和 RVA 的转换了。好在例子中用到的导入表项并不多，这个还是比较庆幸的。

.data 节中的数据已经被复制到偏移地址为 0x00000240 的位置处，由于改变了文件的长度，从文件偏移 0x00000240 地址处开始的数据整体都向后移动了 48 字节，因此.idata 的数据从原来的起始偏移地址 0x00000600 变成了 0x00000630。

从文件偏移地址 0x00000630 位置处复制 176 字节，然后粘贴在文件偏移为 0x00000300 位置处。移动后的数据如图 5-29 所示。

```
00000200: 6A 00 68 20 20 40 00 68 00 20 40 00 6A 00 E8 07  j.h  @.h. @.j.?.
00000210: 00 00 00 6A 00 E8 06 00 00 00 FF 25 00 30 40 00  ...j.?...ÿ%.0@..
00000220: FF 25 08 30 40 00 00 00 00 00 00 00 00 00 00 00  ÿ%.0@...........
00000230: 00 00 00 00 00 00 00 00 00 00 00 00 00 00 00 00  ................
00000240: 48 65 6C 6C 6F 2C 50 45 20 42 69 6E 61 72 79 20  Hello,PE Binary 
00000250: 44 69 79 21 21 00 00 00 00 00 00 00 00 00 00 00  Diy!!...........
00000260: 42 69 6E 61 72 79 20 44 69 79 00 00 00 00 00 00  Binary Diy......
00000270: 00 00 00 00 00 00 00 00 00 00 00 00 00 00 00 00  ................
00000280: 00 00 00 00 00 00 00 00 00 00 00 00 00 00 00 00  ................
00000290: 00 00 00 00 00 00 00 00 00 00 00 00 00 00 00 00  ................
000002A0: 00 00 00 00 00 00 00 00 00 00 00 00 00 00 00 00  ................
000002B0: 00 00 00 00 00 00 00 00 00 00 00 00 00 00 00 00  ................
000002C0: 00 00 00 00 00 00 00 00 00 00 00 00 00 00 00 00  ................
000002D0: 00 00 00 00 00 00 00 00 00 00 00 00 00 00 00 00  ................
000002E0: 00 00 00 00 00 00 00 00 00 00 00 00 00 00 00 00  ................
000002F0: 00 00 00 00 00 00 00 00 00 00 00 00 00 00 00 00  ................
00000300: 70 30 00 00 00 00 00 00 A0 30 00 00 00 00 00 00  p0......?.......
00000310: 60 30 00 00 00 00 00 00 00 00 00 00 50 30 00 00  `0..........P0..
00000320: 00 30 00 00 90 30 00 00 00 00 00 00 00 00 00 00  .0..?...........
00000330: 80 30 00 00 08 30 00 00 00 00 00 00 00 00 00 00  ■0...0..........
00000340: 00 00 00 00 00 00 00 00 00 00 00 00 00 00 00 00  ................
00000350: 75 73 65 72 33 32 2E 64 6C 6C 00 00 00 00 00 00  user32.dll......
00000360: 70 30 00 00 00 00 00 00 00 00 00 00 00 00 00 00  p0..............
00000370: 00 00 4D 65 73 73 61 67 65 42 6F 78 41 00 00 00  ..MessageBoxA...
00000380: 6B 65 72 6E 65 6C 33 32 2E 64 6C 6C 00 00 00 00  kernel32.dll....
00000390: A0 30 00 00 00 00 00 00 00 00 00 00 00 00 00 00  ?...............
000003A0: 00 00 45 78 69 74 50 72 6F 63 65 73 73 00 00 00  ..ExitProcess...
000003B0: 00 00 00 00 00 00 00 00 00 00 00 00 00 00 00 00  ................
000003C0: 00 00 00 00 00 00 00 00 00 00 00 00 00 00 00 00  ................
000003D0: 00 00 00 00 00 00 00 00 00 00 00 00 00 00 00 00  ................
000003E0: 00 00 00 00 00 00 00 00 00 00 00 00 00 00 00 00  ................
000003F0: 00 00 00 00 00 00 00 00 00 00 00 00 00 00 00 00  ................
```

图 5-29 合并后的.text 节

.idata 节的内容已经移动到.text 节的 0x00000300 文件偏移处，但是对于导入表而言不能只是简单地移动位置就能使用的。需要根据导入表的结构体修正其中的 RVA，新的导入表的信息如表 5-11 所列。

表 5-11 导入表字段的填充

OriginalFirstThunk	TimeDateStamp	ForwarderChain	Name	FirstThunk
60 11 00 00	00 00 00 00	00 00 00 00	50 11 00 00	00 11 00 00
90 11 00 00	00 00 00 00	00 00 00 00	80 11 00 00	08 11 00 00
00 00 00 00	00 00 00 00	00 00 00 00	00 00 00 00	00 00 00 00

表 5-11 中对 IMAGE_IMPORT_DESCRIPTOR 进行了修正，对于 OriginalFirstThunk 和 FirstThunk 两个字段指向的 IMAGE_THUNK_DATA 中的值也要进行修正。修正后如图 5-30 所示。

```
00000300: 70 11 00 00 00 00 00 00 A0 11 00 00 00 00 00 00
00000310: 60 11 00 00 00 00 00 00 00 00 00 00 50 11 00 00
00000320: 00 11 00 00 90 11 00 00 00 00 00 00 00 00 00 00
00000330: 80 11 00 00 08 11 00 00 00 00 00 00 00 00 00 00
00000340: 00 00 00 00 00 00 00 00 00 00 00 00 00 00 00 00
00000350: 75 73 65 72 33 32 2E 64 6C 6C 00 00 00 00 00 00
00000360: 70 11 00 00 00 00 00 00 00 00 00 00 00 00 00 00
00000370: 00 00 4D 65 73 73 61 67 65 42 6F 78 41 00 00 00
00000380: 6B 65 72 6E 65 6C 33 32 2E 64 6C 6C 00 00 00 00
00000390: A0 11 00 00 00 00 00 00 00 00 00 00 00 00 00 00
000003A0: 00 00 45 78 69 74 50 72 6F 63 65 73 73 00 00 00
```

图 5-30　修正后的导入表项

修正导入表以后，.idata 的移动才算是完成了。这样.data 节和.idata 节的数据就全部移动到了.text 节中。.text 节的范围是 0x00000200 到 0x000003FF。从文件偏移 0x00000400 开始处到文件结尾部分的数据就可以删除掉了，删除后的文件长度只有 0x00000400 字节了，从原来的 2KB 大小变成了现在的 1KB 大小，如图 5-31 所示。

pe2.exe	2016/4/24 20:03	应用程序	2 KB
pe3.exe	2016/4/25 21:10	应用程序	1 KB

图 5-31　pe2 和 pe3 文件大小对比

4．合并节表信息

.data 节和.idata 节的数据都移动到了.text 节内，但是由于 PE 头部的信息与数据不相符，因此目前 PE 文件是不能被执行的。在 PE 文件中已经只存在一个节区了，但是在 PE 头部仍然存在三个节表项。因此，本节就来处理节表。

在 PE 文件中，实际的节数据只有一个.text 节，因此在修正 PE 头部的节表时，首先需要把.data 节和.idata 节两个节的节表项填充为 0 字符（注意，不要直接进行删除，因为在 C32Asm 中进行删除操作会改变文件的长度）。这样在节表中就只剩下.text 节的节表项了。

在节表项中，定义了节的名称，定义了文件偏移和内存偏移的映射关系，还有一个重要的信息，即节区的属性。目前，.text 节的属性值为 0x60000020，该值的含义如图 5-32 所示。

从图 5-32 中可以看出，.text 节的属性包含“作为代码执行”“可读取”和“包含可执行代码”。但是对于.data 节和.idata 节，它们的属性值为 0xC0000040。由于.data 和.idata 中的数据都移动到了.text 节中，因此需要将它们节的属性进行一个“或”操作，即新的属性值为 0xE0000060，该属性值的含义如图 5-33 所示。

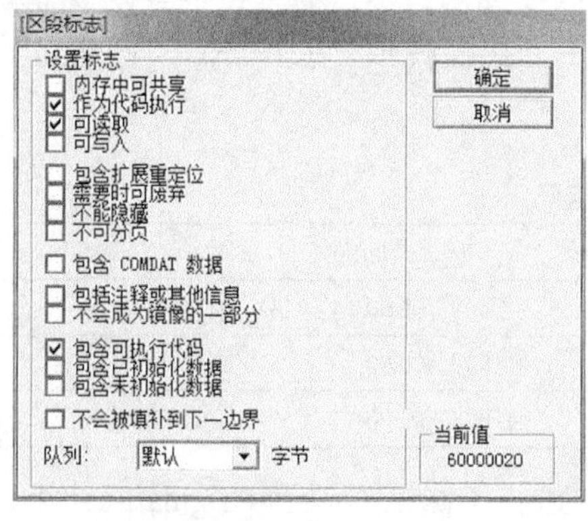

图 5-32　.text 节属性值的含义

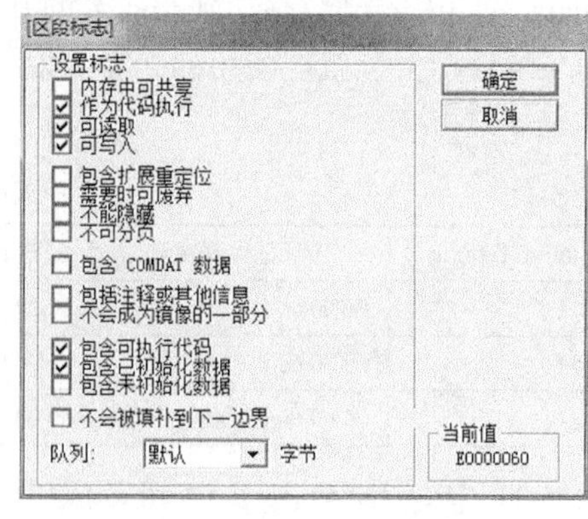

图 5-33　.text 节新属性值的含义

通过以上的步骤，就完成了对节表项的合并。

5．修正 PE 头部信息

节表项合并完成以后，就需要修正 PE 头部的信息。修正 PE 头部信息时，我们逐个修复有关的 PE 头部。

首先，需要修正的是 IMAGE_FILE_HEADER 结构体中对应的字段。在 IMAGE_FILE_HEADER 结构体中，需要修正的值只有一个字段，即 NumberOfSections，在原来的 PE 文件中节表项的数量为 3，但是经过上一节的合并，目前节表项只有一个.text 节。因此，IMAGE_FILE_HEADER 结构体中的 NumberOfSections 字段的值应该修正为 1。

接下来，需要修正的是 IMAGE_OPTIONAL_HEADER 结构体中对应的字段。在 IMAGE_OPTIONAL_HEADER 结构体中需要修正的字段是比较多的。

① BaseOfData 字段，该字段可以不进行修正，但是为了能够在 OD 中正确地观察数据部分，该字段修正为 0x00001040。

② SizeOfImage 字段，该字段表示文件映像的大小，由于目前只包含了 PE 头部和.text 节，每一部分被映射到内存中后都会占用 0x00001000 字节大小，因此该字段应该被修正为为 0x00002000。

③ 修正数据目录中第一项的 RVA 地址，即导入表的 RVA。由于目前导入表的 FOA 为 0x00000310，将其转换为 RVA 后地址为 0x00001110，因此将其地址修正为 0x00001110。

④ 修正数据目录中第 13 项的 RVA 地址，即导入地址表的 RVA。由于目前导入地址表的 FOA 为 0x00000300，将其转换为 RVA 后地址为 0x00001100，因此将其地址修正为 0x00001100。

通过以上步骤，PE 头部的数据就修复完成了。但是，由于导入地址表（导入地址表就是 IAT）的位置发生了变化，因此代码中调用导入地址表中的地址时会报错。由于这个原因，到目前为止，我们的 PE 文件仍然无法被正确地执行。

6．修正代码

修正代码已经是本节 PE 减肥的最后一步了，由于.data 节和.idata 节的数据已经被移动到.text 节内，因此在代码中对于引用.data 节中的字符串和引用.idata 节中的导入地址表已经有所变动，在不修正代码的情况程序执行时是会报错的。

用 OD 打开 pe3.exe 文件，OD 的反汇编窗口区依然会停在原来的入口处，但是反汇编代码中对于字符串的引用和导入地址表的引用是错误的。目前的反汇编代码如图 5-34 所示。

地址	HEX 数据	反汇编	注释
00401000	$ 6A 00	PUSH 0	
00401002	68 20204000	PUSH 402020	
00401007	68 00204000	PUSH 402000	
0040100C	. 6A 00	PUSH 0	
0040100E	. E8 07000000	CALL pe3.0040101A	
00401013	. 6A 00	PUSH 0	
00401015	. E8 06000000	CALL pe3.00401020	
0040101A	FF25 0030400	JMP DWORD PTR DS:[403000]	
00401020	FF25 0830400	JMP DWORD PTR DS:[403008]	

图 5-34　pe3 修复前的反汇编代码

从图 5-34 中可以看出，在反汇编代码中，地址 0x00401002 和 0x00401007 后的两个 PUSH 指令中引用的 0x00402020 地址和 0x00402000 地址已经不存在了，在地址 0x0040101A 和 0x00401020 后的 JMP 指令中引用的 0x00403000 和 0x00403008 地址也已经不存在了。因此，程序执行后会由于数据的不存在而导致错误。

修复反汇编代码非常的容易，只要将以上四条反汇编代码中引用的地址进行修复即可。修复后的代码如图 5-35 所示。

地址	HEX 数据	反汇编	注释
00401000	$ 6A 00	PUSH 0	
00401002	68 60104000	PUSH pe3.00401060	ASCII "Binary Diy"
00401007	68 40104000	PUSH pe3.00401040	ASCII "Hello,PE Binary D
0040100C	. 6A 00	PUSH 0	
0040100E	. E8 07000000	CALL <JMP.&user32.MessageBoxA>	
00401013	. 6A 00	PUSH 0	
00401015	. E8 06000000	CALL <JMP.&kernel32.ExitProcess	
0040101A	- FF25 0011400	JMP DWORD PTR DS:[<&user32.Mess	user32.MessageBoxA
00401020	- FF25 0811400	JMP DWORD PTR DS:[<&kernel32.Ex	kernel32.ExitProcess

图 5-35　pe3 修复后的反汇编代码

从图 5-35 中可以看出，对数据和导入地址表引入修复以后，OD 会自动在注释列显示出相应的解释。这样，对于代码的修改就完成了，但是请记住需要将修改后的内容进行保存。选中修改后的代码，单击鼠标右键选择“复制到可执行文件”→“选择”，然后会弹出“文件”窗口，单击鼠标右键选择“保存文件”，直接覆盖 pe3.exe 文件即可。

找到保存的 pe3.exe 文件，然后双击该文件进行运行，这时熟悉的 MessageBox 提示对话框又出现了，这说明我们的 pe3.exe 减肥瘦身成功。

注意：手工构造 PE 文件或手工对 PE 文件进行处理后，在运行该 PE 文件时如果提示该程序“不是有效的 Win32 应用程序”，则表示构造或处理后的 PE 文件的头部有问题，需要使用十六进制编辑器查看 PE 文件结构的头部字段是否有错误，并找到有错的头部进行相应的修复。

如果在运行该 PE 文件时，并没有提示“不是有效的 Win32 应用程序”，而是产生异常报错，则说明 PE 文件结构并没有错误，只是程序中的代码出现了问题，这时需要使用 OD 调试器来对代码进行调试，找到出错或产生的异常进行修改修复。

5.2.3　结构重叠

结构重叠是 PE 文件减肥瘦身工作的最后一步了。完成这一步以后，手工构造的 PE 文件只有 512 字节了，比上一步任务的减肥瘦身又小了一半。完成这一步，对于 PE 文件格式的印象和体会将会更加地深入。

1．结构重叠规划

PE 结构体很多是靠 RVA 来进行定位的，因此可以将某个 PE 结构体中填充为其他的结构体的值。所谓结构重叠，是指将 PE 文件结构的各个结构体合理地重叠在一起。

本节的结构重叠，是将字符串数据、导入表数据和代码节的代码都移入 PE 头部的 0x00000200 个字节内，也就是说 PE 头部中把所有的内容全部包含进去。为了尽可能简单，我们不去动 PE 文件各个结构体的顺序，而是将字符串数据、导入表数据等相关数据在 PE 结构体中找到合适的位置将其放入进去。

我们首要的工作是找出大片的无用的 0 字符的位置，最快能想到的位置就是 IMAGE_DOS_HEADER 的部分，IMAGE_DOS_HEADER 结构体的大小是 64 字节，但是它真正只是用了 6 字节（e_magic 和 e_lfanew 两个字段）。因此，在 IMAGE_DOS_HEADER 结构体中还有 58 字节可以使用。经过计算，可以将 MessageBoxA 函数使用到的字符串和 DLL 名称放入 IMAGE_DOS_HEADER 中。

由于本次将 PE 文件压缩到 512 字节，因此代码和导入表剩余的部分，经过计算可以放到节表的后面。这样，所有的代码、字符串、导入表就都放入 PE 头部中了。

下面，将 pe3.exe 复制出一个 pe4.exe 文件，然后按照本次的规划动手完成对 pe4.exe 文件的压缩。

2. 移动字符串

字符串的复制是直接进行复制，只要保证字符串以 0 字符结尾即可。

用 C32Asm 将文件偏移在 0x00000240 开始的长度为 22 字节的“Hello,PE Binary Diy!!”字符串复制到文件偏移为 0x00000002 的位置处。

然后将文件偏移在 0x000000260 开始的长度为 11 字节的“Binary Diy”字符串复制到文件偏移为 0x00000018 的位置处。移动后的字符串如图 5-36 所示。

```
00000000: 4D 5A 48 65 6C 6C 6F 2C 50 45 20 42 69 6E 61 72  MZHello,PE Binar
00000010: 79 20 44 69 79 21 21 00 42 69 6E 61 72 79 20 44  y Diy!!.Binary D
00000020: 69 79 00 00 00 00 00 00 00 00 00 00 00 00 00 00  iy..............
00000030: 00 00 00 00 00 00 00 00 00 00 00 00 40 00 00 00  ............@...
00000040: 50 45 00 00 4C 01 01 00 00 00 00 00 00 00 00 00  PE..L...........
```

图 5-36 移动字符串后的 IMAGE_DOS_HEADER

从图 5-36 中可以看出，这时字符串已经紧挨着 IMAGE_DOS_HEADER 中 e_magic 字段。

注意：在复制字符串时，字符串是以 0 字符（ASCII 码为 0，即 NULL）结尾的。

3. 移动代码

在完成 pe3.exe 时，代码节放在了文件偏移为 0x00000200 的位置处，且代码的长度只有 38 字节。代码移动的位置在节表的后面，即文件偏移为 0x00000160 的位置处，如图 5-37 所示。

在图 5-37 中可以看到节表明显的标识，即“.text”的节名称。由于在 pe3.exe 中只有一个节，因此在 C32Asm 中从.text 的起始位置数两行半的位置就是.text 结束的位置。将代码的内容粘贴到.text 节表项末尾的后面即可。

```
00000120: 00 00 00 00 00 00 00 00 00 00 00 00 00 00 00 00  ................
00000130: 00 00 00 00 00 00 00 00 2E 74 65 78 74 00 00 00  ........ .text...
00000140: 00 10 00 00 00 10 00 00 00 02 00 00 00 02 00 00  ................
00000150: 00 00 00 00 00 00 00 00 00 00 00 00 60 00 00 E0  ............`..?
00000160: 6A 00 68 60 10 40 00 68 40 10 40 00 6A 00 E8 07  j.h`.@.h@.@.j.?.
00000170: 00 00 00 6A 00 E8 06 00 00 00 FF 25 00 11 40 00  ...j.?...ÿ%..@..
00000180: FF 25 08 11 40 00 00 00 00 00 00 00 00 00 00 00  ÿ%..@...........
00000190: 00 00 00 00 00 00 00 00 00 00 00 00 00 00 00 00  ................
```

图 5-37 将代码移动到节表后

注意：代码是需要被进行修复的，但那是在移动了导入表之后和修复了 PE 头部之后的事情。

4. 移动导入表

导入表是一个较为复杂的结构体，因为导入表指向的 RVA 较多。为了保证对它移动的可靠性，因此再次将导入表在 Winnt.h 头文件中的定义拿过来，其定义如下：

```
// 导入表的结构体
typedef struct _IMAGE_IMPORT_DESCRIPTOR {
    union {
        DWORD   Characteristics;
        DWORD   OriginalFirstThunk;
```

```
    };
    DWORD   TimeDateStamp;
    DWORD   ForwarderChain;
    DWORD   Name;
    DWORD   FirstThunk;
} IMAGE_IMPORT_DESCRIPTOR;
typedef IMAGE_IMPORT_DESCRIPTOR UNALIGNED *PIMAGE_IMPORT_DESCRIPTOR;
// 指向函数名或导入函数的结构体
typedef struct _IMAGE_THUNK_DATA32 {
    union {
        DWORD ForwarderString;      // PBYTE
        DWORD Function;             // PDWORD
        DWORD Ordinal;
        DWORD AddressOfData;        // PIMAGE_IMPORT_BY_NAME
    } u1;
} IMAGE_THUNK_DATA32;
typedef IMAGE_THUNK_DATA32 * PIMAGE_THUNK_DATA32;
// 函数名的结构体
typedef struct _IMAGE_IMPORT_BY_NAME {
    WORD    Hint;
    BYTE    Name[1];
} IMAGE_IMPORT_BY_NAME, *PIMAGE_IMPORT_BY_NAME;
```

以上是导入表中必然会使用到的 3 个结构体，IMAGE_IMPORT_DESCRIPTOR 是导入表的结构信息，它给出了导入表所在的 DLL 名称 RVA（Name 字段中保存了 DLL 名称的 RVA）、指向导入名称表的 RVA（OriginalFirstThunk 中保存的 RVA 指向一张表，表中的每个值是导入名称表的 RVA 或导入序号）和导入地址表的 RVA（FirstThunk 中保存的是 RVA 指向一张表，表中的每个值在导入函数地址的 RVA）。

注意：请读者不要嫌罗嗦，因为导入表是非常重要的一个表，本书面对的读者本身就是没有基础的读者，因此反复地强调导入表的重要性和反复地加深对导入表的印象是非常有必要的。

移动导入表的时候，先移动导入表中 DLL 名称字符串和导入函数名称字符串，然后再移动导入表，这样在移动导入表的时候可以将对其的 RVA 直接进行调整。

（1）移动导入表中的字符串

导入表中的字符串共有 4 个，分别是 user32.dll、kernel32.dll、MessageBoxA 和 ExitProcess。先来移动前两个字符串。user32.dll 和 kernel32.dll 放入 IMAGE_DOS_HEADER 中剩余的部分，MessageBoxA 和 ExitProcess 跟随到代码的后面。

移动字符串 user32.dll 和 kernel32.dll 后如图 5-38 所示。

```
00000000: 4D 5A 48 65 6C 6C 6F 2C 50 45 20 42 69 6E 61 72   MZHello,PE Binar
00000010: 79 20 44 69 79 21 21 00 42 69 6E 61 72 79 20 44   y Diy!!.Binary D
00000020: 69 79 00 75 73 65 72 33 32 2E 64 6C 6C 00 6B 65   iy.user32.dll.ke
00000030: 72 6E 65 6C 33 32 2E 64 6C 6C 00 00 40 00 00 00   rnel32.dll..@...
00000040: 50 45 00 00 4C 01 01 00 00 00 00 00 00 00 00 00   PE..L...........
```

图 5-38　移动导入 DLL 名称

从图 5-38 中可以看出，将 user32.dll 和 kernel32.dll 移动后，IMAGE_DOS_HEADER 结构体已经基本被占满了，这就是前面所说的利用 PE 头部中无用的 0 字符位置来填充自己的数据。

移动字符串 MessageBoxA 和 ExitProcess 后如图 5-39 所示。

在图 5-39 中可以看到，字符串与字符串之间隔着两个 0 字符，与前面的字符串有明显的不同。这个问题需要查看一下 IMAGE_IMPORT_BY_NAME 结构体的定义。该结构体有两个成员变量，第一个成员变量是一个 WORD 的类型，第二个成员变量才是函数的名称。因此，在函数名字符串前需要有 2 字节，在图中这 2 字节使用 00 来进行填充。由于前面字符串使用 0 字符结尾，因此后面字符串的第一个 0 字符和前面字符串的结尾 0 字符是共用的。共用 0 字符的示意图如图 5-40 所示。

```
00000150: 00 00 00 00 00 00 00 00 00 00 00 00 60 00 00 E0  ............`..?
00000160: 6A 00 68 60 10 40 00 68 40 10 40 00 6A 00 E8 07  j.h`.@.h@.@.j.?.
00000170: 00 00 00 6A 00 E8 06 00 00 00 FF 25 00 11 40 00  ...j.?...ÿ%..@..
00000180: FF 25 08 11 40 00 00 4D 65 73 73 61 67 65 42 6F  ÿ%..@..MessageBo
00000190: 78 41 00 00 45 78 69 74 50 72 6F 63 65 73 73 00  xA..ExitProcess.
000001A0: 00 00 00 00 00 00 00 00 00 00 00 00 00 00 00 00  ................
```

图 5-39　移动导入函数名称

以图 5-40 的方式既能保证字符串的 0 字符结尾，又节省了下一个字符串前需要的 WORD 类型的一个字节。这种方式也属于简单的重叠。

MessageBoxA	00	用于结尾的0字符	
WORD类型	00	00 ExitProcess	00

图 5-40　共用 0 字符示意图

（2）移动导入表

移动导入表也就是移动 IMAGE_IMPORT_DESCRIPTOR 结构体，在该 PE 文件中有两个导入表项，但是请记住，导入表是以一个全 0 的 IMAGE_IMPORT_DESCRIPTOR 结构来结束的，因此移动两个导入表项时，实际要移动 3*IMAGE_IMPORT_DESCRIPTOR 字节的大小，即 60 字节的大小。

目前导入表在文件偏移为 0x00000310 的位置处，从该位置复制 60 字节长度，然后粘贴到以文件偏移为 0x000001C4 位置处开始的 60 字节，复制完成后导入表结束的位置刚好在 0x000001FF 处。文件偏移 0x000001FF 地址刚好是 PE 头部结束的位置，如图 5-41 所示。

```
000001B0: 00 00 00 00 00 00 00 00 00 00 00 00 00 00 00 00  ................
000001C0: 00 00 00 00 60 11 00 00 00 00 00 00 00 00 00 00  ....`...........
000001D0: 50 11 00 00 00 11 00 00 90 11 00 00 00 00 00 00  P.......?.......
000001E0: 00 00 00 00 80 11 00 00 08 11 00 00 00 00 00 00  ....■...........
000001F0: 00 00 00 00 00 00 00 00 00 00 00 00 00 00 00 00  ................
00000200: 6A 00 68 60 10 40 00 68 40 10 40 00 6A 00 E8 07  j.h`.@.h@.@.j.?
```

图 5-41　移动后的导入表

在移动过的导入表的位置后面，即从文件偏移为 0x00000200 位置处，就是原来移动前的代码节的数据。为什么移动导入表后刚好能到 PE 头部的结尾呢？因为这是笔者从文件偏移 0x000001FF 开始倒序找了 60 字节。

导入表中存放了很多 RVA，在对导入表使用的内容进行移动之后，导入表中各个字段的值都是需要进行修复的，导入表各个字段的指向如表 5-12 所列。

表 5-12　　导入表的各字段内容

OrginalFirstThunk	Name	FirstThunk
60 11 00 00	50 11 00 00	00 11 00 00
90 11 00 00	80 11 00 00	08 11 00 00
00 00 00 00	00 00 00 00	00 00 00 00

修复导入表各字段的值也比较简单（数据量小手工修复起来简单，如果工作量大的话，手工修复就复杂，就需要借助工具或者自己编写工具了），对于导入 DLL 名称的 RVA 已经可以

确定了。

现在需要的是确定 OriginalFirstThunk 和 FirstThunk 指向的位置。由于它们在磁盘文件中可以指向相同的位置，因此这里让它们指向相同的 RVA。

导入表进行修复后的字段如表 5-13 所列。

表 5-13 修复导入表后的各字段内容

OrginalFirstThunk	Name	FirstThunk
A0 11 00 00	23 10 00 00	A0 11 00 00
A8 11 00 00	2E 10 00 00	A8 11 00 00
00 00 00 00	00 00 00 00	00 00 00 00

在文件偏移 0x000001A0 的位置处放入指向 MessageBoxA 函数的 RVA，在文件偏移 0x000001A8 的位置处放入指向 ExitProcess 函数的 RVA。这样，导入表就调整完成了。调整完的结果如图 5-42 所示。

```
000001A0: 85 11 00 00 00 00 00 00 92 11 00 00 00 00 00 00  ?.......?.......
000001B0: 00 00 00 00 00 00 00 00 00 00 00 00 00 00 00 00  ................
000001C0: 00 00 00 00 A0 11 00 00 00 00 00 00 00 00 00 00  .....?..........
000001D0: 23 10 00 00 A0 11 00 00 A8 11 00 00 00 00 00 00  #...?...?.......
000001E0: 00 00 00 00 2E 10 00 00 A8 11 00 00 00 00 00 00  .........?......
000001F0: 00 00 00 00 00 00 00 00 00 00 00 00 00 00 00 00  ................
```

图 5-42 调整后的导入表

5．调整 PE 文件的节表

调整完以上内容以后，从文件偏移 0x00000200 位置处开始，将后面的内容删除掉，只保留从文件偏移 0x00000000 到 0x000001FF 共 512 字节。现在，PE 文件中的 PE 头部用到的代码、字符串、导入表就全都包含在这 512 字节当中了。

现在需要修复节表中的字段，在修复节表的字段前，先考虑一下，在前面调整导入表的时候，出现的 RVA 值为什么会出现 0x00001185、0x00001192 之类的值呢？解释这个问题就需要来看一下缩减了的 PE 文件是如何被映射的，如图 5-43 所示。

PE 文件在磁盘上只有 0x200 字节的数据，但是它会被映射两次，第一次它实际是被装载进去的，第二次是根据节表进行的映射。在图 5-43 的右面部分，是 PE 文件在内存中的情况，由于磁盘文件只有 0x200 字节，因此它在被实际装入后也只有 0x200 字节，为了根据内存对齐它会填充 0x800 个 0 字符，然后开始是第一个也是唯一的节，而这个节还是有文件的 0x200 字节进行填充的。

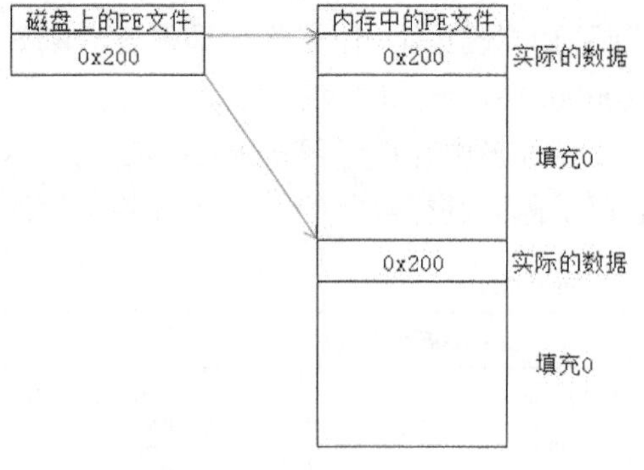

图 5-43 PE 文件的映射方式

因此，在图 5-43 中右面部分的有数据的 0x200 字节是相同的。

根据图 5-43 中 PE 文件从磁盘到内存的映射方式，节表调整如表 5-14 所列。

表 5-14 节表调整

Name	VirtualSize	VirtualAddress	SizeOfRawData	PointerToRawData
.text	0x00001000	0x00001000	0x00000100	0x00000001

节表的调整主要是针对 SizeOfRawData 和 PointerToRawData 的，PointerToRawData 是映射磁盘对应文件的起始位置。起始位置应该是从 PE 文件的开头进行映射，但是，这里如果填为 0 是不行的，因此这里填写了 0x00000001，而长度这里不能再填 0x00000200，因为起始位置填写了 1，如果长度填写 0x200 则会超过 512 字节，因此这里填写为 0x100。但是在实际装入的时候，它仍然会按照最小的文件对齐粒度进行装入，因此实际的映射仍然是从 0 映射到 0x200。

在调整导入表时，出现了 0x00001185 这样的 RVA 值，考虑一下。它的实际 FOA 为 0x00000185，当它被映射到内存中的.text 节后，它的起始地址为 0x00001000，因此它实际的 RVA 就成了 0x00001185。

6．修正 PE 头部

PE 头部需要修复几处，IMAGE_OPTIONAL_HEADER 中的 AddressOfEntryPointer 已经被改变，因此需要对其进行修复。新的入口点，在文件的偏移位置是 0x00000160，当被映射入内存后的 RVA 是 0x00001160。因此 IMAGE_OPTIONAL_HEADER 中的 AddressOfEntryPointer 的值应该被修改为 0x00001160。

然后修正数据目录中的导入表和导入地址表的地址，导入表的 FOA 为 0x000001C4，导入地址表的 FOA 为 0x000001A0，因此修正后的 RVA 值分别为 0x000011C4 和 0x000011A0。

以上是比较关键的 3 个需要修复的位置，再来修复两个位置，以使用 OD 进行查看时方便，它们分别是 IMAGE_OPTIONAL_HEADER 的 BaseOfCode 和 BaseOfData，这两个字段分别修正为 0x00001160 和 0x00001002。

用 OD 打开验证对 PE 头部的修正，如图 5-44、图 5-45 和图 5-46 所示。

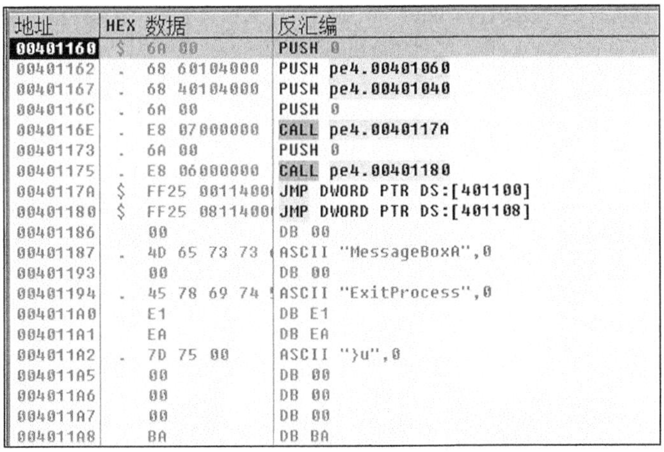

```
地址      HEX 数据              反汇编
00401160  $  6A 00             PUSH 0
00401162  .  68 60104000       PUSH pe4.00401060
00401167  .  68 40104000       PUSH pe4.00401040
0040116C  .  6A 00             PUSH 0
0040116E  .  E8 07000000       CALL pe4.0040117A
00401173  .  6A 00             PUSH 0
00401175  .  E8 06000000       CALL pe4.00401180
0040117A  $  FF25 0011400(     JMP DWORD PTR DS:[401100]
00401180  $  FF25 0811400(     JMP DWORD PTR DS:[401108]
00401186     00                DB 00
00401187  .  4D 65 73 73 (     ASCII "MessageBoxA",0
00401193     00                DB 00
00401194  .  45 78 69 74 !     ASCII "ExitProcess",0
004011A0     E1                DB E1
004011A1     EA                DB EA
004011A2  .  7D 75 00          ASCII "}u",0
004011A5     00                DB 00
004011A6     00                DB 00
004011A7     00                DB 00
004011A8     BA                DB BA
```

图 5-44 OD 中的反汇编代码

从图 5-44 中可以看到，OD 打开 PE 文件后会停止在程序的入口处，并显示出相关的反汇编代码，虽然这段代码显示得有问题（其实是反汇编代码有问题，不是显示得有问题）。在

图 5-45 中，OD 正确地显示出了数据的位置，虽然显示得特别乱。在图 5-46 中，OD 的数据窗口以地址的形式显示出了导入地址表中两个函数的地址。

地址	HEX 数据	ASCII
00401002	48 65 6C 6C 6F 2C 50 45 20 42 69 6E 61 72 79 20	Hello,PE Binary
00401012	44 69 79 21 21 00 42 69 6E 61 72 79 20 44 69 79	Diy!!.Binary Diy
00401022	00 75 73 65 72 33 32 2E 64 6C 6C 00 6B 65 72 6E	.user32.dll.kern
00401032	65 6C 33 32 2E 64 6C 6C 00 00 40 00 00 00 50 45	el32.dll..@...PE
00401042	00 00 4C 01 01 00 00 00 00 00 00 00 00 00 00 00	..L.............
00401052	00 00 E0 00 03 01 0B 01 00 00 00 00 10 00 00 00	..?.............
00401062	00 00 00 00 00 00 60 11 00 00 60 11 00 00 02 10	......`...`.....
00401072	00 00 00 00 40 00 00 00 10 00 00 00 02 00 00 00	....@...........

图 5-45　OD 中的数据窗口

地址	数值	注释
004011A0	757DEAE1	user32.MessageBoxA
004011A4	00000000	
004011A8	758ABDBA	kernel32.ExitProcess
004011AC	00000000	
004011B0	00000000	

图 5-46　OD 中以地址显示的数据窗口

为什么观察 PE 文件需要使用 OD，而没有使用 LordPE 呢？用 LordPE 来查看一下 pe4.exe 的导入表，如图 5-47 所示。

从图 5-47 中可以看出，用 LordPE 查看导入表竟然报错了，那么用 LordPE 来计算一下 pe4.exe 文件入口地址的 RVA 对应的 FOA，如图 5-48 所示。

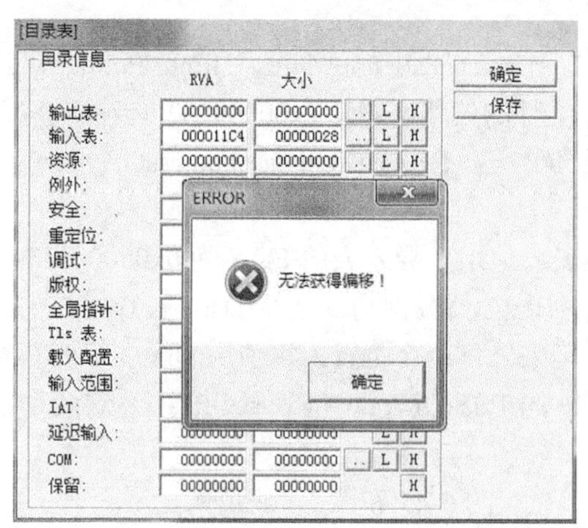

图 5-47　用 LordPE 查看 pe4 的导入表

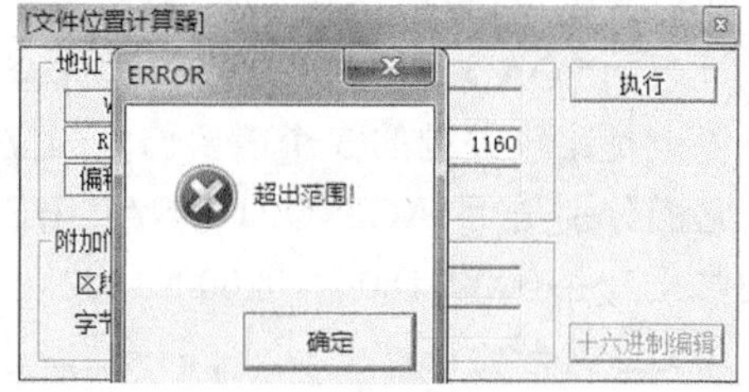

图 5-48　用 LordPE 计算入口 RVA 对应的 FOA

从图 5-48 中可以看出，用 LordPE 对 pe4.exe 进行 RVA 和 FOA 转换时，它也无能为力了。

注意： 从图 5-47 和图 5-48 中可以看出，对于压缩后的 PE 文件工具有时候会“失效”，这时会进行手动的计算和转换就显得非常重要了。如果不懂原理的话，遇到这种问题就真的是“悲剧”了。

7. 修正 PE 中的代码

OD 已经能正常打开 pe4.exe 文件，接下来就要对其代码中引用的字符串和导入地址表进行修正。修正前的反汇编代码如图 5-49 所示。

从图 5-49 中可以看出，在反汇编代码中的数据列和注释列都没有看到正确引用地址和正确的注释。修正后的返回代码如图 5-50 所示。

从图 5-51 中可以看出，在注释列已经可以很直观地看到对字符串和 API 函数的正确引用。这说明修复是成功的。按照前面内容的介绍，在 OD 中修改了代码以后，在 OD 的反汇编窗口中单击鼠标右键，在弹出的菜单中选择“复制到可执行文件”→“选择”，然后将修改后的代码保存。现在，再次通过该方法对 OD 中修改的代码进行报错，但是会弹出一个错误的提示对话框，如图 5-51 所示。

地址	HEX 数据	反汇编	注释
00401160	$ 6A 00	PUSH 0	
00401162	. 68 60104000	PUSH pe4.00401060	
00401167	. 68 40104000	PUSH pe4.00401040	ASCII "PE"
0040116C	. 6A 00	PUSH 0	
0040116E	. E8 07000000	CALL pe4.0040117A	
00401173	. 6A 00	PUSH 0	
00401175	. E8 06000000	CALL pe4.00401180	
0040117A	$ FF25 0011400	JMP DWORD PTR DS:[401100]	
00401180	$ FF25 0811400	JMP DWORD PTR DS:[401108]	
00401186	00	DB 00	
00401187	. 4D 65 73 73	ASCII "MessageBoxA",0	
00401193	00	DB 00	
00401194	. 45 78 69 74	ASCII "ExitProcess",0	
004011A0	E1	DB E1	
004011A1	EA	DB EA	
004011A2	. 4A 76 00	ASCII "Jv",0	
004011A5	00	DB 00	

图 5-49　修正前的反汇编代码

地址	HEX 数据	反汇编	注释
00401160	$ 6A 00	PUSH 0	
00401162	68 18104000	PUSH pe4.00401018	ASCII "Binary Diy"
00401167	68 01104000	PUSH pe4.00401001	ASCII "ZHello,PE Binary Diy!!"
0040116C	. 6A 00	PUSH 0	
0040116E	. E8 07000000	CALL pe4.0040117A	JMP 到 user32.MessageBoxA
00401173	. 6A 00	PUSH 0	
00401175	. E8 06000000	CALL pe4.00401180	JMP 到 kernel32.ExitProcess
0040117A	- FF25 A011400	JMP DWORD PTR DS:[4011A0]	user32.MessageBoxA
00401180	- FF25 A811400	JMP DWORD PTR DS:[4011A8]	kernel32.ExitProcess
00401186	00	DB 00	
00401187	. 4D 65 73 73	ASCII "MessageBoxA",0	
00401193	00	DB 00	
00401194	. 45 78 69 74	ASCII "ExitProcess",0	
004011A0	E1	DB E1	
004011A1	EA	DB EA	
004011A2	. 4A 76 00	ASCII "Jv",0	

图 5-50　修正后的反汇编代码

从图 5-51 中可以看到，错误提示为“在可执行文件中无法定位数据”，这是因为 OD 使用当前的 VA 无法定位到文件中的 FOA，因此它产生了报错。此时，是无法通过 OD 来保存修改后的代码的。因此，使用 C32Asm 打开该 PE 文件，找到代码在文件中的 FOA，然后按照 OD 反汇编窗口中数据列的内容修改代码的字节码。

修改后的代码如图 5-52 所示。从图 5-52 中可以看出，对代码中一共修复了 4 处地址，修改后对文件进行保存，然后运行可执行文件，熟悉的 MessageBox 对话框再现了，这说明可执行文件再次减肥成功了。

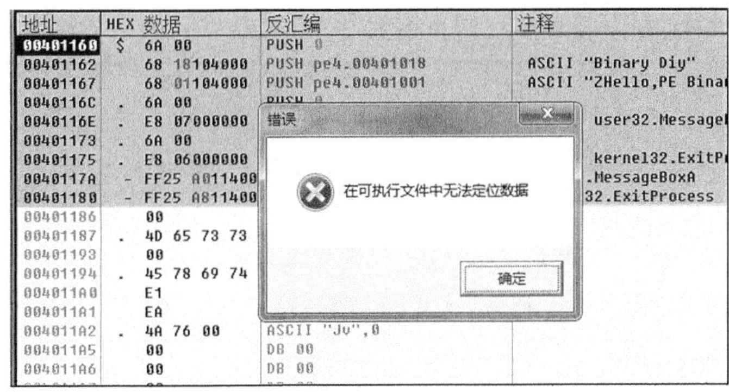

图 5-51　OD 中保存代码时的错误提示

```
00000160: 6A 00 68 18 10 40 00 68 01 10 40 00 6A 00 E8 07  j.h..@.h..@.j.?.
00000170: 00 00 00 6A 00 E8 06 00 00 00 FF 25 A0 11 40 00  ...j.?...ÿ%?@..@
00000180: FF 25 A8 11 40 00 00 4D 65 73 73 61 67 65 42 6F  ÿ%?@..MessageBo
00000190: 78 41 00 00 45 78 69 74 50 72 6F 63 65 73 73 00  xA..ExitProcess.
```

图 5-52 在 C32Asm 中对代码进行修改

找到在磁盘上的pe4.exe文件，在pe4.exe文件上通过单击右键属性查看其大小为512字节。

5.2.4 小结

本节介绍了对 PE 文件格式的压缩，这里的压缩并不是一个压缩算法，而是将没有用的、可以重叠的、可以删减的 PE 格式中的内容删除掉或重新编排其原来的格式，在保持原功能不变的情况下，使其在磁盘上的存储更加紧凑。

本小节内容的目的依然是让读者深入地理解 PE 文件格式中的各个结构体，并且可以在符合规则的情况任意地进行移动。这样做是否有意义呢？这样做对于初学者是非常有意义的。比如，有专门针对 PE 文件结构的免杀技术，加壳/脱壳技术中也涉及 PE 文件结构的内容等。因此，希望读者可以认真对待这两个关于 PE 文件结构的实例。

在 pe4.exe 的基础上仍然可以对 PE 文件进行减肥。当然，减肥的方式不外乎上面介绍的内容，依然是将各种有用的数据放入无用的 PE 文件结构的字段中，让文件格式更加紧凑，希望读者可以自己进行尝试。

5.3 PE 结构相关工具

在第 4 章中主要介绍了 PE 文件格式的解析工具，本节介绍其他关于 PE 文件格式相关的工具。在 PE 格式方面有很多的工具，但是知识点永远都是基础，也就是 PE 文件格式是根本。

5.3.1 增加节区

增加节区是对 PE 文件格式常见的操作，使用方面也较多。比如对于软件的加壳、病毒的感染、对于病毒的免杀等都会对 PE 文件增加节区，尤其是在免杀方面。对于免杀，是在免杀制作者机器上先进行测试，因此使用工具增加节区即可。对于软件的加壳或者是病毒的感染，则不能借助工具去完成了，而是需要通过壳中的代码或者病毒中的代码去对目标程序增加节区。无论是哪种方式，原理都是相同的，重点是在节表中增加一个 IMAGE_SECTION_HEADER，然后修改 IMAGE_FILE_HEADER 中 NumberOfSection 的值即可。

本节介绍的增加节区的工具是 ZeroAdd，该工具如图 5-53 所示。

用 ZeroAdd 打开手工打造的 pe1.exe 文件，然后选中“备份文件”，在“输入新增加 section 名”中输入“.NewSec”，然后在“输入新增加 section 的大小”中输入“200”，这样就在 pe1.exe 文件中增加了一个长度为 0x200 的名为.NewSec 的节区。单击“生成新文件”，即可得到增加节区后的文件。使用 LordPE 打开新生成的 pe1.exe 文件查看其节区，如图 5-54 所示。

图 5-53 ZeroAdd 工具界面

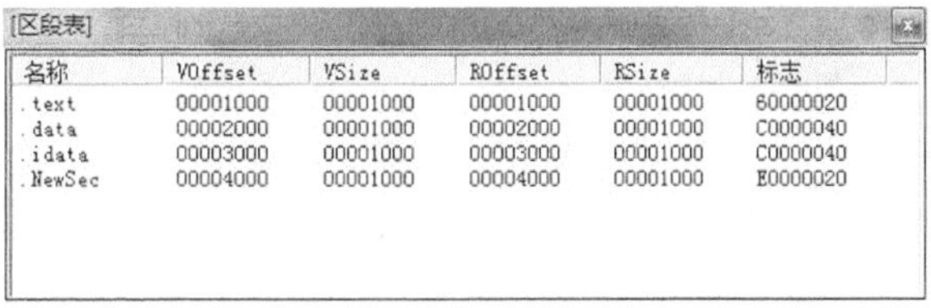

[区段表]

名称	VOffset	VSize	ROffset	RSize	标志
.text	00001000	00001000	00001000	00001000	60000020
.data	00002000	00001000	00002000	00001000	C0000040
.idata	00003000	00001000	00003000	00001000	C0000040
.NewSec	00004000	00001000	00004000	00001000	E0000020

图 5-54 增加节区后的 pe1

从图 5-54 中可以看出，节区增加是成功的，然后运行新生成的 pe1.exe，熟悉的 MessageBox 对话框仍然可以显示，说明增加节区后的 PE 文件没有受到破坏。

该软件的使用非常简单，读者可以找其他的同类工具进行测试。请记住，增加节区的本质还是修改 PE 文件结构，如果读者有一些编程的基础（如学过用 C 语言读写文件），可以自行尝试编写一个增加节区的工具。

5.3.2 资源编辑

资源是 PE 文件中的一部分，可以包含对话框、菜单、字符串、图片等各种数据，在前面的章节中并没有对资源的各种数据结构进行介绍，因为笔者认为对于初学者而言，资源并不是必须掌握的结构体，当然如果读者对此感兴趣可以自行进行学习。

资源编辑工具可以修改可执行程序中窗口的样式、字符串等内容，对于一些软件的汉化就是简单地对资源进行编辑。

Resource Hacker 是一款简单易用且功能强大的资源编辑工具，它除可以解析 PE 文件中的资源外，还可以非常容易地编辑资源中的对话框、修改菜单、替换图标等。

1. 浏览资源

使用 Resource Hacker 打开一个 PE 文件后，在其左侧会显示该 PE 文件的资源树目录，如图 5-55 所示。

在图 5-55 中的左侧就是飞秋.exe 这个可执行文件的资源树目录。从图 5-55 中可以看出，Resource Hacker 解析出的资源类型非常多，比如位图（BMP）、光标（Cursor）、图标（Icon）、菜单（Menu）、字符串（String Table）和对话框（Dialog）等。除此之外，Resource Hacker 还可以解析其中的二进制数据，如图 5-56 所示。

在 PE 文件的资源中可以随意地嵌入自己所需要的二进制文件，当然在 PE 文件的资源中再嵌入一个 PE 文件也是可以的。试想一下，一个可执行文件被运行后自动释放另一个可执行文件出来运行，是从哪里释放出来的呢？其中一种方法就是可执行的二进制文件保存在 PE

文件的资源中。注意观察图 5-56 的右半部分，只要仔细观察就可以看到几个比较明显的特征，即“MZ”“PE”以及“This program connot be run in DOS mode.”，这样可以初步断定，该二进制文件是一个 PE 文件。当然，在 PE 的资源中包含的二进制文件可不一定全都是另外一个可执行的 PE 文件。

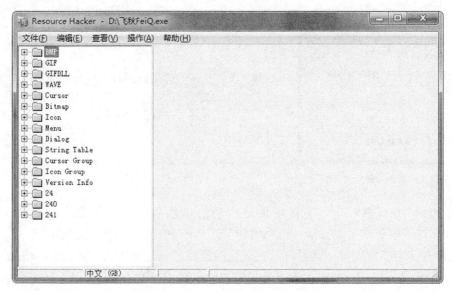

图 5-55　Resource Hacker 窗口界面

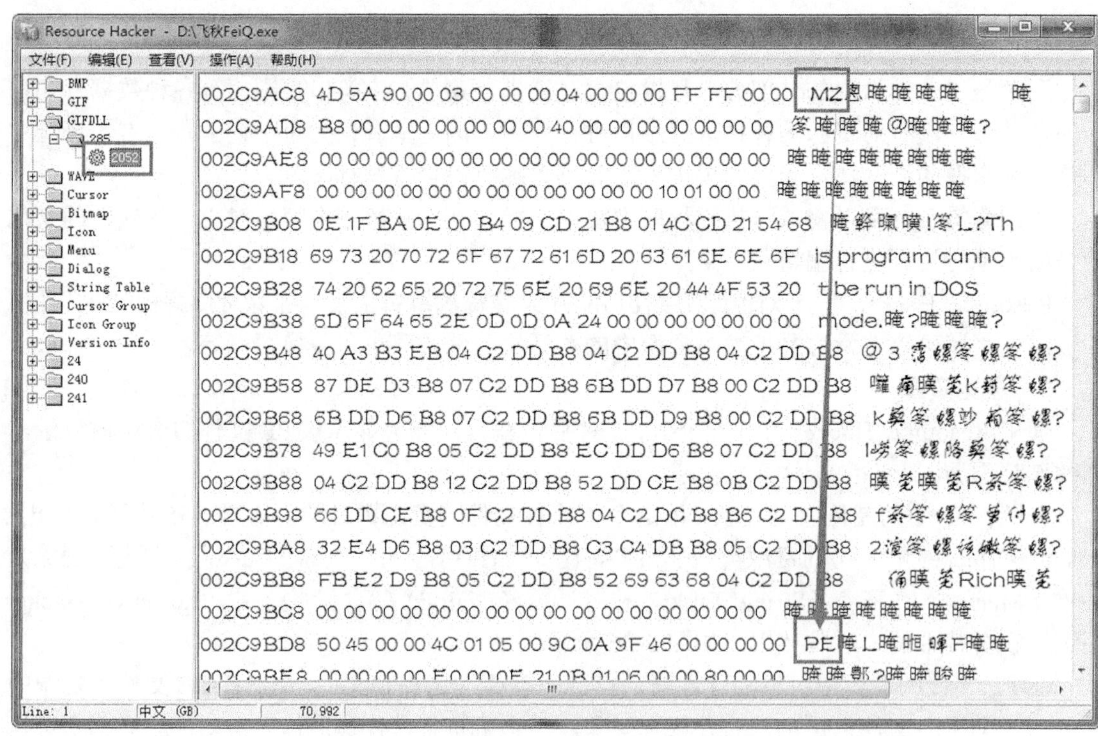

图 5-56　Resource Hacker 解析出的二进制文件

2．导出资源

Resource Hacker 可以将 PE 文件中的资源以多种格式进行导出，这里举几个简单的例子来进行介绍。

（1）导出位图

在资源中找到 BMP 或 Bitmap 类型，然后选中任意一个资源，单击鼠标右键，在弹出的右键菜单中选择“保存”，如图 5-57 所示。

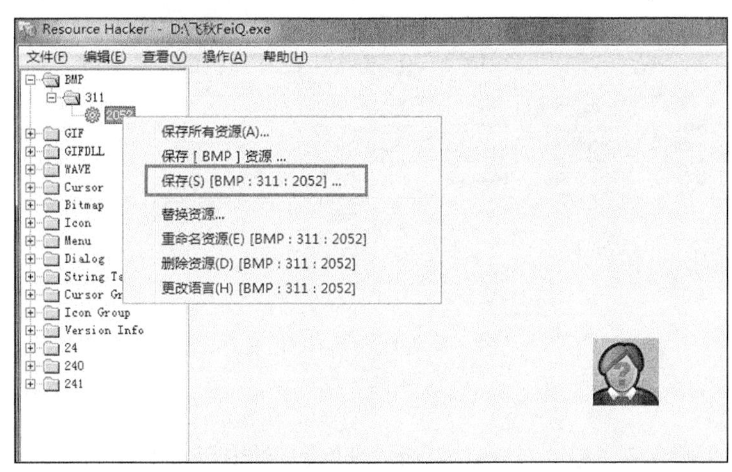

图 5-57 保存位图

从图 5-57 中可以看出，在导出时选择右键菜单的第三项，如果选择第二项进行导出的话，Resource Hacker 会导出一个.rc 资源脚本文件和一个.bin 二进制文件。对于位图而言，导出的.bin 二进制文件直接修改扩展名为.bmp 是进行查看的。但是，如果直接选择第三项进行导出的话，会更直接一些。

（2）导出二进制 PE 文件

在 Resource Hacker 中导出任何文件的差别其实并不大，在 Resource Hacker 中导出二进制文件时，则需要选择右键菜单中的第二项，因为如果选择第三项，Resouce Hacker 会保存一个.txt 文件，这并不是我们所需要的。导出二进制文件的操作如图 5-58 所示。

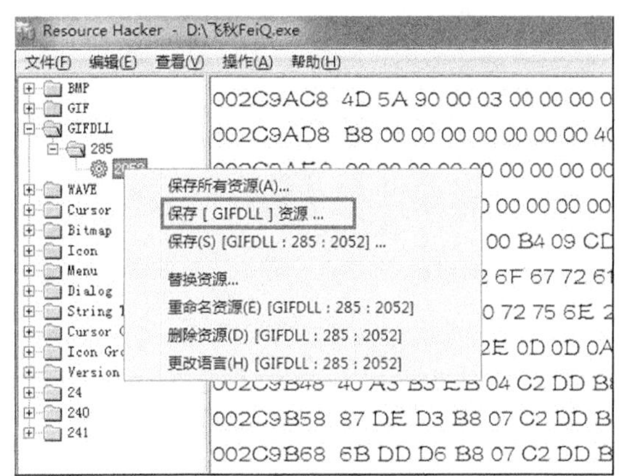

图 5-58 导出二进制文件

图 5-58 导出了一个.rc 资源脚本文件和一个二进制的.bin 文件。该 BIN 文件是一个可执行文件，并且是一个 DLL 文件，使用 LordPE 打开导出的.bin 文件，并查看其数据目录中的导出表信息，如图 5-59 所示。

实际的例子：

在 Delphi XE 中，Delphi 开发环境提供了皮肤的功能，但是它只针对 EXE 文件提供皮肤。而在很多情况下，DLL 中也是会存在窗口的，而 DLL 中的窗口则无法使用 Delphi 开发环境提供的皮肤。网上也一直没有找到任何的解决办法。

这时，笔者将使用了皮肤并编译好的 EXE 文件中的皮肤资源使用 Resource Hacker 进行导出，并将导出的.res 文件链接进 DLL 使用的窗口中，这样使用 Delphi XE 开发的 DLL 中的窗口也使用了与 EXE 文件相同的皮肤。

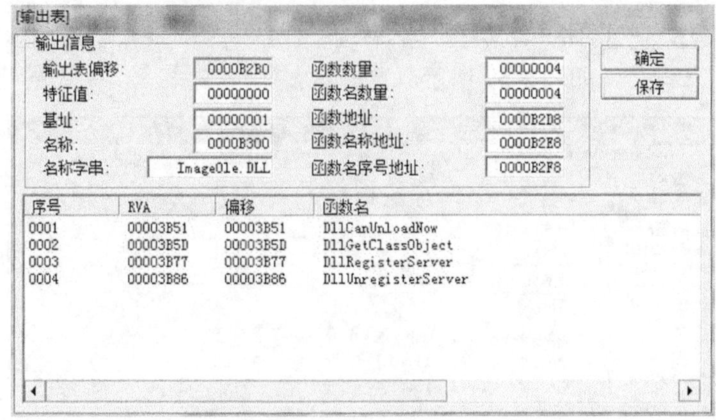

图 5-59　BIN 文件的导出表

3．替换资源

替换资源主要是替换 PE 文件中的图标、光标、位图等资源。要替换一个资源，首先也是选中相应的资源项，然后单击鼠标右键，在弹出的右键菜单中选择“替换资源”，则会出现选择新资源的窗口，分别如图 5-60 和图 5-61 所示。

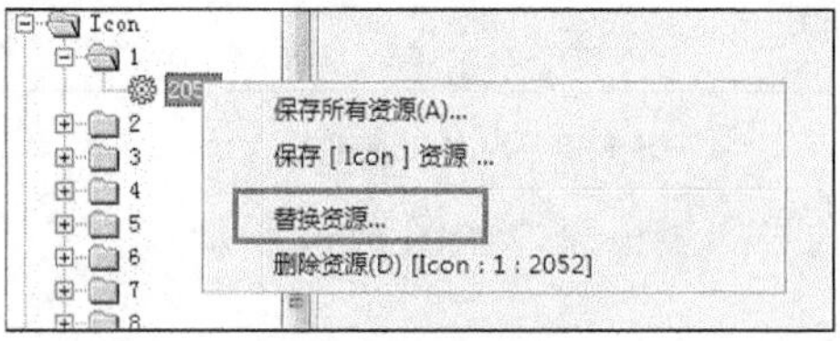

图 5-60　替换资源

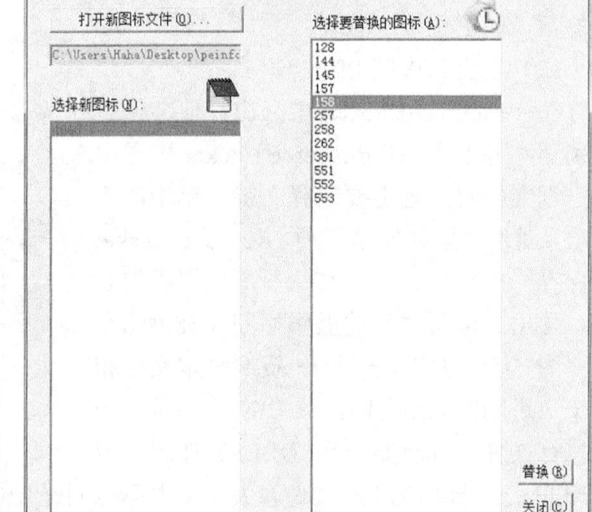

图 5-61　替换图标窗口

在图 5-61 中，通过选择“替换图标”窗口右侧的图标列表中的图标，也可以通过选择其他的图标文件进行图标选择。

4．编辑菜单资源

Resource Hacker 编辑菜单和对话框非常方便，在编辑菜单和对话框的时候可以使用类似开发环境中那样，非常的直观。在 Resource Hacker 中显示的菜单的界面如图 5-62 所示。

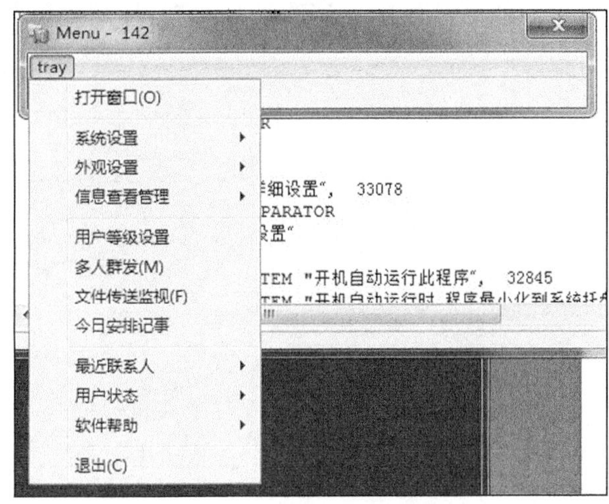

图 5-62　软件托盘中的菜单

在图 5-62 中看到的是飞秋这款软件在拖盘中的菜单。要修改菜单，需要在 Resource Hacker 的菜单脚本中进行修改。菜单脚本如图 5-63 所示。

```
142 MENU
LANGUAGE LANG_CHINESE, 0x2
{
POPUP "tray"
{
	MENUITEM "打开窗口(&O)",  32771
	MENUITEM SEPARATOR
	POPUP "系统设置"
	{
		MENUITEM "详细设置",  33078
		MENUITEM SEPARATOR
		POPUP "基本设置"
		{
			MENUITEM "开机自动运行此程序",  32845
			MENUITEM "开机自动运行时，程序最小化到系统托盘",  32846
			MENUITEM "双击运行程序时，程序小化到系统托盘",  32847
```

图 5-63　编辑菜单脚本

在图 5-63 中是图 5-62 菜单的菜单脚本，菜单脚本与开发环境中的资源基本是相同的，在修改了菜单脚本之后，单击“编译脚本”即可修改 PE 文件中的菜单。

5．修改对话框资源

Resource Hacker 可以很容易地编辑程序的窗口对话框，它可以修改窗口中的字符串、修改窗口的样式、添加/删除窗口中的控件。使用 Resource Hacker 与使用开发环境中的拖曳控件非常相似。

选中一个窗口，然后就可以通过鼠标右键的菜单来修改窗口中的各个控件等内容，如图 5-64 所示。

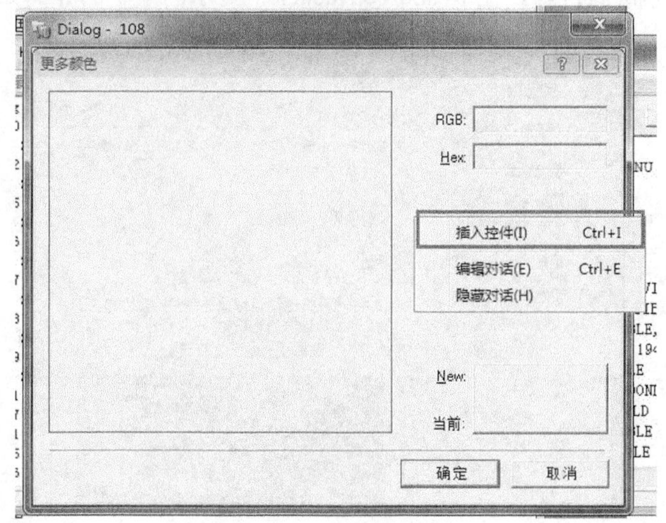

图 5-64　对话框编辑

当选中窗口中的控件单击鼠标右键时，就可以针对控件进行编辑。窗口资源同样可以通过资源脚本进行修改，不过由于窗口资源的样式较多，直接修改资源脚本不是很直观。至于如何修改，请读者自行选择适合自己的方式。在修改资源后单击“编译脚本”，即可将修改的窗口生效。

注意： 在修改对话框资源或菜单资源时，无论是直接编辑还是通过资源脚本进行编辑，其实它们的本质是相同的，都是在直接或间接地修改资源脚本。对于有编程经验的人而言，看资源脚本是较为容易的；对于没有编程经验的人而言，阅读起来虽然不直观，但是也不会复杂，毕竟资源脚本中只是对窗口、对话框的定义描述，并不像代码那样存在业务逻辑或算法。

5.4　加壳与脱壳工具的使用

壳是软件逆向中的一个重要的内容，不过本节介绍的是加壳与脱壳工具的使用，不会介绍过多的关于壳深入的知识。本书是针对入门读者的，因此深入的知识请读者自行参考其他资料。

5.4.1　什么是壳

简单地讲，壳就是对核进行了一次包装。对于植物而言，瓜子、花生的外面都包有一层壳，它有硬度，能对里面的种子起到保护的作用。

对于软件而言，壳的作用也类似，在一个程序的外面包裹一层外壳，可以起到对软件保护的作用。软件的壳按照作用来分，能分为两类，分别是压缩壳和加密壳。压缩壳，顾名思义就是对软件进行压缩，使其体积减小，在软件被执行的时候对其进行解压缩，解压缩后的程序与加壳前的程序结构相同。加密壳，就是对软件进行保护，它也是在软件被执行后或执行时进行解密，解密后的程序可能与加壳前的程序结构是不相同的。压缩壳的作用主要是减小可执行程序的体积，而加密壳的作用主要保护可执行程序的安全，使其关键代码不被逆向或者不被破解等。

对于加密壳的保护强度而言，加密壳又分为两种，一种是 PE 加密壳，另一种是虚拟指令壳。PE 加密壳指的是，软件加壳后 PE 格式的布局发生了变化，在解密后 PE 格式的布局也与原来的 PE 布局不再相同。虚拟指令壳，就是常称为虚拟机的壳，它将软件中的二进制代码中的指令进行模拟，也就是说原来的指令不见了，取而代之的是另外的一套指令系统，由于指令系统发生了变化，因此保护强度更高。

5.4.2 简单壳的原理

在介绍壳的使用前，先来简单地模拟一下壳的工作原理。因为本书面向的是入门级别的读者，如果不模拟壳的工作原理，很多东西是难以想象清楚的。比如压缩壳是在内存中进行解压，使用过 WinRAR 的读者都知道，使用 WinRAR 可以将磁盘上的文件压缩，当解压缩的时候仍然需要 WinRAR 配合去完成，那么壳是在什么时候对压缩后的可执行文件进行解压缩的，可能就会理解不清楚了。因此，本小节就用简单的例子来进行演示。

1．壳的执行流程

壳是在可执行程序的外面进行了一次包裹，从而让壳对可执行文件进行保护（这里说的壳指的是压缩壳或加密壳，不包含虚拟指令壳）。壳通常会在可执行文件执行之前先进行执行，从而更好地获得控制权。通常情况下，压缩壳会在执行完解压缩以后，会把程序的控制权完全交给可执行程序，而加密壳会在进行一系列的初始化工作之后（可能包括解压缩、解密等，加密壳通常也有压缩功能）也把控制权交还给可执行程序，但是在可执行程序执行的过程中，外壳仍然会对可执行程序进行各种各样的“干涉”，从而达到更好的保护作用。

下面给出一个简单的壳执行的示意图，如图 5-65 所示。

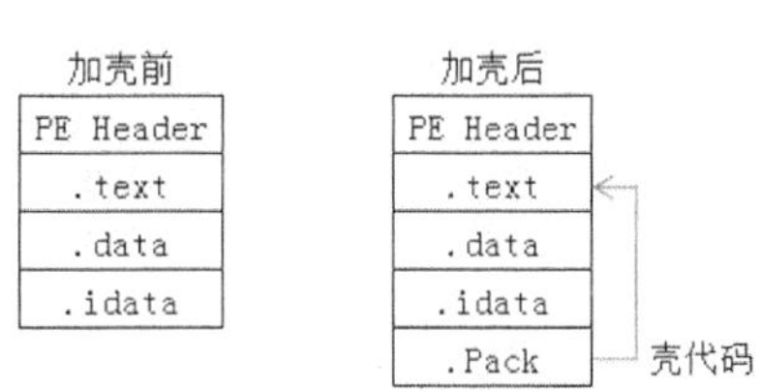

图 5-65 壳示意图

从图 5-65 中可以看出，在加壳后的可执行程序中多了一个.Pack 节（该名字任意，甚至可以为空），该节中存放的是壳的代码或相关的加壳后的数据，当然壳相关的代码或数据可能会放在多个节中，而不是一个节中。由于壳要首先取得控制权，因此程序的入口地址会指向壳的添加的节区（当然不是绝对的，也可能入口不变，而是修改入口处的代码），当壳的代码执行完成后，再跳回到原来的入口点进行执行。

用压缩壳举例说明。如果是压缩壳，那么整个 PE 文件会被压缩，然后将解压缩的代码放入新的节中。而在执行的时候，解压缩的代码会被先执行，在内存中完成解压缩的动作，解压缩完成后，会跳转到解压缩后的原程序的入口点开始执行。

2．模拟壳的工作

现在来完成对上面内容的一个模拟，将前面章节手工打造的 PE 文件复制一份，然后重命名为 EasyPack.exe，这里选择的是最初的版本，也就是 RVA 与 FOA 相同，使得模拟的时候可以省去各种地址转换的问题。本节的模拟工作将会在该文件上进行模拟。

模拟壳工作原理的步骤先来简单地说一下：

① 对可执行文件的代码节进行加密；

② 增加节；

③ 修改代码节的属性与程序的入口点；

④ 在增加的节中写入解密代码。

该模拟工作非常简单，但是以这样的方式逐步地进行模拟，看起来会更加的真实。

（1）对代码节进行加密

第一步完成的是对代码节的加密，这里选择一个简单的加密算法——异或。

用 C32Asm 打开 EasyPack.exe 可执行程序，然后找到代码节。笔者这里的代码节在 0x00001000 地址处，如图 5-66 所示。

```
00001000: 6A 00 68 20 20 40 00 68 00 20 40 00 6A 00 E8 07
00001010: 00 00 00 6A 00 E8 06 00 00 00 FF 25 00 30 40 00
00001020: FF 25 08 30 40 00 00 00 00 00 00 00 00 00 00 00
```

图 5-66　代码节的内容

从图 5-66 中可以看出，代码的内容不多，笔者将地址从 0x00001000 到 0x0000102F 的范围都进行异或加密。选中地址从 0x00001000 到 0x0000102F，然后单击鼠标右键，选择“修改数据”，将会弹出“修改数据”的窗口，在窗口选中“异或”选项，并在“异或”后面的编辑框中输入“CC”。也就是将地址从 0x00001000 到 0x0000102F 之间数据与 0xCC 进行异或，“修改数据”窗口如图 5-67 所示。

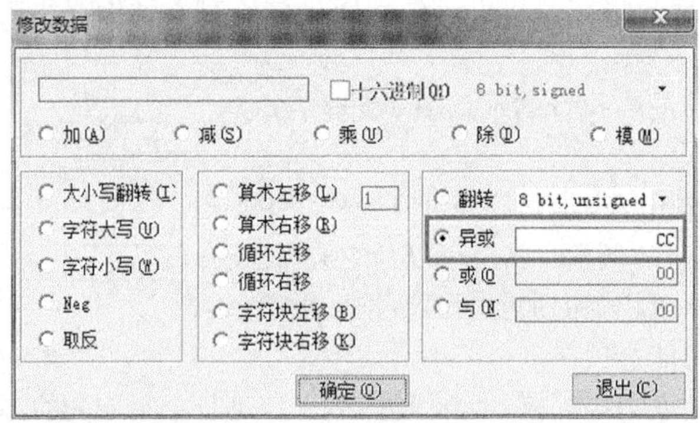

图 5-67　用 0xCC 异或代码节的数据

从地址 0x00001000 到 0x0000102F 地址一共是 0x30 字节，这里一定要记住，因为在解密的时候需要用到加密的长度。加密后的代码节如图 5-68 所示。

对代码节加密后，记得要进行保存。

```
00000FF0: 00 00 00 00 00 00 00 00 00 00 00 00 00 00 00 00
00001000: A6 CC A4 EC EC 8C CC A4 CC EC 8C CC A6 CC 24 CB
00001010: CC CC CC A6 CC 24 CA CC CC CC 33 E9 CC FC 8C CC
00001020: 33 E9 C4 FC 8C CC CC CC CC CC CC CC CC CC CC CC
00001030: 00 00 00 00 00 00 00 00 00 00 00 00 00 00 00 00
```

图 5-68 代码节加密后的内容

（2）增加节

第一步已经完成了对代码节点 0x30 字节进行异或加密，现在添加新的节用来保存对代码节解密的代码。

增加节使用前面介绍的 ZeroAdd 工具，增加节如图 5-69 所示。

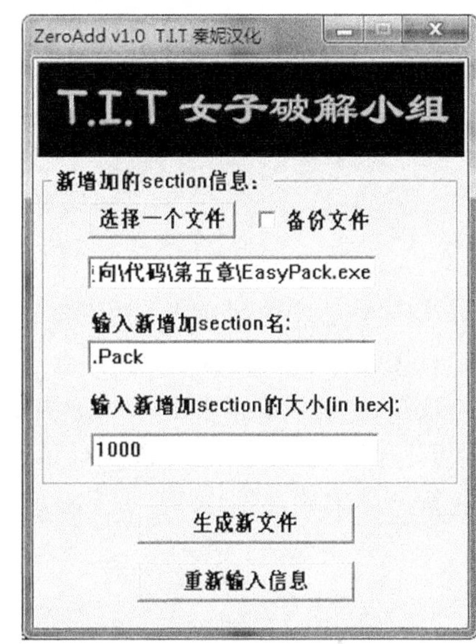

图 5-69 使用 ZeroAdd 增加节

使用 ZeroAdd 打开 EasyPack.exe 文件，然后增加节的名称填写为“.Pack”，增加节的长度填写为“1000”，节的长度是按照内存进行对齐的。对比查看 EasyPack.exe 在增加节区前后的节表信息，如图 5-70 和图 5-71。

对比图 5-70 和图 5-71 可以看出，ZeroAdd 成功地添加了.Pack 节区，这样就可以将解密代码节的代码放入到.Pack 节区当中。当然，增加了节区之后不单单是节表发生了变化，可执行程序的长度也发生了变化，节区的数量也发生了变化。这些读者可自行观察！

其实，在 EasyPack.exe 中有很多空白的空间可以进行使用，不必增加节区存放解密的代码，但是在真实的加壳时，壳的代码的确是单独进行存放的。因此，笔者在这里选择按照较为真实的方式进行模拟。

[区段表]

名称	VOffset	VSize	ROffset	RSize	标志
.text	00001000	00001000	00001000	00001000	60000020
.data	00002000	00001000	00002000	00001000	C0000040
.idata	00003000	00001000	00003000	00001000	C0000040

图 5-70 增加节区前的节表信息

[区段表]

名称	VOffset	VSize	ROffset	RSize	标志
.text	00001000	00001000	00001000	00001000	60000020
.data	00002000	00001000	00002000	00001000	C0000040
.idata	00003000	00001000	00003000	00001000	C0000040
.Pack	00004000	00001000	00004000	00001000	E0000020

图 5-71 增加节区后的节表信息

（3）修改程序的入口点

代码节在文件中被加密后，为了保证程序的正常运行，需要在执行加密的代码前对其进行解密，否则加密的代码是不能被运行的。用 OD 打开加密后的程序，查看其加密后代码的反汇编代码，如图 5-72 所示。

地址	HEX 数据	反汇编	注释
00401000	$ A6	CMPS BYTE PTR DS:[ESI],BYTE PTR ES:[EDI]	
00401001	. CC	INT3	
00401002	. A4	MOVS BYTE PTR ES:[EDI],BYTE PTR DS:[ESI]	
00401003	. EC	IN AL,DX	I/O 命令
00401004	. EC	IN AL,DX	I/O 命令
00401005	. 8CCC	MOV SP,CS	
00401007	. A4	MOVS BYTE PTR ES:[EDI],BYTE PTR DS:[ESI]	
00401008	. CC	INT3	
00401009	. EC	IN AL,DX	I/O 命令
0040100A	. 8CCC	MOV SP,CS	
0040100C	. A6	CMPS BYTE PTR DS:[ESI],BYTE PTR ES:[EDI]	
0040100D	. CC	INT3	
0040100E	. 24 CB	AND AL,0CB	
00401010	. CC	INT3	
00401011	. CC	INT3	
00401012	. CC	INT3	

图 5-72　加密后代码的反汇编代码

从图 5-72 中可以看出，用 OD 查看加密后代码的反汇编代码，已经无法看出代码的功能了，直接运行 EasyPack.exe 文件会进行报错，如图 5-73 所示。

从图 5-73 中可以看出，加密后的代码在没有进行解密的情况下运行是报错的，因为此时的代码已经不能被 CPU 正确执行了。要正确地执行该程序，必须解密成加密前的代码，也就是在执行原来的代码前，必须有一段解密的代码存在。这段解密的代码就放在新增加的节区中。

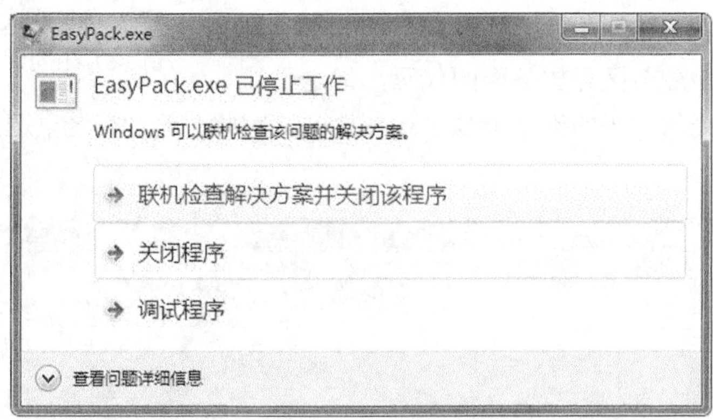

图 5-73　执行 EasyPack 报错

为了能够让解密的代码先被执行，就需要修改 EasyPack.exe 程序的入口点，这里使用 LordPE 修改程序的入口点，新的入口点地址新增加节区的起始地址，因此修改后的入口点的地址为 0x00004000，如图 5-74 所示。

不知道读者还是否记得，程序的入口点是由 ImageBase 和 AddressOfEntryPoint 两个字段构成的，因此在 LordPE 中填写的入口点是一个 RVA 地址。如果读者忘记，可参考前面的内容。在修改程序的入口点后，记得要单击“保存”按钮，将修改后的信息进行保存。

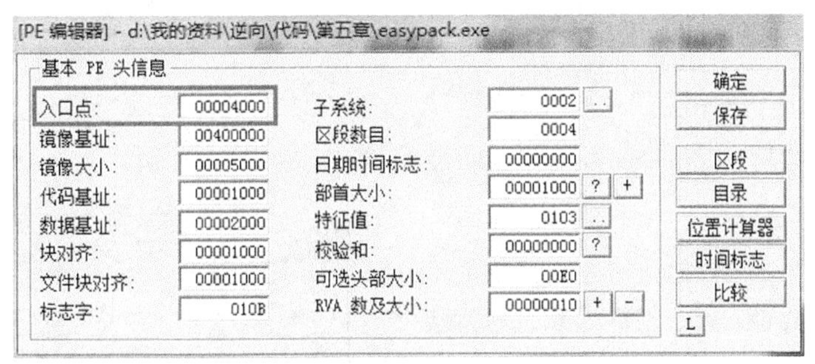

图 5-74　修改后的入口点

（4）修改代码节的属性

在 PE 文件中，每个节区都是有相关属性的，比如代码节是可以被执行和读取的、数据节可以被读取和写入等。在通常情况下，代码节是不可以被修改的，因此代码节没有可写的属性。而在对代码节进行解密的时候，就需要将解密后的代码重新写入原来的位置处，需要对代码节的属性进行修改，否则在对代码节进行写入的时候，会产生访问违例这样的异常报错。

本节依然使用 LordPE 来修改 EasyPack.exe 代码节的属性。首先打开 EasyPack 的节表信息，然后在“.text”节区上单击鼠标右键，在弹出的右键菜单上选择“编辑区段”，会弹出如图 5-75 所示的“编辑区段”窗口。

在“编辑区段”窗口选择“标志”后面的按钮，将出现如图 5-76 所示的“区段标志”的窗口。

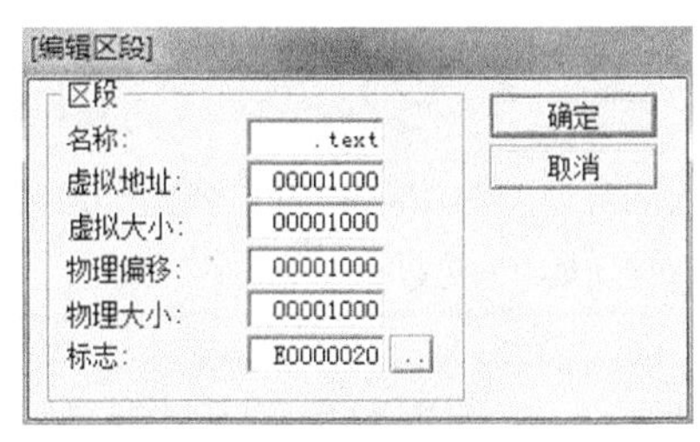

图 5-75　编辑区段窗口

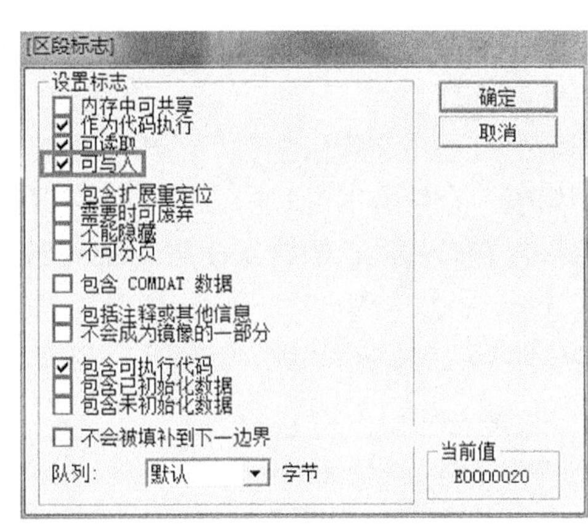

图 5-76　在区段标志中选中可写入

在“区段标志”窗口将“可写入”选项选中，这样在对代码节进行解密时不会产生异常报错。

（5）添加解密代码

添加解密代码的任务需要使用 OD 进行完成，用 OD 打开 EasyPack.exe 程序。在使用 EasyPack.exe 时 OD 会有一个提示，如图 5-77 所示。

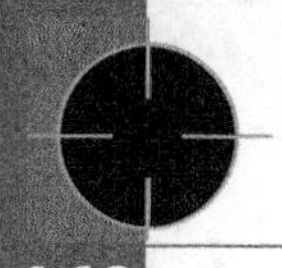

在很多软件被加壳后或者入口点不在代码节时，OD 都会有类似图 5-77 的提示，这点请读者注意。

直接单击“确定”按钮进入 OD，这时可以发现 OD 已经停在入口地址为 0x00404000 处，说明前面使用 LordPE 入口点是成功的，如图 5-78 所示。

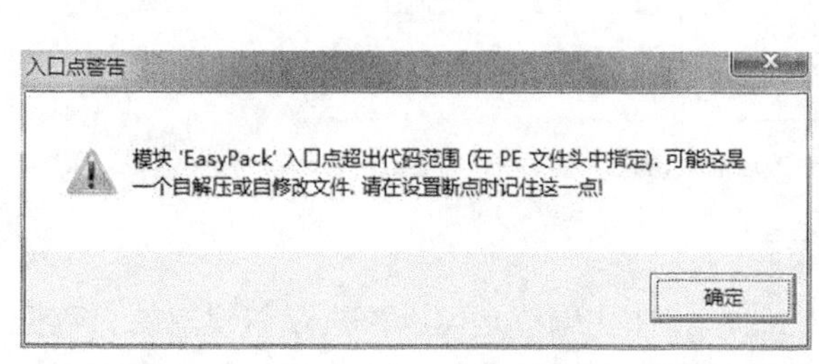

图 5-77　入口点警告提示

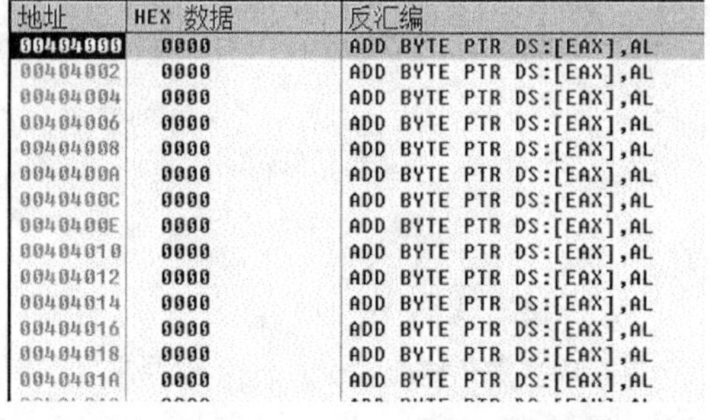

图 5-78　OD 打开 EasyPack 的入口点

该入口点是 EasyPack.exe 新的入口点，对于代码节的解密工作将在该入口点进行。在 OD 的入口点添加如下代码：

```
PUSHAD
MOV ESI,00401000
MOV ECX,30
XOR BYTE PTR DS:[ESI],0CC
INC ESI
LOOPD 0040400B
POPAD
MOV EAX,00401000
JMP EAX
```

下面对上面的代码逐行进行解释，希望读者能够理解上面的代码。

① pushad

在可执行程序装载入内存后，操作系统对进程进行了一系列的初始化工作，寄存器都有一些初始值，在解密的过程中会改变寄存器的值，为了保证解密后寄存器的值与可执行程序刚装载入内存时相同，因此先使用 pushad 指令对各个寄存器进行保存。

② mov esi,00401000

将值 00401000 赋给 ESI 寄存器，也就是将 ESI 指向地址 00401000 处。地址 00401000 是原来 EasyPack.exe 程序的入口点，也就是原来程序代码开始的位置处。

③ mov ecx，30

ECX 寄存器有一个特殊的用途，就是用于循环时的计数。在前面对代码节进行异或加密时一共加密了 0x30 字节，因此在解密时也需要循环对 0x30 字节进行解密。

④ xor byte ptr [esi], 0cc

从 ESI 指向的地址中取出一个字节，与 CC 进行异或运算后再保存至 ESI 指向的地址中。这句就是解密的指令。

⑤ inc esi

将 ESI 的地址向后移动一个字节，主要是改变 ESI 寄存指向的地址，因为在解密的时候是逐字节进行解密的。

⑥ loop 00404008

loop 指令会首先将 ECX 寄存器的值减一，然后判断 ECX 寄存器的值是否大于 0。如果 ECX 寄存器的值大于 0，则跳转到 loop 指令后跟随的地址处；如果 ECX 寄存器不大于 0，则执行 loop 指令后的指令。在该段程序中，ECX 寄存器的值为 0x30，因此会循环 0x30 次，也就是逐字节解密需要解密 0x30 次。

⑦ popad

在执行完解密代码后，将各寄存器的值恢复为原来的值。pushad 指令和 popad 指令是成对出现的，用于保存和恢复寄存器环境。

⑧ mov eax,00401000

将地址 00401000 地址赋值给 EAX 寄存器。请记住，地址 00401000 是原来 EasyPack.exe 程序的入口点，通常在加壳前的入口点被称为原始入口点，即 OEP。在脱壳时，很关键的一点就是寻找 OEP。

⑨ jmp eax

EAX 寄存器中保存了 00401000，也就是保存了 OEP 的地址。jmp eax 就是跳回到原来的入口点继续执行。

以上对解密代码进行了逐条解释，希望读者能够仔细阅读并加以理解。对于上面的代码内容其实并不多，希望读者可以自己写出。

在 OD 中查看添加后的代码，如图 5-79 所示。

地址	HEX 数据	反汇编
00404000	60	PUSHAD
00404001	BE 00104000	MOV ESI,EasyPack.00401000
00404006	B9 30000000	MOV ECX,30
0040400B	8036 CC	XOR BYTE PTR DS:[ESI],0CC
0040400E	46	INC ESI
0040400F	^ E2 FA	LOOPD SHORT EasyPack.0040400B
00404011	61	POPAD
00404012	B8 00104000	MOV EAX,EasyPack.00401000
00404017	FFE0	JMP EAX
00404019	90	NOP

图 5-79 添加的反汇编代码

从图 5-79 可以看出，jmp eax 指令的地址是 0x00404017，而它跳转的目的地址在 0x00401000 处，在通常的情况下，跨度很大的 jmp 跳转很可能就是要跳入 OEP 的跳转。因此，对于跨度很大的跳转在调试时需要格外地注意观察。

完成上面的代码后，在 OD 中进行保存，保存后运行 EasyPack.exe 程序，此时可以看到熟悉的 MessageBox 对话框被正确弹出了。

3．导入表的隐藏

在上一节里，笔者将代码节进行了简单的异或加密，并且在运行时对加密的代码节进行了解密，最后 EasyPack.exe 程序保持原来的功能成功地执行了。本节进一步对上节的内容进行加深，从而让读者更多地了解壳的一些工作方式。

在逆向分析时常常通过观察导入表中的导入 API 函数来猜测程序实现的方式，因此本节来简单地实现一个导入表隐藏的功能，从而使逆向分析人员无法通过查看导入表而对程序功能的实现进行猜测。

（1）隐藏导入表的介绍

隐藏导入表是将导入表放置到其他的位置，将导入表原来的位置抹掉，然后在外壳的部分通过 LoadLibrary 和 GetProcAddress 两个 API 函数来动态完成对 IAT（导入地址表）的填写，填写 IAT 的过程是无法省略的，否则程序无法调用导入表中的 API 函数。

在外壳部分使用 LoadLibrary 和 GetProcAddress 两个 API 函数来动态填入 IAT 有两种方式，一种方式是动态获取 LoadLibrary 和 GetProcAddress 两个 API 函数，然后通过这两个函数填写 IAT，另一种方式是将 LoadLibrary 和 GetProcAddress 两个 API 函数构造到导入表中，从而直接使用这两个 API 函数。本节使用第二种方式。

（2）添加新的节区

将上一节打造的 EasyPack.exe 程序复制一份命名为 EasyPack_Imp.exe 作为本节练习的对象。使用 ZeroAdd 打开复制好的 EasyPack_Imp.exe 程序，添加新的节区，节命名为“ImpData”，节的大小为十六进制的“1000”，如图 5-80 所示。

新添加的节区 ImpData 是用来保存原有导入表的，将原来的导入表保存至其他位置后才能将原来的导入表抹掉。使用 LordPE 查看添加节区后的节表，如图 5-81 所示。

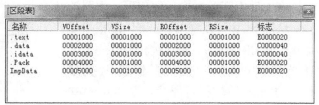

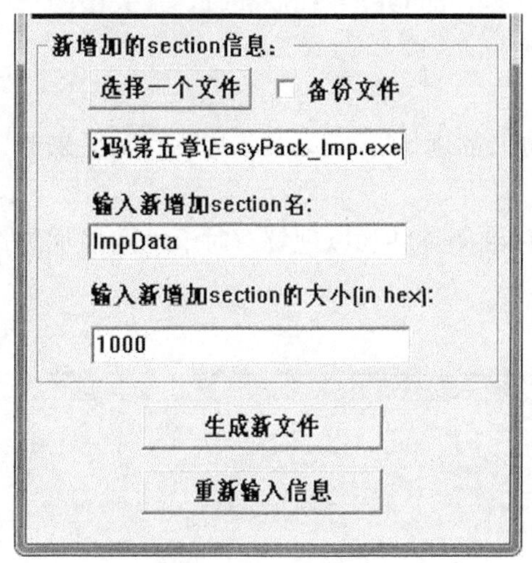

图 5-80　添加 ImpData 节区

[区段表]

名称	VOffset	VSize	ROffset	RSize	标志
.text	00001000	00001000	00001000	00001000	E0000020
.data	00002000	00001000	00002000	00001000	C0000040
.idata	00003000	00001000	00003000	00001000	C0000040
.Pack	00004000	00001000	00004000	00001000	E0000020
ImpData	00005000	00001000	00005000	00001000	E0000020

图 5-81　添加 ImpData 后的节表

（3）添加新的导入表项

为了达到隐藏导入表的目的，需要将原来的导入表项进行转存，将其保存到 ImpData 中，并将原来位置的导入表删除，这样通过 LordPE 等工具就无法直接观察导入表中的 API 函数信息了。

转存后的导入表信息无法在可执行程序装载时进行填充，因此需要在外壳中通过外壳代码来进行加载，加载的方式是使用 LoadLibraryA 和 GetProcAddress 两个函数。因此，需要将这两个函数先添加到导入表中。

使用 LordPE 打开 EasyPack_Imp.exe 程序，查看其导入表项，如图 5-82 所示。

选中任一导入表项单击鼠标右键，在弹出的右键菜单中选择“添加导入表”会弹出“添加导入函数”窗口，在该窗口的“DLL”编辑框中输入“kernel32.dll”，在“API”编辑框中添加“LoadLibraryA”，单击该编辑框后的“+”号，再次在编辑框中输入“GetProcAddress”，单击“+”号。这样就添加了新的导入表，如图 5-83 所示。

图 5-82 原始的导入表

添加完导入函数后单击“确定”按钮，查看修改后的导入表，如图 5-84 所示。

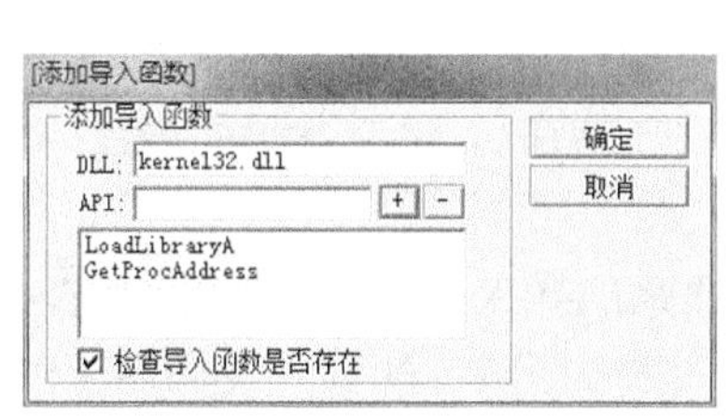

图 5-83 添加导入函数

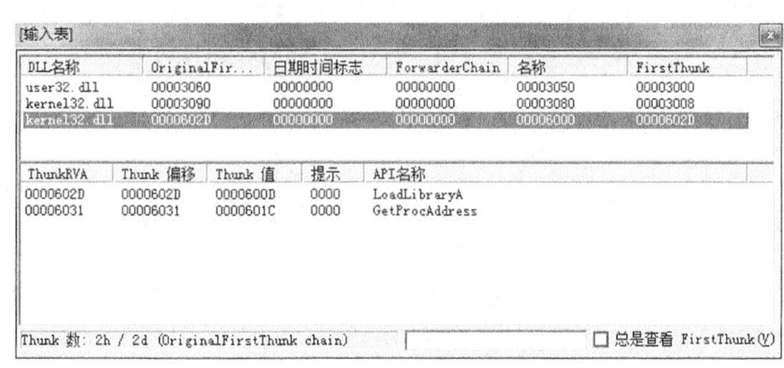

图 5-84 修改后的导入表

从图 5-84 中可以看出，在导入表中多了一个文件“kernel32.dll”以及两个 API 函数“LoadLibraryA”和“GetProcAddress”。

（4）原导入表的转存及删除

原来的导入表中包含两个 DLL 文件 kernel32.dll 和 user32.dll，它们分别包含的函数是 MessageBoxA 和 ExitProcess 两个 API 函数。为了将它们从导入表中删除掉而又可以继续使用它们，则需要先将它们进行转存。

对原导入表进行转存时不需要按照导入表的格式进行转存，只需要将关键的内容进行转存即可。笔者这里转存的格式如图 5-85 所示。

DLL名称1\0	API函数名称1\0	API函数1的地址	API函数名称2\0	API函数2的地址	0
DLL名称2\0	API函数名称1\0	API函数1的地址	0	DLL名称3\0	API函数名称1\0
API函数1的地址	API函数名称2\0	API函数2的地址	0	0	

图 5-85 转存的导入表格式

在图 5-85 中，首先存储的是 DLL 的名称。DLL 的名称以\0 结束（\0 即 NULL，ASCII 码的值为 0），DLL 名称后随即存储一个 API 函数名称和该 API 函数对应的 IAT 地址，其中 API 函数也以\0 为结束。如果该 DLL 存在多个导入函数，则在该 API 函数对应的 IAT 地址后紧接着下一个 API 函数的名称和 API 函数的 IAT 地址。当该 DLL 导入的 API 函数全部转存

完，在 API 函数对应的 IAT 地址后跟随一个\0，然后紧接着下一个 DLL 名称的开始。当所有的导入表转存完时，则在最后一个 API 函数对应的 IAT 地址后跟随两个 0。

这种方式便于循环使用 LoadLibrary 函数加载一个 DLL 后，使用 GetProcAddress 得到其导入的 API 函数的地址。在 C32Asm 中对原导入表进行转存，转存后的导入表如图 5-86 所示。

```
00005000: 75 73 65 72 33 32 2E 64 6C 6C 00 4D 65 73 73 61 | user32.dll.Messa
00005010: 67 65 42 6F 78 41 00 00 30 40 00 00 6B 65 72 6E | geBoxA..0@..kern
00005020: 65 6C 33 32 2E 64 6C 6C 00 45 78 69 74 50 72 6F | el32.dll.ExitPro
00005030: 63 65 73 73 00 08 30 40 00 00 00 00 00 00 00 00 | cess..0@........
```

图 5-86　转存后的导入表

在图 5-86 中，转存后的原导入表被保存在起始 FOA 为 0x00005000 的地址处。它的结构如下：首先是 DLL 的名称，即 user32.dll，在 user32.dll 后面跟随的是其导入的 API 函数 MessageBoxA，在 MessageBoxA 函数后面跟随的是其对应的 IAT 地址 0x00403000（这里使用的是 VA 而不是 RVA，在实际中应该使用 RVA，这里是为了演示）。由于 user32.dll 只导入了一个 MessageBoxA 函数，因此在 MessageBoxA 函数对应的 IAT 地址后放入一个 ASCII 码为 0 的字节，表示 user32.dll 导入的函数结束（如果 MessageBoxA 函数后仍然有从 user32.dll 导入的函数，则直接在 0x00403000 后跟下一个 API 函数的字符串，而中间不会有 0 字符）。kernel32.dll 与 user32.dll 类似，在 ExitProcess 函数对应的 IAT 地址后面再没有其他的 DLL 被导入，因此在地址 0x00403008 后必须有两个 0 字符。

到此，原始的导入表已经被转存，然后在 LordPE 中将原来的导入表删除。删除的方法是在 LordPE 的导入表窗口选中对应的导入表项单击右键进行删除，删除后的导入表如图 5-87 所示。

图 5-87　删除后的导入表

此时通过 LordPE 查看导入表时，导入表中只剩 kernel32.dll 导出的 LoadLibraryA 和 GetProcAddress 两个 API 函数了。此时，在 PE 文件原来的导入表项并没有删除干净，因此，使用 C32Asm 将原来的导入表的内容（即从 FOA 为 0x00003000 处开始的内容）填充为 0 字符即可。

注意：此时，需要记住 LoadLibraryA 和 GetProcAddress 两个函数对应的 IAT 的 RVA，即 0x0000602D 和 0x00006031，因为在外壳中使用这两个 API 函数时，需要使用这两个函数的地址。

（5）修改外壳代码

前面将导入表进行了转存，并添加了新的导入表 LoadLibraryA 和 GetProcAddress。由于将原来的导入表进行了转存，Windows 在加载该文件时无法填入原来的 API 函数的 IAT，因此在程序中无法调用这两个 API 函数了。但是，在导入表中新添加的两个 API 函数可以帮助程序完成原导入表的填充。因此，在外壳的代码中，就需要通过 LoadLibraryA 和 GetProcAddress 来完成原导入表的填充。

用 OD 打开 EasyPack_Imp.exe 程序，程序依旧停留在 0x00404000 地址处，先在该地址处的代码完成两个任务，第一个任务是将原代码节的内容进行解密，第二个任务是跳回原入口点。现在，我们需要在跳回原入口点之前来把原导入表的内容进行加载。

在加入新的外壳代码前，先来看两个地址，0x0040602D 和 0x00406031，如图 5-88 所示。这两个地址分别保存着 LoadLibraryA 和 GetProcAddress 两个 API 函数的地址。在外壳代码中使用这两个函数时，分别从 0x0040602D 和 0x00406031 中取出即可。

0040602D	7728DE15	kernel32.LoadLibraryA
00406031	7728CE44	kernel32.GetProcAddress

图 5-88　LoadLibrary 和 GetProcAddress 的导入表地址

注意：在这里直接使用了 0x0040602D 和 0x00406031 两个 VA 地址，实际上这两个地址应该通过映像基址加 RVA 来得到。为了简化演示的效果，这里直接使用了这两个地址。

更新的外壳代码如图 5-89 所示。

地址	反汇编	注释
00404000	PUSHAD	
00404001	MOV ESI,EasyPack.00401000	
00404006	MOV ECX,30	
0040400B	XOR BYTE PTR DS:[ESI],0CC	
0040400E	INC ESI	
0040400F	LOOPD SHORT EasyPack.0040400B	
00404011	MOV ESI,EasyPack.00405000	ASCII "user32.dll"
00404016	PUSH ESI	
00404017	CALL DWORD PTR DS:[<&kernel32.LoadLibraryA>]	kernel32.LoadLibraryA
0040401D	MOV EDI,EAX	
0040401F	MOV CL,BYTE PTR DS:[ESI]	
00404021	INC ESI	
00404022	TEST CL,CL	
00404024	JNZ SHORT EasyPack.0040401F	
00404026	PUSH ESI	
00404027	PUSH EDI	
00404028	CALL DWORD PTR DS:[<&kernel32.GetProcAddress>]	apphelp.753BFFF6
0040402E	MOV CL,BYTE PTR DS:[ESI]	
00404030	INC ESI	
00404031	TEST CL,CL	
00404033	JNZ SHORT EasyPack.0040402E	
00404035	MOV EBX,DWORD PTR DS:[ESI]	
00404037	MOV DWORD PTR DS:[EBX],EAX	
00404039	ADD ESI,4	
0040403C	MOV CL,BYTE PTR DS:[ESI]	
0040403E	TEST CL,CL	
00404040	JNZ SHORT EasyPack.00404026	
00404042	INC ESI	
00404043	MOV CL,BYTE PTR DS:[ESI]	
00404045	TEST CL,CL	
00404047	JNZ SHORT EasyPack.00404016	
00404049	POPAD	
0040404A	MOV EAX,EasyPack.00401000	
0040404F	JMP EAX	

图 5-89　外壳代码

从地址 0x00404011 到地址 0x404047 处的范围内就是通过 LoadLibraryA 和 GetProcAddress 两个函数在动态地装载原导入表的信息。在代码中 ESI 寄存器始终指向从地址 0x00405000 开始处的转存后的导入表。

在代码中，有两处 CALL 指令，这两处 CALL 指令的形式已经由 OD 直接解释成对 API 函数的调用。这两处指令正确的写法如下。

对 LoadLibraryA 函数的调用是：call dword ptr [0040602D]

对 GetProcAddress 函数的调用是：call dword ptr [00406031]

此处不能直接写成 call 0040602D 这样的形式。

注意：上面的代码对于没有写过汇编的读者而言可能稍多，但是请读者仔细调试上面的代码。在调试代码时，将“数据窗口”显示为以 0x00405000 开始的位置，然后注意观察 ESI 寄存器的变化，这样就可以充分地理解转存后导入表的结构，以及外壳代码装载原导入表时循环的变化。

将上面修改过的外壳代码进行保存（笔者这里保存为 EasyPack_Imp_Patch.exe），找到保存后的文件双击运行，熟悉的 MessageBox 对话框成功出现了。证明我们的修改是成功的。

（6）其他

这时观察文件的大小有 25KB，由于我们不断地以 0x1000 的大小在增加节区，导致该 PE 文件变大。其实，在该文件中实际使用到的空间并不是很多。因此在这个基础上就可以对该 PE 文件进行优化，比如改变文件的对齐大小（读者是否还记得 IMAGE_OPTIONAL_HEADER 中的 FileAlignment 字段），然后对某些节可以进行合并。这些操作又回到了前面几节的内容，但是可以看出，前面的内容对于加壳时还是有一定作用的。这部分就不再继续重复了，读者可以按照前面的内容自行对 PE 文件的大小进行优化。

5.4.3　加壳工具与脱壳工具的使用

本节介绍加壳工具与脱壳工具的使用。本节介绍的壳可能不是最新的壳，但是壳的使用本身并不复杂。因为壳本身就是由专业人员进行设计，然后提供给普通的软件设计人员进行使用的（这里所说的普通软件设计人员并非说技术普通，而是指并非从事加密/解密的软件设计人员）。

1．加壳工具的介绍

在前面介绍了壳可以分为压缩壳和加密壳，而加密壳又可以分为 PE 加密壳和指令加密壳。这里介绍加壳工具的使用并不对加密壳区分得那么详细。

（1）压缩壳介绍

压缩壳，顾名思义就是将可执行文件进行压缩，然后在执行的时候先通过外壳中的代码将压缩的可执行文件进行解压缩后运行。压缩壳一般都使用了很好的压缩算法，经过压缩后可执行文件的体积会变得更小。

① ASPack

ASPack 是一款压缩壳，它的操作界面非常简单，在 ASPack 界面的选项卡中选择“打开”文件，然后 ASPack 会自动对打开的文件进行压缩，压缩后会显示压缩的比例，如图 5-90 所示。

笔者选择加壳的文件本身大小为 156KB，压缩后的大小为 82KB，压缩了将近一半的体积。从图 5-90 中也可以看出，压缩后的文件是原来文件的 52%。在 ASPack 界面的“选项”选项卡中有一些 ASPack 的设置项，比如“最大程度压缩”“保留额外数据”以及修改加壳时增加节的名称等。

② UPX

UPX 壳本身是一个命令行下的工具，后来被开发出了相应的界面，被称为“UPX Shell”。使用 UPX Shell 可以使用窗口式的方式来使用 UPX。UPX 可以对可执行文件进行压缩，也可以对可执行文件进行解压缩（相当于是脱壳）。

UPX 的使用也非常简单，在首次使用 UPX Shell 时，需要设置 upx.exe 所在的位置，一般它们位于同一个目录下，设置好之后就可以进行使用了。在 UPX Shell 的“源文件名”中填写要加壳的文件名，在“新文件名”中填写加壳后的文件名，然后单击“压缩”按钮即可完成压缩。UPX 界面如图 5-91 所示。

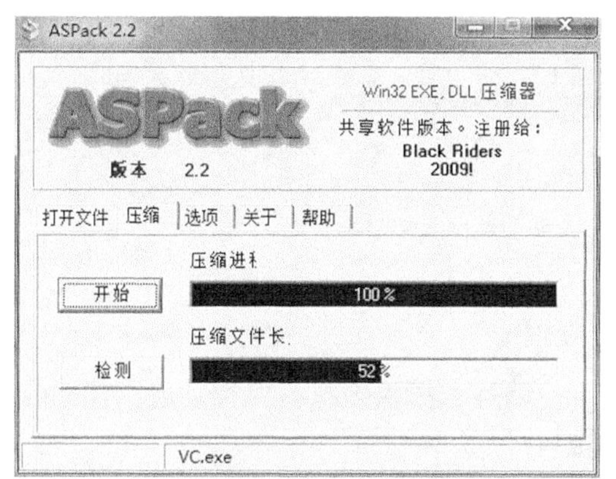

图 5-90　ASPack 压缩壳

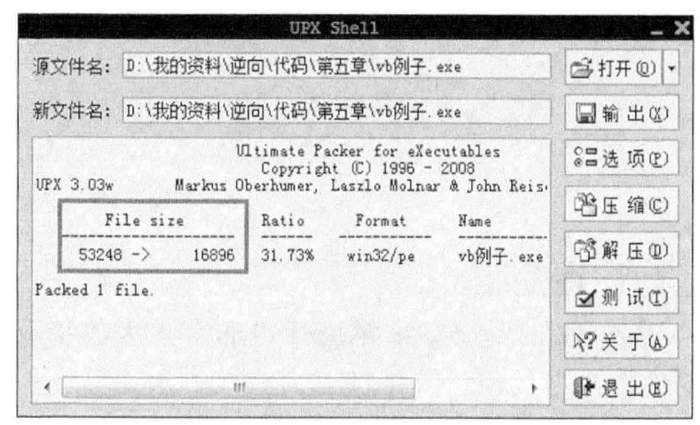

图 5-91　UPX 压缩壳

在 UPX Shell 的输出窗口中可以看到，压缩前文件的大小是 52KB 左右，而压缩后的大小只有 17KB 左右，可见压缩率是非常高的。在图 5-91 右侧的按钮中，“压缩”是对文件进行加壳，而“解压”则是对已经使用 UPX 加壳后的软件进行脱壳。单击“选项”按钮会打开“选项”窗口进行“压缩率”“强行压缩”等选项的设置。

③ Nspack

Nspack 也称为北斗，该壳可以针对某个目录（也可以包含目录下的子目录）下的可执行文件进行压缩。它的使用方法与其他压缩壳的使用方法类似。通过 Nspack 打开要压缩的可执行文件，然后单击“压缩”，则 Nspack 开始压缩可执行文件，如图 5-92 所示。

从图 5-92 中可以看出，通过 Nspack 压缩后的文件压缩率达到了 66.1%，由原来的 598KB 左右大小变成了压缩后的 203KB 大小。在图 5-92 中的“目录压缩”下可以对目录中的可执行文件进行压缩，在“配置选项”中可以进行“强制压缩”“资源压缩”“保留额外数据”等相关选项的设置。

上面介绍了 ASPack、UPX 和 Nspack 三款压缩壳，壳的使用本身非常简单，在使用的过程中读者可以对比各个壳的压缩率，某些壳针对较大的文件压缩率会很好，而压缩较小的文件时压缩率则一般。

（2）加密壳介绍

本节介绍的加密壳不区分是 PE 壳还是指令壳，重点是演示壳的使用。

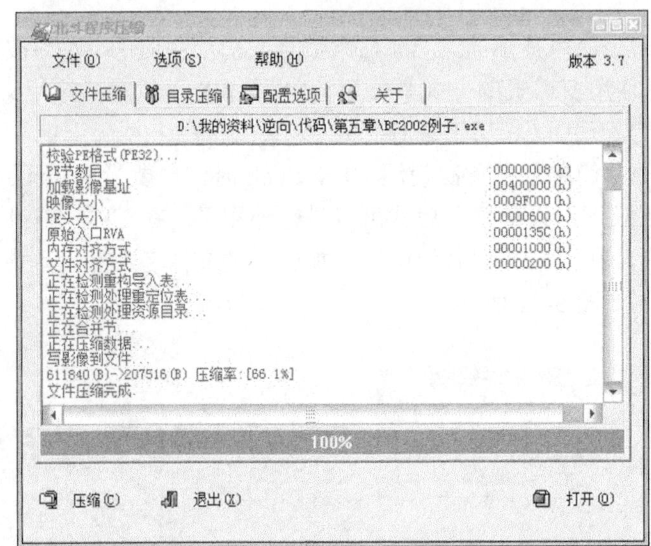

图 5-92　Nspack 压缩壳

① Themida

Themida 是一款非常流行也非常强大的指令壳，也就是它提供虚拟机保护功能。Themida 提供了众多的保护功能的设置选项，其界面如图 5-93 所示。

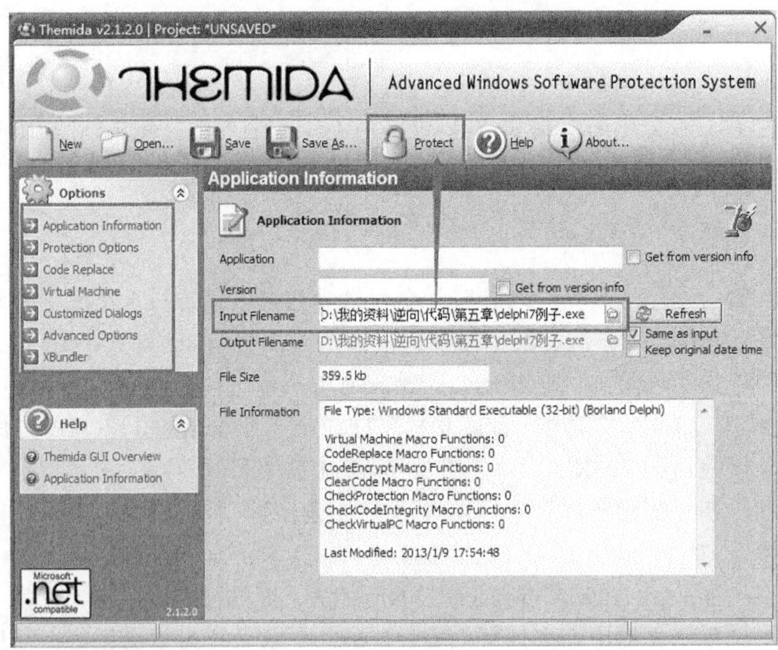

图 5-93　Themida 加密壳

Themida 的使用非常简单，打开 Themida 以后在“Input Filename”处填入被保护的可执行文件，然后单击“Protect”按钮，在弹出的“Protect”窗口中单击“Protect”即可对可执行文件进行 Themida 默认级别的加密保护。笔者使用了一个 360KB 的可执行文件进行加壳，生成的加壳后的文件大小为 806KB，从体积上看可执行文件的大小已经变得很大的了。Themida 对可执行文件增加了许多额外的代码（并不仅限于外壳中用于还原可执行文件的代码），这样就已经增加了脱壳的难度。

在 Themida 左侧的“Options”列表中，是 Themida 相关的保护选项，比如“Protection Options”的选项中可以设置反调试保护、反 Dump 保护、资源压缩、模糊入口等，Themida 的保护选项如图 5-94 所示。

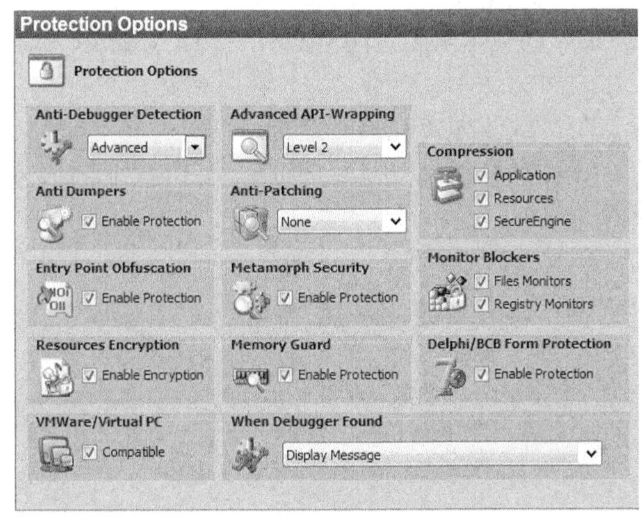

图 5-94 Themida 的保护选项

在 Themida 左侧的“Code Replace”功能中，可以用于代码的替换功能，“Virtual Machine”就是强大的虚拟机保护了。

Themida 提供了 SDK 供开发者使用，SDK 的全称是 Software Development Kit，即软件开发工具包，SDK 对于了解软件开发的人是不陌生的。Themida 提供的 SDK 就是一个头文件，该 SDK 在 Themida 安装目录的“ThemidaSDK”目录下。在该目录下有两个目录，一个是“include”，另外一个是“ExamplesSDK”，前面的目录中保存的是 SDK 的头文件，后面的目录中保存的是一些例子程序。

查看一下关于 C 语言头文件的定义，C 语言 SDK 的头文件名为“ThemidaSDK.h”，其部分代码如下：

```
#define CODEREPLACE_START \
  __asm __emit 0xEB \
  __asm __emit 0x10 \
  __asm __emit 0x57 \
  __asm __emit 0x4C \
  __asm __emit 0x20 \
  __asm __emit 0x20 \
  __asm __emit 0x00 \
  __asm __emit 0x00 \
  __asm __emit 0x00 \
  __asm __emit 0x00 \
```

```
    __asm __emit 0x00 \
    __asm __emit 0x00 \
    __asm __emit 0x00 \
    __asm __emit 0x00 \
    __asm __emit 0x57 \
    __asm __emit 0x4C \
    __asm __emit 0x20 \
    __asm __emit 0x20 \

#define CODEREPLACE_END \
```

在 ThemidaSDK.h 中定义了很多宏，它们基本成对出现，如 CODEREPLACE_START 和 CODEREPLACE_END、ENCODE_START 和 ENCODE_END、CLEAR_START 和 CLEAR_END，以及 VM_START 和 VM_END。

看名字即可猜测宏的意思，CODEREPLACE 表示代码替换、ENCODE 表示代码加密、CLEAR 表示代码清除、VM 表示虚拟机保护。将需要进行保护的代码前后各加入 START 和 END 即可，例子代码如下所示。

例子 1：

```
ENCODE_START

for (int i = 0; i < 100; i++)
{
value += value * i;
}

ENCODE_END
```

例子 2：

```
CLEAR_START

for (int i = 0; i < 100; i++)
{
value += value * i * 3;
}

CLEAR_END
```

在代码中加入 SDK 之后，再使用 Themida 打开加入 SDK 的可执行程序，Themida 会搜索相应的宏指令，对其之间的代码进行相应的保护，这样在开发的过程中只要对关键的代码使用 SDK 进行保护即可，这样的保护会更加合理，更加人性化。

② VMP

VMP 同样也是一款指令壳，它不像 Themida 有那么多功能，它是一款专门的虚拟机保护壳。同样，VMP 也提供 SDK，它的使用方法与 Themida 中的 SDK 类似。

VMP 2.0 之后的版本提供两种模式的保护，一种是较为简单的“向导模式”，另外一种是更加灵活的“专家模式”。在“向导模式”的界面上有一个“查看”按钮可以切换为“专家模式”，在“专家模式”的菜单里同样有一个“查看”菜单项可以切换为“向导模式”。

这里介绍一下 VMP2.04.6 的向导模式。首先需要“打开文件”，然后选择要保护的“流程”（这里可以从“所有流程”中进行选择），继续选择保护的“级别”和一些“检测”等，最后 VMP 会对可执行文件进行重新编译。VMP 的使用如图 5-95～图 5-97 所示。

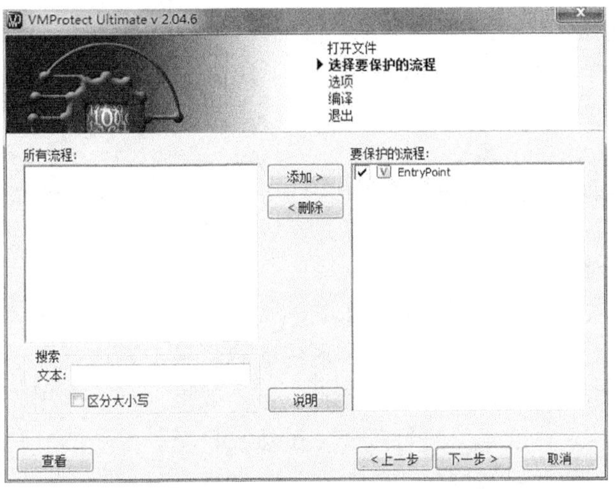

图 5-95　选择要保护的流程

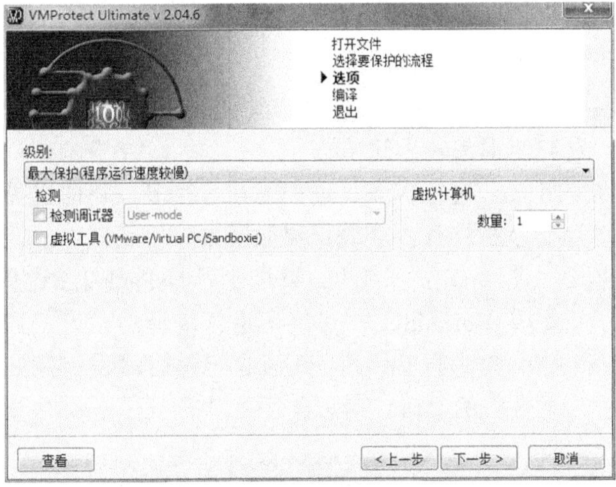

图 5-96　VMP 的保护选项

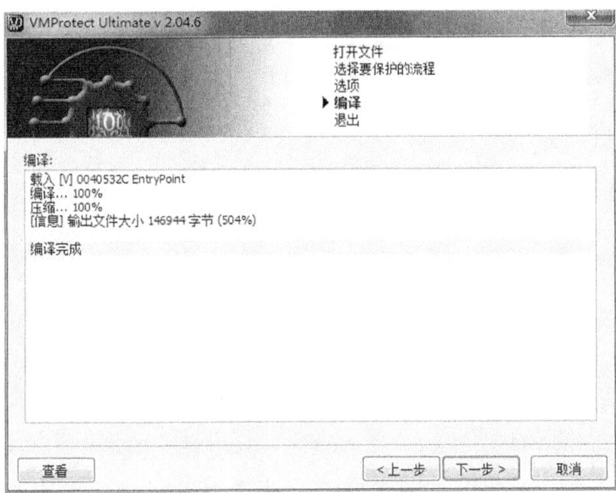

图 5-97　VMP 的编译

使用 VMP 保护前的可执行文件的大小是 29KB，使用 VMP 保护后的同一个可执行文件的大小是 144KB。同样 VMP 对可执行文件增加了许多的保护代码（虚拟机代码），增加了对可执行文件逆向的难度。

注意：壳的使用相对比较简单，如果需要对各种壳有深入的了解，唯一的办法就是进行脱壳。

2. 脱壳工具的介绍

加壳是为了保护软件不被逆向，脱壳工具的目的则是把软件的保护外壳解除掉，然后对软件进行逆向。脱壳工具一般分为专用的和通用的脱壳机，通用脱壳机是根据外壳的类型或模拟执行进行脱壳，通用脱壳机能脱的壳较多，但是效果不好，专用脱壳机只能针对某一个壳（甚至是某一个壳的具体版本）进行脱壳，虽然它只能脱单一的一种壳，但是由于它的针对性特别强，因此脱壳的效果较好。

脱壳机的使用方法更加简单，这里只是进行简单的演示。

（1）通用脱壳机

通用脱壳机针对压缩壳的脱壳效果较好，因为压缩壳脱壳时的套路都比较相近。这里演示两款工具，一款名叫“超级巡警虚拟机自动脱壳机”，另一款叫作“linxerUnpacker”。这两款都是通用的脱壳机，它们使用都较为简单。

在脱壳之前，首先使用 DiE 进行查壳，查壳工具有很多，随便选择一款都可以。将前面使用压缩壳加壳后的文件用 DiE 打开，查壳结果如图 5-98 所示。

在图 5-98 中可以看到，使用 DiE 查壳的结果是使用 NsPack 3.x 进行加壳的，它也能检查出加壳前该可执行程序是使用 Borland C++编译器进行编译的。该工具非常好用，其他的查壳工具有 PEiD、ExeInfo 等。其他的工具读者可以自己进行测试，找到一款适合自己的进行使用即可。当然，有时为了查壳的准确，可以使用多款查壳工具进行查壳。

图 5-98 DiE 查壳结果

现在来介绍这两款通用脱壳机。首先使用“超级巡警虚拟机自动脱壳机”打开前面被查壳的可执行文件，然后单击“脱壳”按钮，“超级巡警虚拟机自动脱壳机”提示“脱壳错误”，说明脱壳失败了，如图 5-99 所示。

从这里可以看出，通用“超级巡警虚拟机自动脱壳机”对笔者加过壳的可执行程序脱壳失败。接下来使用“linxerUnpacker”来进行脱壳，同样使用该脱壳机打开被加壳的可执行程序，可以看到“文件脱壳信息”中提示已经识别出了壳，然后单击“壳特征脱壳”或“OEP侦测脱壳”后，在“文件脱壳信息”中提示“脱壳成功”，如图 5-100 所示。

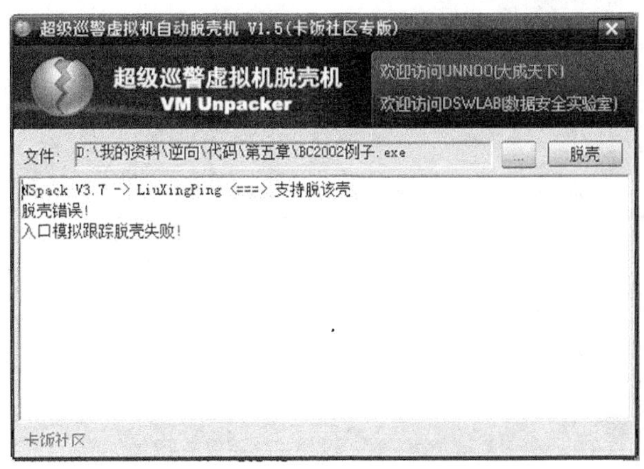

图 5-99　超级巡警虚拟机自动脱壳机

从图 5-100 中可以看出，脱壳成功并成功输出了“unpacked.exe”程序。被脱壳的程序可以被正确执行。观察脱壳后的程序的大小是 823KB，该可执行程序在加壳前是 598KB，使用压缩壳加壳后的大小是 203KB。为什么脱壳后的程序是 823KB 呢?原因是程序在内存中执行后，首先会解压缩，解压缩后的体积会被还原，而此时，外壳的代码同样也在内存中。这样脱壳后，程序中包含的是没有被压缩的可执行程序的代码和外壳程序的代码。因此，体积变得更大了。

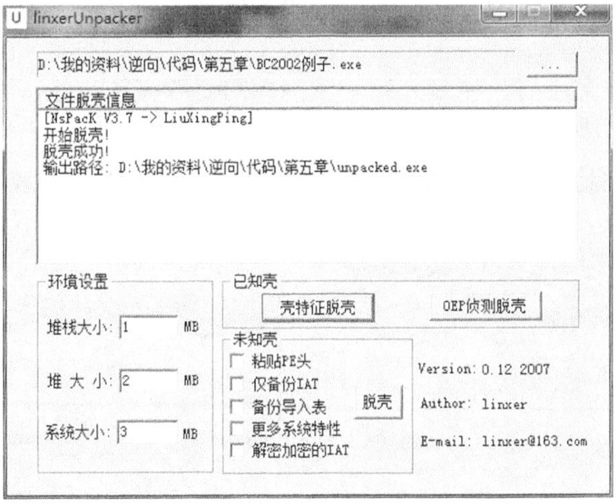

图 5-100　linxerUnpack 脱壳成功

使用 linxerUnpacker 打开使用 VMP 加壳后的程序，此时在“文件脱壳信息”中提示“未知壳或者不是 PE 文件”。单击“未知壳”中的“脱壳”按钮，linxerUnpack 会提示脱壳失败，如图 5-101 所示。

前面介绍过，使用虚拟机保护的壳已经不同于传统意义的壳了，它完全是模拟了另外的一套指令系统，因此脱壳工具对其无能为力也就不足为奇。

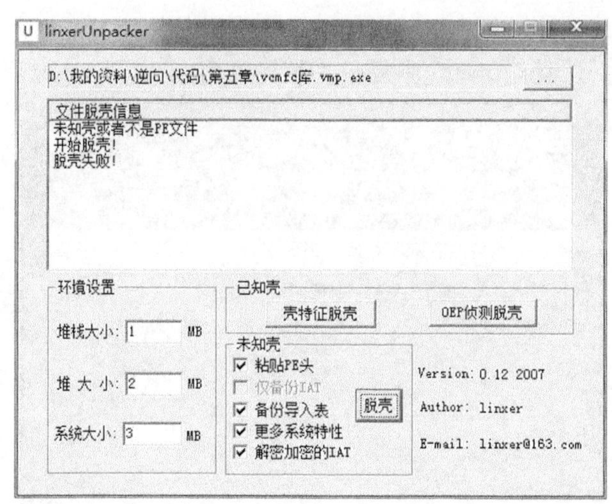

图 5-101　linxer 对 VMP 脱壳失败

（2）专用脱壳机

在通用脱壳机中有针对 UPX、ASPack、NsPack，甚至针对 Themida 某个版本的工具。由于专用脱壳工具与通用脱壳工具类似，因此这里不再进行演示。

3．手动脱壳的介绍

手动脱壳已经超出本书的介绍范围，但是本书前面的章节介绍了 OD 的使用，因此本章借助脱壳来继续介绍一些 OD 的使用方法以及一些脱压缩壳通用的流程（该流程适合脱压缩壳，对于加密壳只能使用其中的思路，而不能再套用其中的方法了）。

（1）修改外壳

在介绍手动脱压缩壳之前，先来介绍一下简单的修改壳的方法。为什么要介绍修改壳的方法呢？了解了修改外壳就明白为什么要先介绍它了。

首先使用 PEiD 来打开使用 NsPack 加壳后的程序，看其查壳的效果，如图 5-102 所示。

使用 OD 打开该加壳程序，程序入口处的代码如图 5-103 所示。

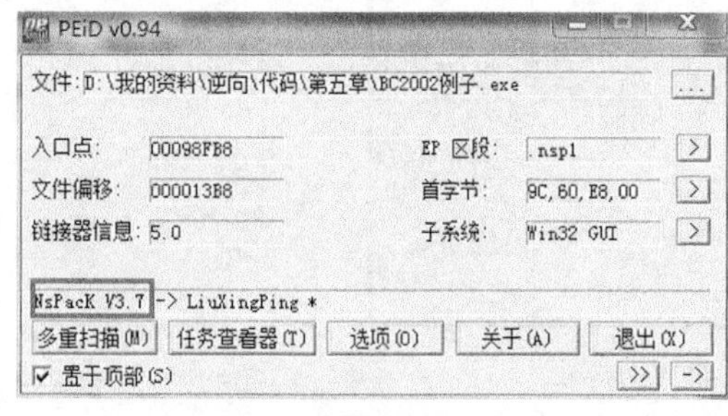

图 5-102　PEiD 正确识别 NsPack

地址	HEX 数据	反汇编
00498FB8	9C	PUSHFD
00498FB9	60	PUSHAD
00498FBA	E8 00000000	CALL BC2002例.00498FBF
00498FBF	5D	POP EBP
00498FC0	83ED 07	SUB EBP,7
00498FC3	8D8D B0FDFFFF	LEA ECX,DWORD PTR SS:[EBP-250]
00498FC9	8039 01	CMP BYTE PTR DS:[ECX],1
00498FCC	0F84 42020000	JE BC2002例.00499214
00498FD2	C601 01	MOV BYTE PTR DS:[ECX],1
00498FD5	8BC5	MOV EAX,EBP
00498FD7	2B85 44FDFFFF	SUB EAX,DWORD PTR SS:[EBP-2BC]
00498FDD	8985 44FDFFFF	MOV DWORD PTR SS:[EBP-2BC],EAX

图 5-103　OD 打开用 NsPack 加壳后的程序

在图 5-103 中可以看到，在地址 0x00498FC0 处的反汇编代码是 SUB EBP,7，我们对该返回进行修改。将 SUB EBP,7 修改为 ADD EBP,-7，然后在 OD 中进行保存（在 OD 中保存的方法如果已经忘记，可参考前面的章节）。对 EBP 减 7，对 EBP 加−7，是一条等价的语句。修改后，用 PEiD 打开修改后的程序，如图 5-104 所示。

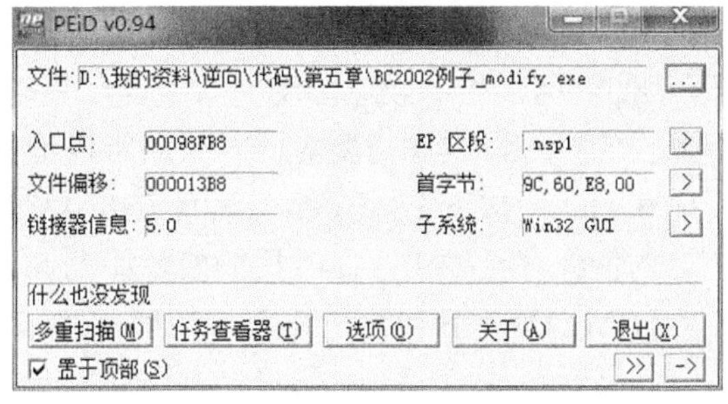

图 5-104 PEiD 无法识别修改后的 NsPack

从图 5-104 中可以看到，PEiD 已经无法识别修改后的 NsPack 了。为什么会这样呢？因为查壳工具中有相应的特征码，只要修改特征码范围内的部分字节，在查壳匹配特征码时，已经无法匹配到了，从而就无法进行识别或者识别错误了。

通过这个例子是否可以明白，为什么要介绍修改外壳了吧。因为，对软件加壳后通过简单的对外壳进行修改，查壳工具可能无法识别外壳类型，导致无法选择相应的脱壳机，或者查壳工具对外壳类型识别错误，从而选择错误的脱壳机而导致无法脱壳。因此，掌握手动脱壳是非常必要的。

注意：

① 虽然 SUB EBP,7 和 ADD EBP,-7 是相同的指令，但是这两条汇编对应的机器码是不相同的，因此这样的修改可以改变查壳时的特征码。修改特征码的另外一个例子就是病毒的免杀，病毒的免杀修改特征码要比例子中复杂得多。

② 为什么在修改了壳的反汇编代码后，有些查壳工具还是可以正确识别壳呢？原因可能是查壳工具在提取特征码时，对某些字节使用了“通配符”，也就是在识别特征码时对某些字节直接跳过了。

（2）寻找 OEP

在病毒分析、破解、软件逆向等方面，首先需要做的就是脱壳，脱壳简单归纳可以分为几个步骤。首先需要寻找到 OEP，其次将程序从内存中 DUMP（转存）到磁盘上，接下来需要对 PE 文件进行修复，最后处理一些影响 PE 文件是否能执行的额外数据。

程序被加壳以后，程序本身的代码是被经过处理的（可能是加密，也可能是压缩），当程序被运行后会先执行外壳部分的代码对程序本身的代码进行处理，以便原来程序的代码可以正确地执行。那么，脱壳时就需要通过调试找到原来程序的入口点，即 OEP。

本节就来介绍使用 OD 寻找 Aspack 加壳后的 OEP 的方法。

① ESP 定律

用 OD 打开使用 Aspack 加壳后的程序，OD 会检测到代码被压缩，会询问是否让 OD 继续分析，这里单击“否”，不让 OD 继续分析，因为需要进行分析的是我们自己，如图 5-105 所示。

单击“否”以后 OD 会停留在外壳的入口点处，入口处的代码如图 5-106 所示。

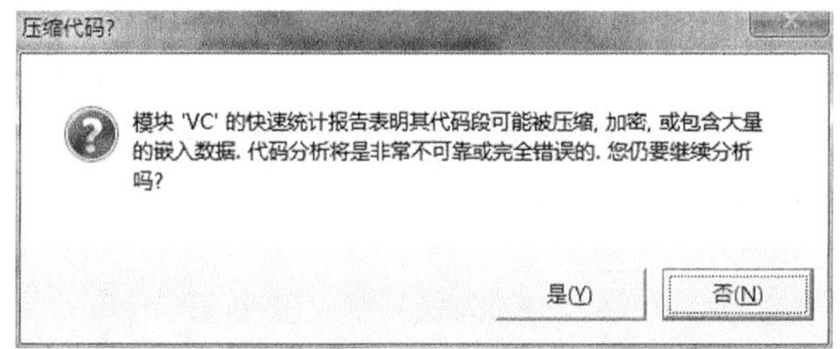

图 5-105 不继续分析压缩后的代码

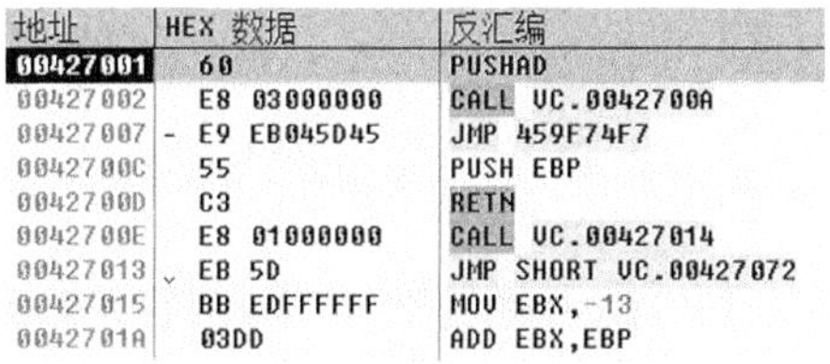

地址	HEX 数据	反汇编
00427001	60	PUSHAD
00427002	E8 03000000	CALL VC.0042700A
00427007	E9 EB045D45	JMP 459F74F7
0042700C	55	PUSH EBP
0042700D	C3	RETN
0042700E	E8 01000000	CALL VC.00427014
00427013	EB 5D	JMP SHORT VC.00427072
00427015	BB EDFFFFFF	MOV EBX,-13
0042701A	03DD	ADD EBX,EBP

图 5-106 Aspack 入口处代码

从图 5-106 中可以看到，在外壳的入口点处第一行代码是 PUSHAD 指令，这是一个入栈

的指令，回忆一下前面笔者在构造外壳时也用了该指令，该指令用于保存寄存器的环境。一般与 PUSHAD 指令成对出现的指令是恢复寄存器环境的指令 POPAD。由于它们都是对栈进行操作的指令，因此需要对栈设置断点以便快速找到执行 POPAD 的指令。

在 OD 中按下 F8 键，执行地址 0x00427001 处的 PUSHAD 指令，该指令会将 8 个通用寄存器的值保存至栈中，此时栈的内容如图 5-107 所示。

PUSHAD 将 8 个通用寄存器的值保存入了栈中，也就是将 8 个通用寄存器的值写入了栈中，当执行 POPAD 时为了恢复寄存器环境，它会读取栈中的值来进行恢复。执行 POPAD 进行出栈操作时，第一个出栈的值的地址是 0x0012FF6C，即图 5-107 中第一行数据的地址。既然知道会读取到它，那么在该地址上设置一个硬件读断点。在 OD 的 CmdBar 插件中输入命令 hr 0012ff6c 或直接输入 hr esp。这样就设置好了硬件读断点，当读取到该栈地址后，该硬件断点会被断下。

设置好硬件读断点后，按下 Shift + F9 快捷键让程序在 OD 中运行，很快 OD 就会被断下。在笔者 OD 中被中断在 0x0042740B 地址处，该地址显示的并不是 POPAD 指令，但是查看该指令的上一条指令，会发现是一条 POPAD 指令，如图 5-108 所示。

地址	数值	注释
0012FF6C	00000000	
0012FF70	00000000	
0012FF74	0012FF94	
0012FF78	0012FF0C	
0012FF7C	7FFDB000	
0012FF80	00427001	OFFSET VC.<模块入口点>
0012FF84	00000000	
0012FF88	7512EF0A	kernel32.BaseThreadInitThunk
0012FF8C	7512EF1C	返回到 kernel32.7512EF1C
0012FF90	7FFDB000	
0012FF94	0012FFD4	
0012FF98	76FB3B53	返回到 ntdll.76FB3B53

图 5-107　保存的 8 个通用寄存器

地址	HEX 数据	反汇编
0042740A	61	POPAD
0042740B	75 08	JNZ SHORT VC.00427415
0042740D	B8 01000000	MOV EAX,1
00427412	C2 0C00	RETN 0C
00427415	68 D7834100	PUSH VC.004183D7
0042741A	C3	RETN
0042741B	8B85 81040000	MOV EAX,DWORD PTR SS:[EBP+481]
00427421	8D8D 96040000	LEA ECX,DWORD PTR SS:[EBP+496]
00427427	51	PUSH ECX
00427428	50	PUSH EAX
00427429	FF95 050F0000	CALL DWORD PTR SS:[EBP+F05]

图 5-108　中断后的前一条指令是 POPAD

由于我们设置的是硬件读断点，只有在读操作完成后才会被断下，因此被中断地址的前一条指令才是我们需要的指令。此时，观察 8 个通用寄存器的值，刚好与保存在栈中的值相同，说明寄存器环境已经被 POPAD 指令恢复。此时要记得使用 hd 0012ff6c 删除硬件读断点（这里不能再使用 hd esp 了，因为此时的 esp 地址已经不是 0x0012ff6c）。

继续观察图 5-108，在图 5-108 中地址 0x0042740B 处是一条条件跳转指令，并且该跳转指令被生效，也就是该指令要进行跳转。它跳转到目标地址 0x00427415 处是一条 PUSH 指令，该指令将 0x004183D7 进行入栈，执行完 PUSH 指令后紧跟着是一条 RETN 指令。RETN 是一条返回指令，它返回的位置是当前栈顶中保存的地址。由于在 RETN 前的 PUSH 指令将 0x004183D7 压入栈中，栈顶中保存的值就是 0x004183D7，因此执行完 RETN 指令以后，EIP 的地址是 0x004183D7。如果对 RETN 指令不是很了解的话，可查阅 RETN 指令的介绍。

RETN 所处的地址在 0x0042741A，而它返回的地址在 0x004183D7，它返回的跨度非常大，那么 0x004183D7 很有可能就是 OEP 了。如何验证它是 OEP 呢？最简单的方式就是用 OD 打开加壳前的程序看一下它停留的地址是否是该地址即可。这里笔者用 OD 打开加壳前的程序进行对比，两个地址是相同的，说明我们找到了 OEP。

注意：在平时学习的时候，多总结一些常见可执行程序的入口处的代码，在脱壳时通过观察入口的代码就可以很轻松地知道可执行程序是否加壳，加的是什么壳，什么样的代码是已经到达 OEP 了。

② 两次内存断点

可执行程序被加壳后，PE 文件的所有节基本都会被处理。当它被加载入内存后，外壳代码会将各个节按顺序依次还原，还原后会将控制权交还给原来的代码进行执行。

用 OD 打开 Aspack 压缩后的可执行文件，然后按下快捷键 Alt + M 打开“内存映射”窗口，在“内存映射”窗口找到主模块的地址范围。笔者的主模块地址范围如图 5-109 所示。

在图 5-109 中除了 PE 文件头和.text 节以外，任选一个节区按下 F2 键设置一个访问中断。笔者选择.rdata 节设置了一个中断。读者可以选择.data 节、.rsrc 节等进行尝试。设置好访问断点以后，按下快捷键 Shift + F9 让程序运行起来。当程序被中断后，再次按快捷键 Alt + M 打开“内存映射”窗口，选中.text 节按下 F2 键设置访问中断，这次只能在.text 节上设置访问中断。当在.text 节上设置好访问中断以后，再次按下快捷键 Shift + F9 让程序运行起来，程序会中断在地址 0x004183D7 上。

00320000	00003000				Priv	RW	RW
00400000	00001000	VC		PE 文件头	Imag	R	RWE
00401000	0001A000	VC	.text	代码	Imag	R	RWE
0041B000	00004000	VC	.rdata	数据	Imag	R	RWE
0041F000	00004000	VC	.data		Imag	R	RWE
00423000	00004000	VC	.rsrc	资源	Imag	R	RWE
00427000	00003000	VC	.aspack	SFX，输入表，重定位	Imag	R	RWE
0042A000	00001000	VC	.adata		Imag	R	RWE
00430000	00101000				Map	R	R

图 5-109　主模块地址范围

地址 0x004183D7 就是程序的 OEP 了，与使用 ESP 定律找到的 OEP 相同。

③ 其他

前面介绍了两种常用的方法，还有其他一些方法可以使用，不过这里不做过多的介绍了，比如有的壳会设置很多异常，记录产生异常的次数从而找到 OEP，也可以让 OD 进行模拟跟踪来到达 OEP，甚至可以通过搜索 POPAD 这样的指令来找到 OEP 等。

在脱壳时很多方法是非常有用的，但方法只是一些技巧性的东西而不是知识的本质，如果不掌握本质性的东西，超出方法以外的东西就不管用了。

（3）转存可执行文件

当找到 OEP 时，说明被加壳程序的代码、资源等在内存中已经还原完成，此时需要将它从内存中转存到磁盘上，转存到磁盘上的文件已经相当于是没有加壳的程序了。

① 使用 OD 插件进行转存

当 OD 跟踪加壳软件至 OEP 时，就可以将加壳正在运行的程序转存到磁盘上了。在 OD 中有一款插件叫 OllyDump，一般 OD 都会有该插件。单击 OD 的“插件”菜单，单击“OllyDump”→“脱壳在当前调试的进程”会弹出如图 5-110 所示的窗口。

在 OllyDump 窗口中将“修正为”编辑框中的内容填写为 OEP 的 RVA，然后单击脱壳即可将被调试进程转存到磁盘文件中。因为它是 OD 中的插件使用起来较为方便。

运行脱壳后的程序，发现程序可以被正常地执行。

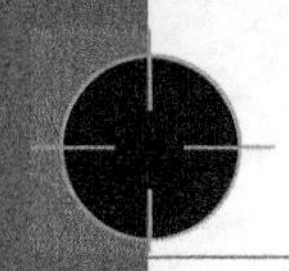

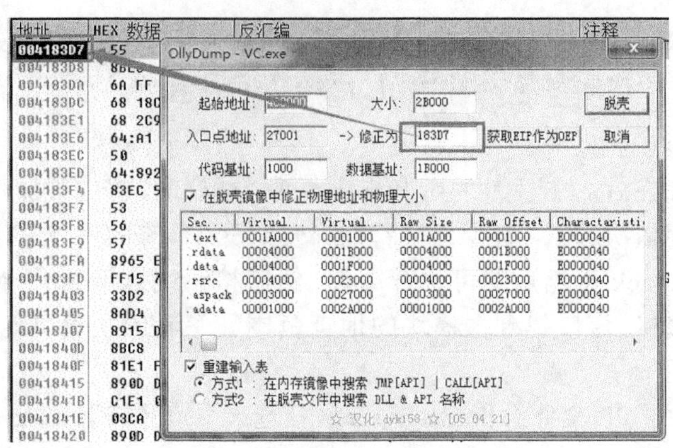

图 5-110　用 OllyDump 插件进行转存

② 使用 LordPE 进行转存

有时候被调试的程序刻意修改了被调试进程的内存映像大小，使得转存后的程序会非常小，从而导致转存失败。此时，可以使用 LordPE 先修正映像大小，然后再转存被脱壳的程序到磁盘上即可。

打开 LordPE 工具，然后在进程列表中找到被加壳程序的进程，单击鼠标右键，在弹出的菜单中选择“修正镜像大小”，如图 5-111 所示。

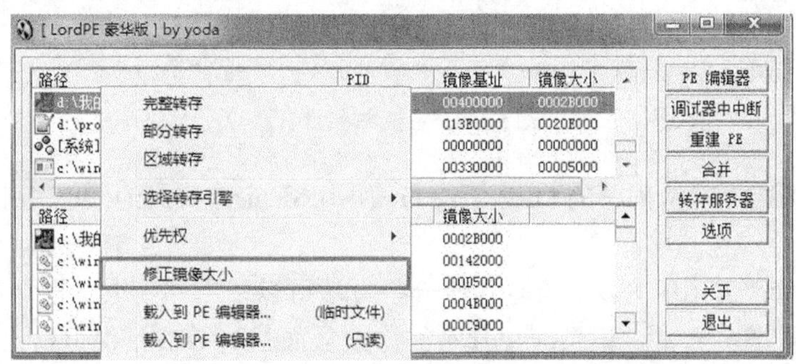

图 5-111　用 LordPE 修正加壳程序的映像大小

LordPE 在修正映像大小后会提示修正前后映像大小的值。然后同样选中该进程，单击右键，在弹出的菜单中选择“完整转存”将程序转存到磁盘上。双击运行转存后的程序，发现程序无法被正确地执行。此时，就需要对脱壳转存后的文件进行修复了。

注意：在 LordPE 转存被脱壳进程时，被脱壳的进程依然在 OD 中处于被调试的状态。

（4）修复导入表

一般使用 LordPE 转存脱壳后的文件需要修复导入表，修复导入表的工具是 ImportREC，即导入表重建。打开 ImportREC，在“选取一个活动进程”列表中找到正在被 OD 调试的脱壳程序（这里仍然没有关闭跟踪脱壳程序时的 OD，且 OD 跟踪脱壳程序已经到达 OEP 处）。选择好进程以后，在“OEP”处填写 OD 中找到的 OEP 的 RVA，然后单击“自动查找 IAT”，再单击“获取数据表”即可将导入表显示出来，如图 5-112 所示。

此时，导入表函数信息已经被显示出来，然后单击“转储文件”将弹出“选择要转储的文件修改”的窗口，选中用 LordPE 转储出来的文件，ImportREC 会将其修复并生成新的文件。选中用 ImportREC 生成的文件，发现此时可执行文件已经可以运行了。

一般情况下修复完成导入表以后程序就可以正常运行了，如果还无法运行，可以使用 LordPE 对 ImportREC 生成的可执行文件进行“PE 重建”。LordPE 对 PE 文件进行重建之后，一般都可以运行了。

注意：修复导入表是一项比较重要的任务，因为很多加壳程序会在导入表上大做文章，这也是在介绍 PE 结构时为什么详细地介绍导入表的原因。因此有时修复导入表较为麻烦。

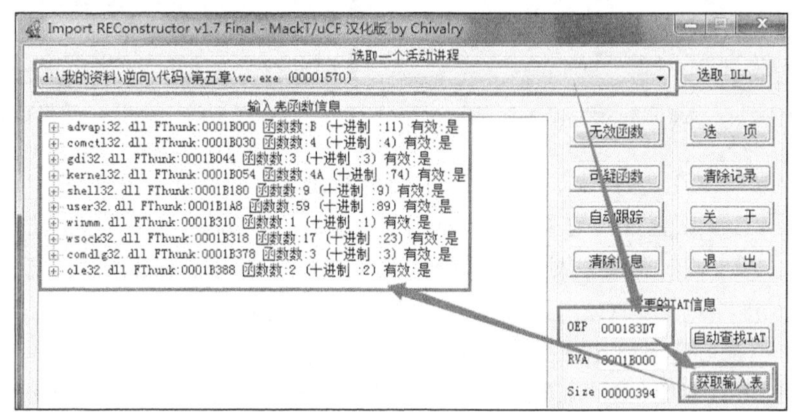

图 5-112　ImportREC 获取导入表信息

（5）附加数据（OverLay）的处理

附加数据一般保存在 PE 文件的末尾，但是它不属于 PE 文件的最后一个节区的数据，而是最后一个节后面的数据，是额外的数据，不会映射入内存中。但是，它会影响到程序的正确执行。

举个简单的例子，一个反弹的服务端程序，为了能够连接到服务端程序，可能会在程序的末尾保存一个 IP 地址和一个端口号（当然，它可能会保存到文件的末尾，也可能保存到程序的其他位置，这里讨论的是文件的末尾）。当程序启动后会去读取文件末尾的地址和端口号。当这个程序被加壳时，壳会将它保存，当加壳完成后，壳会将这部分数据保存到最后一个节的后面。这样，当程序运行时仍然能够读取它的 IP 地址和端口号。当脱壳时，无论是使用 LordPE，还是使用 OllyDump，都无法将它转存出来，因为转存是将内存映像中的数据保存到磁盘文件的一个过程，附加数据不会映射到内存，因此这部分程序转存后是没有的。而转存后的程序就无法再正常地读取到这个 IP 地址和端口号了。

下面进行一个简单的演示，使用工具如何查看程序是否存在附加数据。

首先，使用 C32Asm 打开一个未加壳的可执行程序，然后在文件的末尾随便添加一些数据。笔者在程序的末尾添加了一行字符，如图 5-113 所示。

```
000071D0: 00 00 00 00 00 00 00 00 00 00 00 00 00 00 00 00   ................
000071E0: 00 00 00 00 00 00 00 00 00 00 00 00 00 00 00 00   ................
000071F0: 00 00 00 00 00 00 00 00 00 00 00 00 00 00 00 00
00007200: 30 31 32 33 34 35 36 37 38 39 41 42 43 44 45 46   0123456789ABCDEF
```

图 5-113　添加的附加数据

然后使用 UPX 对其进行加壳，使用 FFI 查看 UPX 加壳后的程序（查看加壳前的也可以）如图 5-114 所示，使用 PEiD 查看加壳后的程序如图 5-115 所示。

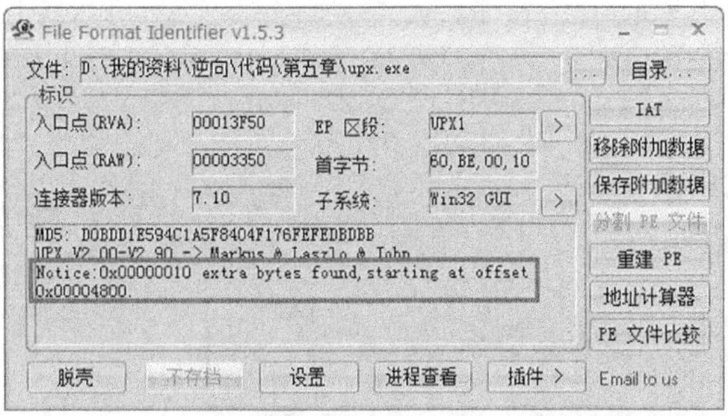

图 5-114　使用 FFI 查看加壳后的程序

图 5-115　使用 PEiD 查看加壳后的程序

在图 5-114 中，FFI 在查壳信息中给出了一个 Notice，说找到了 0x10 字节的附加数据。在图 5-115 中，PEiD 在查壳信息中给出了一个 Overlay 的提示。这两个提示都说明程序是存在附加数据的。对于附加数据的处理，可以通过 C32Asm 将其复制出来（在 FFI 中已经给出了附加数据的长度，用 C32Asm 打开程序，从文件的末尾开始复制，复制到长度就是 FFI 给出的长度），待脱壳后将复制出来的附加数据再粘贴到脱壳后的程序中。

也可以通过工具对附加数据进行处理，这里简单介绍一款名为“OverLay”的工具，如图 5-116 所示。该工具使用较为简单，这里就不进行过多的介绍了。

本节关于加壳工具及脱壳工具的使用就介绍到这里了。脱壳本身是与加壳相反的过程，要了解加壳的本质就需要不断地去调试分析各种壳的实现方式。脱壳除了脱壳机以外，还有不少的 OD 脱壳脚本，使用脱壳脚本可以不但可以学习脚本的编写，通过脱壳脚本还可以学习如何调试脱壳。关于 OD 脚本的使用已经在前面的章节有过介绍，请读者自行找相关的脚本进行使用。

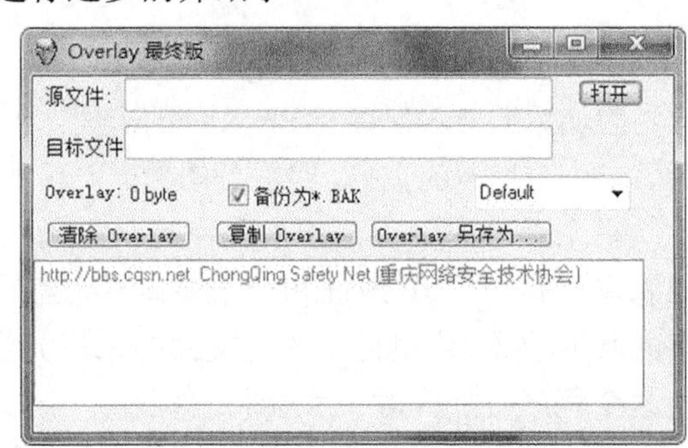

图 5-116　Overlay 处理工具

5.5　PE32+简介

本节的内容属于补充性的内容，在有了 PE 结构的基础后，熟悉 PE32+已经没有任何难度了。所谓 PE32+，是对 PE 结构的扩展，其中介绍了关于 64 位可执行程序的 PE 结构。

5.5.1　文件头

在介绍文件头（IMAGE_FILE_HEADER）结构体时，重点强调了一个字段，即 SizeOf

OptionalHeader，这个字段指出了可选头（IMAGE_OPTIONAL_HEADER）的大小。在前面介绍时，它的大小为 0xE0（224）字节，这是在 32 位 PE 结构情况下的大小。而在 64 位 PE 文件结构时，该字段的值是 0x104（260）字节。

5.5.2 可选头

对于可选头结构体（IMAGE_OPTIONAL_HEADER），在 Winnt.h 头文件中是一个宏，该宏的定义如下：

```
#ifdef _WIN64
typedef IMAGE_OPTIONAL_HEADER64             IMAGE_OPTIONAL_HEADER;
typedef PIMAGE_OPTIONAL_HEADER64            PIMAGE_OPTIONAL_HEADER;
#define IMAGE_SIZEOF_NT_OPTIONAL_HEADER     IMAGE_SIZEOF_NT_OPTIONAL64_HEADER
#define IMAGE_NT_OPTIONAL_HDR_MAGIC         IMAGE_NT_OPTIONAL_HDR64_MAGIC
#else
typedef IMAGE_OPTIONAL_HEADER32             IMAGE_OPTIONAL_HEADER;
typedef PIMAGE_OPTIONAL_HEADER32            PIMAGE_OPTIONAL_HEADER;
#define IMAGE_SIZEOF_NT_OPTIONAL_HEADER     IMAGE_SIZEOF_NT_OPTIONAL32_HEADER
#define IMAGE_NT_OPTIONAL_HDR_MAGIC         IMAGE_NT_OPTIONAL_HDR32_MAGIC
#endif
```

从宏的定义可以看出，IMAGE_OPTIONAL_HEADER 分为两个版本，分别是 IMAGE_OPTIONAL_HEADER32 和 IMAGE_OPTIONAL_HEADER64。在前面的章节，笔者重点介绍了 IMAGE_OPTIONAL_HEADER32 的结构体，下面就来介绍一下 IMAGE_OPTIONAL_HEADER64 结构体。

IMAGE_OPTINAL_HEADER64 在 Winnt.h 头文件中的定义如下：

```
typedef struct _IMAGE_OPTIONAL_HEADER64 {
    WORD        Magic;
    BYTE        MajorLinkerVersion;
    BYTE        MinorLinkerVersion;
    DWORD       SizeOfCode;
    DWORD       SizeOfInitializedData;
    DWORD       SizeOfUninitializedData;
    DWORD       AddressOfEntryPoint;
    DWORD       BaseOfCode;
    ULONGLONG   ImageBase;
    DWORD       SectionAlignment;
    DWORD       FileAlignment;
    WORD        MajorOperatingSystemVersion;
    WORD        MinorOperatingSystemVersion;
    WORD        MajorImageVersion;
    WORD        MinorImageVersion;
    WORD        MajorSubsystemVersion;
    WORD        MinorSubsystemVersion;
    DWORD       Win32VersionValue;
    DWORD       SizeOfImage;
    DWORD       SizeOfHeaders;
    DWORD       CheckSum;
    WORD        Subsystem;
    WORD        DllCharacteristics;
    ULONGLONG   SizeOfStackReserve;
    ULONGLONG   SizeOfStackCommit;
    ULONGLONG   SizeOfHeapReserve;
    ULONGLONG   SizeOfHeapCommit;
    DWORD       LoaderFlags;
    DWORD       NumberOfRvaAndSizes;
    IMAGE_DATA_DIRECTORY DataDirectory[IMAGE_NUMBEROF_DIRECTORY_ENTRIES];
} IMAGE_OPTIONAL_HEADER64, *PIMAGE_OPTIONAL_HEADER64;
```

在 IMAGE_OPTIONAL_HEADER 结构体中的第一个字段是 Magic 字段，它的取值表 5-15 所列。

表 5-15　Magic 字段取值

Magic	PE 版本
0x010B	PE32
0x020B	PE32+

Magic 字段决定了 IMAGE_OPTIONAL_HEADER 是 64 位版本还是 32 位版本。在解析 PE 文件时，一定要注意区分该字段。

在 IMAGE_OPTIONAL_HEADER64 中，已经不存在 BaseOfData 字段了，它只存在于 32 位的版本当中，在 32 位版本当中很多情况下该字段的值可以为 0。

在 IMAGE_OPTIONAL_HEADER64 中，ImageBase、SizeOfStackReserve、SizeOfStackCommit、SizeOfHeapReserver 和 SizeOfHeapCommit 字段已经由原来的 4 字节长度变为了 8 字节的长度。

由于 IMAGE_OPTIONAL_HEADER64 结构体少了 BaseOfData 字段，而部分字段由原来的 4 字节变成了 8 字节，因此整个结构体中字段的偏移都发生了变化。

以上就是对 PE32+的简单介绍，更加详细的介绍与分析读者可以自行找资料进行学习，毕竟读者在前面章节已经掌握了 32 位版本的 PE 结构，学习 64 位的 PE 结构已经没有难度了。

5.6　总结

本章首先通过一个 PE 文件来深入体会了 PE 文件格式的整体结构及其细节部分，在前面章节分析 PE 结构的基础上对 PE 文件结构有了更深入的体会。接下来，介绍了 PE 文件的减肥，在 PE 文件的减肥过程中我们看到了 PE 文件结构的移动，充分体现了 PE 结构通过偏移来定位时的灵活，正是由于它的灵活性使得对 PE 文件的加壳提供了更多的便利性。在介绍壳的内容时，手工模拟了壳的一些工作原理，使读者在单纯使用加壳工具的同时对壳有了更加感性的认识。

对于软件保护的众多知识之中，PE 文件结构就是其中的一个重点知识，尤其是对于病毒分析、加壳脱壳等方面，PE 文件结构是重中之重。对于软件的逆向而言，笔者个人认为重点不外乎两点，一点是系统底层的各种知识及数据结构，另外一点就是对于反汇编的理解。

笔者用两章的篇幅介绍了 PE 文件相关的内容，包括 PE 结构体、PE 解析工具、加壳脱壳工具等，在后面的章节中，笔者将介绍关于反汇编工具的相关知识。

第6章 十六进制编辑器与反编译工具

逆向中经常会使用到十六进制编辑器，使用十六进制编辑器可以方便地查看文件中的数据，由于直接查看的是原始的十六进制数据，十六进制编辑器可以以不同的宽度来将指定的数据进行显示。十六进制编辑器可以将两个或多个文件进行比较，以高亮的方式将不同之处进行显示，从而快速地找到文件的差异。更高级的十六进制编辑器还可以提供模板或脚本功能，用于完成更高级的数据解析功能。

关键词： 编辑器　十六进制　C32Asm　WinHex　反编译

6.1 C32Asm

C32Asm 在前面的章节中已经使用过了。C32Asm 是一款小巧的工具，但是它兼备了十六进制编辑器与反汇编器的功能。本节详细了解 C32Asm 的使用。

6.1.1 文件的打开方式

C32Asm 本身可以对文件进行十六进制编辑，也可以对文件进行反汇编。将一个文件拖曳到 C32Asm 中时，C32Asm 会询问是以何种方式进行打开，这里将第 5 章打造的 pe3.exe 拖曳到 C32Asm 中，C32Asm 的询问对话框如图 6-1 所示。

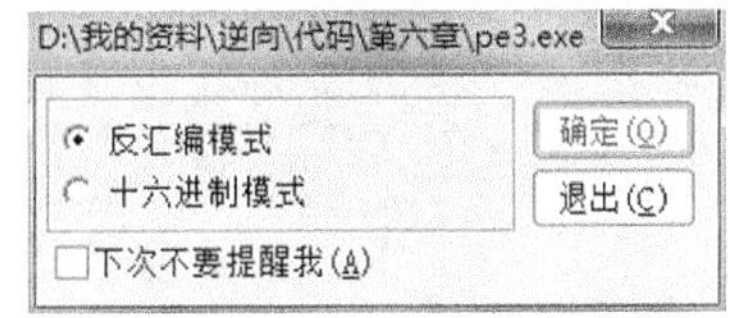

图 6-1　C32Asm 打开询问对话框

在图 6-1 可以看到，可以使用“反汇编模式”和“十六进制模式”来进行打开。以“反汇编模式”打开后如图 6-2 所示，以“十六进制模式”打开后如图 6-3 所示。

从图 6-2 和图 6-3 中对比可以看到，以反汇编模式打开后在 C32Asm 中查看到的是被打开文件的反汇编代码，以十六进制模式打开后在 C32Asm 中查看到的是被打开文件的十六进制码。

除此而外，对于以两种不同的模式打开后，C32Asm 对应的菜单是不相同的。以“反汇编模式”进行打开后，菜单中的功能主要以反汇编的功能进行提供，比如“编辑”菜单下会出现“一键跳”“一键返回”等功能，在“查看”菜单中“输出表”“输入表”“字符串”等功能。对于以“十六进制模式”进行打开后，“编辑”菜单下会出现“修改”“插入”等菜单，“查看”菜单下会出现“显示模式”“数据解析器”等菜单。

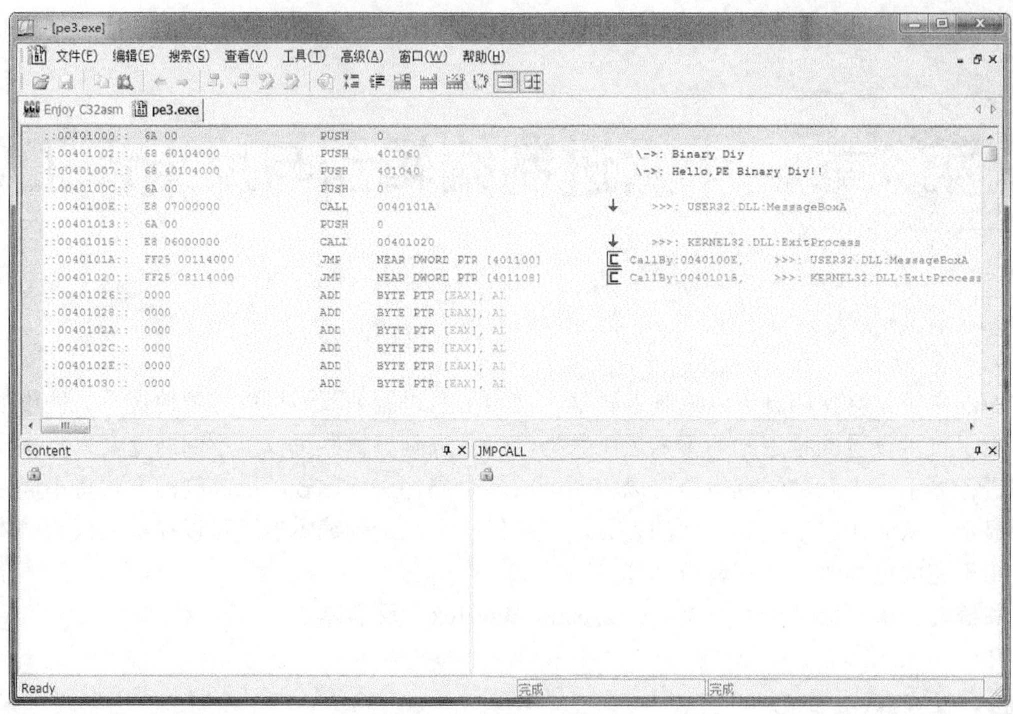

图 6-2　以反汇编模式打开

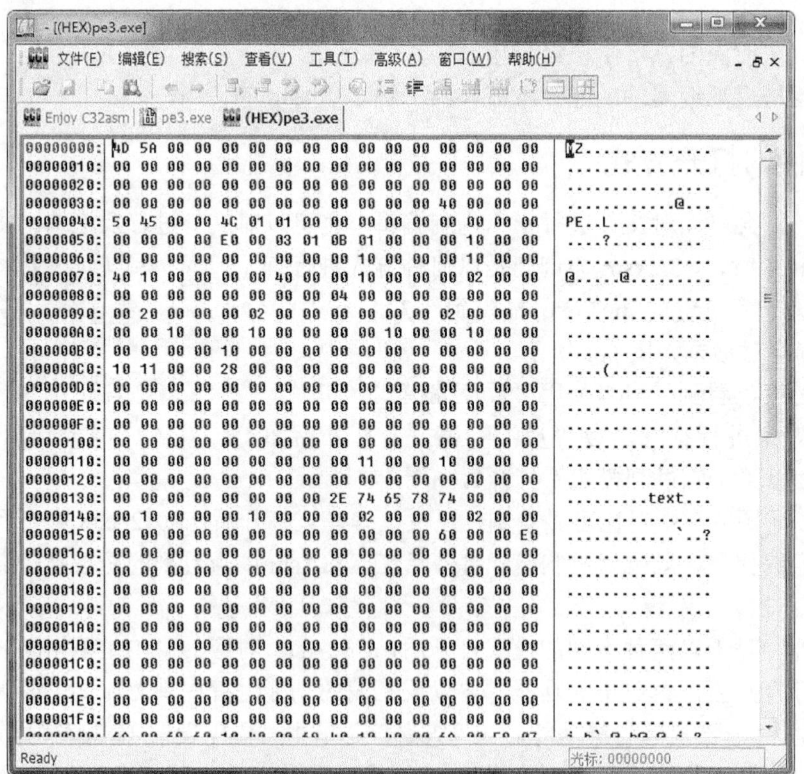

图 6-3　以十六进制模式打开

6.1.2 反汇编模式

1. CALL/JMP 指令的跟踪

本节主要介绍以反汇编模式打开后 C32Asm 的操作使用。在第 3 章中，使用了一个 CrackMe1.exe 程序，使用 C32Asm 以“反汇编模式”将其打开，打开后如图 6-4 所示。

从图 6-4 中可以看出，用 C32Asm 以“反汇编模式”打开 CrackMe1.exe，在 C32Asm 的主窗口中显示出了 CrackMe1.exe 程序的反汇编代码。C32Asm 的反汇编与 OD 的反汇编显示是有所不同的。C32Asm 是静态反汇编，它不会将被打开的可执行文件创建进程，它只是将文件中对应的代码部分进行反汇编解析，解析成反汇编的形式。而 OD 的反汇编是动态反汇编，它会将被打开的可执行文件创建相应的进程，并将内存中的代码部分进行解析。

在图 6-4 中，C32Asm 窗口被分为了 3 部分，上半部分显示反汇编代码的“反汇编窗口”，下半部分的左侧显示与当前代码相关代码的“地址内容窗口”，下半部分的右侧则显示与当前地址的跳转或调用关系的“调用显示窗口”。

在反汇编窗口中，C32Asm 会显示地址列、HEX 列、反汇编列和注释列四列数据。在反汇编窗口中，出现的反汇编代码如下：

```
::00401000::  6A 00          PUSH    0
::00401002::  E8 42020000    CALL    00401249
::00401007::  A3 10244000    MOV     DWORD PTR [402410], EAX
::0040100C::  6A 00          PUSH    0
::0040100E::  68 29104000    PUSH    401029
::00401013::  6A 00          PUSH    0
```

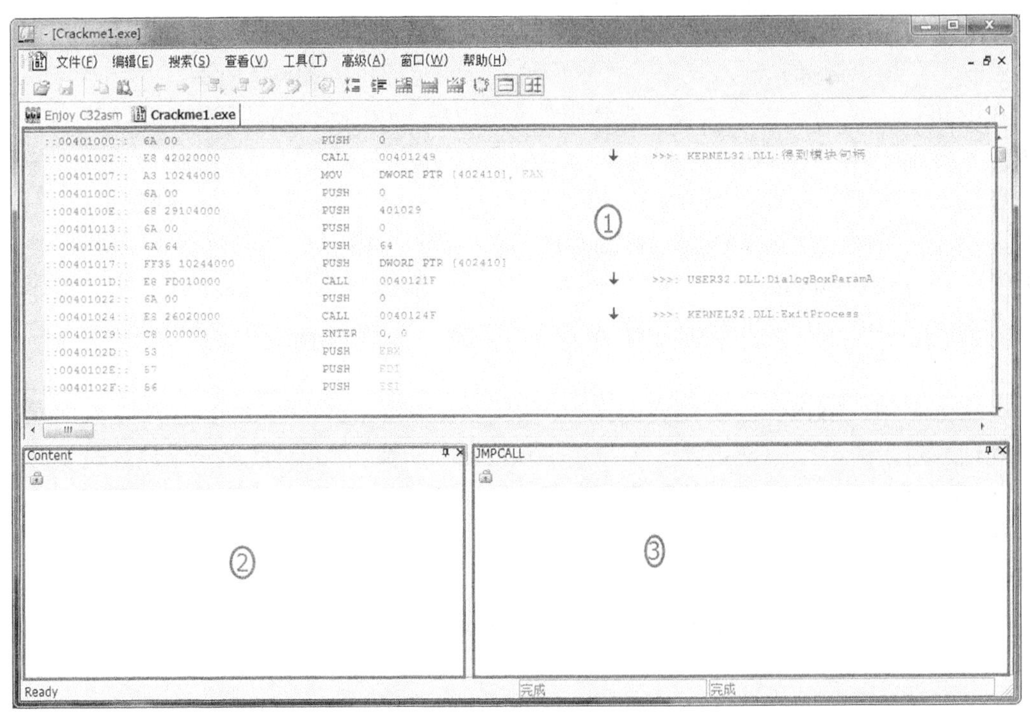

图 6-4 C32Asm 反汇编窗口

在地址为 0x00401002 处是一条 CALL 指令，将光标选中该条指令，然后观察“地址内容窗口”，如图 6-5 所示。

在图 6-5 中显示出选中 CALL 指令目的地址中的反汇编代码，0x00401249 地址对应的反汇编代码是 JMP DWORD PTR [403090]。在反汇编窗口中，仍然选中 0x00401002 地址，然后按下 Ctrl+L 快捷键，在反汇编窗口中会直接跳转到目标地址。查看跳转后的内容，如图 6-6 所示。

```
00401249
00401237  JMP   NEAR DWORD PTR [403080]   >>>
0040123D  JMP   NEAR DWORD PTR [403084]   >>>
00401243  JMP   NEAR DWORD PTR [403088]   >>>
00401249  JMP   NEAR DWORD PTR [403090]   >>>
0040124F  JMP   NEAR DWORD PTR [403094]   >>>
00401255  ADD   BYTE PTR [EAX], AL
```

图 6-5　CALL 指令对应的地址内容窗口

```
JMP   NEAR DWORD PTR [403088]    CallBy:00401123,   >>>: USER32.DLL:SetDlgItemTextA
JMP   NEAR DWORD PTR [403090]    CallBy:00401002,   >>>: KERNEL32.DLL:得到模块句柄
JMP   NEAR DWORD PTR [403094]    CallBy:00401024,00401059,   >>>: KERNEL32.DLL:ExitProcess
ADD   BYTE PTR [EAX], AL
```

图 6-6　跳转后对应的反汇编代码

在图 6-6 中可以看出，其显示的反汇编代码与在“地址内容窗口”中显示的反汇编代码是相同的。不过此处显示得更加详细，在反汇编代码后面显示了“CallBy:00401002”，说明这条指令是从 0x00401002 地址调用过来的。通过快捷键 Ctrl + Shift+ L 可以返回到被调用处。

2．输入表调用

为了方便查找关键的 API 函数的调用，C32Asm 的反汇编模式提供了“输入表调用窗口”，在“查看”菜单中选择“输入表”即可显示输入表的窗口，如图 6-7 所示。

在图 6-7 中可以看出，在“输入表调用”窗口中最上边的输入框，可以输入要查找的 API 函数进行查找。

在图 6-7 中，可以看到 kernel32.dll 分别导入“ExitProcess”和“得到模块句柄”两个函数。第二个导入函数很奇怪，难道还有中文的 API 函数吗？当然不是，这里其实导入的是“GetModuleHandleA”这个 API 函数，之所以这样显示，是 C32Asm 对它进行了简单的“翻译”，其目的是更好地理解这个 API 函数，但是实际上不如直接显示 API 函数名好。

在图 6-7 中，ExitProcess 函数的下方提供了 0x00401024、0x00401059 和 0x0040124F 三个地址。对于前两个地址是代码中调用 ExitProcess 的跳表，而最后一个地址是实际的调用 IAT 地址中函数的 VA 地址。回忆一下在手工构造 PE 文件时，代码中调用 ExitProcess 是直接调用的吗？我们也是先 CALL 到跳表的位置，然后在跳表中由 JMP 跳转到导入函数的 VA 处。

在图 6-7 中双击 ExitProcess 下的 0x0040124F 地址，然后查看“调用显示窗口”，如图 6-8 所示。

从图 6-8 中可以看出，有两条 CALL 指令会调用此处，分别是 0x00401024 和 0x00401059，这两个地址与图 6-7 中 ExitProcess 下的前两个地址是相同的。

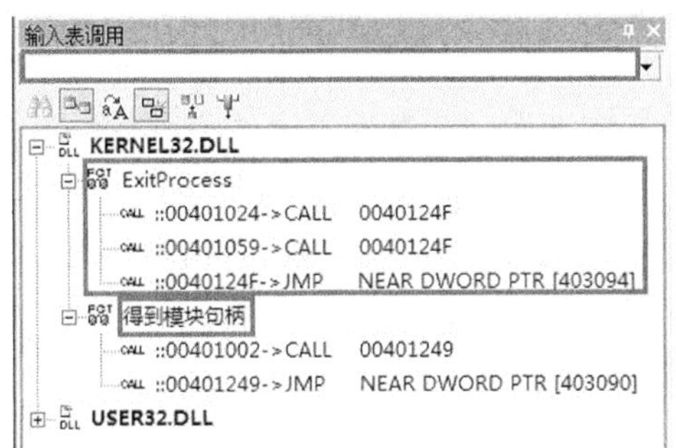

图 6-7 输入表调用窗口

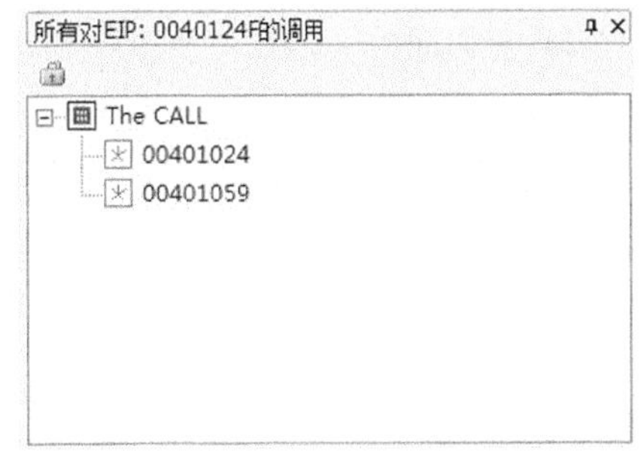

图 6-8 调用显示窗口

3．分析 CrackMe1 的流程

根据前面章节对于 CrackMe1 的测试知道，在输入不正确的“name”和“Serial”后会提示“Try again”字样。

在 C32Asm 中选择“查看”菜单，在“查看”菜单中选择“字符串”，会出现如图 6-9 所示的“字符串调用”窗口。

从图 6-9 中可以看到，C32Asm 找到了若干字符串，并能找到“Try again”字符串（如果字符串显示有问题，在“编辑”菜单下将“使用 Unicode 分析字符串”的选项去掉）。双击字符串下方对应的地址，反汇编窗口来到如图 6-10 所示的位置。

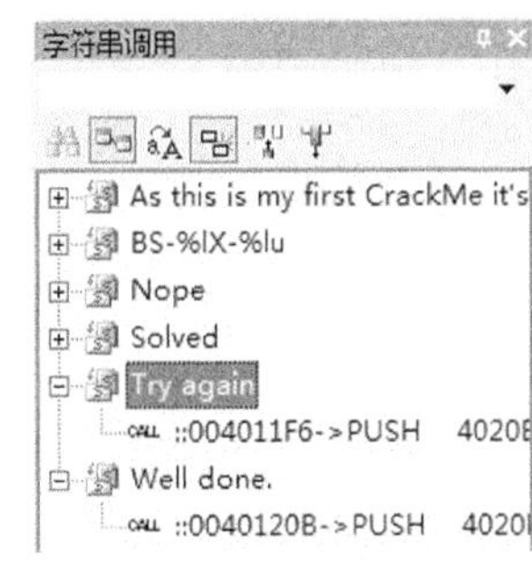

图 6-9 字符串调用窗口

```
::004011EE::  C3             RETN
::004011EF::  6A 10          PUSH   10
::004011F1::  68 E4204000    PUSH   4020E4                \->: Nope
::004011F6::  68 E9204000    PUSH   4020E9                \->: Try again
::004011FB::  FF75 08        PUSH   DWORD PTR [EBP+8]
::004011FE::  E8 34000000    CALL   00401237              >>>: USER32.DLL:MessageBo
::00401203::  C3             RETN
```

图 6-10 反汇编窗口跟随字符串

该行对应的地址是 0x004011F6，将光标移动到 0x004011EF 地址处，该地址是对 MessageBoxA 函数完整的调用位置，代码如下：

```
004011EF   6A 10         PUSH 10                          \:BYJMP
004011F1   68 E4204000   PUSH 4020E4                      \->: Nope
004011F6   68 E9204000   PUSH 4020E9                      \->: Try again
004011FB   FF75 08       PUSH DWORD PTR [EBP+8]
004011FE   E8 34000000   CALL 00401237   \:JMPDOWN   >>>: USER32.DLL:MessageBoxA
00401203   C3            RETN
```

将光标移动到 0x004011EF 地址处后，在“调用显示窗口”中会显示所有调用到该位置的地址，如图 6-11 所示。

在图 6-11 中可以看到一共有 5 处地址，在地址列的“根”处显示着“The Jmp”，说明这几处地址对应的指令都是 JMP 指令。随便查看一处地址对应的指令，即可发现对应的指令真的是 JMP。

通过单击图 6-11 中的地址，可以在“地址内容窗口”中查看对应的反汇编代码，如果双击图 6-11 中的地址，则在“反汇编窗口”中查看对应的反汇编代码。为了能够快速地查看每个跳转地址对应的代码，可以先在“地址内容窗口”中查看，在发现关键的跳转代码后再跟随到“反汇编窗口”中进行详细查看。

通过在“地址内容窗口”中查看对应的跳转反汇编代码可以得知，关键的跳转在 004011E4 地址处，此时在“调用显示窗口”中双击 0x004011E4 地址，在“反汇编窗口”中则会显示出该地址对应的反汇编代码。在地址 0x004011E4 地址上单击右键，在弹出的菜单中选择“对应 HEX 编辑”，出现了如图 6-12 所示十六进制编辑窗口。

图 6-11　调用显示窗口

```
000007A0: 20 40 00 68 BB 21 40 00 E8 6C 00 00 00 58 58 58
000007B0: 58 E8 01 00 00 00 C3 33 C9 6A 32 68 57 21 40 00
000007C0: 68 C9 00 00 00 FF 75 08 E8 5E 00 00 00 83 F8 00
000007D0: 74 1D 33 C9 0F BE 81 57 21 40 00 0F BE 99 BB 21
000007E0: 40 00 3B C3 75 09 83 F8 00 74 19 41 EB E6 C3 6A
000007F0: 10 68 E4 20 40 00 68 E9 20 40 00 FF 75 08 E8 34
```

图 6-12　对应的 HEX 编辑

当 C32Asm 通过右键菜单中的“对应 HEX 编辑”打开十六进制编辑窗口时，光标会选中反汇编代码对应的第一个十六进制字符，这里的 75 对应的指令即 JNE，将其修改为 74 然后进行保存。

关闭当前打开的 CrackMe1，重新打开修改后的 CrackMe1 程序，然后按下 Ctrl+ G 按钮，在出现的“EIP 跳转对话框”中的 EIP 编辑框中输入“004011E4”，然后单击“确定”按钮，查看修改后的反汇编代码，如图 6-13 所示。

```
::004011E4::  74 09      JE    SHORT 004011EF
::004011E6::  83F8 00    CMP   EAX, 0
::004011E9::  74 19      JE    SHORT 00401204
::004011EB::  41         INC   ECX
::004011EC::  EB E6      JMP   SHORT 004011D4
```

图 6-13　修改后的指令

从图 6-13 中可以看到，指令对应的 HEX 由原来的 75 变成了 74，指令也由原来的 JNE 变成了 JE。找到保存后的 CrackMe1，然后运行它，随便输入“Name”和“Serial”后单击“Test”按钮，发现 MessageBox 弹出了“Well done.”字样的提示框，这说明通过 C32Asm 进行静态修改是成功的。

4．其他功能介绍

关于 C32Asm 的反汇编功能大部分在上面的实例中已经介绍到了，最后再介绍两个简单的功能。

第一个功能是在“编辑”菜单下有一个“转到入口点”，该功能的作用是可以随时回到程序的入口点处，即 PE 文件结构中的 ImageBase 加 AddressOfEntryPointer 的那个地址。

第二个功能是在“查看”菜单下有一个“PE 分析结果”，该功能的作用是可以生成一份简单的 PE 解析报告，方便进行查看，如图 6-14 所示。

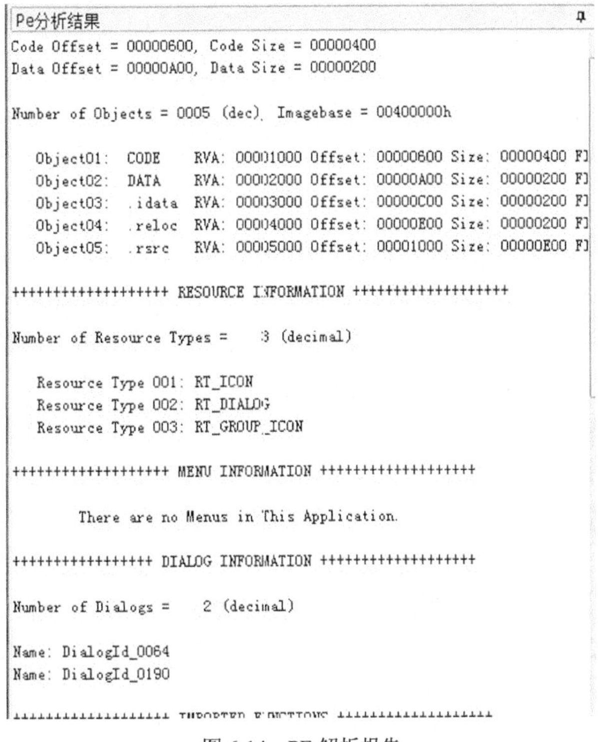

图 6-14　PE 解析报告

6.1.3　十六进制模式

十六进制编辑模式是有别于反汇编模式的，反汇编模式主要用于对反汇编代码中关键位置的静态分析，而十六进制编辑模式的关键在于对数据的处理。下面介绍 C32Asm 对于数据的处理。

1．数据的复制

C32Asm 提供四种形式的复制，分别是“复制”“HEX 格式化”“C 格式化”和“汇编格式化”，在配合编程使用时这四种形式的复制方式是非常实用的。

（1）复制

复制功能是用于在 C32Asm 内部进行复制的。当操作者选中一段十六进制数据，然后按下 Ctrl + C 快捷键后，就相当于执行了“复制”功能。在执行复制功能后，选中一段十六进制数据按下 Ctrl + V 快捷键后，被粘贴的数据会替换掉被选中的数据，并且不会改变文件的大小，如图 6-15 所示。

当操作者进行粘贴操作时没有选中任何的十六进制数据，则会改变文件的长度，如图 6-16 所示。

在图 6-15 和图 6-16 中会明确地说明是否会改变文件的大小，读者进行操作的时候根据自己的需求加以注意即可。

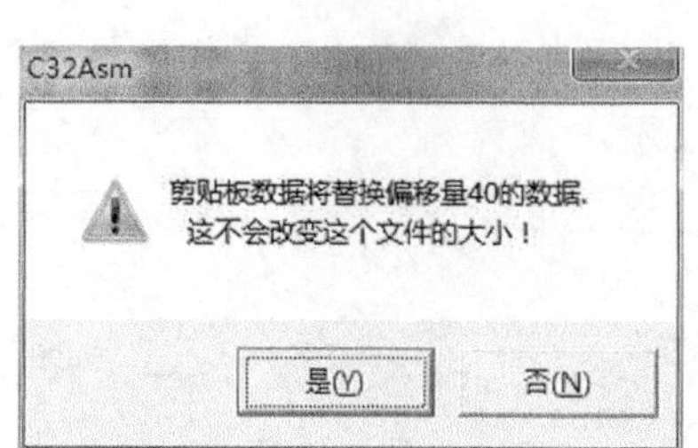

图 6-15　不改变数据的粘贴

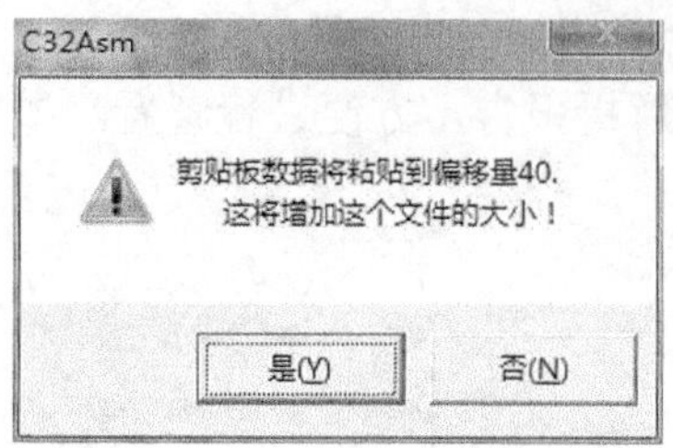

图 6-16　改变数据的粘贴

（2）HEX 格式化

HEX 格式化复制是将选中的十六进制数据复制为字符串的形式，该种形式复制出来的字符串是没有任何格式的，只是原样地将十六进制数据以字符串的形式进行了复制。“HEX 格式化”复制的方法是，选中要复制的十六进制数据，然后单击右键，在弹出的菜单中选择“复制”→“Hex 格式化”，其复制出来的形式如下：

```
4D5A000000000000000000000000000000000000000000000000000000000000000000000000000000000000000000000000000000000000000000000000000040000000
```

以上复制的内容是选中 IMAGE_DOS_HEADER 复制出来的十六进制数据，该数据只能看出是一串字符串，没有什么格式可言。

（3）C 格式化和汇编格式化

C32Asm 对于数据的格式化复制提供了“C 格式化”和“汇编格式化”，这两种格式对于使用 C、C++和汇编语言的程序员就非常方便了。在很多时候，需要在可执行文件中提取指令对应的十六进制，这时 C32Asm 提供的功能就很实用了。

下面将第 5 章中手工构造的 PE 文件中的代码以“C 格式化”和“汇编格式化”进行复制。首先，选中代码节的十六进制数据，然后单击右键，在弹出的菜单中选择“复制”→“C 格式化”（或者“汇编格式化”），然后粘贴到相应的代码编辑器中，复制出的“C 格式化”数据和“汇编格式化”数据分别如下。

C 格式化数据形式：

```
0x6A,  0x00,  0x68,  0x60,  0x10,  0x40,  0x00,  0x68,  0x40,  0x10,  0x40,  0x00,
0x6A,  0x00,  0xE8,  0x07,  0x00,  0x00,  0x00,  0x6A,  0x00,  0xE8,  0x06,  0x00,
0x00,  0x00,  0xFF,  0x25,  0x00,  0x11,  0x40,  0x00,  0xFF,  0x25,  0x08,  0x11,
0x40,  0x00,
```

汇编格式化数据形式：

```
06Ah,  000h,  068h,  060h,  010h,  040h,  000h,  068h,  040h,  010h,  040h,  000h,
06Ah,  000h,  0E8h,  007h,  000h,  000h,  000h,  06Ah,  000h,  0E8h,  006h,  000h,
000h,  000h,  0FFh,  025h,  000h,  011h,  040h,  000h,  0FFh,  025h,  008h,  011h,
040h,  000h,
```

从以上两种形式可以看出，它们分别以两种不同的数据格式进行复制输出，这样就可以使用这些数据直接定义数组后进行使用。

2．数据的编辑

C32Asm 提供了多种对数据编辑的方式，主要体现在对数据的修改运算和对数据的填充等功能中。

（1）数据的插入/填充

数据的插入和填充使用的是相同界面的不同菜单项。“插入数据”和“填充”都在“编辑”菜单项下，它们的界面如图 6-17 和图 6-18 所示。

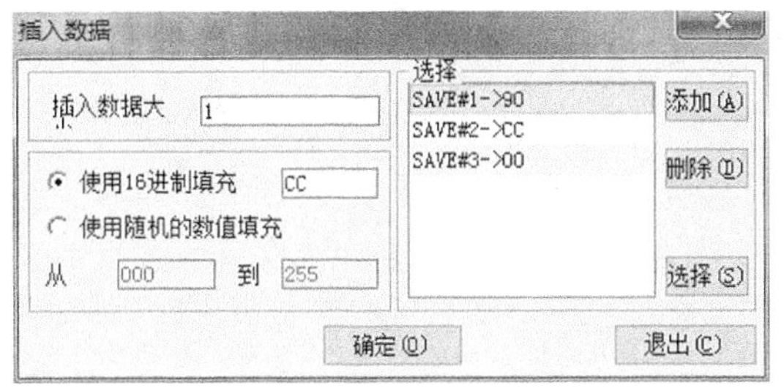

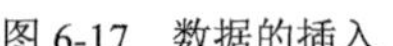
图 6-17 数据的插入

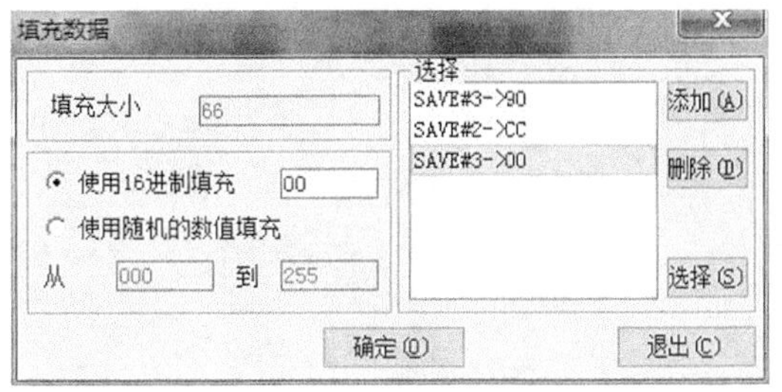

图 6-18 数据的填充

从图 6-17 和图 6-18 中可以看出，它们的操作界面是相同的，也就是它们所有的操作都是相同的，它们的不同之处在于，“插入数据”是将数据插入到文件中，该操作会改变文件的大小，“填充数据”是将选中的数据进行修改，该操作不会改变文件的大小，当进行“填充数据”操作时，必须先选中要进行填充的数据，否则“填充数据”菜单项是灰色的不可选的状态，而“插入数据”则无需选中任何数据，可以直接进行操作。在“插入数据”窗口左上角需要填入“插入数据大小”，在“填充数据”窗口左上角需要填入“填充大小”。这里只介绍其中一个窗口。

在进行填充/插入数据时，由于是在十六进制模式下进行编辑，因此使用的都是“使用 16 进制进行填充”，这样可以填充入一个固定数值的十六进制数据。使用固定数值的十六进制数据填充后如图 6-19 所示。

除了填充固定的十六进制数据外，也可以填充随机数值，填充的范围是 0～255，因为即使是随机填充，也是逐字节地进行填充，而 0～255 的随机填充正好在一个字节的范围之内。使用随机填充的十六进制数据填充后如图 6-20 所示。

```
90 90 90 90 90 90 90 90 90 90 90 90 90 90 90 90
90 90 90 90 90 90 90 90 90 90 90 90 90 90 90 90
90 90 90 90 90 90 90 90 90 90 90 90 90 90 90 90
90 90 90 90 90 90 90 90 90 90 90 90 90 90 90 90
90 90 90 90 90 90 90 90 90 90 90 90 90 90 90 90
```

图 6-19 填充固定数据的十六进制数据

```
05 6F B6 C0 B2 9C CF CF B3 4D DB 91 FF F0 9C 8A
9D BE 7D 4F 5C 9A DD 8D C4 3C AB 4C 4C 8E 33 75
CE 56 37 92 37 16 42 D6 83 30 39 5D E9 4E 33 B4
52 01 8A 9C 10 A9 33 0B CD 94 4A 74 C1 6A F1 48
29 C8 5B BD F4 2B 24 CE BF 10 E4 83 03 59 03 72
```

图 6-20 填充随机的十六进制数据

在“插入数据”或“填充数据”的右侧有一个“选择”列表，这个列表是针对填充/插入固定十六进制数据的一个模板，在填充数据时经常填充的数据是 00、90 和 CC。0 代表 0 字符，表示空，90 对应的汇编指令是 nop，而 CC 对应的汇编指令是 INT3，因此将常用的几个填充值添加到右侧的“选择”列表中，在使用时可以方便地通过“双击”操作来进行使用。

（2）数据的修改

数据的修改除了可以在 HEX 窗口中手动地修改外，也可以通过“编辑”菜单下的“修改数据”来进行。单击“编辑”菜单下的“修改数据”菜单项，会打开如图 6-21 所示的窗口。

该窗口可以对数据进行各种常见操作，比如对字符串大小写的转换，对于数值的左移、右移操作，对于数据的与、或、异或操作等，甚至可以对数据进行加、减、乘、除等操作。“修改数据”窗口提供的功能对于有免杀的爱好者而言可能就非常喜欢了。这里的操作就不一一说明了，请读者自行进行尝试。

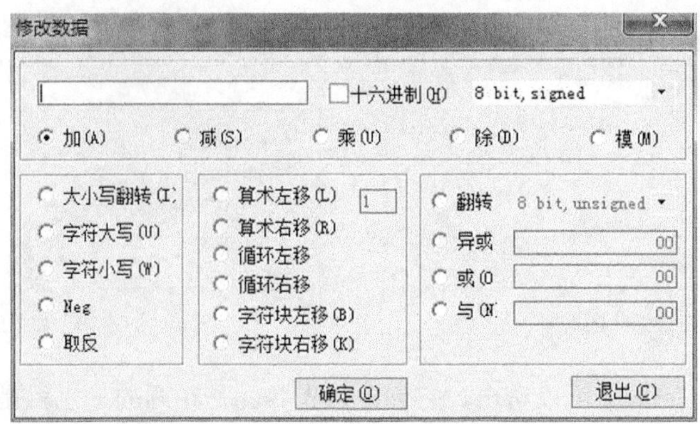

图 6-21　C32Asm 修改数据窗口

（3）内存编辑

C32Asm 除了可以对磁盘文件进行 HEX 编辑以外，还可以对内存中的数据进行编辑，选择“工具”菜单下的“进程编辑”功能，会出现如图 6-22 所示的进程列表窗口。

notepad++.exe

Process	PID	Address	Size
c:\windows\system32\conhost.exe	00000E70	007B0000	00045000
c:\windows\system32\svchost.exe	00000E88	00770000	00008000
c:\program files\alipay\aliedit\5.3.0.3807\a...	0000085C	013A0000	001F5000
c:\windows\system32\conhost.exe	000008E8	007B0000	00045000
c:\windows\system32\nvvsvc.exe	000009E0	00880000	000A7000
c:\program files\nvidia corporation\display\...	00000BD8	00C90000	000EA000
c:\windows\system32\nvvsvc.exe	00000BF8	00880000	000A7000
c:\windows\system32\svchost.exe	00000F08	00770000	00008000
d:\program files\microsoft office\office12\w...	000015E8	2FC10000	00057000
e:\c32asm\c32asm.exe	00000764	00400000	0026A000
d:\program files\notepad++\notepad++.exe	00001640	012A0000	0020E000
d:\program files\tencent\qq\bin\qq.exe	000004E4	00DD0000	0001D000
d:\program files\tencent\qq\bin\txplatform.exe	0000014C	01320000	00026000
d:\progra~1\micros~2\office12\mstordb.exe	0000179C	2FE60000	000CF000
c:\windows\system32\wbem\wmiprvse.exe	00001490	000B0000	00041000

Module	ID	Address	Size
d:\program files\notepad++\notepad++.exe	00001640	012A0000	0020E000
c:\windows\system32\ntdll.dll	00001640	77110000	00142000
c:\windows\system32\kernel32.dll	00001640	75770000	000D5000
c:\windows\system32\kernelbase.dll	00001640	75220000	0004B000
c:\windows\winsxs\x86_microsoft.windows.comm...	00001640	73E40000	0019E000
c:\windows\system32\msvcrt.dll	00001640	756C0000	000AC000
c:\windows\system32\gdi32.dll	00001640	75650000	0004E000
c:\windows\system32\user32.dll	00001640	77040000	000C9000
c:\windows\system32\lpk.dll	00001640	754C0000	0000A000
c:\windows\system32\usp10.dll	00001640	76FA0000	0009D000

Advance dump　　Cancel

图 6-22　进程列表窗口

在图 6-22 的进程列表当中选择某个进程，然后单击鼠标右键，会弹出如图 6-23 所示的对话框。

选中可以编辑的内存范围后即可对其进行编辑，编辑的方式与编辑文件的方式没有区别。关于编辑内存的各个范围，这里不做过多的说明。

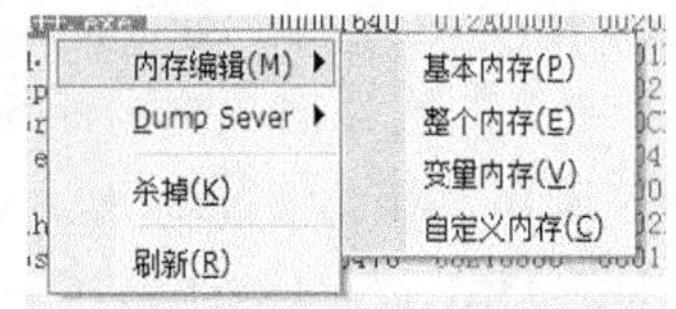

图 6-23　编辑内存菜单

（4）数据解释器与 PE 信息

数据解释器在“查看”菜单下的“数据解释器”，在使用十六进制编辑模式下，直接查看到的是十六进制的数据，在某些情况下可能使用者并不需要查看十六进制数据，而是需要以其他的形式进行查看，因此数据解析器提供了将光标处的十六进制以其他的形式对数据进行解析。数据解释器的窗口如图 6-24 所示。

从图 6-24 中可以看出，数据解释器以 8 位、16 位、32 位和 64 位的方式解析了光标处的数据，并且以各种日期、时间的方式对光标处的数据进行了解释，最后又以 ASM 的方式进行了解释。

在“查看”菜单下有一个“PE 信息”菜单项，它的功能是将编辑的文件进行一个 PE 解析，如图 6-25 所示。

Data Interpreter

位数	名称	数值
8 Bits	Signed Byte	77
8 Bits	Unsigned Byte	77
16 Bits	Signed Short	23117
16 Bits	Unsigned Sh...	23117
32 Bits	Signed Long	23117
32 Bits	Unsigned Long	23117
64 Bits	Signed Quad	23117
64 Bits	Unsigned Qu...	23117
32 Bits	Float	3.239382e-041
64 Bits	Double	1.142132e-319
16 Bits	Dos Time	11:18:26
16 Bits	Dos Data	2025-02-13
32 Bits	Time_t	14:25:17 1970-01-01
64 Bits	FILMTIME	0:00:00 1601-01-01
1 BYTE	ASM	DEC EBP

图 6-24 数据解释器

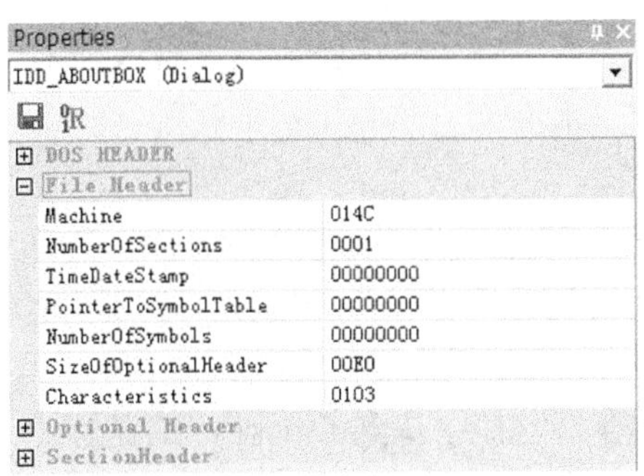

图 6-25 PE 解析的各个结构体

从图 6-25 中可以看到，这时 C32Asm 可以将当前文件的数据进行 PE 文件结构的解析，通过在 PE 解析器中双击某个字段，则可直接将光标定位到字段对应的十六进制编辑区中。修改 PE 文件的字段时可以直接在 PE 解析器中进行修改，修改后单击上方的保存按钮，即可更新编辑的状态。

到此，C32Asm 的使用就介绍完了，由于 C32Asm 无需安装即可使用，且小巧轻便，因此介绍得比较详细。

6.2 WinHex

WinHex 是一款功能强大的十六进制编辑软件，此软件功能非常强大，它的强大在于它的内存编辑能力和磁盘编辑能力。WinHex 尤其是在数据恢复方面有着很强大的功能，它能对磁盘、分区、文件进行管理和编辑，能自动分析文件系统格式，是专业的数据恢复工具。WinHex 提供强大的模板功能用于支持对数据的解析，该功能特别有利于对各种复杂的数据

结构进行分析。

由于 WinHex 的功能众多且非常强大，因此本节只能介绍 WinHex 的冰山一角。

6.2.1　内存搜索功能

内存搜索功能听起来像是类似修改游戏的工具，但是 WinHex 的内存编辑搜索功能只是它内存编辑功能中的一部分而已。下面使用实例来介绍关于 WinHex 的内存搜索功能。

打开前面使用过的 CrackMe1.exe 程序，然后随便输入“用户名”和“序列号”（此处笔者输入的序列号是“0123456789ABCDEF”），单击“Test”按钮，由于“用户名”和“序列号”是随便输入的，因此单击“Test”按钮后，熟悉的错误提示对话框会再次出现。保持弹出错误对话框不要关闭，本次使用 WinHex 来获得它的正确注册码。

打开 WinHex 十六进制编辑器，然后在工具栏上选择“打开 RAM”按钮，此时会出现“编辑主内存”窗口，然后在“编辑主内存”窗口中找到 CrackMe 的进行，选中“主存储器”后单击“确定”按钮，如图 6-26 所示。

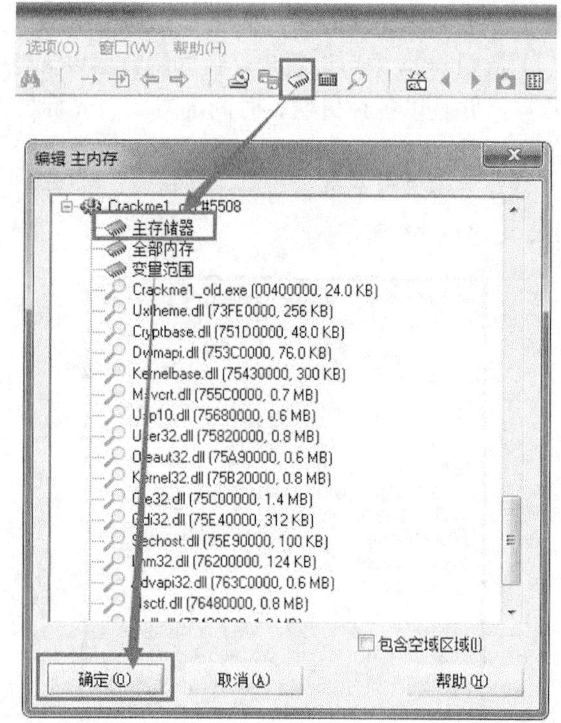

图 6-26　WinHex 编辑主内存

单击“确定”按钮后，在 WinHex 的工作区中就会以十六进制的形式显示出 CrackMe 主内存中的数据，如图 6-27 所示。

图 6-27 就是 WinHex 在工作区显示的十六进制形式的数据，看起来很壮观，没有反汇编代码，只有内存的偏移和一堆难以理解的数据。在这么多的数据当中，我们需要寻找我们需要的数据，按下快捷键 Ctrl + F 打开“查找文本”窗口，如图 6-28 所示。

在“查找文本”窗口中“需要搜索的文本”处填写入我们在 CrackMe 中输入的序列号“0123456789ABCDEF”，接着勾选中“列出搜索结果”的复选框，因为可能会搜索出来多处相同的文本字符串，因此需要勾选此项。单击“确定”按钮，经过搜索会提示出现两处相关文本，如图 6-29 所示。

分别单击图 6-29 的第一条和第二条搜索结果，通过第一条搜索结果可以看到距离“0123456789ABCDEF”字符串附近有一串“特别”的字符串，如图 6-30 所示。

从图 6-30 中看到几处字符串，第一处是 MessageBox 弹出正确对话框和错误对话框时显示的文本字符串，第二处是我们输入的字符串“0123456789ABCDEF”，第三处字符串看起来是像是一串序列号。使用这串文本字符串，修改 CrackMe 中的序列号，单击“Test”按钮后，会弹出一个提示正确的对话框。说明第三处字符串是正确的“序列号”。

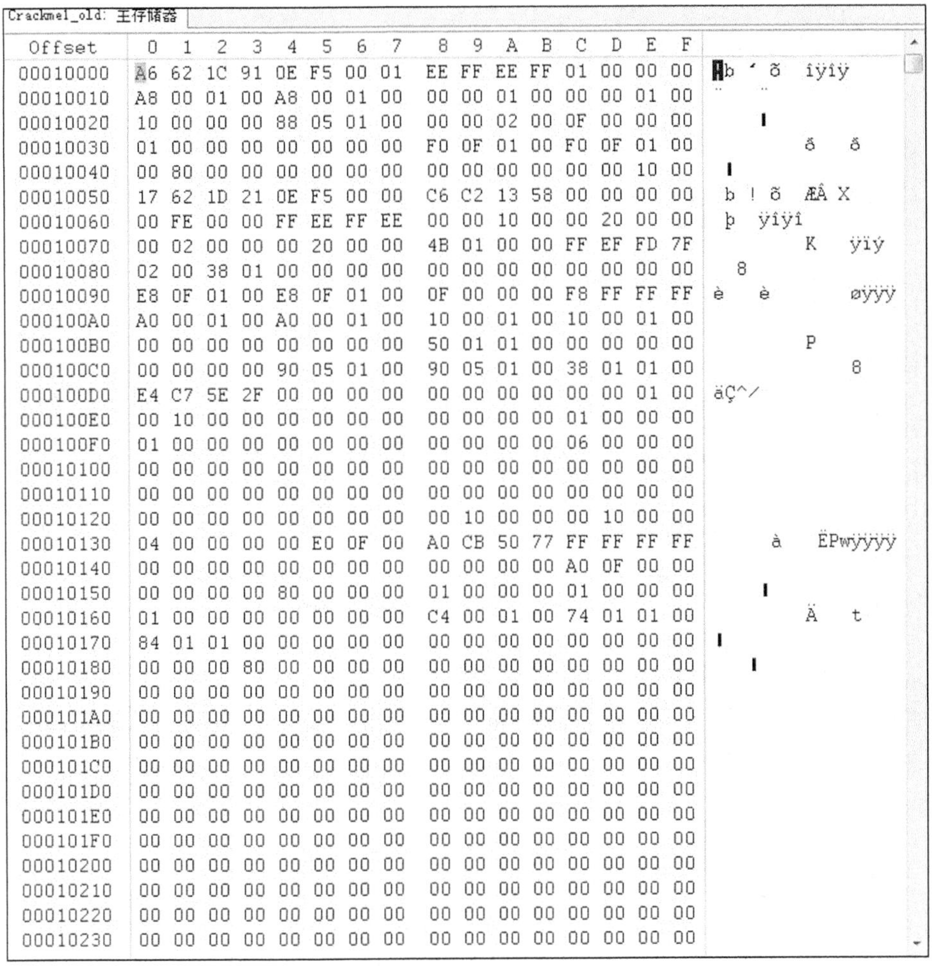

Crackme1_old: 主存储器

Offset	0	1	2	3	4	5	6	7	8	9	A	B	C	D	E	F	
00010000	A6	62	1C	91	0E	F5	00	01	EE	FF	EE	FF	01	00	00	00	b ´ õ îÿîÿ
00010010	A8	00	01	00	A8	00	01	00	00	00	01	00	00	00	01	00	¨ ¨
00010020	10	00	00	00	88	05	01	00	00	00	02	00	0F	00	00	00	
00010030	01	00	00	00	00	00	00	00	F0	0F	01	00	F0	0F	01	00	ð ð
00010040	00	80	00	00	00	00	00	00	00	00	00	00	00	00	10	00	
00010050	17	62	1D	21	0E	F5	00	00	C6	C2	13	58	00	00	00	00	b ! õ ÆÂ X
00010060	00	FE	00	00	FF	EE	FF	EE	00	00	10	00	00	20	00	00	þ ÿîÿî
00010070	00	02	00	00	00	20	00	00	4B	01	00	00	FF	EF	FD	7F	K ÿïý
00010080	02	00	38	01	00	00	00	00	00	00	00	00	00	00	00	00	8
00010090	E8	0F	01	00	E8	0F	01	00	0F	00	00	00	F8	FF	FF	FF	è è øÿÿÿ
000100A0	A0	00	01	00	A0	00	01	00	10	00	01	00	10	00	01	00	
000100B0	00	00	00	00	00	00	00	00	50	01	01	00	00	00	00	00	P
000100C0	00	00	00	00	90	05	01	00	90	05	01	00	38	01	01	00	8
000100D0	E4	C7	5E	2F	00	00	00	00	00	00	00	00	00	00	01	00	äÇ^/
000100E0	00	10	00	00	00	00	00	00	00	00	00	00	01	00	00	00	
000100F0	01	00	00	00	00	00	00	00	00	00	00	00	06	00	00	00	
00010100	00	00	00	00	00	00	00	00	00	00	00	00	00	00	00	00	
00010110	00	00	00	00	00	00	00	00	00	00	00	00	00	00	00	00	
00010120	00	00	00	00	00	00	00	00	00	10	00	00	00	10	00	00	
00010130	04	00	00	00	00	E0	0F	00	A0	CB	50	77	FF	FF	FF	FF	à ËPwÿÿÿÿ
00010140	00	00	00	00	00	00	00	00	00	00	00	00	A0	0F	00	00	
00010150	00	00	00	00	80	00	00	00	01	00	00	00	01	00	00	00	
00010160	01	00	00	00	00	00	00	00	C4	00	01	00	74	01	01	00	Ä t
00010170	84	01	01	00	00	00	00	00	00	00	00	00	00	00	00	00	
00010180	00	00	00	80	00	00	00	00	00	00	00	00	00	00	00	00	
00010190	00	00	00	00	00	00	00	00	00	00	00	00	00	00	00	00	
000101A0	00	00	00	00	00	00	00	00	00	00	00	00	00	00	00	00	
000101B0	00	00	00	00	00	00	00	00	00	00	00	00	00	00	00	00	
000101C0	00	00	00	00	00	00	00	00	00	00	00	00	00	00	00	00	
000101D0	00	00	00	00	00	00	00	00	00	00	00	00	00	00	00	00	
000101E0	00	00	00	00	00	00	00	00	00	00	00	00	00	00	00	00	
000101F0	00	00	00	00	00	00	00	00	00	00	00	00	00	00	00	00	
00010200	00	00	00	00	00	00	00	00	00	00	00	00	00	00	00	00	
00010210	00	00	00	00	00	00	00	00	00	00	00	00	00	00	00	00	
00010220	00	00	00	00	00	00	00	00	00	00	00	00	00	00	00	00	
00010230	00	00	00	00	00	00	00	00	00	00	00	00	00	00	00	00	

图 6-27 WinHex 在工作区显示的数据

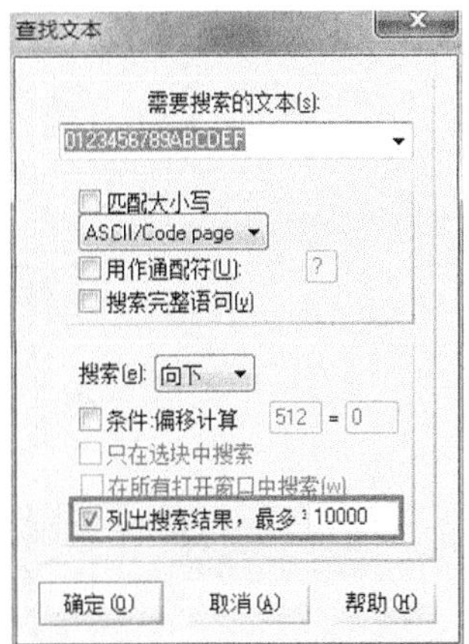

图 6-28 WinHex 的查找文本窗口

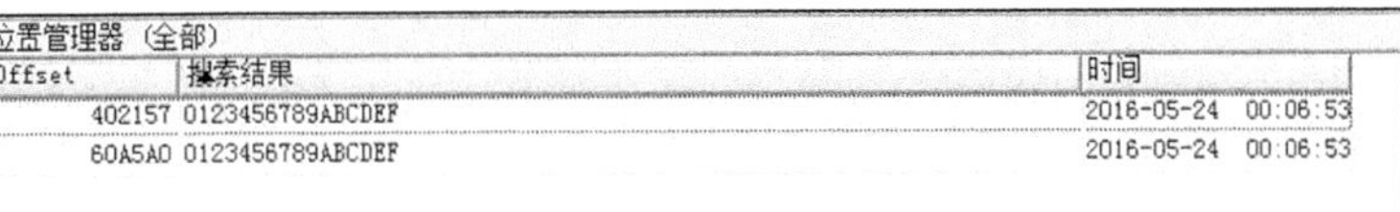

位置管理器（全部）

Offset	搜索结果	时间
402157	0123456789ABCDEF	2016-05-24 00:06:53
60A5A0	0123456789ABCDEF	2016-05-24 00:06:53

图 6-29 搜索出两处相关文本

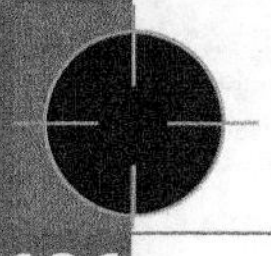


```
位置管理器 (全部)
Offset  搜索结果                 时间
402157  0123456789ABCDEF        2016-05-24  00:06:53
60A5A0  0123456789ABCDEF        2016-05-24  00:06:53

Offset    0  1  2  3  4  5  6  7   8  9  A  B  C  D  E  F
004020C0  54 41 53 4D 20 35 00 42  53 2D 25 6C 58 2D 25 6C  TASM 5 BS-%1X-%1
004020D0  75 00 53 6F 6C 76 65 64  00 57 65 6C 6C 20 64 6F  u Solved Well do
004020E0  6E 65 2E 00 4E 6F 70 65  00 54 72 79 20 61 67 61  ne. Nope Try aga
004020F0  69 6E 00 74 65 73 74 00  00 00 00 00 00 00 00 00  in test
00402100  00 00 00 00 00 00 00 00  00 00 00 00 00 00 00 00
00402110  00 00 00 00 00 00 00 00  00 00 00 00 00 00 00 00
00402120  00 00 00 00 00 00 00 00  00 00 00 00 00 00 00 00
00402130  00 00 00 00 00 00 00 00  00 00 00 00 00 00 00 00
00402140  00 00 00 00 00 00 00 00  00 00 00 00 00 00 00 00
00402150  00 00 00 00 00 00 00 30  31 32 33 34 35 36 37 38         012345678
00402160  39 41 42 43 44 45 46 00  00 00 00 00 00 00 00 00  9ABCDEF
00402170  00 00 00 00 00 00 00 00  00 00 00 00 00 00 00 00
00402180  00 00 00 00 00 00 00 00  00 00 00 00 00 00 00 00
00402190  00 00 00 00 00 00 00 00  00 00 00 00 00 00 00 00
004021A0  00 00 00 00 00 00 00 00  00 00 00 00 00 00 00 00
004021B0  00 00 00 00 00 00 00 00  00 00 00 42 53 2D 32 30             BS-20
004021C0  30 42 41 31 42 39 2D 31  37 39 32 00 00 00 00 00  0BA1B9-1792
```

图 6-30　用 WinHex 得到正确的序列号

WinHex 之所以能搜索到正确的序列号，原因有二，第一是正确的序列号与错误的序列号在内存中非常的近，第二是用户输入的错误序列号没有加密。如果用户输入的字符串在进入内存中以后被进行加密处理，那么直接使用 WinHex 进行内存搜索就不会成功地得到正确的序列号了。

6.2.2　使用模板解析数据

WinHex 是数据恢复的专业工具，如果只是一味地使用十六进制查看各种数据，那将是一件非常痛苦的事情。WinHex 这么强大，当然不会只让使用者去查看各种晦涩难懂的十六进制数据了，它提供了强大的模板功能，可以根据各种特征来合理地对各种数据结构进行解析，从而让使用者可以轻松地掌握当前所编辑的十六进制的数据结构及数据关系。

本节使用 WinHex 的模板功能来解析磁盘的引导扇区。

1. 使用 WinHex 打开磁盘

打开 WinHex，选择“工具”菜单下的“打开磁盘”，在“编辑磁盘”窗口选择“物理驱动器”下的硬盘，如图 6-31 所示。

在“编辑磁盘”界面中，可以打开“逻辑驱动器”，也就是平时在计算机中见到的 C 盘、D 盘等分区。也可以打开“物理驱动器”，只有打开物理驱动器时，才可以查看主引导记录。选中“HD0”以后单击“确定”按钮，即可打开物理驱动器，如图 6-32 所示。

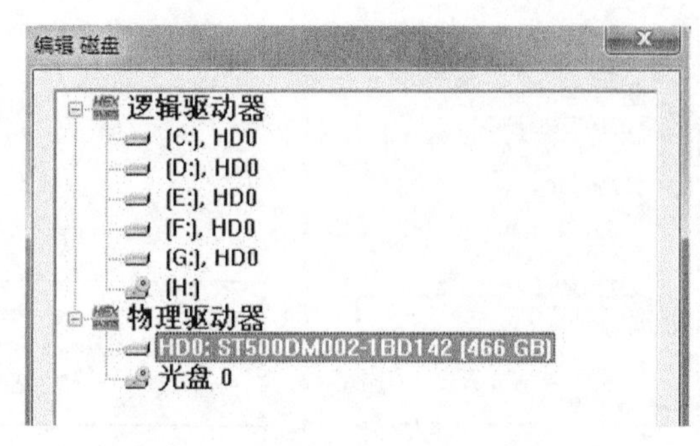

图 6-31　编辑磁盘窗口中选择物理磁盘

在图 6-32 中，会看到很多密密麻麻的十六进制数据，看到这些数据很像学习 PE 文件结构时的情况。这些数据一眼看上去很难理解，即使是掌握了主引导记录的数据结构，不过经长期的训练，也很难抓住重点搞明白这些数据。不过好在 WinHex 提供了模板功能，这样在面对这些看起来杂乱的数据时就方便了。

在 WinHex 的菜单上，单击“查看”下面的“模板管理器”，会打开“模板管理器”的窗口，在该窗口中选择“Master Boot Record”，即可查看到模板对数据的解释窗口，如图 6-33 所示。

在图 6-33 中，WinHex 的模板功能将主引导记录进行了解析，在模板窗口中给出了数据的偏移、描述和具体的值。下面简单地介绍一下主引导记录，然后通过模板来了解主引导记录的具体值。

引导区，也叫主引导记录（Master Boot Record，即 MBR）。MBR 位于整个硬盘的 0 柱面 0 磁头 1 扇区的位置处。MBR 在计算机引导过程中起着重要的作用。MBR 可以分为 5 个部分，分别是引导程序、Windows 签名、保留位、分区表和结束标志。这五部分数据构成了一个完整的引导区，引导区的大小为 512 字节（正好是一个扇区的大小）。

```
硬盘 0
Offset       0  1  2  3  4  5  6  7   8  9  A  B  C  D  E  F
0000000000  33 C0 8E D0 BC 00 7C 8E  C0 8E D8 BE 00 7C BF 00  3À▮Ð¼ |▮À▮Ø¾ |¿
0000000010  06 B9 00 02 FC F3 A4 50  68 1C 06 CB FB B9 04 00   ¹  üó¤Ph  Ëû¹
0000000020  BD BE 07 80 7E 00 00 7C  0B 0F 85 0E 01 83 C5 10  ½¾ ▮~  |  ▮  ▮Å
0000000030  E2 F1 CD 18 88 56 00 55  C6 46 11 05 C6 46 10 00  âñÍ ▮V UÆF  ÆF
0000000040  B4 41 BB AA 55 CD 13 5D  72 0F 81 FB 55 AA 75 09  ´A»ªUÍ ]r  ûUªu
0000000050  F7 C1 01 00 74 03 FE 46  10 66 60 80 7E 10 00 74  ÷Á  t þF f`▮~  t
0000000060  26 66 68 00 00 00 00 66  FF 76 08 68 00 00 68 00  &fh     fÿv h  h
0000000070  7C 68 01 00 68 10 00 B4  42 8A 56 00 8B F4 CD 13  |h  h  ´B▮V ▮ôÍ
0000000080  9F 83 C4 10 9E EB 14 B8  01 02 BB 00 7C 8A 56 00  ▮▮Ä ▮ë ¸  » |▮V
0000000090  8A 76 01 8A 4E 02 8A 6E  03 CD 13 66 61 73 1C FE  ▮v ▮N ▮n Í fas þ
00000000A0  4E 11 75 0C 80 7E 00 80  0F 84 8A 00 B2 80 EB 84  N u ▮~ ▮ ▮▮ ²▮ë▮
00000000B0  55 32 E4 8A 56 00 CD 13  5D EB 9E 81 3E FE 7D 55  U2ä▮V Í ]ë▮ >þ}U
00000000C0  AA 75 6E FF 76 00 E8 8D  00 75 17 FA B0 D1 E6 64  ªunÿv è  u ú°Ñæd
00000000D0  E8 83 00 B0 DF E6 60 E8  7C 00 B0 FF E6 64 E8 75  è▮ °ßæ`è| °ÿædèu
00000000E0  00 FB B8 00 BB CD 1A 66  23 C0 75 3B 66 81 FB 54   û¸ »Í f#Àu;f ûT
00000000F0  43 50 41 75 32 81 F9 02  01 72 2C 66 68 07 BB 00  CPAu2 ù  r,fh »
0000000100  00 66 68 00 02 00 00 66  68 08 00 00 00 66 53 66   fh    fh    fSf
0000000110  53 66 55 66 68 00 00 00  00 66 68 00 7C 00 00 66  SfUfh    fh |  f
0000000120  61 68 00 00 07 CD 1A 5A  32 F6 EA 00 7C 00 00 CD  ah   Í Z2öê |  Í
0000000130  18 A0 B7 07 EB 08 A0 B6  07 EB 03 A0 B5 07 32 E4    · ë  ¶ ë  µ 2ä
0000000140  05 00 07 8B F0 AC 3C 00  74 09 BB 07 00 B4 0E CD     ▮ð¬< t »  ´ Í
0000000150  10 EB F2 F4 EB FD 2B C9  E4 64 EB 00 24 02 E0 F8   ëòôëý+Éädë $ àø
0000000160  24 02 C3 49 6E 76 61 6C  69 64 20 70 61 72 74 69  $ ÃInvalid parti
0000000170  74 69 6F 6E 20 74 61 62  6C 65 00 45 72 72 6F 72  tion table Error
0000000180  20 6C 6F 61 64 69 6E 67  20 6F 70 65 72 61 74 69   loading operati
0000000190  6E 67 20 73 79 73 74 65  6D 00 4D 69 73 73 69 6E  ng system Missin
00000001A0  67 20 6F 70 65 72 61 74  69 6E 67 20 73 79 73 74  g operating syst
00000001B0  65 6D 00 00 00 63 7B 9A  01 C0 01 C0 00 00 80 01  em   c{▮ À À  ▮
00000001C0  01 00 07 FE FF FF 3F 00  00 00 D4 8D 59 05 00 00    þÿÿ?   Ô Y
00000001D0  C1 FF 0F FE FF FF 13 8E  59 05 2E BE DE 34 00 00  Áÿ þÿÿ ▮Y .¾Þ4
00000001E0  00 00 00 00 00 00 00 00  00 00 00 00 00 00 00 00
00000001F0  00 00 00 00 00 00 00 00  00 00 00 00 00 00 55 AA                Uª
```

图 6-32　WinHex 中的主引导记录

第6章　十六进制编辑器与反编译工具

2．解析 MBR

观察图 6-33 中，描述为“Windows disk signature”，该值是 Windows 对磁盘的签名。如果有一天你发现磁盘变为“未初始化状态”，则说明该值丢失。

在模板中，可以看到“Partition Table Entry #1”和“Partition Table Entry #2”，该部分是 MBR 的分区表，该分区表共 64 字节，每 16 字节描述一个分区表，因此最多是 4 个分区。这里的 4 个分区表示的是 4 个主分区。通常情况下计算机中不会有 4 个主分区，一般是 1 个主分区和一个扩展分区，只占用 32 字节。

在第一个分区表中的“active partition”字段为 80，该值表示该分区为活动分区，即用于引导系统的分区。观察第二个分区的“active partition”字段的值为 0，此时它不是活动分区。

分区中“Partition type indicator”的值为 07，此值表示该分区的类型是 NTFS。

Master Boot Record, 基本偏移: 0

Offset	标题	数值
0	Master bootstrap loader code	33 C0 8E D0 BC 00 7C 8
1B8	Windows disk signature	1C001C0
1B8	Same reversed	C001C001
Partition Table Entry #1		
1BE	80 = active partition	80
1BF	Start head	1
1C0	Start sector	1
1C0	Start cylinder	0
1C2	Partition type indicator (hex)	07
1C3	End head	254
1C4	End sector	63
1C4	End cylinder	1023
1C6	Sectors preceding partition 1	63
1CA	Sectors in partition 1	89755092
Partition Table Entry #2		
1CE	80 = active partition	00
1CF	Start head	0
1D0	Start sector	1
1D0	Start cylinder	1023
1D2	Partition type indicator (hex)	0F
1D3	End head	254
1D4	End sector	63
1D4	End cylinder	1023
1D6	Sectors preceding partition 2	89755155
1DA	Sectors in partition 2	887012910

图 6-33　WinHex 模板解析窗口

第一个分区的“Sectors preceding partition 1”的值为 63，“Sectors in partition 1”的值为 89755092。63 表示本分区前使用了多少个扇区，89755095 表示本分区使用的扇区数。那么，如何将本分区使用的扇区数转换为计算机中使用的磁盘空间大小呢？

1 个扇区是 512 字节，那么 89755095 个扇区就是 45954608640 字节（Byte），使用 Byte 转换成 GB 相信每个读者应该都会吧？45954608640 / 1024 / 1024 / 1024 = 42.79856443405151，笔者的第一个分区，也就是 C 盘的大小约 42.8GB。

同理，第二个分区表示的是扩展分区，所谓扩展分区，是除了主分区以外的分区的总和。比如说计算机中的 D 盘、E 盘、F 盘就属于扩展分区。而在 MBR 中扩展分区的大小是 887012910 个扇区，按照上面的公式计算，笔者计算机的扩展分区的大小是 887012910 * 512 / 1024 / 1024 / 1024 = 422.9607152938843，也就说笔者计算机扩展分区的大小约为 423.0GB 大小。

扩展分区中的各个逻辑分区大小并不保存在 MBR 中，此处不再进行介绍。

6.2.3　完成一个简单的模板

关于 WinHex 的介绍，这里通过一个简单的 PE 解析模板来作为结束。WinHex 的模板可以直接使用 WinHex 的“模板编辑器”来进行编辑，在“模板管理器”单击“新建”按钮，就可以打开“模板编辑器”。这里给出一个简单的 PE 解析的模板，模板如下所示。

```
template "PE Parse"
description "Portable Executable Format Parse"
applies_to: file
```

```
    fix_start 0x0
    little-endian
    requires 0 "4D 5A"
    multiple

    begin
        section "IMAGE_DOS_HEADER"
            char[2]  "e_magic"
            hex 2    "e_cblp"
            hex 2    "e_cp"
            hex 2    "e_crlc"
            hex 2    "e_cparhdr"
            hex 2    "e_minalloc"
            hex 2    "e_maxalloc"
            hex 2    "e_ss"
            hex 2    "e_sp"
            hex 2    "e_csum"
            hex 2    "e_ip"
            hex 2    "e_cs"
            hex 2    "e_lfarlc"
            hex 2    "e_ovno"
            hex 8    "e_res"
            hex 2    "e_oemid"
          hex 2    "e_oeminfo"
          hex 20   "e_res2"
          hexadecimal uint32    "e_lfanew"
        endsection

       goto "e_lfanew"    // goto PE header

       char[4] "pe signature"

        section "IMAGE_FILE_HEADER"
            hex 2    "Machine"
            hexadecimal uint16    "NumberOfSections"
            time_t    "TimeDataStamp"
          hex 4    "PointerToSymbolTable"
          hex 4    "NumberOfSymbols"
          hex 2    "SizeOfOptinalHeader"
          hex 2    "Characteristics"
        endsection
    end
```

读者对上面的模板应该并不陌生，笔者这里只给出了两个 PE 文件格式的结构体，分别是 IMAGE_DOS_HEADER 和 IMAGE_FILE_HEADER 的解析。下面对上面的模板脚本进行一个简单的说明。

对模板头部的说明：

① template 表示一个模板的名称，这里笔者对模板的命名是 PE Parse；

② description 是对模板的一个描述；

③ applies_to 是模板用来解析哪种格式，可以是 file、ram 和 disk 三种类型，即文件、内存和磁盘；

④ fix_start 表示模板解析时强制开始的偏移，这里笔者使用的偏移是 0；

⑤ little-endian 表示字节顺序是小尾方式；

⑥ requires 表示在指定的偏移处的字节，这里表示在 0 偏移处的字节必须是“4D 5A”，如果不是将给出报错。

对模板体的说明：

① 所有的模板体都在 begin 和 end 之间；

② section 与 endsection 两个标识表示它们之间的数据是相关的；

③ hex 表示以十六进制的形式显示数据，hex 2 表示以十六进制形式显示 2 个字节；

④ hexadecimal unit32 表示以十六进制形式显示一个 4 字节的数据，并且定义了一个变量；

⑤ goto 表示跳转至某个地址，goto 后面可以跟一个常量，也可以跟一个变量。

对模板编辑完成以后，单击模板编辑器中的“检查语法”按钮来检查是否有语法错误。当没有语法错误后就保存该模板，然后使用该模板去解析 PE 文件格式。本例模板解析的 PE 文件格式如图 6-34 所示。

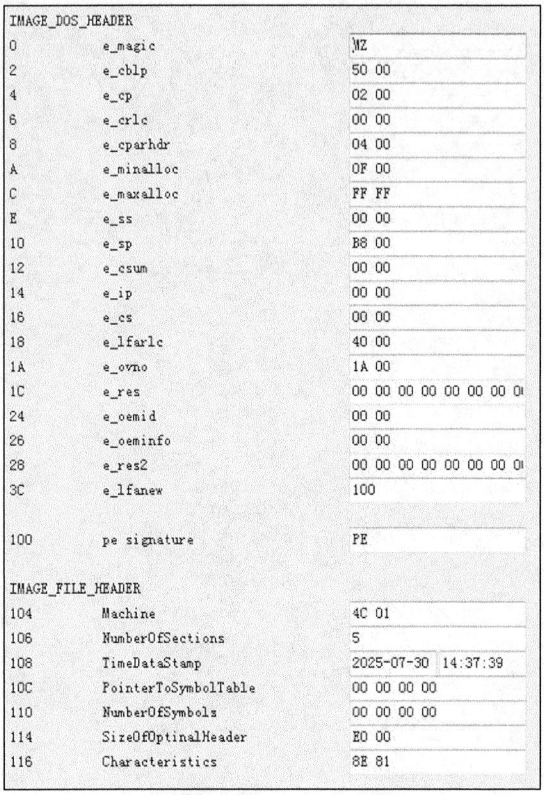

关于 WinHex，笔者介绍了它的内存搜索功能、模板的应用以及自定义模板脚本的编写，读者如果对各种数据格式感兴趣的话，可以自行完成更多种的解析模板。如果读者对数据恢复感兴趣的话，那么就一定要掌握 WinHex 的使用。

关于 WinHex 的介绍就到这里。

IMAGE_DOS_HEADER		
0	e_magic	MZ
2	e_cblp	50 00
4	e_cp	02 00
6	e_crlc	00 00
8	e_cparhdr	04 00
A	e_minalloc	0F 00
C	e_maxalloc	FF FF
E	e_ss	00 00
10	e_sp	B8 00
12	e_csum	00 00
14	e_ip	00 00
16	e_cs	00 00
18	e_lfarlc	40 00
1A	e_ovno	1A 00
1C	e_res	00 00 00 00 00 00 00 0
24	e_oemid	00 00
26	e_oeminfo	00 00
28	e_res2	00 00 00 00 00 00 00 0
3C	e_lfanew	100
100	pe signature	PE
IMAGE_FILE_HEADER		
104	Machine	4C 01
106	NumberOfSections	5
108	TimeDataStamp	2025-07-30 14:37:39
10C	PointerToSymbolTable	00 00 00 00
110	NumberOfSymbols	00 00 00 00
114	SizeOfOptinalHeader	E0 00
116	Characteristics	8E 81

图 6-34　自定义的 WinHex 模板

6.3　其他十六进制编辑器

比较有名的十六进制编辑器是比较多的，除了上面介绍的两款以外，还有诸如 UltraEdit、010Editor 等。在介绍十六进制编辑器的最后一节，简单来看看这两款比较有名的工具，以便读者参考选择自己喜欢的工具进行使用。

6.3.1　UltraEdit 简介

UltraEdit 是一个功能强大的文本编辑器，它可以编辑文本、进行文件的比对、高亮编辑多种源代码文件，而且是一个 HTML 的编辑器，当然它也可以编辑十六进制文件。它除了一般的文本编辑功能外，还有具有宏录制功能，可以方便地重复一些操作，使得编辑更加的方便。

在 UltraEdit 中编辑十六进制文件的方式很简单，只要将一个非文本格式的文件拖曳放入 UltraEdit 中，它就会自动以十六进制的方式将文件打开。如果要以十六进制的方式编辑一个文本文件的话，那么先打开文本文件，然后在工作区单击鼠标右键，在弹出的右键菜单中选择“十六进制编辑”即可以十六进制的方式编辑文本文件。

6.3.2　010Editor 简介

010Editor 是一款强大的十六进制编辑器工具，它具有编辑文件、磁盘、进程等功能，而且具有模板功能和脚本功能，功能非常的强大。

在 010Editor 的“File”菜单中有“Open File”“Open Drive”和“Open Process”三项子菜单，它们分别是“打开文件”“打开驱动器”和“打开进程”。这里看一下“Open Drive”和“Open Process”功能，如图 6-35 和图 6-36 所示。

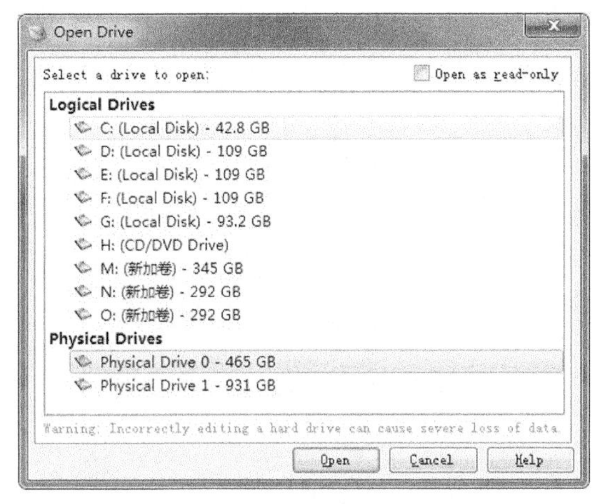

图 6-35　Open Drive 功能

从图 6-35 中，010Editor 可以打开“Logical Drive”（逻辑驱动器），也可以打开“Physical Drive”（物理驱动器），它的功能非常像 WinHex。

从图 6-36 中，010Editor 可以打开进程的“Heap”（进程的堆内存）和“Module”（进程中的模块）。

010Editor 可以以多种数据类型来查看十六进制的数据，并且通过 Ctrl + E 快捷键可以在大尾方式与小尾方式之间切换显示，如图 6-37 所示。

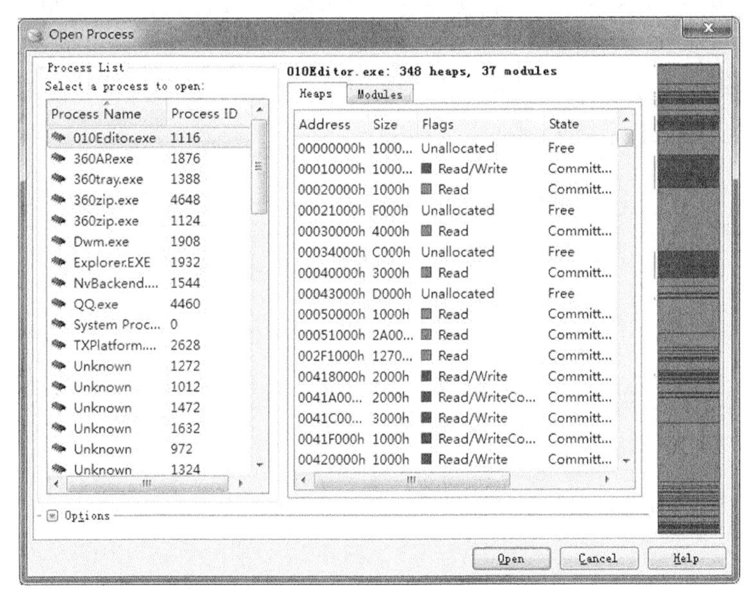

图 6-36　Open　Process 功能

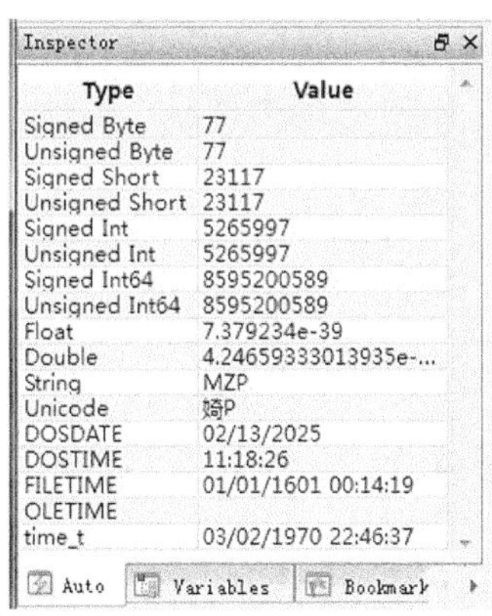

图 6-37　多种数据类型查看十六进制数据

010Editor 提供了模板和脚本功能，在 010Editor 安装目录下的 Data 目录下保存了一些脚本与模板文件，脚本文件以“1sc”为扩展名，模板文件以“bt”为扩展名，它们的语法结构与 C 语言非常类似，比如打开 BMPTemplate.bt 模板文件进行查看，它的部分代码如下：

```
typedef struct {    // bmfh
    CHAR    bfType[2];
    DWORD   bfSize;
    WORD    bfReserved1;
    WORD    bfReserved2;
    DWORD   bfOffBits;
} BITMAPFILEHEADER;

typedef struct {     // bmih
    DWORD   biSize;
    LONG    biWidth;
    LONG    biHeight;
    WORD    biPlanes;
    WORD    biBitCount;
    DWORD   biCompression;
    DWORD   biSizeImage;
    LONG    biXPelsPerMeter;
    LONG    biYPelsPerMeter;
    DWORD   biClrUsed;
    DWORD   biClrImportant;
} BITMAPINFOHEADER;

// 省略中间的部分

// Check for header
if( bmfh.bfType != "BM" )
{
    Warning( "File is not a bitmap. Template stopped." );
    return -1;
}
```

观察这两个结构体，与 C 语言的结构体定义完全一样，再看下面的条件判断语句，也完全与 C 语言相通（熟悉 C 语言的读者是不是会有一种优越感）。脚本和模板可以在 010Editor 的“Script”菜单和“Templates”菜单下进行编辑和运行。

笔者介绍了 4 种十六进制编辑工具，虽然优秀的十六进制编辑工具绝不止这几种，但是读者通过自己的使用与挑选绝对会选出自己称心顺手的工具。

6.4　反编译工具介绍

反编译工具和反汇编工具有类似之处，但是又有不同的地方。反汇编工具是将二进制代码转变成汇编代码，而反编译工具通常能够得到比反汇编代码更多的信息，甚至得到与之等价的源代码。

6.4.1　DeDe 反编译工具

DeDe 是一款针对宝蓝公司（Borland）的 Delphi 和 C++ Builder 这两款开发环境的反编译工具。DeDe 可以将 Delphi 和 BCB（Borland C++ Builder）的框架、VCL 等进行深入分析（当使用者使用 DeDe 进行分析时，可以直接查看各个窗口的属性、控件对应的事件等），甚至可以将分析的结果以项目的方式进行导出。

1．DeDe 的主功能介绍

首先来看一下 DeDe 的窗口，如图 6-38 所示。

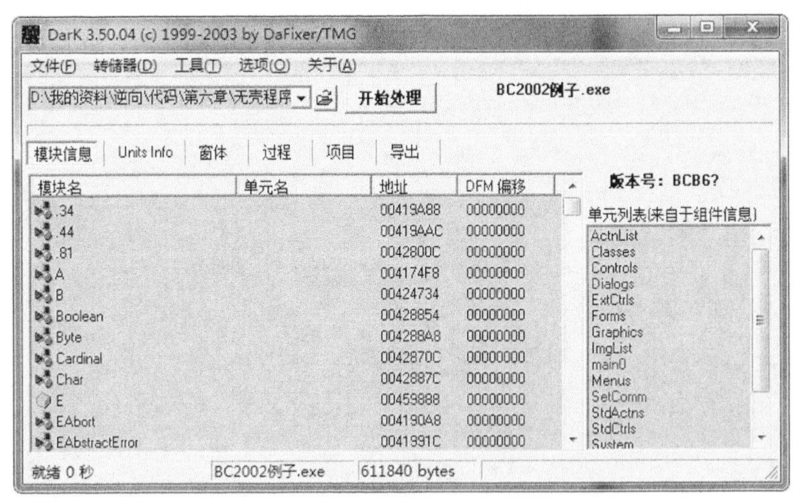
图 6-38 DeDe 的主窗口

当使用 DeDe 打开一个 Delphi 程序或 BCB 程序时，DeDe 会提示是否进行“扩展分析”和“识别标准的 VCL 过程”，这两项分析时间非常长，但是如果进行分析的话，DeDe 会给出更多的分析信息。

在图 6-38 中，主窗口中 6 个页签，分别是“模块信息”、“Units Info”“窗体”“过程”“项目”和“导出”，分别简单描述它们的功能。

① 模块信息：它显示了程序中包含的类、地址以及 DFM 偏移。在“模块信息”中并不是每个模块都存在“单元名”和“DFM 偏移”。DFM 偏移是在有窗口的模块中才有相应的偏移信息，为了快速地在“模块信息”中查看哪些模块具有窗口信息，可以单击鼠标右键，在弹出的菜单中选择“sort by self pointer”，即可查看到有窗口的模块信息，如图 6-39 所示。

图 6-39 具有窗口的模块

双击模块名列表中的某项，可以查看该模块具体的信息。

② Units Info：显示单元信息，该单元信息中可以显示“单元名称”“起始偏移”等相应的信息。

③ 窗体：在这里可以查看程序中所包含窗体的各个属性，还可以对窗体信息进行转存。窗口中显示的内容如图 6-40 所示。

在图 6-40 中，“窗体”页签左侧的列表对应的是程序中包含的各个窗体的“模块名”和“偏移”，“窗体”右侧的编辑框中则显示出选中窗体的属性。在窗体的列表中单击鼠标右键，在弹出的菜单中可以以 3 种方式转存窗体，分别是“TXT”（文本文件，只有它是可以直接查看窗口属性的方式）、“DFM”（Delphi 或 BCB 窗口的格式）和“RES”（资源）。

很多时候在分析可执行程序时，了解程序的窗口是很有用的，在控件中有很多控件是不可见的控件，比如 Timer（定时器）控件就是不可见的控件，它只是在指定的时间间隔时触发一次事件从而执行某些代码，如果能从窗口中发现一些不可见的控件或者隐藏的控件，对于逆向而言将是非常大的方便。

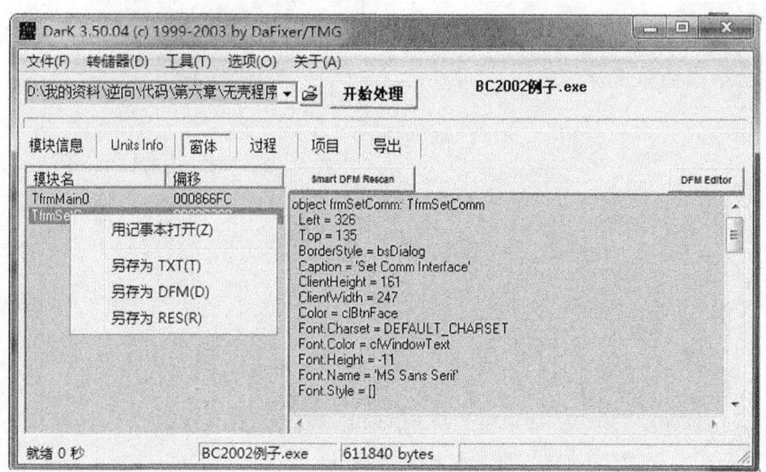

图 6-40　DeDe 的窗体信息

④ 过程：该页签算是 DeDe 中比较重要的部分了，在该模块中可以看到窗体中所对应的事件的反汇编代码，该页签的窗口如图 6-41 所示。

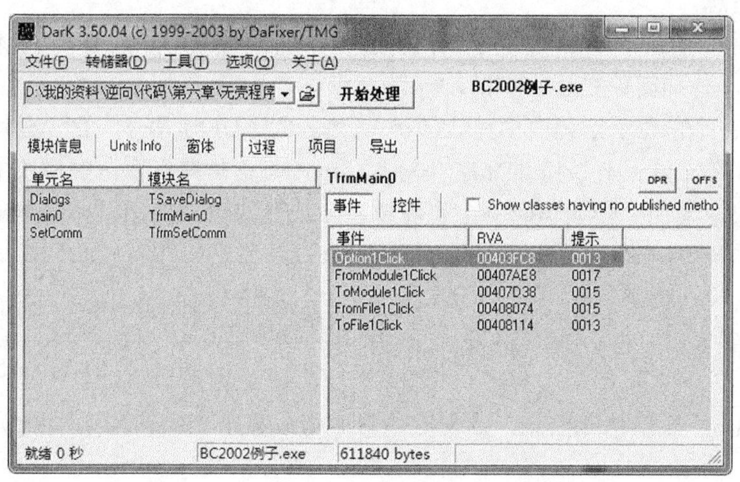

图 6-41　DeDe 的过程页签

在图 6-41 中窗口右侧的列表中显示的则是“事件”和与之对应的“RVA”。当进行逆向分析时，很少有针对程序全部进行逆向的（除非是病毒一类的），大多是对某个关键函数或者某个关键的事件进行分析。在 DeDe 中已经将窗口中控件对应的事件分析出来，那么在查看某个事件时，只要在事件列表中双击就可以显示出与之对应的反汇编代码，此处的反汇编代码虽然与 OD 中的反汇编代码相同。但是在 DeDe 中查看的好处是逆向者可以只查看事件对应的那一部分反汇编代码，其他的反汇编代码是不显示的。当看反汇编代码时，要看某个 CALL 的地址，可以在该行反汇编代码上双击，便会显示相应地址的反汇编代码。此时，在反汇编窗口的左侧会显示一个调用关系的树形结构，如图 6-42 所示。

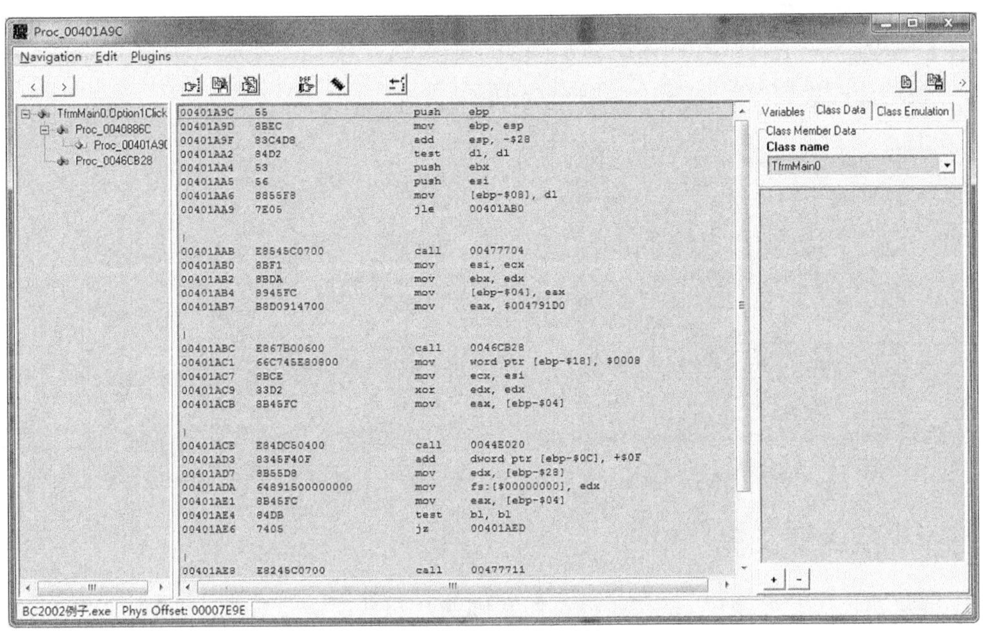

图 6-42　DeDe 中的反汇编窗口

2. DeDe 的菜单功能介绍

DeDe 的菜单中提供了许多相关静态分析的功能，比如“PE 编辑器”“转储活动进程”“RVA 分析器”和“操作码转汇编”等。从这些小的工具可以看出 DeDe 的作者为使用者考虑得非常周到，集成了一些小的工具方便用户使用。

在这里介绍一下“转储活动进程”和“操作码转汇编”这两个菜单项。

（1）转储活动进程

“工具”选项下的“转储活动进程”如图 6-43 所示。

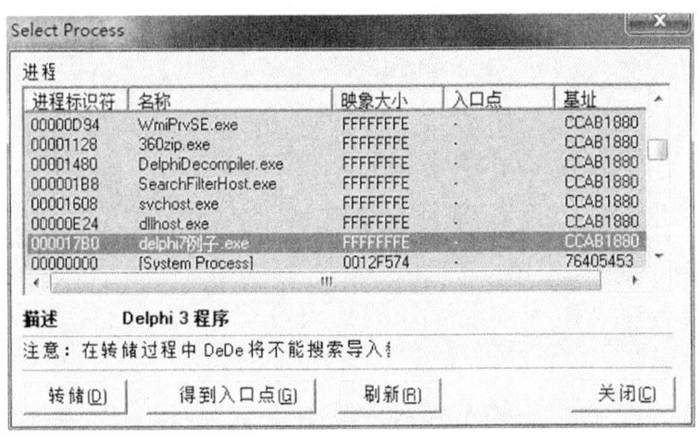

图 6-43　DeDe 的进程转储功能

该转储功能可以将进程中的 Delphi 或 BCB 程序直接使用 DeDe 进行分析。如果选中的进程是 Delphi 或 BCB 的进程，那么可以使用“转储活动进程”窗口中的“得到入口点”按钮来获得该程序的入口点，如图 6-44 所示。

（2）操作码转汇编

DeDe 提供了一个可以将操作码转汇编的功能，这个小功能在十六进制下修改代码是有帮助的，该功能的使用非常简单，如图 6-45 所示。

图 6-44　DeDe 获得进程的入口点

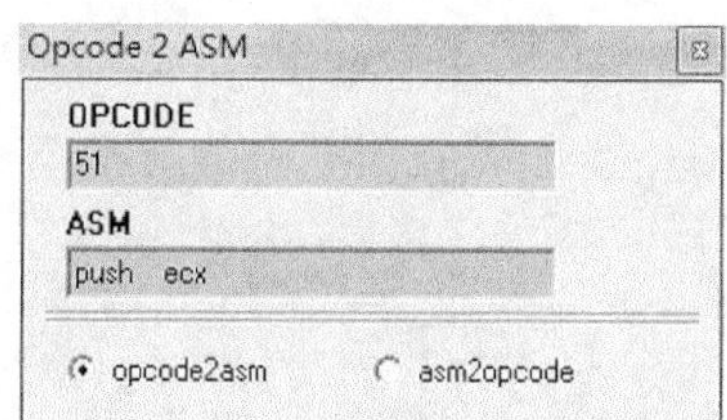

图 6-45　DeDe 提供的操作码转汇编

6.4.2　VB 反编译工具

VB 是微软公司的一款以 BASIC 语言为基础的开发环境，它也是一个较为好学的编程语言，随着 Java 等语言的流行，使用 VB 的人逐渐在减少。但是，在互联网上仍然可以看到一些工具是由 VB 编写开发的，因此这里介绍一下关于 VB 方面的反编译工具。

使用 VB 开发环境开发的软件在生成可执行程序时有两种编译方式，一种是类似于二进制的 Native 方式，另一种是类似于字节码的 P-CODE 方式。这里只要了解 VB 有类似的编译方式即可。

1．VB Decompiler

VB Decompiler 是一款较为不错的 VB 反编译工具，大多的 VB 反编译工具的重点放在了对 VB 资源的反编译、字符串的反编译或者是窗口的反编译上。而 VB Decompiler 则是为数不多的将重点放在了 VB 代码的反编译上。

VB Decompiler 工具的使用非常简单，它可以同时反编译 P-CODE 和 Native 两种编译方式生成的可执行程序，而且在 VB Decompiler 的主界面上会提示当前的 VB 可执行程序是哪种编译方式。

VB Decompiler 的窗口如图 6-46 所示。

在图 6-46 中，VB Decompiler 左侧是一个树形结构的 VB 工程项目列表，右侧是一个工作区。

在它左侧的树形结构中，对 VB 反编译的结果进行分类，它包含了分析出的 VB 的窗口、代码以及引用的 API 函数等，在代码中又以不同的图标来区分哪些部分是控件所对应的事件，哪些部分是自定义函数。在它右侧的工作区中，则会显示出 VB 窗体的属性、VB 反编译后的代码以及引用的具体的 API 函数。

在分析 VB 的反汇编代码时，如果看到函数调用或者过程调用的时候，可以通过菜单“Tools”下的“跳转到虚拟地址”来查看相应的部分。

对于 VB Decompiler 提供的反编译后的代码已经非常接近 VB 的源码，在阅读起来难度不是太大，如果读者本身就了解 VB 的话，那么阅读它反编译后的代码是非常容易的。

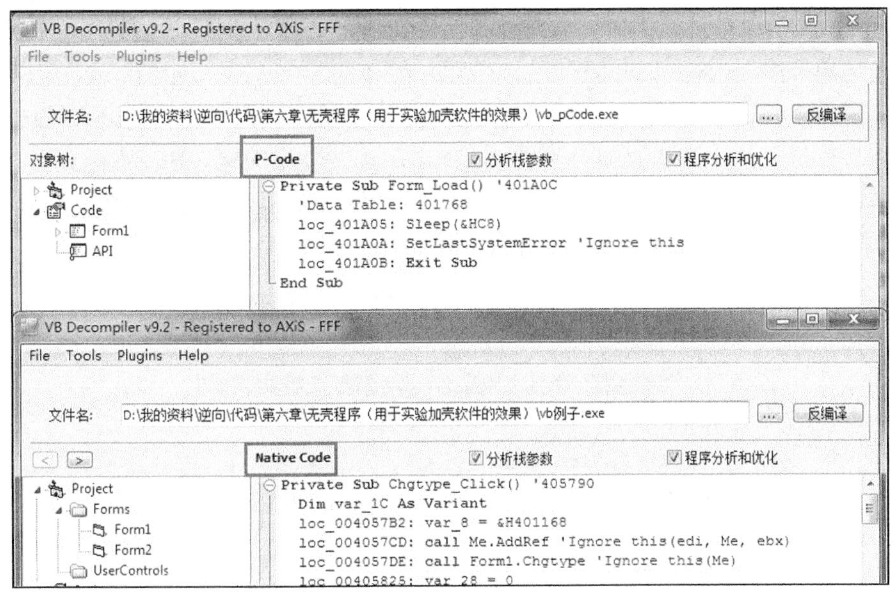

图 6-46　VB Decompiler 主窗口

2．VBExplorer

VBExplorer 是一款对 VB P-CODE 的反编译工具，它对 Native 的反编译并不好，但它不仅可以对 P-CODE 进行反编译，甚至可以对 VB 的资源进行修改。VB 的窗口、字符串等资源是无法使用 ResHacker 得到的，因此需要使用专门针对 VB 的资源编辑器。

用 VBExplorer 打开一个用 P-CODE 方式编译过的 VB 程序，打开以后如图 6-47 所示。

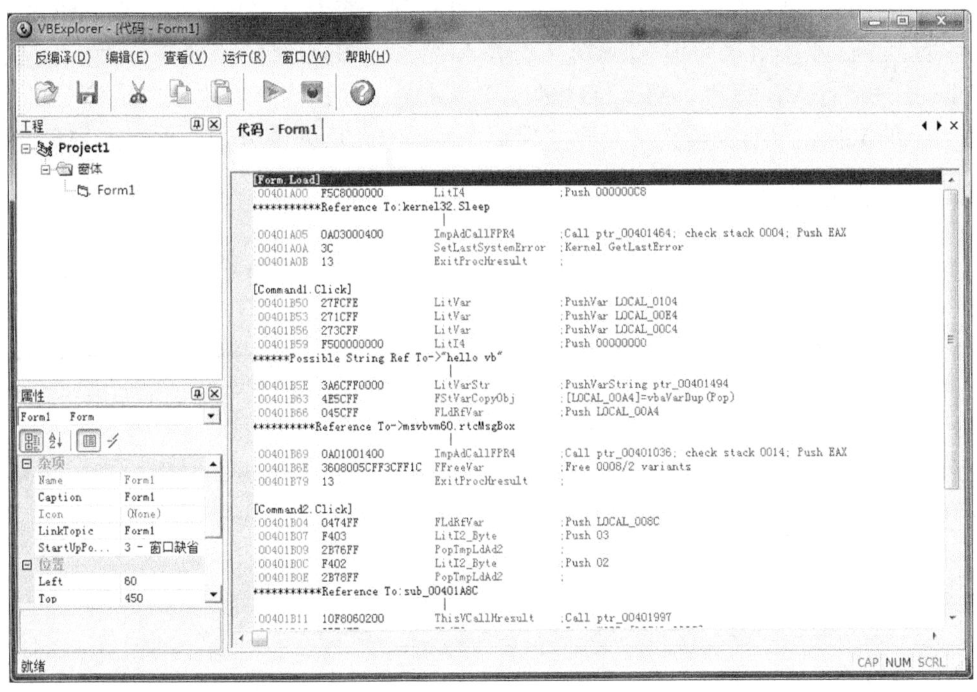

图 6-47　VBExplorer 的主窗口程序

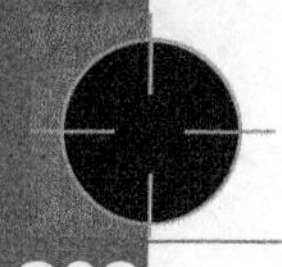

在图 6-47 中，VBExplorer 分为三个部分，分别是“工程”窗口、“属性”窗口和“代码”窗口。现在使用 VBExplorer 打开的是以 P-CODE 编译的 VB 程序，在“代码”窗口中显示的是 VB 的反汇编代码。读者注意观察，这里显示的不是反汇编代码，而是 P-CODE 指令，这些指令是由 VB 提供的虚拟机（MSVBVM60.DLL，该文件指的是 VB6 的运行库）来解释执行的。如果此时打开的是一个 Native 方式编译的 VB 程序，那么“代码”窗口则不会显示反编译的代码，而是只显示“控件名.事件名”，如图 6-48 所示。

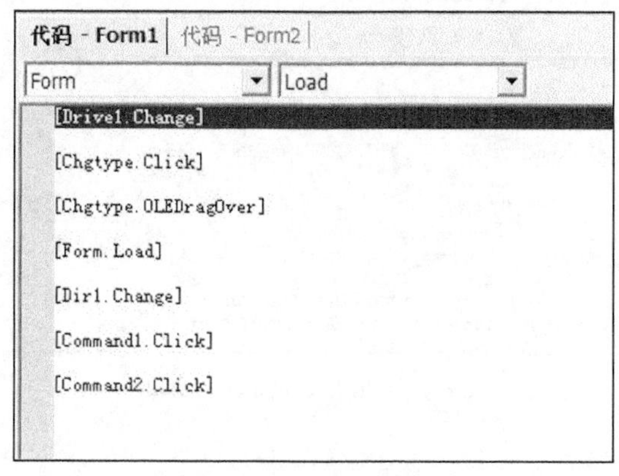

图 6-48　Native 的代码窗口

在图 6-48 中并没有看到 VBExplorer 提供的反编译的代码，因为它无法处理 Native 方式编译的 VB 程序，因此需要查看 Native 的反编译代码时，还是使用前面介绍过的 VB Decompiler 吧。

在 VBExplorer 的“查看”菜单中，分别可以找到“查看字符串”和“查看图片”两个子菜单项，它们可以用来查看和编辑字符串和图片。在修改了字符串以后，直接通过 VBExplorer 来运行 VB 程序，那么修改的字符串是会在本次运行时生效的，但是它并没有影响磁盘上的文件，只有在修改并单击“保存”后，修改后的部分才会保存到磁盘文件上。

6.4.3　.NET 反编译工具

微软的.NET 运行在.NET 框架（.NET Framework）之下，它编译后也会产生中间语言，然后由.NET 框架来解释执行，不过.NET 产生的中间语言不是 P-CODE，而是一种称为 MSIL（Microsoft Intermediate Language，微软中间语言）的语言。简单地说，C、C++编译后生成的底层代码是汇编语言，而.NET 编译后产生的底层代码是 MSIL。也就是说，如果要逆向.NET 程序，就需要像掌握汇编一样去掌握 MSIL。

本节主要针对.NET 的反编译工具进行介绍，其他的内容不是本节的重点。关于.NET 的反编译工具也可以将.NET 的可执行程序反编译为 MSIL 甚至是源代码。

1．IL DASM

IL DASM 是微软开发工具 VS 中自带的关于.NET 反编译的工具，它能将.NET 程序反编译为 MSIL。它的使用非常简单，将.NET 程序直接使用 IL DASM 打开，然后 IL DASM 就会对.NET 程序进行分析，产生一个树形结构的列表，如图 6-49 所示。

在图 6-49 中，IL DASM 已经将.NET 程序分析完成并显示出来，在 IL DASM 中以不同的图标为前缀来区分各个不同的信息，比如有的图标代表“命名空间”，有的图标代表“类”，有的图标代码“接口”等。因此逆向者可以观察树形列表每行前的图标来对逆向的程序有个大概的了解。不同图标表示的含义如图 6-50 所示。

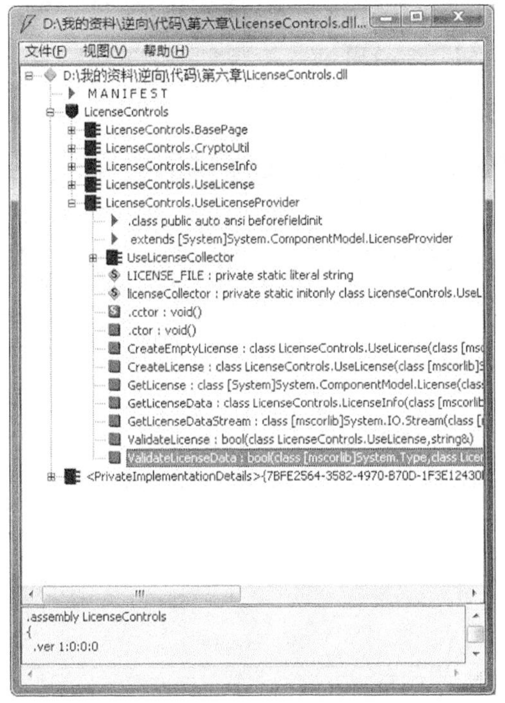

图 6-49 IL DASM 主窗口

命名空间：		（蓝色盾状图形）
类：		（带有三条突出短线的蓝色矩形）
接口：		（带有三条突出短线的蓝色矩形，并且有“I”标记）
值类：		（带有三条突出短线的棕色矩形）
枚举：		（带有三条突出短线的棕色矩形，并且有“E”标记）
方法：		（紫红色矩形）
静态方法：		（带“S”标记的紫红色矩形）
字段：		（青色菱形）
静态字段：		（带“S”标记的青色矩形）
事件：		（向下指的绿色三角形）
属性：		（向上指的红色三角形）
清单或类信息项：		（向右指的红色三角形）

图 6-50 IL DASM 树形列表前的图标

当逆向者在“字段”“方法”“类”等信息上双击时，会在另外一个窗口中显示对应的反编译代码，如图 6-51 所示。

LicenseControls.UseLicenseProvider::GetLicense : class [Syste...

查找(F) 查找下一个(N)

```
.method public hidebysig virtual instance class [System]Sys
        GetLicense(class [System]System.ComponentModel.Lice
                   class [mscorlib]System.Type 'type',
                   object 'instance',
                   bool allowExceptions) cil managed
// SIG: 20 04 12 11 12 1D 12 19 1C 02
{
  // 方法在 RVA 0x2220 处开始
  // 代码大小       185 (0xb9)
  .maxstack  3
  .locals init (class LicenseControls.UseLicense V_0,
           string V_1,
           class LicenseControls.LicenseInfo V_2,
           class LicenseControls.UseLicense V_3,
           class [System]System.ComponentModel.License V_4,
           bool V_5)
  IL_0000:  /* 00   |                  */ nop
  IL_0001:  /* 14   |                  */ ldnull
  IL_0002:  /* 0A   |                  */ stloc.0
```

图 6-51 .NET 反编译代码

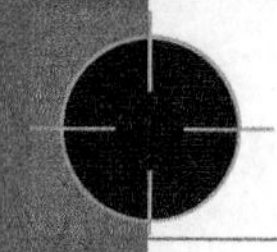

第6章　十六进制编辑器与反编译工具

在图 6-51 中显示的就是 MSIL，它即为.NET 的底层语言。对于不熟悉它的人而言，这样的显示同样是很麻烦的。因此，在使用 MSIL 前最好掌握一些简单和常用的 MSIL 指令，比如变量定义、分支、循环等。

2．Xenocode Fox

Xenocode Fox 是一款较为好用的.NET 反编译工具，它能将.NET 的程序反编译为源代码，这样对于不熟悉 MSIL 但是熟悉高级语言的逆向者而言就容易了许多。该工具的主界面如图 6-52 所示。

```
public static bool IsValidateSerialNumber (string serialnumber)
{
    bool flag1 = true;
    try
    {
        serialnumber = serialnumber.Substring(serialnumber.IndexOf("-\ufffd") + 1);
        int num1 = Convert.ToInt32(serialnumber.Substring(0, serialnumber.IndexOf("-\ufffd")));
        serialnumber = serialnumber.Substring(serialnumber.IndexOf("-\ufffd") + 1);
        int num2 = Convert.ToInt32(serialnumber.Substring(0, serialnumber.IndexOf("-\ufffd")));
        serialnumber = serialnumber.Substring(serialnumber.IndexOf("-\ufffd") + 1);
        int num3 = Convert.ToInt32(serialnumber.Substring(0));
        string text1 = num1.ToString();
        int num4 = 0;
        int num5 = 1;
        for (int i = 0;i < text1.Length; i++)
        {
            char chr1 = text1[i];
            num4 += Convert.ToInt32(chr1.ToString());
            chr1 = text1[i];
            if (Convert.ToInt32(chr1.ToString()) != 0)
            {
                chr1 = text1[i];
                num5 *= Convert.ToInt32(chr1.ToString());
            }
        }
        if ((num4 != num2) || (num5 != num3))
        {
            flag1 = false;
        }
    }
    catch (Exception exception1)
    {
        ErrorInfo.WriteErrorLog("LiceseInfo.cs\ufffd", "219\ufffd", exception1);
        flag1 = false;
    }
    return flag1;
}
```

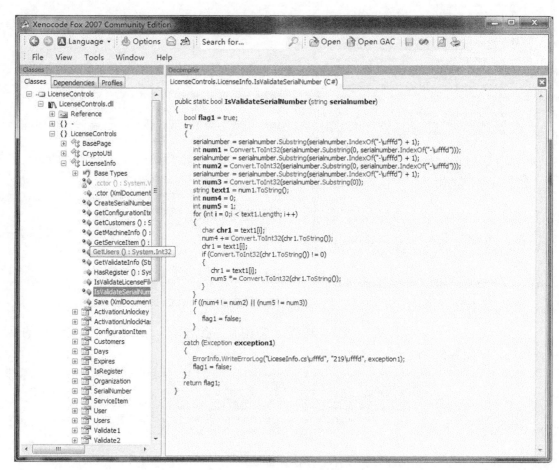

图 6-52　Xenocode Fox 主窗口

在图 6-52 中，左侧部分显示一个树形的列表，显示了被分析的.NET 程序的树形结构，并且显示了与该文件相关的引入信息。在窗口的右侧部分则显示了选中函数的反编译代码，而且显示的是源代码，不再是陌生和难懂的 MSIL 了。

.NET 平台下有 C#和 VB.NET，逆向者完全可以选择自己熟悉的来查看反编译后的源代码，在菜单“View”下的“Language”子菜单项下有四种选择可供逆向者进行选择，分别是“C#”“VB.NET”“IL Assembly”和“Chrome”，逆向者可以根据这 4 种选项任意地进行切换。

Fox 还可以将反编译的源代码进行导出，在树形列表中选择被逆向的可执行程序，单击鼠标右键，在弹出的菜单中选择“Export to visual studio”，然后会出现一个导出对话框，在对话框中的“Project language”中可以选择“C#”或者“VB.NET”。

随着.NET 的日益强大，对逆向.NET 感兴趣的读者最好去学习一下 MSIL 语言，前面说过，对于.NET 而言 MSIL 的地位相当于汇编语言的地位。除了 MSIL 以外，还需要掌握与.NET 相关的 PE 结构的部分和.NET 的保护方面的知识。当然，有了前面学习的基础，再接触.NET 部分的知识可能会更好一些。

6.4.4　Java 反编译工具

Java 是由 Sun 公司开发的一种语言，后来 Sun 公司被 Oracle 收购。Java 是一种解释性的语言，由 JVM（Java 虚拟机）来对 Java 程序进行解释运行的。在 Windows、Linux 等系统平台上都实现了 JVM，因此由 Java 开发的程序可以跨平台运行。

Java 程序也是解释性的语言，对其进行反编译时依然可以得到它的源代码，这里介绍一个简单小巧的 Java 反编译工具——srcagain.exe。它是一款命令行下的工具，使用也非常简单，只要将.class 的程序作为参数传递给该工具即可，如图 6-53 所示。

```
管理员: C:\Windows\system32\cmd.exe
D:\我的资料\逆向\代码\第六章>srcagain hello.class
Warning #2002: Environment variable CLASSPATH not set.
//
// SourceAgain (TM) v1.10j (C) 2003 Ahpah Software Inc
//

import java.io.PrintStream;

public class hello {

    public static void main(String[] String_1darray1)
    {
        int int2 = 2;
        int int3 = 3;
        int int4 = 0;

        if( int2 > int3 )
            int4 = int2;
        else
            int4 = int3;
        System.out.println( int4 );
    }
}

D:\我的资料\逆向\代码\第六章>_
```

图 6-53　srcagain 的使用

对于 Java 逆向的工具就不多进行介绍了，大家还可以下载如 Java Decompiler 这样的工具进行使用。

6.5　总结

本章主要介绍十六进制编辑器和反编译工具。对于这些工具而言，可以选择的种类非常多，我们需要做的是能够从这么多工具中选出适合自己使用的，而且在不同的环境下可以选择不同的工具进行使用。

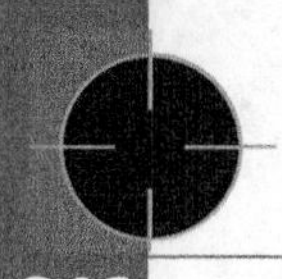

对于反编译而言，反编译工具都是针对某种语言或者某种开发环境（甚至是这个开发环境的某个版本）的，它可以将可执行程序还原为类似的源代码供逆向人员进行参考。要深入掌握这些内容，最好是去了解它们的底层，比如.NET 的 MSIL、Java 的字节码，甚至是学习了解 JVM 的工作原理等内容。

第7章 IDA 与逆向

在逆向领域中，除了大名鼎鼎的 OllyDbg 以外，还有另一款相当出名的逆向工具，该工具是一款反汇编工具，即 IDA。IDA 的全称是 Interactive Disassembler（交互式的反汇编器）。IDA 是一款支持多种格式及处理器的反汇编工具。反汇编工具并不少见（比如 W32Asm、C32Asm 等），但是能做到像 IDA 一样强大的反汇编工具却非常少。IDA 的强大在于它的交互式功能，它能够提供各种交互式的界面和命令供逆向工作者进行操作，从而更好地完成逆向，IDA 的名字也充分地体现了它交互性的强大。IDA 同样可以像 OD 一样，也能够支持脚本、插件来扩展其逆向分析能力，从而提高逆向分析人员的逆向分析效率。不得不说，IDA 真的很强大。

关键词：逆向工具　IDA　逆向分析　C 语言逆向

7.1 IDA 工具介绍

在进行软件功能或者流程的分析时，经常会用到 IDA 这款逆向分析工具，比如分析病毒的样本。IDA 的逆向分析在其静态分析方面非常强大（虽然目前的多个版本中都已经具备了调试能力，但是在完成调试任务时很多人还是更喜欢用 OD），用 IDA 来分析病毒样本时会把病毒样本的各个流程和分支都分析到，而用 OD 进行调试病毒分析的话，可能某些流程或者分支就无法进行分析了。试想一下，病毒的很多功能是在特定的条件下进行触发的，如果条件没有触发，那么在动态调试时是无法调试到的，这样对于病毒的分析是不完整的。因此，在诸如此类情况下，逆向者会更偏重于使用 IDA 进行静态分析。如果是漏洞挖掘或分析的话，那么就会需要实时地、动态地观察二进制文件缓冲区的变化，在这种情况下就需要使用 OD 的动态调试功能了。

每款逆向工具的很多功能是重叠的，也有很多功能是独具特色的，因此需要具体问题具体对待了。工具的使用与选择，就好比是瑞士军刀一样，怎么组合完全靠自己。

7.1.1 IDA 的启动与关闭

这里略过安装 IDA 的步骤，它的安装与其他软件的安装是一样的。在安装完 IDA 以后，桌面上或安装菜单中共有两个可以供用户选择使用的软件，分别是“IDA Pro Advanced(32-bit)”和“IDA Pro Advanced(64 位)”。前者是针对 32 位平台的，后者是针对 64 位平台的。这里以针对 32 位平台的为主来介绍 IDA 的使用。

注意： 本章使用 IDA6.5 进行介绍。

1．文件的打开

IDA 的功能和设置非常多，但并不是所有的功能一开始都会被使用到，大部分的设置保持默认即可。在介绍各类软件时，可能很少会介绍如何打开一个文件。但是 IDA 在打开文件的同时会对文件进行分析，而且在进行分析之前可以进行一些设置。

IDA 支持 Windows、DOS、Unix、Mac 等多种系统平台的可执行文件格式，当然也支持对这些平台下任意二进制文件的分析。在 Windows 系统平台下分析较多的是 EXE 文件、DLL 文件、OCX 文件和 SYS 文件等，它们都是 Windows 系统平台下的可执行文件，即前面介绍过的 PE 文件。

双击打开 IDA，IDA 会启动一个“Quick start”窗口，它是一个快速启动的窗口，如图 7-1 所示。

在 IDA 的“Quick start”窗口中有 3 个按钮，分别是“New”“Go”和“Previous”，它们代表了启动 IDA 的 3 种方式。

① New：启动主界面的同时打开一个“打开对话框”选择一个要分析的文件；

② Go：启动主界面，等待下一步操作；

③ Previous：在历史列表中选择并装载原来分析过的反汇编文件，从而继续上次的分析工作。

这里单击“New”按钮来选择一个文件从而进行分析，当通过打开文件的对话框选择一个文件后，IDA 会自动对打开的文件进行格式的识别，并打开一个“Load a new file”窗口，如图 7-2 所示。

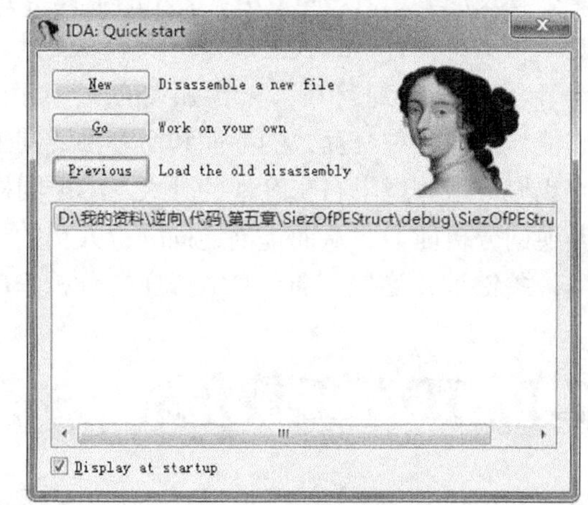

图 7-1　IDA 的快速启动窗口

在图 7-2 中可以看出，IDA 在打开文件时就有很多选项和设置需要逆向人员进行参与。图 7-2 中对“Load a new file”的每一部分进行了编号，下面分别对每个标号进行说明：

标号 1 的位置处，是对文件识别出的格式，在这里显示的可能是 3 个部分，分别是 Windows 下的 PE 格式，也可能是 DOS 下的可执行格式，还可能是二进制的格式；

标号 2 的位置处，表示处理器的类型；

标号 3 的位置处，表示是否启用分析功能；

标号 4 的位置处，表示装载时的选项；

标号 5 的位置处，表示装载时 IDA 对程序进行分析的核心选项和对处理器的选项；

标号 6 的位置处，表示系统 DLL 所处的目录。

其中，在标号 4 处是很多的 Option 选项，IDA 默认选中了“Rename DLL entryies”和“Create Imports segment”，这两项是需要选中的。在分析 Win32 程序时，为了可以完整地进行分析，需要选中“Load resources”和“Create FLAT group”。在分析 PE 文件格式时，需要选中“Create FLAT group”，如果程序中存在资源，那么也要选中“Load resources”选项。

“Options”选项组中的“Manual load”可以手动指定要装载可执行文件的哪些节。前面介绍过 Windows 系统下的可执行文件是 PE 格式，它将程序不同属性的数据分开存放，因此在这里可以按照逆向分析者自己的意愿进行选择性的装载。

图 7-2　IDA 装载文件的选项

在图 7-2 中的其他选项可以保持默认状态，然后单击“OK”按钮让 IDA 开始对程序进行载入分析。

注意：如果得到一个未知格式的二进制文件，那么可以选择“Binary file”，使用该方式需要逆向分析者自己逐字节地进行，并逐步地进行反汇编。如果选择了相应的文件格式模板后，IDA 会自动进行分析并进行反汇编。

2．文件的关闭

当使用 IDA 打开一个需要逆向的文件后，会在被分析文件的目录下生成 4 个不同扩展名的文件，生成的 4 个文件的文件名与被分析的文件相同，如图 7-3 所示。这 4 个文件是 IDA 分析文件时产生的。

用 IDA 进行逆向反汇编分析后，在关闭 IDA 时会提示是否打包生成的四个分析文件，如图 7-4 所示。通常会选择“Pack database(Store)”或者“Pack Database(Deflate)”，并且勾选“Collect garbage”。选择“Pack database”即可将 IDA 生成的 4 个文件进行打包保存。保存该文件会将逆向人员在分析时记录的注释、修改的变量或函数名等都完整地保存，IDA 在打包数据库后生成的扩展名为.idb 文件。

Pack database(Store)和 Pack database(Deflate)同样都是对 IDA 生成的 4 个文件进行打包生成一个文件，选择“Store”会直接将 IDA 生成的 4 个文件进行打包，选择“Deflate”则会将 IDA 生成的 4 个文件进行打包并压缩。在勾选了“Collect garbage”后，在 IDA 对生成的 4 个文件进行打包时会删除没有使用到的数据库页，然后再进行压缩，这样使得生成的 IDB 文件会更小。

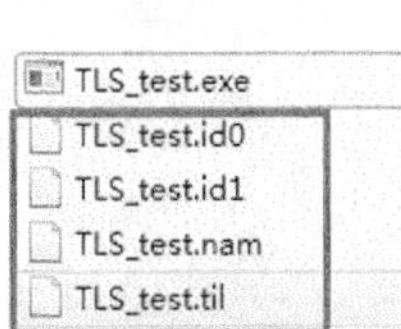

图 7-3　IDA 生成的文件

图 7-4　保存 IDA 分析数据库文件

7.1.2　IDA 常用界面介绍

IDA 是一个功能强大的工具，从它拥有众多且复杂的窗口就可以看出它的强大。接下来将介绍 IDA 中常用的功能界面，以便可以快速对 IDA 有一个掌握。

1．IDA 主窗口介绍

在具体了解 IDA 之前，先对 IDA 的主界面进行简单了解。IDA 的主界面如图 7-5 所示。

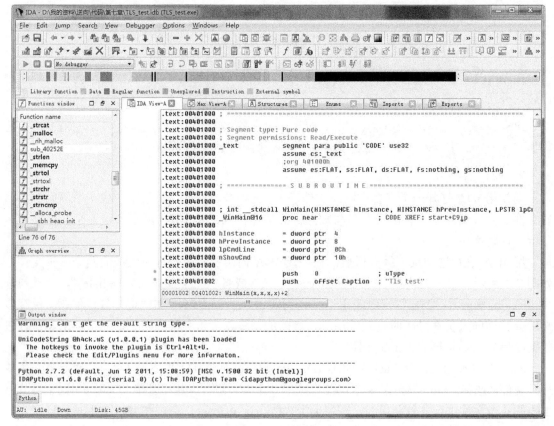

```
.text:00401000 ; ===========================================================
.text:00401000
.text:00401000 ; Segment type: Pure code
.text:00401000 ; Segment permissions: Read/Execute
.text:00401000 _text           segment para public 'CODE' use32
.text:00401000                 assume cs:_text
.text:00401000                 ;org 401000h
.text:00401000                 assume es:FLAT, ss:FLAT, ds:FLAT, fs:nothing, gs:nothing
.text:00401000
.text:00401000 ; =============== S U B R O U T I N E ===========================
.text:00401000
.text:00401000
.text:00401000 ; int __stdcall WinMain(HINSTANCE hInstance, HINSTANCE hPrevInstance, LPSTR lpCı
.text:00401000 _WinMain@16     proc near               ; CODE XREF: start+C9↓p
.text:00401000
.text:00401000 hInstance       = dword ptr  4
.text:00401000 hPrevInstance   = dword ptr  8
.text:00401000 lpCmdLine       = dword ptr  0Ch
.text:00401000 nShowCmd        = dword ptr  10h
.text:00401000
.text:00401000                 push    0               ; uType
.text:00401002                 push    offset Caption  ; "Tls test"
```

```
Warning: can't get the default string type.
---------------------------------------------------------------------
UniCodeString @h4ck.wS (v1.0.0.1) plugin has been loaded
  The hotkeys to invoke the plugin is Ctrl+Alt+U.
  Please check the Edit/Plugins menu for more informaton.
---------------------------------------------------------------------
Python 2.7.2 (default, Jun 12 2011, 15:08:59) [MSC v.1500 32 bit (Intel)]
IDAPython v1.6.0 final (serial 0) (c) The IDAPython Team <idapython@googlegroups.com>
---------------------------------------------------------------------
```

图 7-5　IDA 主界面窗口

在 IDA 中，各个界面大体可以分为五个部分（其实相当多且复杂），分别是菜单工具栏、导航栏、逆向工作区、消息状态窗口和脚本命令窗口。下面对各部分进行简单介绍。

（1）菜单工具栏

IDA 的工具栏几乎包含菜单中的所有功能。在使用和操作 IDA 时，掌握工具栏操作要比在菜单中寻找对应的菜单项速度会提高很多。工具栏如图 7-6 所示。

工具栏中的每项功能并不是每次都会用到。由于工具栏内容过多，占用了整个 IDA 界面的很大一部分，有时会影响到 IDA 逆向工作区。为了关闭工具栏中不常用的功能，可以在工具栏上单击右键，从而关闭工具栏中暂时不需要的部分。当再次使用时，也可以通过单击右键来进行开启。

IDA 为逆向分析人员准备了两套不同的工具栏模式，在“View”→“Toolbars”下有两个子菜单项，分别是“Basic mode”和“Advanced mode”两项，这两项提供了不同的工具栏按钮集，“Advanced mode”会显示所有的工具栏按钮，而“Basic mode”只显示了几个简单的工具栏按钮。

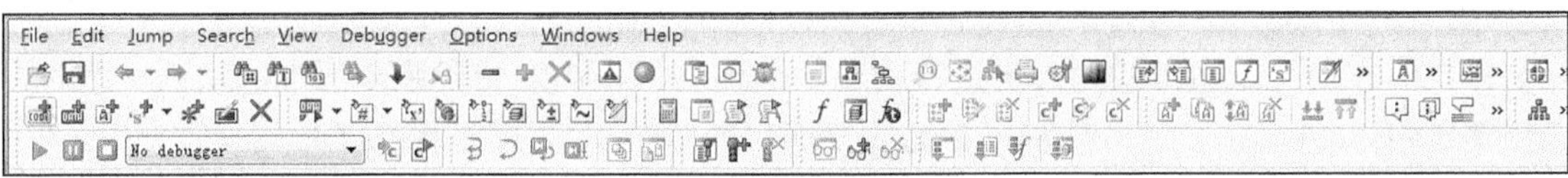

图 7-6　IDA 工具栏

（2）导航栏

导航栏通过不同的颜色区分不同的内存属性，它使得逆向人员可以清晰地看出代码、数据等的内存布局，逆向人员也可以通过拖动导航栏的指针或单击导航栏的某个区域来改变反汇编区的地址。导航栏如图 7-7 所示。

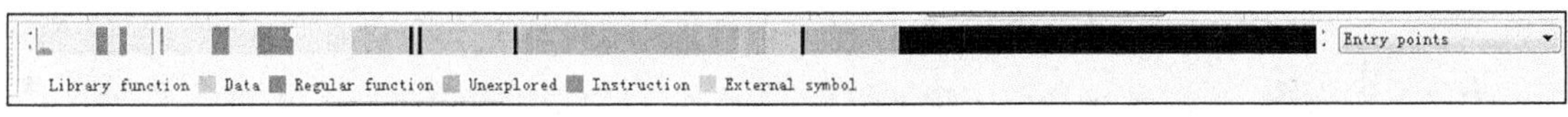

图 7-7　IDA 导航栏

在导航栏的下方有关于导航栏颜色的提示，关于导航栏的各种颜色逆向人员可以通过“Options”→“Color”打开“IDA Colors”窗口，在该窗口的“Navigation band”标签页下进行自定义。

在导航栏的右侧，有一个下拉列表的附加显示的功能，如果读者的 IDA 中没有该功能，可以在导航栏上单击右键，选择“Additional display visible”将其打开。该下拉列表可以根据不同的选项在导航栏中以某种颜色进行显示。比如，下拉列表中选择“Entry points”，则在导航栏中会以“粉色”的提示显示在导航条中。

注意：其实导航栏也属于工具栏的一部分，只是它能够让逆向人员对程序在宏观分布上有一个总体的了解。如果不希望显示导航栏，则去掉“View”→“Toolbars”→“Navigator”前的勾选即可。

（3）逆向工作区

逆向工作区一般有 7 个子窗口，分别是“IDA View-A”“Hex View-A”“Functions Window”“Structures”“Enums”“Imports”和“Exports”。这几个窗口分别表示“反汇编视图 A”“16 进制视图 A”“函数窗口”“结构体”“枚举”“导入数据”和“导出数据”。在逆向分析时，这些

窗口都是相当重要的窗口，它们可以通过菜单“View”→“Open subviews”进行打开。

（4）消息状态窗口

消息状态栏其实是两个窗口，而不是一个窗口。但是消息和状态栏都是提供消息输出或显示提示功能的，因此两个窗口合在一起介绍。消息窗口主要是对插件、脚本、各种操作的执行情况进行提示。状态栏只能进行简单的状态提示。

（5）脚本命令窗口

IDA 的命令行脚本类似于 OD 中的命令行，它们都是用于接收命令的。默认情况下 IDA 会接收关于 IDC 的命令，如今由于 Python 语言越发的火热，如果 IDA 安装了关于 Python 的插件以后，同样可以接收 Python 插件的命令。在高版本的 IDA 中已经安装了关于 Python 的插件，脚本命令窗口如图 7-8 所示。

在图 7-8 中，IDA 的命令行可以通过单击按钮进行切换，切换后的状态分别是“Python”和“IDC”。

图 7-8　IDA 命令行窗口

（6）窗口布局

窗口的布局可以随着逆向人员进行调整，当调整得不满意希望恢复原来的默认状态时，选择菜单中“Windows”→“Reset desktop”即可变为 IDA 原来的状态。

2．反汇编窗口（IDA View）

（1）反汇编视图方式

在进行逆向分析时，主要使用的窗口还是反汇编窗口。要了解程序的内部工作原理及流程结构，还是需要通过阅读和分析反汇编窗口中的反汇编代码，其他的窗口只是为了配合逆向人员可以更快更好地来阅读反汇编代码而提供的辅助窗口。反汇编窗口如图 7-9 所示。

在图 7-9 中的最上面有一排选项卡，反汇编窗口是“IDA View-A”一项。该选项卡的意思是“交互式反汇编视图 A”，且“A”代表一个序号，意味着还可能存在“B”“C”和“D”等多个反汇编视图。通过在菜单栏中依次单击“View”→“Open subviews-”→“Disassembly”，可以打开多个“反汇编视图”。这样的好处是，当显示器一屏放不下所有反汇编代码或查看反汇编代码不连续时，可以通过多个反汇编视图的切换来阅读反汇编代码。

有时候反汇编代码比较长，而用户只需要找到其中某个分支，如果以这样的代码方式去查找，显然效率不高，因为在反汇编代码中可能存在大量的分支跳转，而用户只需要针对某一分支跳转顺序往下查找自己的分支即可。此时，IDA 已经为逆向人员准备好了一个非常强大的功能，即将反汇编视图中的反汇编代码转换为流程图的形式。在“反汇编视图”中按下空格键，即可将反汇编代码转换为“反汇编流程图”的形式，如图 7-10 所示。

IDA 在分析程序的过程中，会将反汇编代码中互相调用的情况进行表示，它可以辅助逆向分析人员了解代码之间的引用关系。图 7-9 所示的反汇编窗口大体可以分为五部分，最左侧的是“程序控制流”线条，用来指示反汇编代码中的跳转情况；“程序控制流”线条的右侧是反汇编代码的地址，地址以“节：虚拟地址”的形式表示，在进行分析的时候可以直观地知道目前的虚拟地址所处的节区；“地址”右侧是“标号”或“反汇编代码”，标号在逆向中属于一个导航，它用于跳转时的一个标识，跳转都是针对地址的，而地址是无法表示出具体含义的，有了标号以后，就可以对标号进行命名，这样标号就可以对该处地址进行说明，使得在分析跳转时有实际的意义。在 IDA View 窗口的最右侧是反汇编代码的注释，注释一部分是 IDA 自动给出的，也可以由逆向分析人员手动进行给出。

```
IDA View-A                    Hex View-A                    Structures
.text:004010D3                 call    __cinit
.text:004010D8                 mov     [ebp+StartupInfo.dwFlags], esi
.text:004010DB                 lea     eax, [ebp+StartupInfo]
.text:004010DE                 push    eax             ; lpStartupInfo
.text:004010DF                 call    ds:GetStartupInfoA
.text:004010E5                 call    __wincmdln
.text:004010EA                 mov     [ebp+lpCmdLine], eax
.text:004010ED                 test    byte ptr [ebp+StartupInfo.dwFlags], 1
.text:004010F1                 jz      short loc_4010F9
.text:004010F3                 movzx   eax, [ebp+StartupInfo.wShowWindow]
.text:004010F7                 jmp     short loc_4010FC
.text:004010F9 ; ---------------------------------------------------------------
.text:004010F9
.text:004010F9 loc_4010F9:                             ; CODE XREF: start+B1↑j
.text:004010F9                 push    0Ah
.text:004010FB                 pop     eax
.text:004010FC
.text:004010FC loc_4010FC:                             ; CODE XREF: start+B7↑j
.text:004010FC                 push    eax             ; nShowCmd
.text:004010FD                 push    [ebp+lpCmdLine] ; lpCmdLine
.text:00401100                 push    esi             ; hPrevInstance
.text:00401101                 push    esi             ; lpModuleName
.text:00401102                 call    ds:GetModuleHandleA
.text:00401108                 push    eax             ; hInstance
.text:00401109                 call    _WinMain@16     ; WinMain(x,x,x,x)
.text:0040110E                 mov     [ebp+var_60], eax
.text:00401111                 push    eax             ; int
.text:00401112                 call    _exit
```

图 7-9　IDA 反汇编窗口

图 7-10 是“反汇编流程图”，在左边的大块部分是具体的流程图，流程图的每个框中有当前相应的反汇编代码块，代码块的划分是按照跳转来划分的，这样在分析每个块时可以具体地分析每个分支中的代码。在图 7-10 的右侧有一个小的流程图，它是从宏观上用于观察整体的流程，当某个函数的流程特别复杂时，可以通过该宏观图方便地移动反汇编流程图。

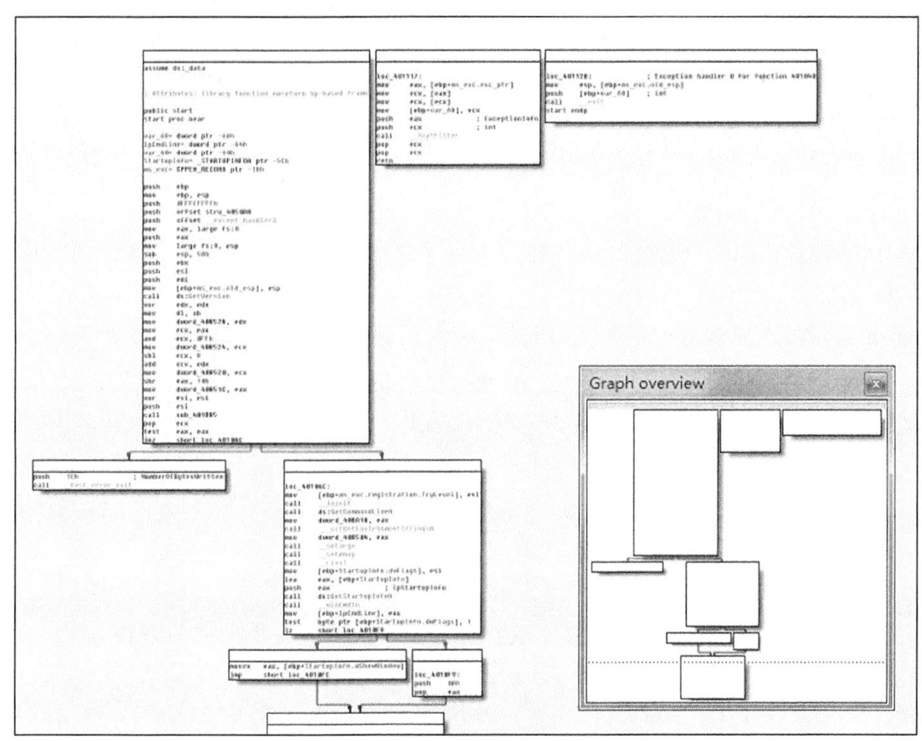

图 7-10　IDA 反汇编代码转换为流程图形式

当 IDA 启动后，IDA View 中默认显示的是反汇编的流程图，而不是反汇编代码，如果希望默认显示反汇编代码，那么可以在 IDA 的菜单中选择“Options”→“General”，在打开的“IDA Options”窗口中选择“Graph”页签，在左边有一项“Use graph view by default”，将该选项去掉，则启动 IDA 后会默认显示反汇编代码，而不是反汇编流程图。该选项如图 7-11 所示。

注意：在反汇编流程图中，绿线表示条件成立的跳转，红线表示条件不成立时的跳转。

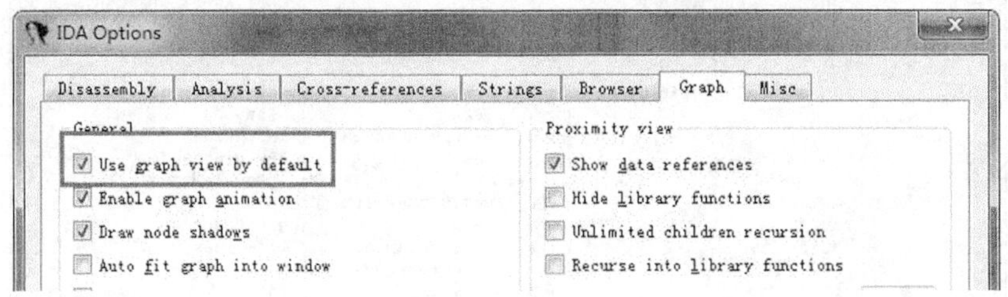

图 7-11　设置 IDA 启动默认显示反汇编代码

（2）反汇编窗口介绍

本节介绍关于反汇编窗口的反汇编代码模式，因为该模式才是逆向时真正使用的模式，在逆向时的大部分工作中是在 IDA View 中进行的。

在 IDA 中以静态的方式来进行逆向时，需要直接面对反汇编代码，而在一个可执行文件中除了程序员自己编写的代码以外还有很多被编译器插入的代码，比如静态库函数、启动函数等。那么，是否在面对反汇编代码时都需要赤裸裸地面对它们呢？其实也不是。IDA 会自动进行分析，将已知的库函数进行分析并标识，将未知的函数以某种特定的格式也进行标识。而且 IDA 在分析结束后，会停留在程序的入口处。这样很方便逆向分析人员进行分析。

在 IDA 的反汇编中常见的标识有几种，分别如下所示。

① Sub_XXXXXXXX：以 Sub_开头，它表示的是一个子程序。

② loc_XXXXXXXX：以 loc_开头，它表示是一个地址，该标识多用于跳转指令的目的地址。

③ byte_XXXXXXXX：以 byte_开头，它表示是一个字节型的数据。

④ word_XXXXXXXX：以 word_开头，它表示是一个字型的数据。

⑤ dword_XXXXXXXX：以 dword_开头，它表示是一个双字型的数据。

⑥ unk_XXXXXXXX：以 unk_开头，它表示是一个未知类型的数据。

有了标号以后，对于逆向的作用就非常大了，标识是可以自行添加也可以重命名的，在需要修改的标号处（或在需要添加标号的地址上）单击右键选择“Rename”（或直接按下“N”键）可以打开重命名窗口，如图 7-12 所示。

在图 7-12 中可以修改或添加标号（甚至是变量名、函数名等），这些为逆向提供了很好的导航作用（修改后的名称是全局性的，当逆向人员修改了某个函数名或标识后，对应的所有引用该函数名或标识的位置处，都会显示修改后的名字）。比如，在某个标号的位置处单击右键，选择“Jump to xref to operand”（或直接按下“X”键），即可查看跳转到该标号处的信息，如图 7-13 所示。

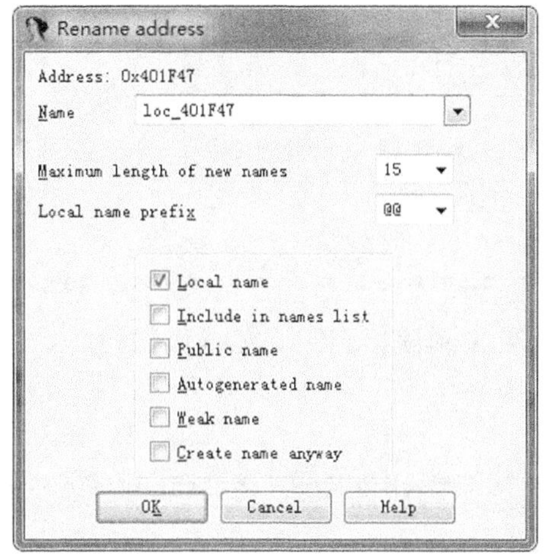

图 7-12　重命名窗口

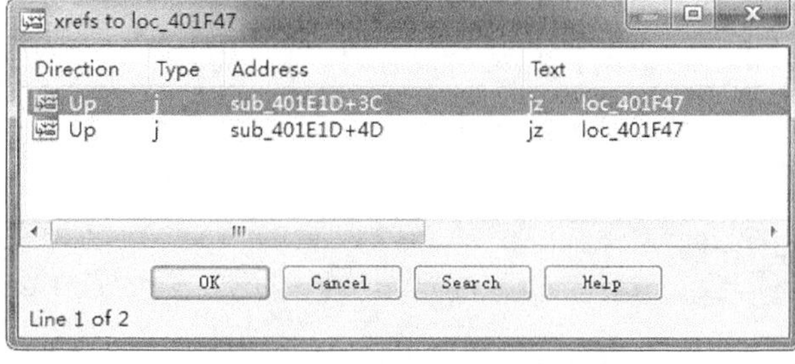

图 7-13　引用到某表示的信息

在图 7-13 中，显示了所有引用到标号 loc_401f47 的指令，其中“Directory”列表示引用该标识指令的位置，图中显示为“Up”，表示引用该标识的指令在该标识的上方；“Type”列表示引用该标识的类型，图中显示为“j”，表示这是一个 jmp 系列的标识，此处还可以是“p”，表示是一个 call 的标识；“Address”列表示引用该标识的位置，在图中“sub_401e1d+3c”表示这条引用是由 sub_401e1d 这个子程序 3c 偏移处引用的；“Text”列表示引用此标识处的指令，从图中可以看出是两条“jz”指令引用了该标识。

除了可以使用“xrefs”列表来查看对该标签的引用以外，还可以通过 IDA 中的注释来进行查看。在 IDA 中，所有的引用 IDA 都会以注释的形式进行标注，如图 7-14 所示。

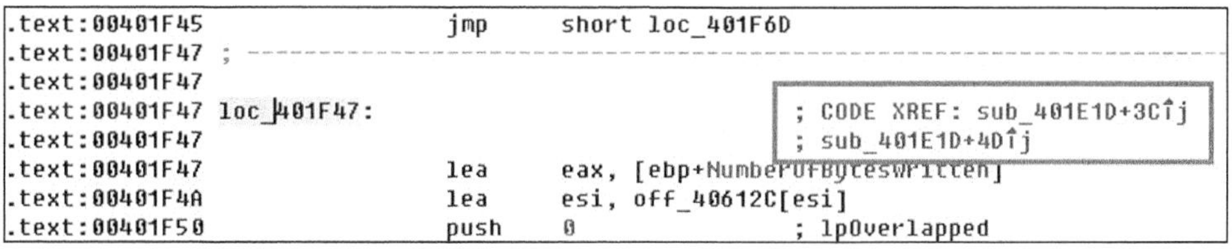

```
.text:00401F45                 jmp     short loc_401F6D
.text:00401F47 ; ---------------------------------------------------------------
.text:00401F47
.text:00401F47 loc_401F47:                             ; CODE XREF: sub_401E1D+3C↑j
.text:00401F47                                         ; sub_401E1D+4D↑j
.text:00401F47                 lea     eax, [ebp+NumberOfBytesWritten]
.text:00401F4A                 lea     esi, off_40612C[esi]
.text:00401F50                 push    0               ; lpOverlapped
```

图 7-14　注释中的引用提示

在图 7-14 中，“CODE XREF: sub_401E1D+3Cj”同样也表示这个引用是从 sub_401E1D 子程序的第 34 字节处跳转而来的，其中的“j”也表示跳转的意思。当标识引用注释无法显示所有引用时，只能以“……”（省略号）的方式进行显示，此时仍然需要使用“xrefs”列表来查看完整的引用列表。

注意：当选中某个标识后，标识会以高亮的黄色进行显示，引用该标识的位置也会以高亮的黄色显示。如果跳转指令比较近，用此方式可以很快地看到相关的指令；如果离得非常远，那么只能不断地滚动反汇编代码来查看何处高亮显示了，这种方式非常辛苦。

在图 7-14 中，显示的是关于代码的引用。除了代码的引用以外，还有关于数据的引用，如图 7-15 所示。

```
                 align 4
; char a___[]
a___             db '...',0              ; DATA XREF: sub_401E1D+BF↑o
; char aProgramNameUnk[]
aProgramNameUnk db '<program name unknown>',0 ; DATA XREF: sub_401E1D+7D↑o
                 align 4
; char aGetlastactivep[]
aGetlastactivep db 'GetLastActivePopup',0 ; DATA XREF: ___crtMessageBoxA+3D↑o
                 align 4
```

图 7-15 对数据的引用

当动态调试到某个地址时，往往可能会需要 IDA 来配合阅读它具体的反汇编代码。这时，需要在 IDA 的反汇编窗口中直接跳转到某个指定的地址处去阅读相应的反汇编代码。IDA 提供了功能丰富的跳转菜单，如图 7-16 所示。

注意：双击反汇编代码后的标号或者反汇编代码中的 xref 注释，可以跳转到相应的标号位置或者引用位置。

在调试器中得到指定的地址时，就需要 IDA 可以快速到达指定的地址，此时需要使用“Jump by address…”菜单项，或者在反汇编窗口中直接按下“G”键，就会出现“跳转到指定地址”的窗口（似于 OD 的 Ctrl + G 的快捷键），在其中输入指定的地址，IDA 就会显示指定地址的反汇编代码。

在阅读反汇编代码时，逆向人员会分段进行阅读或者分函数进行阅读。在分析某个函数的代码时，可以对函数中的变量进行重命名，并在某些关键的代码上加上注释。添加注释的方法是将光标放到要添加注释对应的反汇编代码上，按下“:”键（冒号，Shift + ;），此时就可以为反汇编的关键代码添加注释。

在 IDA 中，反汇编代码是逐行紧挨着显示在一起的，这样并不利于阅读，此时单击菜单的“Options”→“General”打开“IDA Options”对话框，在“Disassembly”页签下选中“Basic block boundaries”，设置如图 7-17 所示。这样 IDA 在显示反汇编代码时会将代码按块使用空行隔开。

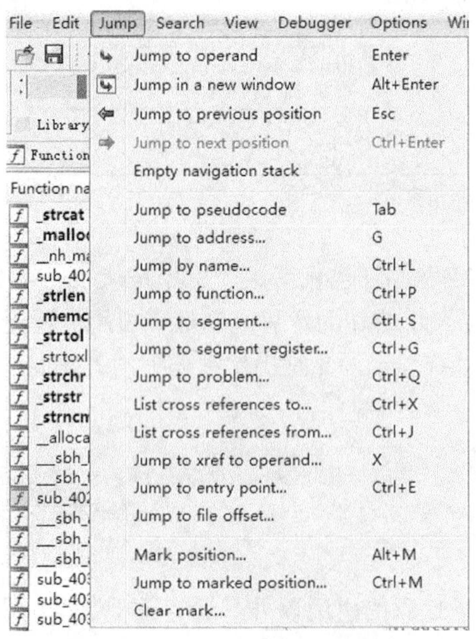

图 7-16 IDA 中提供的跳转菜单

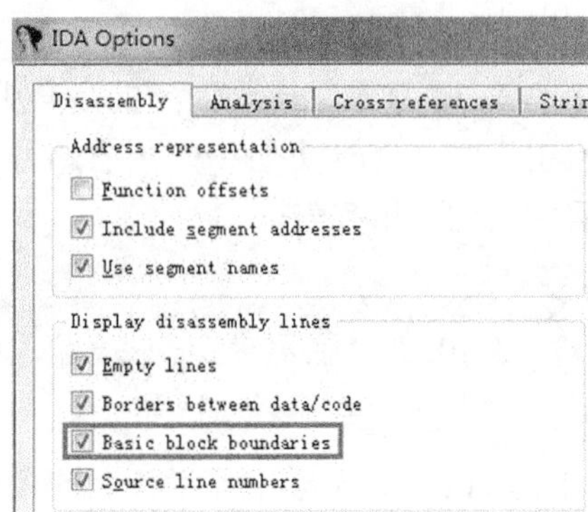

图 7-17 按块显示反汇编代码

在了解某个函数的功能时，可以给函数名进行重命名，这样可以方便以后在“function name”窗口中找到已经分析完的函数。而且对于函数的重命名也是全局性的，只要将函数重命名后，在反汇编中，所有对该函数的调用都会变为重命名后的函数名。

在反汇编代码中，除了有跳转功能以外，还有丰富的搜索功能，IDA 的搜索依靠菜单“Search”下的各个子菜单。IDA 支持对文件的搜索、对二进制的搜索、对立即数的搜索等，同时可以设置“向上”或“向下”的搜索方向，满足逆向分析人员的各种需求。

很多程序为了防止被破解，加入了花指令。所谓花指令，是在代码中插入了数据，使得反汇编引擎错误地将数据解析成为代码，因此从错误解析的位置开始往后的反汇编代码都会被错误地进行解析。它是一种常用的对抗静态分析的手段。IDA 是交互式的反汇编工具，当逆向者发现 IDA 错误地将代码解析成为了数据或者错误地将数据解析成为了代码时，可以通过快捷键“C”和快捷键“D”，在数据和代码之间进行解析，如图 7-18 所示。

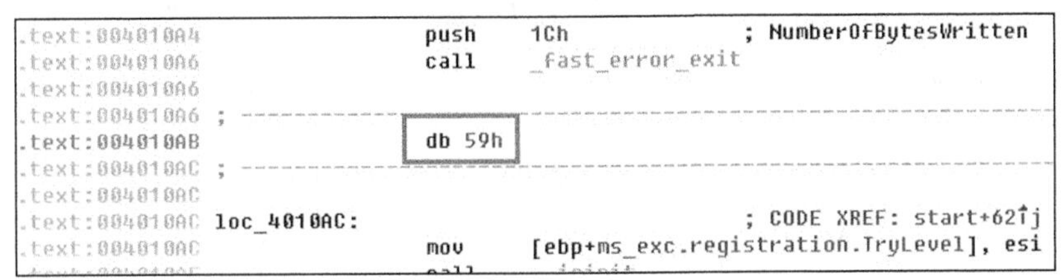
.text:004010A4 push 1Ch ; NumberOfBytesWritten
.text:004010A6 call _fast_error_exit
.text:004010A6
.text:004010A6 ;
.text:004010AB db 59h
.text:004010AC ;
.text:004010AC
.text:004010AC loc_4010AC: ; CODE XREF: start+62↑j
.text:004010AC mov [ebp+ms_exc.registration.TryLevel], esi

图 7-18 解析错误的代码

在图 7-18 中，在 CALL 指令后存在一个字节数据的定义 db 59h，假如逆向人员认为此处是 IDA 解析错误的部分，此处应该是一条指令，则逆向人员可以在此处按下“C”键，将其转换为代码，如图 7-19 所示。

```
.text:004010A4                push    1Ch             ; NumberOfBytesWritten
.text:004010A6                call    _fast_error_exit
.text:004010A6
.text:004010AB ; ---------------------------------------------------------------
.text:004010AB                pop     ecx
.text:004010AB
.text:004010AC
.text:004010AC loc_4010AC:                             ; CODE XREF: start+62↑j
.text:004010AC                mov     [ebp+ms_exc.registration.TryLevel], esi
```

图 7-19 手动解析的代码

从图 7-19 中可以看出，原来定义为 59h 的字节被转换为 pop ecx 的指令。

当然，也可以将错误解析的代码转换为数据，只要在相应的地址处按快捷键“D”，即可将代码转换为数据，重复按下快捷键“D”，数据可以在字节、字和双字 3 种类型之间进行转换。如果在转换的同时希望在浮点型等类型之间转换，可以在菜单“Options”→“Setup data types”下进行设置，如图 7-20 所示。

图 7-20 中，左侧部分可以对当前的数据类型进行设置，右侧部分设置按“d”快捷键时切换的数据类型。

在分析反汇编代码时，会看到各种数据，通常情况下看到的数据是十六进制的，如图 7-21 所示。

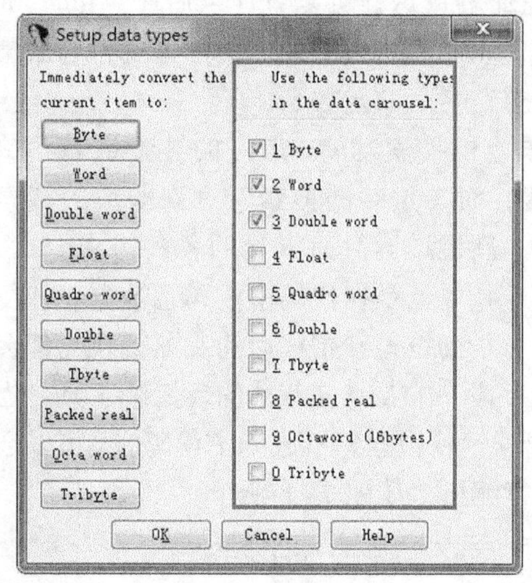

图 7-20　数据转换的列表

```
.text:00401055                 push    eax
.text:00401056                 mov     large fs:0, esp
.text:0040105D                 sub     esp, 58h
.text:00401060                 push    ebx
.text:00401061                 push    esi
```

图 7-21　代码中的数据为十六进制

IDA 为逆向人员准备了查看计算机常用数据的方式，选中图 7-22 中的 58h 数值，然后单击右键，可以根据反汇编代码的上下文来选择合适的数据表示方式，使用 IDA 可以轻松地完成进制之间的转换。

IDA 同样可以对代码或数据进行修改，虽然它的主要功能不是进行修改，但是它依然提供了此功能。在菜单“Edit”→“Patch program”的子菜单下可以选择修改数据或代码，如图 7-23 所示。

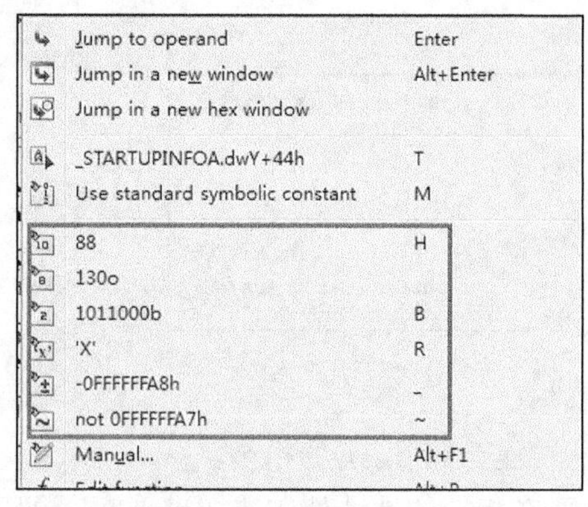

图 7-22　IDA 中常用的数值表示方式

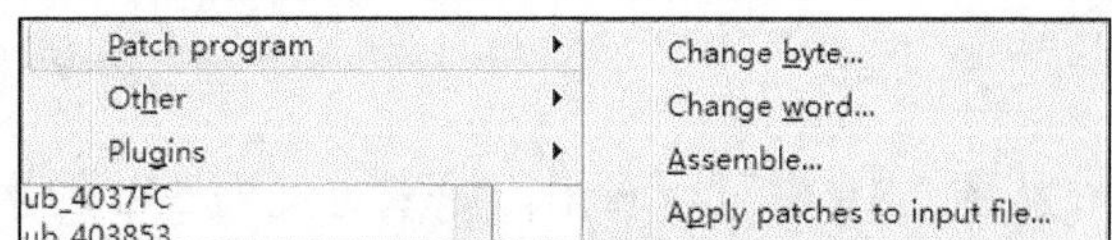

图 7-23　IDA 的 Patch 功能

3．十六进制编辑窗口（Hex View）

在 IDA 中提供了十六进制编辑窗口（Hex View-A），该十六进制编辑窗口中的地址是虚拟地址，而不是在磁盘上的文件偏移地址。在十六进制窗口滚动数据，IDA View 窗口中的反汇编代码也会同样跟着进行移动。

4．字符串窗口和函数窗口

（1）字符串窗口（Strings Window）

通常情况下，一个功能很小的软件也会反汇编出非常多的反汇编代码，而如果要逐行阅读反汇编代码，简直是一项不可能的事情。那么要快速定位到程序的功能，就必须查找一些相关特征的内容来帮助逆向分析人员在大量的反汇编代码中定位真正需要的反汇编代码。

字符串则可以帮助逆向分析人员完成这一点。还记得在介绍 OD 时搜索字符串的功能吗？同样，在 IDA 中查找某个具体功能的反汇编代码时，仍然首先考虑通过查找字符串来定位反汇编代码。IDA 提供了字符串参考的窗口，但是它默认并没有被打开，单击菜单的“View”→“Open subviews”→“Strings”，可以打开字符串参考窗口，如图 7-24 所示。

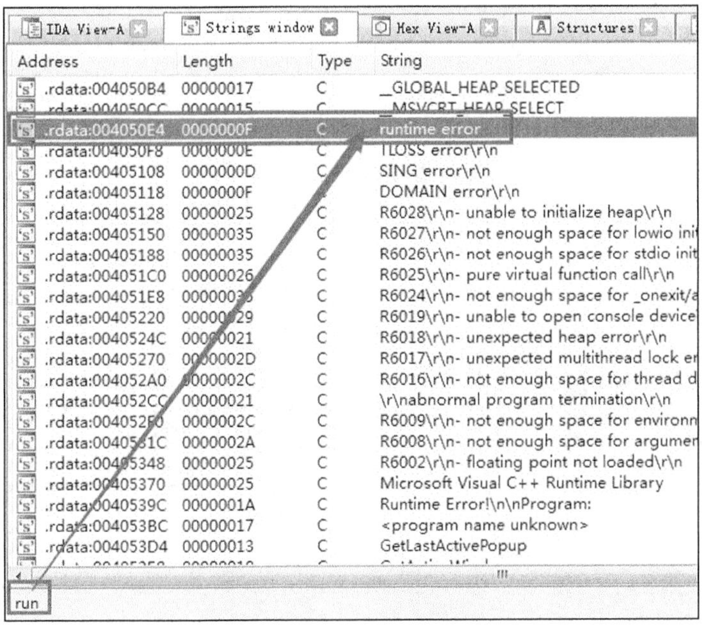

图 7-24 IDA 的字符串参考窗口

字符串窗口中显示了字符串所在的节区地址（Address）、字符串的长度（Length）、字符串的类型（Type）以及字符串本身（String）。Type 表示字符串的类型，在不同的编程语言中，对于字符串的存储方式是不相同的，比如 C 语言中的字符串是以 NULL 字符结尾的、DOS 中的字符串是以$结尾的等。IDA 会自动对字符串的类型进行识别，在字符串窗口单击右键，选择“Setup”菜单项会打开“Setup strings window”窗口，该窗口用于设置字符串的类型。

在字符串窗口列表中，为了快速地找到自己要的字符串，可以直接在键盘上输入字符，会在字符串窗口的左下角显示相应的字符，而在字符串窗口中会自动匹配到字符串窗口中。在找到相应的字符串以后，双击字符串就会来到引用字符串对应的 IDA View 窗口处。

在 IDA View 窗口的.rdata 节区（也可能是其他的节区）会显示出字符串，同样字符串可以与数据进行转换，可以在相应的字符串处按下“D”键，将其转换为数据，也可以在数据上按下“A”键来转换为字符串。在 IDA 中会自动为字符串进行命名，命名默认以“A”开头，如图 7-25 所示。

在 IDA 的“Options”→“General”窗口的“Strings”页签可以设置字符串的命名的前缀。

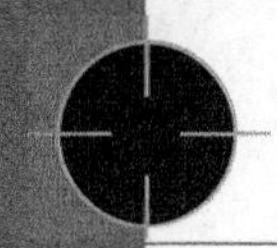


```
.rdata:004050E1                         align 4
.rdata:004050E4 aRuntimeError    db 'runtime error ',0
.rdata:004050F3                         align 4
.rdata:004050F4                         db 0Dh,0Ah,0
.rdata:004050F7                         align 4
.rdata:004050F8 aTlossError      db 'TLOSS error',0Dh,0Ah,0
.rdata:00405106                         align 4
.rdata:00405108 aSingError       db 'SING error',0Dh,0Ah,0
.rdata:00405115                         align 4
.rdata:00405118 aDomainError     db 'DOMAIN error',0Dh,0Ah,0
.rdata:00405127                         align 4
.rdata:00405128 aR6028UnableToI db 'R6028',0Dh,0Ah
.rdata:00405128                         db '- unable to initialize heap',0Dh,0Ah,0
```

图 7-25　IDA View 中显示的字符串

（2）函数窗口（Functions Window）

IDA 可以将分析出的函数进行显示，IDA 分析完成的函数显示在“Function window”中，该窗口默认是显示的，函数窗口如图 7-26 所示。

Functions window

Function name	Segment	Start	Length	Locals	Arguments	R	F	L	S	B	T	=
WinMain(x,x,x,x)	**.text**	**00401000**	**00000019**	**00000000**	**00000010**	**R**	.	.	.	.	**T**	.
TlsCallback_0	.text	00401020	0000001E	00000000	00000008	R	.	.	.	.	.	.
start	.text	00401040	000000F6	00000078	00000000	.	.	L	.	B	.	.
__amsg_exit	.text	00401136	00000022	00000000	00000004	.	.	L	.	.	T	.
_fast_error_exit	.text	0040115B	00000023	00000000	00000004	.	.	L	S	.	T	.
__cinit	.text	0040117F	0000002D			R	.	L	.	.	.	.
_exit	**.text**	**004011AC**	**00000011**	**00000000**	**00000004**	.	.	**L**	.	.	**T**	.
__exit	**.text**	**004011BD**	**00000011**	**00000000**	**00000004**	.	.	**L**	.	.	**T**	.
_doexit	.text	004011CE	00000099	00000004	0000000C	R	.	L	S	.	T	.
__initterm	.text	00401267	0000001A	00000004	00000008	R	.	L	S	.	.	.

图 7-26　IDA 中的函数窗口

在函数窗口中给出了函数的名称（function name）、函数所属的节区（segment）、函数开始的位置（start）、函数的长度（length）、函数局部变量（locals）、函数的参数（arguments）等常用基本信息。

在函数窗口中，通过双击函数可以快速地在 IDA View 窗口中显示出函数对应的反汇编代码，从而依靠函数的名称来找到希望分析函数的反汇编代码。

5．导入表和导出表窗口

（1）导入表窗口（Imports）

导入表窗口中显示的是程序中调用的 API 函数，如果希望快速定位相关功能的反汇编代码，除了字符串参考以外，也可以使用 API 函数。导入表窗口如图 7-27 所示。

在导入表窗口中可以使用类似字符串窗口中搜索字符串的方式来快速地查找被导入的 API 函数。

在导入表窗口中，双击某个 API 函数即可进入导入表在 IDA View 窗口中的位置，如图 7-28 所示。

在进入反汇编窗口中后，通过 API 函数对应的交叉引用可以快速定位到调用该 API 函数的反汇编代码处。使用 API 进行定位比通过字符串定位多了一个要求，那就是在通过 API 函数进行定位时需要了解 API 函数的作用。由此可见，在进行逆向分析时，对软件开发知识的掌握也是有一定要求的。

Address	Ordinal	Name	Library
00405000		HeapDestroy	KERNEL32
00405004		GetStringTypeW	KERNEL32
00405008		GetModuleHandleA	KERNEL32
0040500C		GetStartupInfoA	KERNEL32
00405010		GetCommandLineA	KERNEL32
00405014		GetVersion	KERNEL32
00405018		ExitProcess	KERNEL32
0040501C		TerminateProcess	KERNEL32
00405020		GetCurrentProcess	KERNEL32
00405024		UnhandledExceptionFilter	KERNEL32
00405028		GetModuleFileNameA	KERNEL32
0040502C		FreeEnvironmentStringsA	KERNEL32

图 7-27 IDA 的导入表窗口

```
.idata:00405040                 extrn SetHandleCount:dword ; CODE XREF: __ioinit+19D↑p
.idata:00405040                                         ; DATA XREF: __ioinit+19D↑r
.idata:00405044 ; HANDLE __stdcall GetStdHandle(DWORD nStdHandle)
.idata:00405044                 extrn GetStdHandle:dword ; CODE XREF: __ioinit+158↑p
.idata:00405044                                         ; sub_401E1D+143↑p
.idata:00405044                                         ; DATA XREF: ...
.idata:00405048 ; DWORD __stdcall GetFileType(HANDLE hFile)
.idata:00405048                 extrn GetFileType:dword ; CODE XREF: __ioinit+FF↑p
.idata:00405048                                         ; __ioinit+166↑p
.idata:00405048                                         ; DATA XREF: ...
.idata:0040504C ; DWORD __stdcall GetEnvironmentVariableA(LPCSTR lpName, LPSTR lpBuffer, DWORD nSize
.idata:0040504C                 extrn GetEnvironmentVariableA:dword
.idata:0040504C                                         ; CODE XREF: sub_401A6D+54↑p
.idata:0040504C                                         ; DATA XREF: sub_401A6D+54↑r
.idata:00405050 ; BOOL __stdcall GetVersionExA(LPOSVERSIONINFOA lpVersionInformation)
```

图 7-28 导入表在反汇编窗口中的位置

（2）导出表窗口（Exports）

IDA 的导出表输出了可执行文件导出的函数，对于分析不提供导出函数的 EXE 文件而言，则会显示出程序的入口文件，如图 7-29 所示。

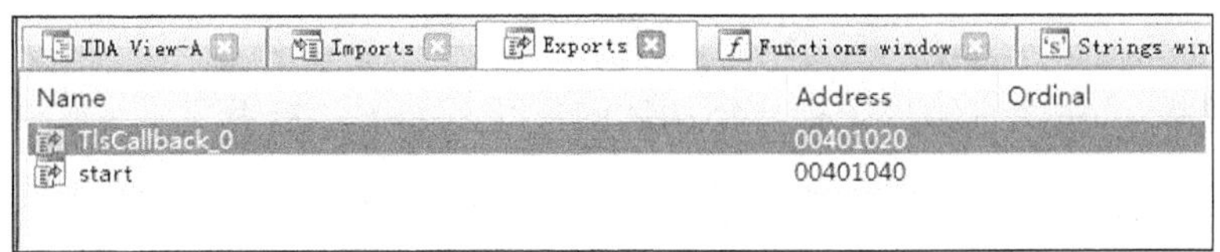

图 7-29 IDA 的导出表窗口

在图 7-29 中显示了两个函数，这两个函数都不是导出函数，TlsCallBack_0 是一个 TLS 函数，start 是入口函数。当分析程序时，要快速回到程序的入口处，可以通过 Exports 的 start 函数来回到程序的入口函数。

6．强大的 F5 键功能

IDA 下有多种多样的插件，有关于格式识别的，有补丁分析的等。其中有一款插件特别有特色，也十分让逆向分析人员所喜爱（尤其是对刚刚开始研究逆向分析的人员），它叫作 Hex-Rays Decompiler。该插件可以将反汇编代码直接反编译成为高级语言。它的使用非常简单，只要在相应的反汇编代码上按下 F5 键，即可出现相应的高级语言。

在 IDA 中随便找一处反汇编代码，然后按下 F5 键，可以看到如图 7-30 所示的高级语言代码。经过该插件分析的代码类似于 C/C++语言的代码，对于功能相对独立的反汇编代码函

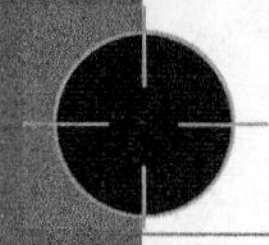

数，可以通过 IDA 的 F5 功能将其转换为高级语言后，进行简单的修改，再来使用。

```
IDA View-A | Pseudocode-A | Imports | Exports
void __cdecl start()
{
  DWORD v0; // eax@1
  signed int v1; // eax@4
  HMODULE v2; // eax@7
  int v3; // eax@7
  DWORD lpCmdLine; // [sp+10h] [bp-64h]@3
  struct _STARTUPINFOA StartupInfo; // [sp+18h] [bp-5Ch]@3
  CPPEH_RECORD ms_exc; // [sp+5Ch] [bp-18h]@3
  int v7; // [sp+74h] [bp+0h]@6

  v0 = GetVersion();
  dword_408528 = BYTE1(v0);
  dword_408524 = (unsigned __int8)v0;
  dword_408520 = BYTE1(v0) + ((unsigned __int8)v0 << 8);
  dword_40851C = v0 >> 16;
  if ( !sub_401BB5(0) )
    fast_error_exit(0x1Cu);
  ms_exc.registration.TryLevel = 0;
  _ioinit();
  dword_408A18 = GetCommandLineA();
  dword_408504 = (char *)__crtGetEnvironmentStringsA();
  _setargv();
  _setenvp();
  _cinit();
  StartupInfo.dwFlags = 0;
  GetStartupInfoA(&StartupInfo);
```

图 7-30　F5 功能生成的高级语言

在高版本的 IDA 中还支持 F4 键和 Ctrl + F4 组合键两个功能，它们的功能与 F5 键功能类似，读者可以自行进行测试。

7．其他窗口

在 IDA 中还有一些常用的窗口，比如结构体窗口（Structures）、枚举窗口（Enums）等。通过定义结构体或枚举，可以将它们应用在反汇编中，从而能够更好地提高反汇编的可读性。对于定义结构体和枚举的方法，在 IDA 的相关窗口中给出了简单的操作方法，比如打开结构体窗口。在结构体的最上方给出了操作结构体的方法，如图 7-31 所示。

```
00000000 ; Ins/Del : create/delete structure
00000000 ; D/A/*   : create structure member (data/ascii/array)
00000000 ; N       : rename structure or structure member
00000000 ; U       : delete structure member
```

图 7-31　结构体的操作

7.1.3　IDA 的脚本功能

IDA 支持通过脚本来辅助进行逆向分析，这样可以大大地提高 IDA 的逆向分析效率。目前 IDA 有两种使用非常流行的脚本，一种是 IDC，另外一种是 IDPy。前一种是类似于 C 语言的脚本，后一种是 Python 的脚本。本节通过一个简单的实例来介绍这两种脚本的使用。

在前面章节中，我们通过手动完成了一次简单的加壳任务，读者是否还记得？加壳时通过对代码节中的代码进行了异或，然后修改了程序的入口，在入口处对异或后的代码进行了解码，然后跳转到原始入口处。本节使用 IDA 打开该手动加壳的文件，然后使用两种不同的 IDA 脚本来对它进行解码工作。

1．分析程序

首先使用 IDA 打开手动加壳的程序，IDA 经过一番分析以后停留在加壳后的入口点处，如图 7-32 所示。

```
.Pack:00404000                 public start
.Pack:00404000 start           proc near
.Pack:00404000                 pusha
.Pack:00404001                 mov     esi, offset dword_401000
.Pack:00404006                 mov     ecx, 30h
.Pack:0040400B
.Pack:0040400B loc_40400B:                             ; CODE XREF: start+F↓j
.Pack:0040400B                 xor     byte ptr [esi], 0CCh
.Pack:0040400E                 inc     esi
.Pack:0040400F                 loop    loc_40400B
.Pack:00404011                 popa
.Pack:00404012                 mov     eax, offset dword_401000
.Pack:00404017                 jmp     eax
.Pack:00404017 start           endp
```

图 7-32　加壳程序的入口点

此段代码是我们自己在前面的章节中打造的，关键的部分在于从地址 0x00401000 开始的 0x30 字节进行异或，这样就可以完成解码了。观察一下解码前地址 0x00401000 处的数据，双击图 7-32 中标号为 dword_401000 后，会自动跳转到地址 0x00401000 处，如图 7-33 所示。

```
.text:00401000                 ;org 401000h
.text:00401000                 assume es:FLAT, ss:FLAT, ds:FLAT, fs:nothing, gs:nothing
.text:00401000 dword_401000    dd 0ECA4CCA6h, 0A4CC8CECh, 0CC8CECCCh, 0CB24CCA6h, 0A6CCCCCCh
.text:00401000                                         ; DATA XREF: start+1↓o
.text:00401000                                         ; start+12↓o
.text:00401000                 dd 0CCCA24CCh, 0E933CCCCh, 0CC8CFCCCh, 0FCC4E933h, 0CCCCCC8Ch
.text:00401000                 dd 2 dup(0CCCCCCCCh), 3F4h dup(0)
.text:00401000 _text           ends
.text:00401000
```

图 7-33　解码前的 00401000 地址

图 7-33 中，地址 0x00401000 中是很多的数据，说明这里是一些数据，在此处按下“C”键，将其转换为代码进行查看，如图 7-34 所示。

```
.text:00401000                 assume es:FLAT, ss:FLAT, ds:FLAT, fs:nothing, g
.text:00401000
.text:00401000 loc_401000:                             ; DATA XREF: start+1↓o
.text:00401000                                         ; start+12↓o
.text:00401000                 cmpsb
.text:00401001                 int     3               ; Trap to Debugger
.text:00401002                 movsb
.text:00401003                 in      al, dx
.text:00401004                 in      al, dx
.text:00401005                 mov     esp, cs
.text:00401007                 movsb
.text:00401008                 int     3               ; Trap to Debugger
.text:00401009                 in      al, dx
.text:0040100A                 mov     esp, cs
.text:0040100C                 cmpsb
.text:0040100D                 int     3               ; Trap to Debugger
.text:0040100E                 and     al, 0CBh
.text:0040100E ; ---------------------------------------------------------------
.text:00401010                 db 0CCh ;
.text:00401011                 db 0CCh ;
```

图 7-34　未解码的代码

图 7-34 中的代码并不是原来真正的代码，因为它并没有被解码，它是根据未解码的十六进制进制数据生成的反汇编代码。下面笔者通过 IDC 和 IDPy 两种脚本来介绍如何对其进行解码。

2．解码脚本

（1）IDPy 脚本

IDPy 脚本是以 Python 为基础来完成脚本的编写。Python 是一门非常流行且非常实用的脚本语言。这里直接给出 IDPy 脚本的代码，然后来进行解码工作。IDPy 脚本如下：

```
from idaapi import *

address = 0x401000
i = 0
while i < 0x30:
    c = Byte(address)
    c = c ^ 0xcc
    PatchByte(address, c)
    address = address + 1
    i = i + 1
```

将以上脚本以.py 为扩展名保存，然后在 IDA 的菜单中通过“File”→“Script file”选择该脚本，IDA 会自动运行该脚本。运行完该脚本以后，地址 0x00401000 处的反汇编代码正常解码，如图 7-35 所示。

```
.text:00401000
.text:00401000 loc_401000:                              ; DATA XREF: start+1↓o
.text:00401000                                          ; start+12↓o
.text:00401000                 push    0
.text:00401002                 push    offset aBinaryDiy ; "Binary Diy"
.text:00401007                 push    offset aHelloPeBinaryD ; "Hello,PE Binary Diy!!"
.text:0040100C                 push    0
.text:0040100E                 call    MessageBoxA
.text:00401013                 push    0
.text:00401015                 call    ExitProcess
.text:0040101A ; [00000006 BYTES: COLLAPSED FUNCTION MessageBoxA. PRESS KEYPAD CTRL-"+" TO EXP
.text:00401020 ; [00000006 BYTES: COLLAPSED FUNCTION ExitProcess. PRESS KEYPAD CTRL-"+" TO EXP
.text:00401026                 db    0
```

图 7-35　解码后的反汇编代码

在运行 IDPy 脚本之前，我们已经手动地将地址 0x00401000 处的数据转换为了代码，那么在解码之后，此处的内容依然是代码。如果在运行脚本之前，地址 0x00401000 处的内容是数据的话，那么在解码后一样是数据。重新用 IDA 打开该可执行文件，再次运行脚本，查看 0x00401000 处的内容，如图 7-36 所示。

```
.text:00401000 _text           segment para public 'CODE' use32
.text:00401000                 assume cs:_text
.text:00401000                 ;org 401000h
.text:00401000                 assume es:FLAT, ss:FLAT, ds:FLAT, fs:nothing, gs:nothing
.text:00401000 dword_401000    dd 2068006Ah, 68004020h, 402000h, 7E8006Ah, 6A000000h
.text:00401000                                  ; DATA XREF: start+1↓o
.text:00401000                                  ; start+12↓o
.text:00401000                 dd 6E800h, 25FF0000h, 403000h, 300825FFh, 40h, 3F6h dup(0)
.text:00401000 _text           ends
.text:00401000
```

图 7-36　解码后的数据

对比图 7-36 和图 7-33，图 7-36 的数据是经过异或解码过的，但是由于解码之前它是数据，因此在解码之后，它依然保持数据的形式。如果要转换为代码，需要在地址 0x00401000 处按下“C”键，进行手动转换。

（2）IDC 脚本

IDC 脚本是使用类似于 C 语言的脚本，这里给出 IDC 脚本的使用方法。用 IDA 重新打开该可执行文件，在菜单中通过“File”→“Script file”来打开 IDC 脚本，脚本如下：

```
#include <idc.idc>

static main()
{
    auto address, i, c;

    address = 0x401000;

    for ( i = 0; i < 0x30; i = i  + 1)
    {
        c = Byte(address);
        c = c ^ 0xcc;
        PatchByte(address, c);
        address = address + 1;
    }

    MakeCode(0x401000);
}
```

IDC 的脚本被定义在一个 static main()函数中，这里与 C 语言有所不同。auto 用来声明三个变量。在代码中，使用了三个 IDA 提供的函数，分别是 Byte()、PatchByte()和 MakeCode()。它们是 IDA 提供给脚本使用的函数，这些函数在 IDC 和 IDPy 中都可以使用，这里简单地对这三个函数进行介绍。

```
long Byte(long ea);                          // 得到一个有效地址的字节
success PatchByte(long ea,long value);       // 改变一个有效地址的值
    long MakeCode(long ea);                  // 把指定地址的内容转换为代码
```

由于 IDC 脚本中使用了 MakeCode()函数，因此它会自动地将地址 0x00401000 处的数据转换为代码。

IDA 的功能非常强大，不是短短一章就能将 IDA 的全部功能介绍完的，即使是大部头的书籍也无法将 IDA 介绍完整。至于对 IDA 的学习，只能在平时的使用当中逐步地提高。关于 IDA 的使用就介绍到这里。

7.2　C 语言代码逆向基础

在学习编程的过程中，需要阅读大量的源代码才能提高自身的编程能力。同样，在做产品的时候也需要大量参考同行的软件才能改善自己产品的不足。如果发现某个软件的功能非常不错，是急需融入自己软件产品的功能，而此时又没有源代码可以参考，那么程序员唯一能做的只有通过逆向分析来了解其实现方式。除此之外，当使用的某个软件存在 Bug，而该软件已经不再更新时，程序员能够做的并不是去寻找同类的其他软件，而是可以通过逆向分析来自行修正软件的 Bug，从而很好地继续使用该软件。逆向分析程序的原因很多，除了前面所说的情况外，还有些情况是不得不进行逆向分析的，比如病毒分析、漏洞分析等。

可能病毒分析、漏洞分析等高深技术对于有我们初学者来说目前还无法达到，但是其基础知识部分都离不开逆向知识。下面借助 IDA 来分析由 VC 编译连接 C 语言的代码，从而学习掌握逆向分析的基础知识。

7.2.1　函数的识别

在使用 C 语言编写程序时，是以函数为单位进行编写的。所谓函数（或子程序），是一段代码，函数有固定的入口和出口。所谓入口，就是函数的参数；所谓出口，就是返回给调用函数的结果。

在通过阅读反汇编代码进行逆向分析时，第一步是要对函数进行识别。这里的识别，指的是确定函数的开始位置、结束位置、参数个数、返回值以及函数的调用方式。在逆向的过程中，不会把单个的反汇编指令作为最基本的逆向分析单位，因为一条指令只能表示出 CPU 执行的是何种操作，而无法明确反映出一段程序功能的所在。就像在用 C 语言进行编程时，很难不通过代码的上下文关系去了解一条语句的含义一样。

因此，在逆向时一般是先来对函数进行识别，然后分析函数中的控制结构，再去分析控制结构中的各种表达式，从而了解整个程序的算法。

1．简单的 C 语言函数调用程序

为了方便介绍关于函数的识别，这里写一个简单的 C 语言程序，用 VC6 进行编译连接。C 语言的代码如下：

```
#include <stdio.h>
#include <windows.h>

int test(char *szStr, int nNum)
{
    printf("%s, %d \r\n", szStr, nNum);
    MessageBox(NULL, szStr, NULL, MB_OK);

    return 5;
}

int main(int argc, char **argv)
{
    int nNum = test("hello", 6);

    printf("%d \r\n", nNum);

    return 0;
}
```

在程序代码中，自定义函数 test()由主函数 main()所调用，test()函数的返回值为 int 类型。在 test()函数中调用了 printf()函数和 MessageBox()函数。将代码在 VC6 下使用 Debug 方式进行编译连接来生成一个可执行文件，对该可执行文件通过 IDA 进行逆向分析。

注意：以上代码的扩展名为“.c”，而不是“.cpp”。本节用来进行逆向分析的例子均使用 Debug 方式在 VC6 下进行编译连接。关于 Release 方式编译连接后的逆向分析，请读者根据书中的思路自行进行。

2．函数的逆向分析

大多数情况下逆向分析人员是针对自己比较感兴趣的程序部分进行逆向分析，分析部分功能或者部分关键函数。因此，确定函数的开始位置和结束位置是非常重要的。不过通常情况下，函数的起始位置和结束位置都可以通过反汇编工具自动进行识别，只有在代码被刻意改变后才需要逆向分析人员自己进行识别。IDA 可以很好地识别函数的起始位置和结束位置，如果在逆向分析的过程中发现有分析不准确的情况，可以通过 Alt + P 快捷键打开“Edit function”（编辑函数）对话框来调整函数的起始位置和结束位置。“Edit function”对话框的界面如图 7-37 所示。在图 7-37 中，“Start address”和“End address”可以设定函数的起始地址和结束地址。

Edit function

Name of function　sub_401020

Start address　.text:00401020

End address　.text:0040107C

Color　DEFAULT

Enter size of (in bytes)

Local variables area　0x4C

Saved registers　0x4

Purged bytes　0x0

Frame pointer delta　0x0

Does not return

Far function

Library func

Static func

BP based frame

BP equals to SP

OK　Cancel　Help

图 7-37　Edit Function 对话框

用 IDA 打开 VC6 编译好的程序，在打开的时候，IDA 会有一个提示框，如图 7-38 所示。该提示框询问是否使用 PDB 文件。PDB 文件是程序数据库文件，是编译器生成的一个文件，方便程序调试使用。PDB 包含函数地址、全局变量的名字和地址、参数和局部变量的名字和在栈中的偏移量等很多信息。在这里选择“Yes”按钮。

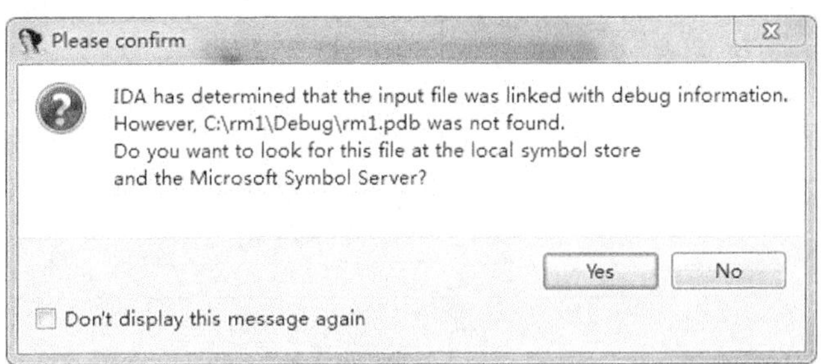

图 7-38　提示是否使用 PDB 文件

注意：在分析其他程序的时候，通常没有 PDB 文件，那么这里会选择“No”按钮。在有 PDB 和无 PDB 文件时，IDA 的分析结果是截然不同的。请读者在自己分析时，尝试对比不加载编译器生成的 PDB 文件和加载了 PDB 文件 IDA 生成的反汇编代码的差异。

当 IDA 完成对程序的分析后，IDA 直接找到了 main()函数的跳表项，如图 7-39 所示。

```
.text:00401005 ; =============== S U B R O U T I N E =======================================
.text:00401005
.text:00401005
.text:00401005 _main_0         proc near               ; CODE XREF: _mainCRTStartup+E4↓p
.text:00401005                 jmp     _main
.text:00401005 _main_0         endp
.text:00401005
.text:0040100A ; [00000005 BYTES: COLLAPSED FUNCTION j__test. PRESS KEYPAD CTRL-"+" TO EXF
```

图 7-39　main 函数的跳表

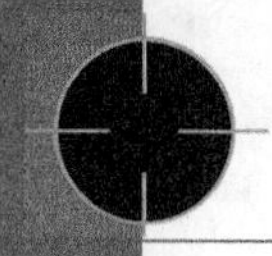

所谓 main()函数的跳表项，意思是这里并不是 main()函数真正的起始位置，而是该位置是一个跳表，用来统一管理各个函数的地址。从图 7-39 中看到，有一条 jmp _main 的反汇编代码，这条代码用来跳向真正的 main()函数的地址。在 IDA 中查看图 7-39 上下位置，可能只能找到这么一条跳转指令。在图 3-39 的靠下部分有一句注释为“[00000005 BYTES: COLLAPSED FUNCTION j__test. PRESS KEYPAD "+" TO EXPAND]”。这里是可以展开的，在该注释上单击右键，出现右键菜单后选择“Unhide”项，则可以看到被隐藏的跳表项，如图 7-40 所示。

```
; =============== S U B R O U T I N E =======================================

_main_0         proc near               ; CODE XREF: _mainCRTStartup+E4↓p
                jmp     _main
_main_0         endp

; =============== S U B R O U T I N E =======================================

; Attributes: thunk

; int __cdecl j__test(LPCSTR lpText, int)
j__test         proc near               ; CODE XREF: _main+1F↓p
                jmp     _test
j__test         endp
```

图 7-40　展开后的跳表

在实际的反汇编代码时，jmp _main 和 jmp _test 是紧挨着的两条指令，而且 jmp 后面是两个地址。至于这里的显示函数形式、_main 和_test 是由 IDA 进行处理的。在 OD 下观察跳表的形式，如图 7-41 所示。

```
00401003     CC              INT3
00401004     CC              INT3
00401005   $. E9 96000000    JMP rm1.004010A0
0040100A   $. E9 11000000    JMP rm1.00401020
0040100F     CC              INT3
00401010     CC              INT3
```


图 7-41　OD 中跳表的指令位置

在图 7-41 中，地址 0x004010A0 是 main()函数的地址，地址 0x00401020 是 test()函数的地址。并不是每个程序都能被 IDA 识别出跳转到 main()函数的跳表项，而且程序的入口点也并非是 main()函数。那么我们首先来看一下程序的入口函数位置。在 IDA 上单击窗口选项卡，选择“Exports”窗口（Exports 窗口是指导出窗口，该窗口用于查看导出函数的地址，但是对于EXE程序来说通常是没有导出函数的，那么这里将显示EXE程序的入口函数），在“Exports”窗口中可以看到_mainCRTStartup，如图 7-42 所示。

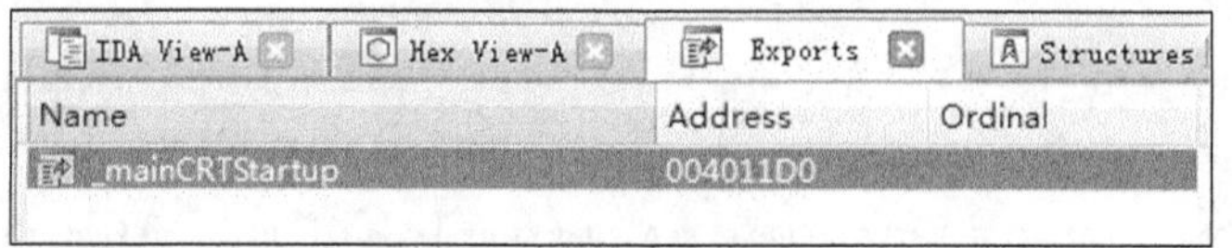

图 7-42　Exports 窗口

_mainCRTStartup 是由 VC 插入的函数，该函数是由 VC 编译后的启动函数，双击_mainCRTStartup 就可以到达启动函数的位置了。在这里说明了在 C 语言中 main()不是程序运行的第一个函数，而是程序员编写程序时的第一个函数，main()函数是由启动函数来调用的。以下是_mainCRTStartup 函数的反汇编代码：

```
.text:004011D0                 public _mainCRTStartup
.text:004011D0 _mainCRTStartup proc near
.text:004011D0
.text:004011D0 var_20          = dword ptr -20h
.text:004011D0 Code            = dword ptr -1Ch
.text:004011D0 ms_exc          = CPPEH_RECORD ptr -18h
.text:004011D0
.text:004011D0                 push    ebp
.text:004011D1                 mov     ebp, esp
.text:004011D3                 push    0FFFFFFFFh
.text:004011D5                 push    offset stru_422148
.text:004011DA                 push    offset __except_handler3
.text:004011DF                 mov     eax, large fs:0
.text:004011E5                 push    eax
.text:004011E6                 mov     large fs:0, esp
.text:004011ED                 add     esp, 0FFFFFFF0h
.text:004011F0                 push    ebx
.text:004011F1                 push    esi
.text:004011F2                 push    edi
.text:004011F3                 mov     [ebp+ms_exc.old_esp], esp
.text:004011F6                 call    ds:__imp__GetVersion@0 ; GetVersion()
.text:004011FC                 mov     __osver, eax
.text:00401201                 mov     eax, __osver
.text:00401206                 shr     eax, 8
.text:00401209                 and     eax, 0FFh
.text:0040120E                 mov     __winminor, eax
.text:00401213                 mov     ecx, __osver
.text:00401219                 and     ecx, 0FFh
.text:0040121F                 mov     __winmajor, ecx
.text:00401225                 mov     edx, __winmajor
.text:0040122B                 shl     edx, 8
.text:0040122E                 add     edx, __winminor
.text:00401234                 mov     __winver, edx
.text:0040123A                 mov     eax, __osver
.text:0040123F                 shr     eax, 10h
.text:00401242                 and     eax, 0FFFFh
.text:00401247                 mov     __osver, eax
.text:0040124C                 push    0
.text:0040124E                 call    __heap_init
.text:00401253                 add     esp, 4
.text:00401256                 test    eax, eax
.text:00401258                 jnz     short loc_401264
.text:0040125A                 push    1Ch
.text:0040125C                 call    fast_error_exit
.text:00401261 ; ---------------------------------------------------------------
.text:00401261                 add     esp, 4
.text:00401264
.text:00401264 loc_401264:                             ; CODE XREF: _mainCRTStartup+88j
.text:00401264                 mov     [ebp+ms_exc.registration.TryLevel], 0
.text:0040126B                 call    __ioinit
.text:00401270                 call    ds:__imp__GetCommandLineA@0 ; GetCommandLineA()
.text:00401276                 mov     __acmdln, eax
.text:0040127B                 call    ___crtGetEnvironmentStringsA
.text:00401280                 mov     __aenvptr, eax
.text:00401285                 call    __setargv
.text:0040128A                 call    __setenvp
.text:0040128F                 call    __cinit
.text:00401294                 mov     ecx, __environ
.text:0040129A                 mov     ___initenv, ecx
.text:004012A0                 mov     edx, __environ
```

```
.text:004012A6                 push    edx
.text:004012A7                 mov     eax, ___argv
.text:004012AC                 push    eax
.text:004012AD                 mov     ecx, ___argc
.text:004012B3                 push    ecx
.text:004012B4                 call    _main_0
.text:004012B9                 add     esp, 0Ch
.text:004012BC                 mov     [ebp+Code], eax
.text:004012BF                 mov     edx, [ebp+Code]
.text:004012C2                 push    edx             ; Code
.text:004012C3                 call    _exit
.text:004012C8 ; ---------------------------------------------------------------
.text:004012C8
.text:004012C8 loc_4012C8:                             ; DATA XREF: .rdata:stru_422148o
.text:004012C8                 mov     eax, [ebp+ms_exc.exc_ptr]
.text:004012CB                 mov     ecx, [eax]
.text:004012CD                 mov     edx, [ecx]
.text:004012CF                 mov     [ebp+var_20], edx
.text:004012D2                 mov     eax, [ebp+ms_exc.exc_ptr]
.text:004012D5                 push    eax             ; ExceptionInfo
.text:004012D6                 mov     ecx, [ebp+var_20]
.text:004012D9                 push    ecx             ; int
.text:004012DA                 call    __XcptFilter
.text:004012DF                 add     esp, 8
.text:004012E2                 retn
```

从反汇编代码中可以看到，main()函数的调用在 004012B4 位置处。启动函数从 004011D0 地址处开始，其间调用 GetVersion()函数获得了系统版本号、调用__heap_init 函数初始化了程序所使用的堆空间、调用了 GetCommandLineA()函数获取了命令行参数、调用了___crtGetEnvironmentStringsA 函数获得了环境变量字符串……在完成了一系列启动所需的工作后，终于在 004012B4 处调用了_main_0。由于我们使用的是调试版且有 PDB 文件，因此在反汇编代码中可以直接显示出程序中的符号，在分析其他程序时是没有 PDB 文件的，这样_main_0 就会显示为一个地址而不是一个符号了。不过我们依然可以通过规律来找到_main_0 所在的位置。

没有 PDB 文件如何找到_main_0 所在的位置呢？在 VC 中，启动函数会依次调用 GetVersion()、GetCommandLineA()、GetEnvironmentStringsA()等函数，而这一系列函数即是一串明显的特征，在调用完 GetEnvironmentStringA()后不远处会有 3 个 push 操作，这 3 个 push 操作分别是 main()函数的 3 个参数，具体代码如下：

```
.text:004012A0                 mov     edx, __environ
.text:004012A6                 push    edx
.text:004012A7                 mov     eax, ___argv
.text:004012AC                 push    eax
.text:004012AD                 mov     ecx, ___argc
.text:004012B3                 push    ecx
.text:004012B4                 call    _main_0
```

该反汇编代码对应的 C 代码如下：

```
#ifdef WPRFLAG
            __winitenv = _wenviron;
            mainret = wmain(__argc, __wargv, _wenviron);
#else  /* WPRFLAG */
            __initenv = _environ;
            mainret = main(__argc, __argv, _environ);
#endif  /* WPRFLAG */
```

该部分代码是从 CRT0.C 中得到的，可以看到，启动函数在调用 main()函数时有 3 个参数。

接着上面的内容继续，在 3 个 push 操作后的第一个 call 处，即是_main_0 函数的地址。再往_main_0 下面看，_main_0 后地址为 004012C3 的指令为 call_exit。在确定了程序是由 VC6 编写的，那么找到对_exit 的调用后，往上找一个 call 指令就找到了_main_0 所对应的地址。大家可以依照该方法进行测试。

在我们顺利找到_main_0 函数后，直接双击反汇编的_main_0，到达了函数跳转表处，函数跳转表在前面已经提到，这里不再复述。在跳转表中双击_main，即可来到真正的_main 函数的反汇编代码处。_main 函数的返回表代码如下：

```
.text:004010A0 _main           proc near               ; CODE XREF: _main_0j
.text:004010A0
.text:004010A0 var_44          = byte ptr -44h
.text:004010A0 var_4           = dword ptr -4
.text:004010A0
.text:004010A0                 push    ebp
.text:004010A1                 mov     ebp, esp
.text:004010A3                 sub     esp, 44h
.text:004010A6                 push    ebx
.text:004010A7                 push    esi
.text:004010A8                 push    edi
.text:004010A9                 lea     edi, [ebp+var_44]
.text:004010AC                 mov     ecx, 11h
.text:004010B1                 mov     eax, 0CCCCCCCCh
.text:004010B6                 rep stosd
.text:004010B8                 push    6               ; int
.text:004010BA                 push    offset Text     ; "hello"
.text:004010BF                 call    j__test
.text:004010C4                 add     esp, 8
.text:004010C7                 mov     [ebp+var_4], eax
.text:004010CA                 mov     eax, [ebp+var_4]
.text:004010CD                 push    eax
.text:004010CE                 push    offset aD       ; "%d \r\n"
.text:004010D3                 call    _printf
.text:004010D8                 add     esp, 8
.text:004010DB                 xor     eax, eax
.text:004010DD                 pop     edi
.text:004010DE                 pop     esi
.text:004010DF                 pop     ebx
.text:004010E0                 add     esp, 44h
.text:004010E3                 cmp     ebp, esp
.text:004010E5                 call    __chkesp
.text:004010EA                 mov     esp, ebp
.text:004010EC                 pop     ebp
.text:004010ED                 retn
.text:004010ED _main           endp
```

短短几行的 C 语言代码，在编译连接生成可执行文件后，再进行反汇编竟然生成了比 C 语言代码多很多的代码。自己观察一下上面的反汇编代码，通过特征我们可以确定这是我们写的主函数了，首先代码中有一个对 test()函数的调用在 004010BF 地址处，其次有一个对 printf()函数的调用在 004010D3 地址处。在_main 函数的入口部分代码如下：

```
.text:004010A0                 push    ebp
.text:004010A1                 mov     ebp, esp
.text:004010A3                 sub     esp, 44h
.text:004010A6                 push    ebx
.text:004010A7                 push    esi
.text:004010A8                 push    edi
.text:004010A9                 lea     edi, [ebp+var_44]
.text:004010AC                 mov     ecx, 11h
.text:004010B1                 mov     eax, 0CCCCCCCCh
.text:004010B6                 rep stosd
```

大多数函数的入口处是 push ebp / mov ebp, esp / sub esp, XXX 这样的形式，这几句代码完成了保存栈帧，并开辟了当前函数所需的栈空间。push ebx / push esi / push edi 是用来保存几个关键寄存器的值，以便函数返回后这几个寄存器中的值还能在调用函数处继续使用而没有被破坏掉。lea edi, [ebp + var_44] / mov ecx, 11h / mov eax , 0CCCCCCCCh / rep stosd，这几句代码是将开辟的内存空间全部初始化为 0xCC，0xCC 被当作机器码来解释时，其对应的汇编指令为 int 3，也就是调用 3 号断点中断来产生一个软件中断。将新开辟的栈空间初始化为 0xCC，这样做的好处是方便调试，尤其是对指针变量的调试带来了方便。

以上的反汇编代码是一个固定的形式，唯一会发生变化的是 sub esp, XXX 部分，在当前反汇编代码处是 sub esp, 44h。在 VC6 下使用 Debug 方式编译，如果当前函数没有变量，那么该句代码是 sub esp, 40h；如果有一个变量的情况下其代码是 sub esp, 44h；两个变量时为 sub esp, 48h。也就是说，通过 Debug 方式编译时函数分配栈空间总是开辟了局部变量的空间后又预留了 40h 字节的空间。局部变量都在栈空间中，栈空间是在进入函数后临时开辟的空间，因此局部变量在函数结束后就不复存在了。与函数入口代码对应的代码当然是出口代码，函数的出口代码如下：

```
.text:004010DD                 pop     edi
.text:004010DE                 pop     esi
.text:004010DF                 pop     ebx
.text:004010E0                 add     esp, 44h
.text:004010E3                 cmp     ebp, esp
.text:004010E5                 call    __chkesp
.text:004010EA                 mov     esp, ebp
.text:004010EC                 pop     ebp
.text:004010ED                 retn
.text:004010ED_main            endp
```

函数的出口部分（或者是函数返回时的部分）也属于是固定格式，这个格式与入口的格式基本是对应的。首先是 pop edi / pop esi / pop ebx，这里是将入口部分保存的几个关键寄存器的值进行恢复。push 和 pop 是对堆栈进行操作的指令，堆栈结构的特点是后进先出或先进后出。因此，在函数的入口部分的入栈顺序是 push ebx / push esi / push edi，那么出栈顺序则是倒序 pop edi / pop esi / pop ebx。恢复完寄存器的值后，需要恢复 esp 指针的位置，这里的指令是 add esp, 44h，将临时开辟的栈空间释放掉（这里的释放只是改变寄存器的值，其中的数据并未清除掉，因此在 C 语言中定义局部变量的时候最好对齐进行初始化，尤其是指针变量），其中 44h 也是与入口处的 44h 对应的。从入口和出口改变 esp 寄存器的情况可以看出，栈的方向是由高地址向低地址方向延伸的，开辟空间是将 esp 做减法操作。mov esp, ebp / pop ebp 是恢复栈帧，retn 就返回到上层函数了。在该反汇编代码中还有一步没有讲到，也就是 cmp ebp, esp / call __chkesp，这两句是对__chkesp 函数的一个调用，在 Debug 方式下编译，对几乎所有的函数调用完成后都会调用一次__chkesp，该函数的功能是用来检查栈是否平衡，以保证程序的正确性。如果栈不平衡，会给出错误提示。我们做个简单的测试，在主函数的 return 语句前加一条内联汇编__asm push ebx（只要是改变 esp 或 ebp 寄存器值的操作都可以达到效果），然后编译连接运行，在输出过后会看到一个错误的提示，如图 7-43 所示。

图 7-43 就是__chkesp 函数在检测到 ebp 与 esp 不平衡时给出的提示框。__chkesp 函数的调用只在 VC 的 Debug 版本中存在。

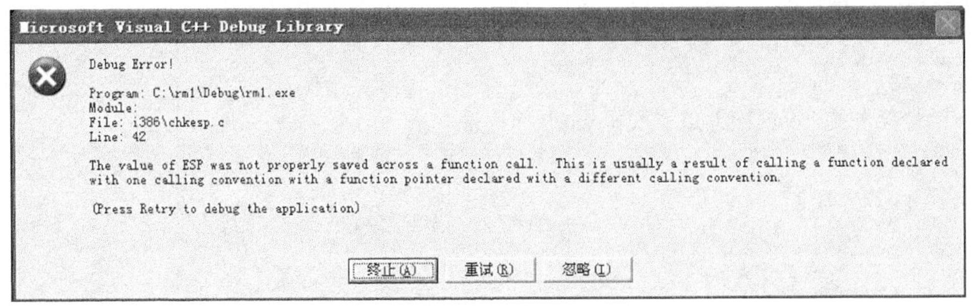
Microsoft Visual C++ Debug Library

Debug Error!

Program: C:\rm1\Debug\rm1.exe
Module:
File: i386\chkesp.c
Line: 42

The value of ESP was not properly saved across a function call. This is usually a result of calling a function declared with one calling convention with a function pointer declared with a different calling convention.

(Press Retry to debug the application)

终止(A)　重试(R)　忽略(I)

图 7-43　调用__chkesp 后对栈平衡进行检查后的出错提示

前面介绍了主函数中开头和结尾的反汇编代码，这两部分代码几乎在每个函数中都是类似的。接着介绍主函数中剩余的部分反汇编代码，如下所示：

```
.text:004010B8                push    6                ; int
.text:004010BA                push    offset Text      ; "hello"
.text:004010BF                call    j__test
.text:004010C4                add     esp, 8
.text:004010C7                mov     [ebp+var_4], eax
.text:004010CA                mov     eax, [ebp+var_4]
.text:004010CD                push    eax
.text:004010CE                push    offset aD        ; "%d \r\n"
.text:004010D3                call    _printf
.text:004010D8                add     esp, 8
.text:004010DB                xor     eax, eax
```

首先几条反汇编代码是 push 6 / push offset aHello / call j_test / add esp, 8 / mov [ebp+var_4], eax，这几条反汇编代码是主函数对 test()函数的调用。对于函数参数的传递，可以选择寄存器或者是内存，由于寄存器数量的有限，几乎大部分的函数调用是通过内存进行传递的，当参数使用完成后需要把参数所使用的内存进行回收。对于 VC 开发环境而言，其默认的调用约定方式是 cdecl，这种函数调用约定对于参数的传递是依靠栈内存，在调用函数前，会通过压栈操作将参数从右往左依次送入栈中。在 C 代码中，我们对 test()函数的调用形式如下：

```
int nNum = test("hello", 6);
```

而对应的反汇编代码为 push 6 / push offset aHello / call j_test，从压栈操作的 push 指令来看，参数是从右往左依次入栈的。当函数返回时，需要将参数使用的空间回收，这里的回收指的是恢复 esp 寄存器的值到函数调用前的值，而对于 cdecl 调用方式而言，平衡堆栈的操作是由函数调用方来进行的（这种平栈方式称为外平栈，如果是在被调用函数的内部来平衡堆栈的话则称为内平栈）。从上面的反汇编代码中可以看到反汇编代码 add esp, 8，该反汇编代码就是用于平衡堆栈的，该反汇编代码对应的是调用函数前的两个 push 操作，即函数参数入栈的操作。

函数的返回值通常保存在 eax 寄存器中，这里的返回值是以 return 语句来完成的返回值，并非以参数接收的返回值。在 004010C7 地址处的反汇编代码 mov [ebp+var_4], eax 是将对 j_test 调用后的返回值保存在[ebp + var_4]中，这里的[ebp + var_4]就相当于 C 语言代码中的 nNum 变量。逆向分析时，可以在 IDA 中通过快捷键 N 来完成对 var_4 的重命名。

在对 j_test 调用完成并将返回值保存在 var_4 中后，紧接着 push eax / push offset aD / call _printf / add esp, 8 的反汇编代码应该就不陌生了。而最后面的 xor eax, eax 这句代码是将 eax 进行清零，因为在 C 语言代码中，main()函数的返回值为 0，即 return 0;，因此这里对 eax 进行了清零操作。

双击 004010BF 地址处的 call j__test，会来到 j_test 的函数跳表处，反汇编代码如下：

```
.text:0040100A j__test          proc near               ; CODE XREF: _main+1Fp
.text:0040100A                  jmp     _test
.text:0040100A j__test          endp
```

双击跳表中的_test 来到如下反汇编处：

```
.text:00401020 ; int __cdecl test(LPCSTR lpText, int)
.text:00401020 _test            proc near               ; CODE XREF: j__testj
.text:00401020
.text:00401020 var_40           = byte ptr -40h
.text:00401020 lpText           = dword ptr  8
.text:00401020 arg_4            = dword ptr  0Ch
.text:00401020
.text:00401020                  push    ebp
.text:00401021                  mov     ebp, esp
.text:00401023                  sub     esp, 40h
.text:00401026                  push    ebx
.text:00401027                  push    esi
.text:00401028                  push    edi
.text:00401029                  lea     edi, [ebp+var_40]
.text:0040102C                  mov     ecx, 10h
.text:00401031                  mov     eax, 0CCCCCCCCh
.text:00401036                  rep stosd
.text:00401038                  mov     eax, [ebp+arg_4]
.text:0040103B                  push    eax
.text:0040103C                  mov     ecx, [ebp+lpText]
.text:0040103F                  push    ecx
.text:00401040                  push    offset Format   ; "%s, %d \r\n"
.text:00401045                  call    _printf
.text:0040104A                  add     esp, 0Ch
.text:0040104D                  mov     esi, esp
.text:0040104F                  push    0               ; uType
.text:00401051                  push    0               ; lpCaption
.text:00401053                  mov     edx, [ebp+lpText]
.text:00401056                  push    edx             ; lpText
.text:00401057                  push    0               ; hWnd
.text:00401059             call    ds:__imp__MessageBoxA@16 ; MessageBoxA(x,x,x,x)
.text:0040105F                  cmp     esi, esp
.text:00401061                  call    __chkesp
.text:00401066                  mov     eax, 5
.text:0040106B                  pop     edi
.text:0040106C                  pop     esi
.text:0040106D                  pop     ebx
.text:0040106E                  add     esp, 40h
.text:00401071                  cmp     ebp, esp
.text:00401073                  call    __chkesp
.text:00401078                  mov     esp, ebp
.text:0040107A                  pop     ebp
.text:0040107B                  retn
.text:0040107B _test            endp
```

该反汇编代码的开头部分和结尾部分通过前面的介绍这里不再重复，主要看一下中间的反汇编代码部分，中间的部分主要是 printf()函数和 MessageBoxA()函数的反汇编代码。

调用 printf()函数的反汇编代码如下：

```
.text:00401038                  mov     eax, [ebp+arg_4]
.text:0040103B                  push    eax
.text:0040103C                  mov     ecx, [ebp+lpText]
.text:0040103F                  push    ecx
.text:00401040                  push    offset Format   ; "%s, %d \r\n"
.text:00401045                  call    _printf
.text:0040104A                  add     esp, 0Ch
```

调用 MessageBoxA()函数的反汇编代码如下：

```
.text:0040104F                  push    0               ; uType
.text:00401051                  push    0               ; lpCaption
```

```
.text:00401053                 mov     edx, [ebp+lpText]
.text:00401056                 push    edx             ; lpText
.text:00401057                 push    0               ; hWnd
.text:00401059         call    ds:__imp__MessageBoxA@16 ; MessageBoxA(x,x,x,x)
```

比较以上简单的两段代码会发现很多的不同之处，首先在调用完_printf 后会有 add esp, 0Ch 的代码进行平衡堆栈，而调用 MessageBoxA 后没有。对于调用_printf 后的 add esp, 0Ch 我们已经熟悉了。为什么对 MessageBoxA 函数的调用则没有呢？原因在于，在 Windows 系统下对 API 函数的调用都遵循的函数调用约定是 stdcall。对于 stdcall 这种调用约定而言，参数依然是从右往左依次被送入堆栈，参数的平栈是在 API 函数内完成的（也就是前面说的内平栈），而不是在函数的调用方完成的。我们在 OD 中来看一下 MessageBoxA 函数在返回时的平栈方式，如图 7-44 所示。

地址	HEX 数据	反汇编
75B7EAE1 MessageBoxA	8BFF	MOV EDI,EDI
75B7EAE3	55	PUSH EBP
75B7EAE4	8BEC	MOV EBP,ESP
75B7EAE6	833D 749AB875	CMP DWORD PTR DS:[75B89A74],0
75B7EAED	74 24	JE SHORT USER32.75B7EB13
75B7EAEF	64:A1 18000000	MOV EAX,DWORD PTR FS:[18]
75B7EAF5	6A 00	PUSH 0
75B7EAF7	FF70 24	PUSH DWORD PTR DS:[EAX+24]
75B7EAFA	68 A89EB875	PUSH USER32.75B89EA8
75B7EAFF	FF15 3414B275	CALL DWORD PTR DS:[<&KERNEL32.Interlock
75B7EB05	85C0	TEST EAX,EAX
75B7EB07	75 0A	JNZ SHORT USER32.75B7EB13
75B7EB09	C705 A49EB875	MOV DWORD PTR DS:[75B89EA4],1
75B7EB13	6A 00	PUSH 0
75B7EB15	FF75 14	PUSH DWORD PTR SS:[EBP+14]
75B7EB18	FF75 10	PUSH DWORD PTR SS:[EBP+10]
75B7EB1B	FF75 0C	PUSH DWORD PTR SS:[EBP+C]
75B7EB1E	FF75 08	PUSH DWORD PTR SS:[EBP+8]
75B7EB21	E8 73FFFFFF	CALL USER32.MessageBoxExA
75B7EB26	5D	POP EBP
75B7EB27	C2 1000	RETN 10

图 7-44 MessageBoxA 函数的平栈操作

从图 7-44 中可以看出，MessageBoxA 函数在调用 retn 指令后跟了一个 10，这里的 10 是一个十六进制数，十六进制的 10 等于十进制的 16，而在为 MessageBoxA 传递参数时，每个参数是 4 字节，4 个参数等于 16 字节，因此 retn 10 除了有返回的作用外，还包含了 add esp, 10 的作用。

上面两段反汇编代码中除了平衡堆栈的不同外，还有另外一个明显的区别。在调用 printf 时的指令为 call _printf，而调用 MessageBoxA 时的指令为 call ds:__imp__MessageBoxA@16。printf()函数在 stdio.h 头文件中，该函数属于 C 语言的静态库，在连接时会将其代码连接入二进制文件中。而 MessageBoxA 函数的实现在 user32.dll 这个动态连接库中，在代码中这里只留了进入 MessageBoxA 函数的一个地址，并没有具体的代码。MessageBoxA 的具体地址存放在数据节中，因此在反汇编代码中给出了提示，使用了前缀“ds:”。“__imp__”表示是导入函数，MessageBoxA 后面的“@16”表示该 API 函数有 4 个参数，即 16 / 4 = 4。

注意：

① 多参数的 API 函数仍然是在调用方进行平栈，比如 wsprintf()函数。原因在于被调用的函数无法具体地明确调用方会传递几个参数，因此多参数函数无法在函数内完成参数的堆栈平衡工作。

② stdcall 是 Windows 下的标准函数调用约定，Windows 提供的应用层及内核层函数均使用 stdcall 的调用约定方式。cdecl 是 C 语言的调用函数约定方式。

在逆向分析函数时，首先需要确定函数的起始位置，这个通常会由 IDA 自动进行识别（识别不准确的话就只能手动识别了）；其次需要掌握函数的调用约定和确定函数的参数个数，确定函数的调用约定和确定函数的参数个数都是通过平栈的方式和平栈时对 esp 操作的值来进行判断；最后就是观察函数的返回值，这部分通常是观察 eax 的值，由于 return 通常只返回布尔类型、数值类型相关的值，因此通过观察 eax 的值可以确定返回值的类型，确定了返回值的类型后可以进一步考虑函数调用方下一步的动作。

注意： 以上介绍了两种常见的调用约定，除了以上的两种调用约定以外，还有其他的调用约定，比如 fastcall 等。如果使用了 fastcall 后，函数的参数会通过 ecx 和 edx 进行传递，如果函数的参数多于两个参数的话，其余的参数解决栈进行传递。因此，在确定参数个数的时候，不能完全依靠调用函数时 push 的个数和 retn x/add esp, x 的字节数来断定。

7.2.2　if…else…结构分析

在 C 语言中有两种分支结构，分别是 if…else…结构和 switch…case…default…结构。下面介绍 if…else…分支结构。

1．if…else…分支结构例子程序

首先写一个简单的 C 语言代码例子，然后再对例子代码进行介绍。例子代码如下：

```
#include <stdio.h>

int main()
{
    int a = 0, b = 1, c = 2;

    if ( a > b )
    {
        printf("%d \r\n", a);
    }
    else if( b <= c )
    {
        printf("%d \r\n", b);
    }
    else
    {
        printf("%d \r\n", c);
    }

    return 0;
}
```

2．逆向反汇编解析

代码非常短且很简单，用 IDA 看其反汇编代码，固定模式的头部和尾部位置省略不看，相信大家已经熟悉了。主要看其关键的反汇编代码，代码如下：

```
.text:00401028                mov     [ebp+var_4], 0
.text:0040102F                mov     [ebp+var_8], 1
.text:00401036                mov     [ebp+var_C], 2
```

以上三行反汇编代码是对我们定义的变量的初始化，在 IDA 中我们可以通过快捷键将其重命名。将以上三个变量重命名后，看其余的反汇编代码，代码如下：

```
.text:0040103D                 mov     eax, [ebp+var_4]
.text:00401040                 cmp     eax, [ebp+var_8]
.text:00401043                 jle     short loc_401058
.text:00401045                 mov     ecx, [ebp+var_4]
.text:00401048                 push    ecx
.text:00401049                 push    offset Format   ; "%d \r\n"
.text:0040104E                 call    _printf
.text:00401053                 add     esp, 8
.text:00401056                 jmp     short loc_401084
.text:00401058 ; ---------------------------------------------------------------------------
.text:00401058
.text:00401058 loc_401058:                             ; CODE XREF: _main+33j
.text:00401058                 mov     edx, [ebp+var_8]
.text:0040105B                 cmp     edx, [ebp+var_C]
.text:0040105E                 jg      short loc_401073
.text:00401060                 mov     eax, [ebp+var_8]
.text:00401063                 push    eax
.text:00401064                 push    offset Format   ; "%d \r\n"
.text:00401069                 call    _printf
.text:0040106E                 add     esp, 8
.text:00401071                 jmp     short loc_401084
.text:00401073 ; ---------------------------------------------------------------------------
.text:00401073
.text:00401073 loc_401073:                             ; CODE XREF: _main+4Ej
.text:00401073                 mov     ecx, [ebp+var_C]
.text:00401076                 push    ecx
.text:00401077                 push    offset Format   ; "%d \r\n"
.text:0040107C                 call    _printf
.text:00401081                 add     esp, 8
.text:00401084
.text:00401084 loc_401084:                             ; CODE XREF: _main+46j
.text:00401084                                         ; _main+61j
```

将以上的反汇编分为 3 段进行观察，第一段的地址范围是 0040103D 至 00401056，第二段的地址范围是 00401058 至 00401071，第三段的地址范围是 00401073 至 00401081。除了第三段的代码外，前面两段的代码有一个共同的特征 cmp / jxx / printf / jmp。这部分功能的特征就是 if…else…的特征所在。看一下 IDA 绘制的该段反汇编代码的反汇编流程结构，如图 7-45 所示。

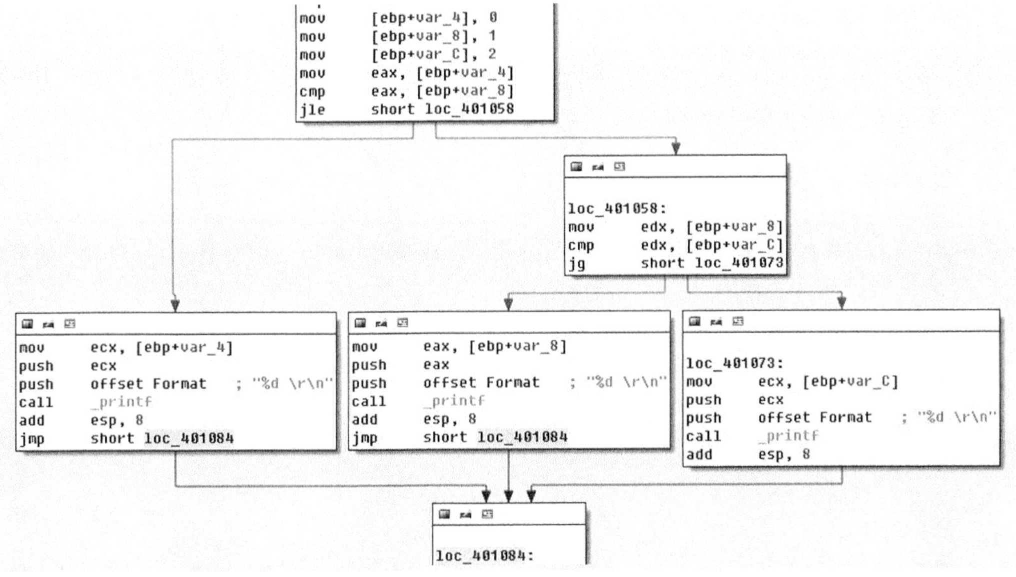

图 7-45　if...else...反汇编流程结构

在 C 语言代码中，影响程序流程的是两个关键的比较，分别是“>”和“<=”，在反汇编代码中影响主要流程的是两个条件跳转指令，分别是“jle”和“jg”。C 语言代码中“>”（大于号）在反汇编中对应的是“jle”（小于等于则跳转），C 语言代码中的“<=”（小于等于号）在反汇编中对应的是“jg”（大于则跳转）。

注意观察 00401043 和 0040105E 这两个地址，jxx 指令会跳过紧接着其后面的指令部分，而跳转的目的地址上面都有一条 jmp 无条件跳转指令，也就是说 jxx 和 jmp 之间的部分是 C 语言代码中比较表达式成功后执行的代码。在反汇编代码中，如果条件跳转指令没有发生跳转，则执行其后的指令。这样的反汇编指令与 C 语言的流程是相同的。当条件跳转指令没有发生跳转后，执行完相应的指令后会执行 jmp 指令调到某个地址，注意观察一下两条 jmp 跳转的目的地址都为 00401084。

3．if…else…结构小结

从例子中可以找出 C 语言 if…else…结构与反汇编代码的对应结构，对应结构如下：

```
; 初始化变量
mov xxx, xxx
mov xxx, xxx
; 比较跳转
cmp xxx, xxx
jxx  _else_if
; 一系列处理指令
……
jmp _if_else 结束位置

_else_if:
            mov xxx, xxx
            ; 比较跳转
            cmp xxx, xxx
            jxx _else
            ; 一系列处理治理
            ……
            jmp _if_else 结束位置
_else:
            ; 一系列处理指令
            ……
```

以上就是 if…else…分支结构的大体形式。

7.2.3　switch 结构分析

前面讲解了 if…else…的分支结构，接下来介绍 switch…case…default 的分支结构。switch 分支结构是一种比较灵活的结构，它的反汇编代码可以产生多种形式，在这里只介绍其中的一种。

1．switch 分支结构例子程序

按照我们的惯例先上例子代码，然后再对例子代码进行介绍。例子代码如下：

```
#include <stdio.h>

int main()
{
    int nNum = 0;
    scanf("%d", &nNum);
```

```
    switch ( nNum )
    {
    case 1:
        {
            printf("1 \r\n");
            break;
        }
    case 2:
        {
            printf("2 \r\n");
            break;
        }
    case 3:
        {
            printf("3 \r\n");
            break;
        }
    case 4:
        {
            printf("4 \r\n");
            break;
        }
    default:
        {
            printf("default \r\n");
            break;
        }
    }

    return 0;
}
```

2．逆向反汇编解析

对于我们已经很熟悉的开始部分和结尾部分就再次省略了，主要看能与我们的代码相对应的反汇编代码。反汇编代码分两部分来看，一部分是看 default 分支，另一部分是看 case 分支。先看一下 IDA 生成的流程结构图，如图 7-46 所示。

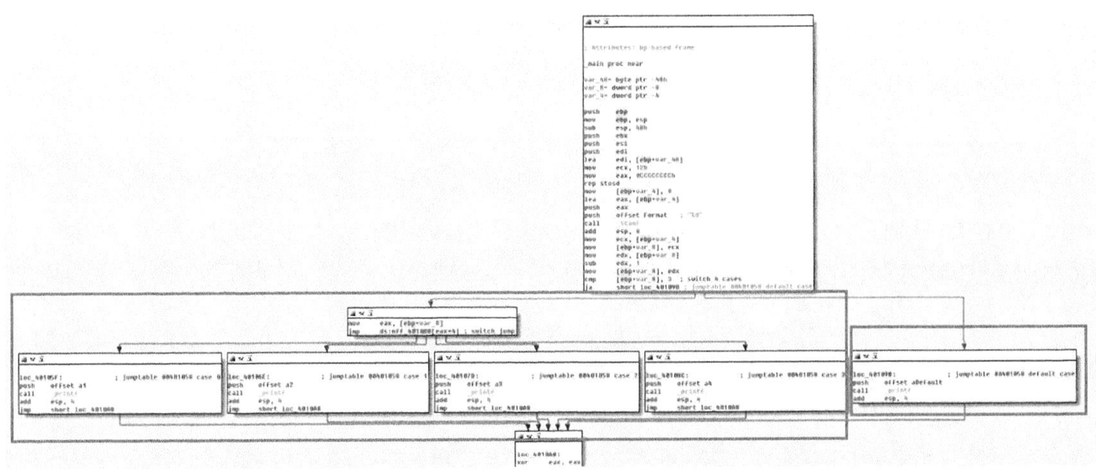

图 7-46　switch 流程分支图

在图 7-46 中可以看到两个大的分支，在左边的分支中又有四个小的分支。从整体结构上来看不同于我们 C 语言的代码结构形式。其实左边的部分是我们的 case 部分，右边的部分是我们的 default 部分。

我们分部分来了解其反汇编代码，首先看调用 scanf()函数的部分：

```
.text:00401028                 mov     [ebp+nNum], 0
.text:0040102F                 lea     eax, [ebp+nNum]
.text:00401032                 push    eax
.text:00401033                 push    offset Format   ; "%d"
.text:00401038                 call    _scanf
.text:0040103D                 add     esp, 8
```

scanf()函数是 C 语言的标准输入函数，第一个参数为格式化字符串，第二个参数是接收数据数据的地址。在 0040102F 地址处代码 lea eax, [ebp + nNum]将 nNum 变量的地址送入 eax 寄存器，经过 scanf()函数的调用，nNum 中接收了用户的输入。

通过 scanf()函数接收到用户的输入后，就进入了 switch()分支的部分，至少在我们的 C 语言代码中是这样的。我们看一下反汇编代码的情况：

```
.text:00401040                 mov     ecx, [ebp+nNum]
.text:00401043                 mov     [ebp+var_8], ecx
.text:00401046                 mov     edx, [ebp+var_8]
.text:00401049                 sub     edx, 1
.text:0040104C                 mov     [ebp+var_8], edx
.text:0040104F                 cmp     [ebp+var_8], 3  ; switch 4 cases
.text:00401053                 ja      short loc_40109B ; default
.text:00401055                 mov     eax, [ebp+var_8]
.text:00401058                 jmp     ds:off_4010BB[eax*4] ; switch jump
```

00401040 地址处的代码是 mov ecx, [ebp + nNum]，也就是把 nNum 的值赋给了 ecx 寄存器，而接着 00401043 地址处的代码是 mov [ebp + var_8], ecx，这句将 ecx 的值又赋给了 var_8 这个变量。但是，在我们的 C 语言代码中只定义了一个变量，那 var_8 是怎么来的呢？var_8 是编译器为我们产生的一个临时变量，用来临时保存一些数据。接着在 00401046 地址处的代码又将 var_8 的值赋给了 edx 寄存器，00401049 和 0040104c 地址处的代码将 edx 的值减一后又赋值给了 var_8 变量中。

这部分反汇编代码在我们的 C 语言代码中是没有对应关系的。那这部分代码的用处是什么呢？接着往下看。在 0040104F 地址处是一条 cmp [ebp + var_8], 3 的反汇编代码，比较后如果 var_8 大于 3 的话，那么 00401053 地址的无符号条件跳转指令 ja 将会进行跳转，去执行 default 部分的代码。0040104F 地址处为什么与 3 进行比较呢？我们的 case 分支的范围是 1～4，而 var_8 在与 3 比较之前进行了减一的操作。如果 var_8 的值的范围在 1～4 之间，在减一后的范围就变成了 0～3 之间了。如果 var_8 的值小于等于 3，则说明 switch 要执行 case 中的部分，如果是其他值的话，则要执行 default 流程。在图 5-51 中，流程被分为左右两部分就是这里的比较所引起的。

注意：为什么判断时只判断是否大于 3 呢？小于等于 3 也不一定意味着就在 0~3 的范围里啊？也可能存在负数的情况啊。这样的质疑是对的，但是在条件分支处使用的条件跳转指令是“ja”，它是一个无符号的条件跳转指令，即使存在负数也会当作整数进行解析。

通过上面的分析我们发现，switch 分支对于定位是执行 case 分支还是 default 分支的方法很高效。如果是执行 default 分支，那么只需要比较一次即可直接执行 default 分支。

我们的 C 语言中 switch 语句有 4 个 case 部分，是不是应该比较 4 次呢。由于我们在 C 语言代码中的 case 项是一个连续的序列，因此编译器又对代码进行了优化。在 00401055 地址和 00401058 地址处的两句代码即可准确地找到要执行的 case 分支。我们再来看一下这两个地址处的反汇编代码，代码如下：

```
.text:00401055                 mov     eax, [ebp+var_8]
.text:00401058                 jmp     ds:off_4010BB[eax*4] ; switch jump
```

00401055 地址处的代码将 var_8 的值传递给了 eax 寄存器，由于在前面的代码没有发生跳转，因此 var_8 的取值范围必定在 0～3。00401058 处的跳转很奇怪，像是一个数组（其实就是一个数组），数组的下表由 eax 寄存器进行寻址。我们来看一下 off_4010BB 处的如下内容：

```
.text:004010BB off_4010BB   dd offset loc_40105F    ; DATA XREF: _main+48r
.text:004010BB              dd offset loc_40106E    ; jump table for switch statement
.text:004010BB              dd offset loc_40107D
.text:004010BB              dd offset loc_40108C
.text:004010CB              db 35h dup(0CCh)
```

其内容为 4 个连续的标号地址，分别是 loc_40105F、loc_40106E、loc_40107D 和 loc_40108C。这 4 个标号地址分别对应了 4 个 case 对应的代码。该数组中保存了 4 个值，用下表索引也刚好是 0～3，也就是可以通过 var_8 中对应的值进行访问。

关于 switch... case...default 结构的分析就介绍到这里。其实关于 switch 结构还有 3 种其他的形式，比如以递减（或递增）的形式进行比较跳转、建树的形式进行比较跳转和稀疏矩阵的方式。当然，如果 switch 结构比较复杂的话，还会出现多种形式的混合形式，这里不再进行过多的讨论。

7.2.4 循环结构分析

程序语言的控制结构不外乎分支与循环，介绍完分支结构后我们自然要对循环结构的反汇编代码有一个了解。C 语言的循环结构有 for 循环、while 循环、do 循环和 goto。在本部分介绍前 3 种循环方式。

1．for 循环结构

for 循环也可以称为是步进循环，它的特点是常用于已经明确了循环的范围。看一个简单的 C 语言代码。代码如下：

```
#include <stdio.h>

int main()
{
    int nNum = 0, nSum = 0;

    for ( nNum = 1; nNum <= 100; nNum ++ )
    {
        nSum += nNum;
    }

    printf("nSum = %d \r\n", nSum);

    return 0;
}
```

很典型的求 1～100 的累加和的程序。我们通过这个程序来认识关于 for 循环结构的反汇编代码吧。

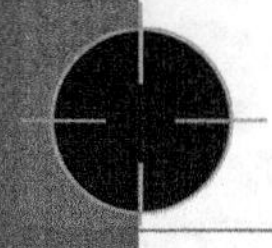


```
.text:00401028                 mov     [ebp+nNum], 0
.text:0040102F                 mov     [ebp+nSum], 0
.text:00401036                 mov     [ebp+nNum], 1
.text:0040103D                 jmp     short LOC_CMP
.text:0040103F ; ---------------------------------------------------------------------------
.text:0040103F
.text:0040103F LOC_STEP:                               ; CODE XREF: _main+47j
.text:0040103F                 mov     eax, [ebp+nNum]
.text:00401042                 add     eax, 1
.text:00401045                 mov     [ebp+nNum], eax
.text:00401048
.text:00401048 LOC_CMP:                                ; CODE XREF: _main+2Dj
.text:00401048                 cmp     [ebp+nNum], 64h
.text:0040104C                 jg      short LOC_ENDFOR
.text:0040104E                 mov     ecx, [ebp+nSum]
.text:00401051                 add     ecx, [ebp+nNum]
.text:00401054                 mov     [ebp+nSum], ecx
.text:00401057                 jmp     short LOC_STEP
.text:00401059 ; ---------------------------------------------------------------------------
.text:00401059
.text:00401059 LOC_ENDFOR:                             ; CODE XREF: _main+3Cj
.text:00401059                 mov     edx, [ebp+nSum]
.text:0040105C                 push    edx
.text:0040105D                 push    offset Format   ; "nSum = %d \r\n"
.text:00401062                 call    _printf
.text:00401067                 add     esp, 8
.text:0040106A                 xor     eax, eax
```

这次的反汇编代码笔者修改了其中的变量，修改了标号，看起来就更加地直观了。从笔者修改的标号来看，for 结构可以分为 3 部分，在 LOC_STEP 上面的部分是初始化部分，在 LOC_STEP 下面的部分是修改循环变量的部分，在 LOC_CMP 和 LOC_ENDFOR 之间的部分是比较循环条件和循环体的部分。

for 循环的反汇编结构如下：

```
; 初始化循环变量
jmp LOC_CMP
LOC_STEP:
        ; 修改循环变量
LOC_CMP:
        ; 循环变量的判断
        jxx LOC_ENDFOR
        ; 循环体
        jmp LOC_STEP
LOC_ENDOF:
```

我们再用 IDA 来看一下它生成的流程结构图，如图 7-47 所示。

2．do...while 循环结构

do 循环的循环体总是会被执行一次，这是 do 循环与 while 循环的区别。还是 1～100 的累加和代码来看一下它的反汇编结构，先看 C 语言代码，代码如下：

```
#include <stdio.h>

int main()
{
    int nNum = 1, nSum = 0;

    do
    {
```

```
        nSum += nNum;
        nNum ++;
    } while ( nNum <= 100 );

    printf("nSum = %d \r\n", nSum);

    return 0;
}
```

关于 do 循环的结构要比 for 循环的结构简单很多，反汇编代码也少很多，先来看一下 IDA 生成的流程图，如图 7-48 所示。

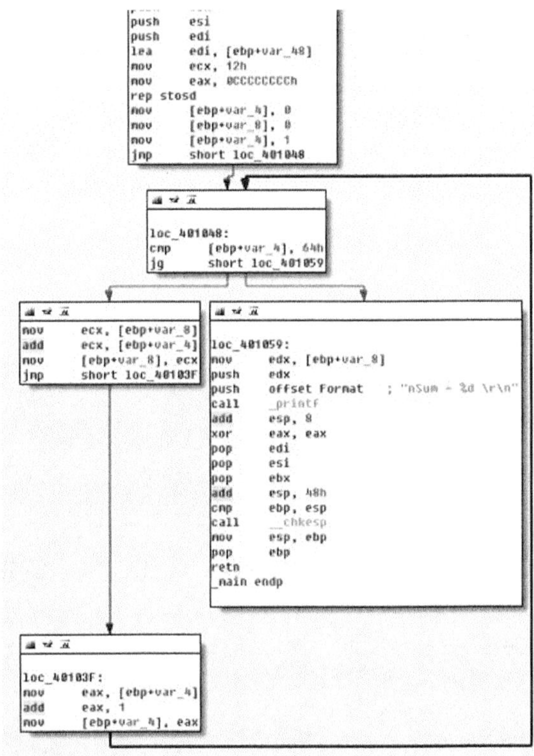

图 7-47　for 结构的流程图

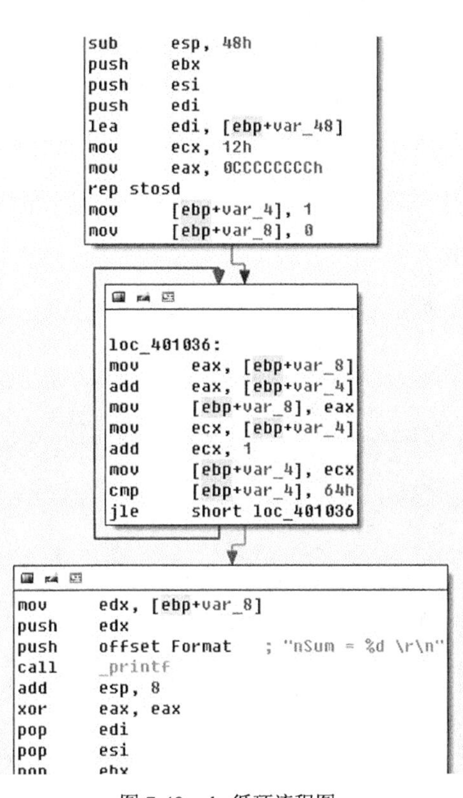

图 7-48　do 循环流程图

反汇编代码如下：

```
.text:00401028                      mov     [ebp+nNum], 1
.text:0040102F                      mov     [ebp+nSum], 0
.text:00401036
.text:00401036 LOC_DO:                                      ; CODE XREF: _main+3Cj
.text:00401036                      mov     eax, [ebp+nSum]
.text:00401039                      add     eax, [ebp+nNum]
.text:0040103C                      mov     [ebp+nSum], eax
.text:0040103F                      mov     ecx, [ebp+nNum]
.text:00401042                      add     ecx, 1
.text:00401045                      mov     [ebp+nNum], ecx
.text:00401048                      cmp     [ebp+nNum], 64h
.text:0040104C                      jle     short LOC_DO
.text:0040104E                      mov     edx, [ebp+nSum]
.text:00401051                      push    edx
```

```
.text:00401052                 push    offset Format   ; "nSum = %d \r\n"
.text:00401057                 call    _printf
.text:0040105C                 add     esp, 8
.text:0040105F                 xor     eax, eax
```

do 循环的主体就在 LOC_DO 和 0040104C 的 jle 之间了。其结构整理如下：

```
; 初始化循环变量
LOC_DO:
        ; 执行循环体
        ; 修改循环变量
        ; 循环变量的比较
        Jxx LOC_DO
```

3．while 循环结构

while 循环与 do 循环的区别在于，在进入循环体之前需要先进行一次条件判断，循环体有可能因为循环条件不成立而一次也不执行。看 1～100 累加和的 while 循环代码：

```
#include <stdio.h>

int main()
{
    int nNum = 1, nSum = 0;

    while ( nNum <= 100 )
    {
        nSum += nNum;
        nNum ++;
    }

    printf("nSum = %d \r\n", nSum);

    return 0;
}
```

来看一下它的反汇编代码，while 循环比 do 循环多了一个条件的判断，因此会多一条分支。反汇编代码如下：

```
.text:00401028                 mov     [ebp+nNum], 1
.text:0040102F                 mov     [ebp+nSum], 0
.text:00401036
.text:00401036 LOC_WHILE:                              ; CODE XREF: _main+3Ej
.text:00401036                 cmp     [ebp+nNum], 64h
.text:0040103A                 jg      short LOC_WHILEEND
.text:0040103C                 mov     eax, [ebp+nSum]
.text:0040103F                 add     eax, [ebp+nNum]
.text:00401042                 mov     [ebp+nSum], eax
.text:00401045                 mov     ecx, [ebp+nNum]
.text:00401048                 add     ecx, 1
.text:0040104B                 mov     [ebp+nNum], ecx
.text:0040104E                 jmp     short LOC_WHILE
.text:00401050 ; ---------------------------------------------------------------------------
.text:00401050
.text:00401050 LOC_WHILEEND:                           ; CODE XREF: _main+2Aj
.text:00401050                 mov     edx, [ebp+nSum]
.text:00401053                 push    edx
.text:00401054                 push    offset Format   ; "nSum = %d \r\n"
.text:00401059                 call    _printf
.text:0040105E                 add     esp, 8
.text:00401061                 xor     eax, eax
```

while 循环的主要部分全部在 LOC_WHILE 和 LOC_WHILEEND 之间。在 LOC_WHILE 下面的两句是 cmp 和 jxx 指令，在 LOC_WHILEEND 上面是 jmp 指令。这两部分是固定的格式。其结构整理如下：

```
; 初始化循环变量等
LOC_WHILE:
            cmp xxx, xxx
            jxx LOC_WHILEEND
            ; 循环体
            jmp LOC_WHILE
LOC_WHILEEND:
```

再来看一下 IDA 生成的流程图，如图 7-49 所示。

对于 for 循环、do 循环和 while 循环这 3 种循环而言，do 循环的效率显然高一些，而 while 循环相对来说比 for 循环效率又高一些。

对于 C 语言的逆向知识就介绍到这里，大家可以自己多写一些 C 语言的代码然后通过类似的方式进行分析，从而更深入地了解 C 语言代码与其反汇编代码的对应方式。其他语言的反汇编学习也可以按照此方法进行。

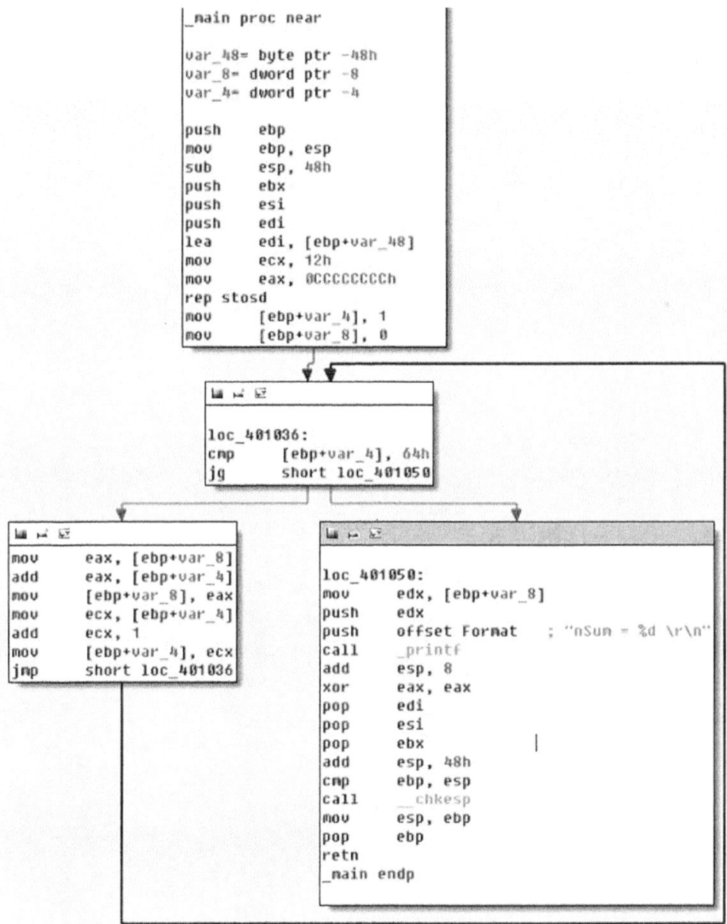

图 7-49 while 循环流程图

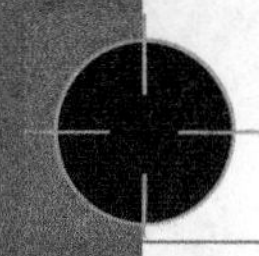

7.3 总结

本章介绍了静态逆向分析工具 IDA 的使用与 C 语言逆向的简单知识，逆向时主要是理解反汇编代码的意义，或者需要将反汇编代码改写成高级语言。在阅读反汇编代码时，首先需要识别函数、控制结构、表达式等，在 IDA 中逐步地将反汇编代码进行翻译，使得反汇编代码的可读性不断地提高。为了提高 IDA 的逆向效率，IDA 提供了强大的脚本功能，用以完成自动化的分析。高级语言经由开发工具编译连接后会生成固定结构的二进制代码，通过整理和分析二进制经过 IDA 生成的反汇编代码从而更好地了解反汇编代码的结构，有助于快速阅读反汇编代码。

第8章 逆向工具原理实现

前面章节介绍了逆向入门中常用的工具，如 OD、IDA、LordPE，还介绍了关于逆向中两个非常基础也非常重要的知识点，即 PE 文件格式和 C 语言的逆向知识。本章将介绍逆向工具的原理以及实现。提到原理可能很多读者会联想到上学时学了很多的理论知识，枯燥且苦于无用武之地（学校的知识只是可能无用武之地，并不是没有用处，知识不会没有用处，只是暂时不知道往哪用或者怎么用而已）。

本章关键字： PE 结构　GetProcAddress 函数　调试 API

8.1 PE 工具的开发

在 Windows 下进行二进制可执行文件的逆向，都离不开 PE 文件结构。对于开发调试器、加壳工具、处理病毒的工具等，都离不开一个 PE 解析器。这里所指的 PE 解析器是自己编写封装一个解析 PE 文件结构的类，而不是使用别人的工具。试想一下，要自己写一个壳的话，壳的代码中能不进行 PE 解析吗？本节并不打算编写一个 PE 解析器的类，而是完成一个 GetProcAddress 的功能。

8.1.1 GetProcAddress 函数的使用

GetProcAddress 是用来获取 DLL 文件中导出函数的地址，如在动态使用 MessageBoxA 函数时，就需要通过 GetProcAddress 来得到 MessageBoxA 函数的地址，然后才能进行使用。首先来介绍一下 GetProcAddress 函数的用法。该函数在 MSDN 中的定义如下：

```
FARPROC GetProcAddress(
  HMODULE hModule,
  LPCWSTR lpProcName
);
```

该函数有两个参数：第一个参数是 DLL 模块句柄，可以通过 LoadLibrary 函数或者 GetModuleHandle 函数来获得；第二个参数是要得到函数的函数名称或者序号。写一个简单的例子，代码如下：

```
#include <Windows.h>

typedef int (_stdcall *MsgBox)(HWND, LPCTSTR, LPCTSTR, UINT);
```

```
int _tmain(int argc, _TCHAR* argv[])
{
     HMODULE hUser = NULL;
     MsgBox Msg = 0;
     hUser = LoadLibrary("user32.dll");
     Msg = (MsgBox)GetProcAddress(hUser, "MessageBoxA");

     Msg(NULL, "GetProcAddress", "Test", MB_OK);

     printf("MessageBoxA addr is %08X \r\n", Msg);

     return 0;
}
```

首先代码中通过 LoadLibrary 加载 user32.dll 并返回模块句柄，然后通过 GetProcAddress 函数得到了 MessageBoxA 函数的地址，通过得到的 MessageBoxA 函数的地址来动态地调用了 MessageBoxA 函数。

8.1.2 GetProcAddress 函数的实现

本节来实现一个 GetProcAddress 函数。在上一节知道 GetProcAddress 函数有两个参数，第一个参数是 DLL 模块的句柄，所谓 DLL 模块的句柄就是 DLL 被装载入内存后的首地址。得到 DLL 在内存中的首地址以后，对 DLL 进行 PE 文件格式的解析，然后遍历 DLL 的导出表，在导出表中查找与 GetProcAddress 函数第二个参数匹配的导出函数，得到以后将该函数的地址返回。

在前面章节介绍 PE 文件结构的时候，已经介绍了如何手动地解析导出表，因此在这里不进行重复介绍。如果忘记请翻看前面的内容。下面给出一段用汇编编写的 GetProcAddress 函数，代码如下：

```
MyGetProcAddress    Proc    hModule:DWORD,  \
                            lpProcName:LPSTR

    LOCAL lpBase : DWORD
    LOCAL AddressOfFunctions : DWORD
    LOCAL AddressOfNames     : DWORD
    LOCAL AddressOfNameOrdinals : DWORD
    LOCAL nBase  : DWORD
    LOCAL NumberOfFunctions  : DWORD
    LOCAL NumberOfNames      : DWORD
    LOCAL ExpTabDir : DWORD
    LOCAL szDll[260] : BYTE

    cmp hModule, 0
    je _EXIT

    lea edi, szDll
    mov ecx, 260
_INIT:
    mov byte ptr [edi], 0
    inc edi
    loop _INIT

    mov eax, hModule
    mov lpBase, eax

    ; 判断是否为MZ头
    mov eax, lpBase
    cmp word ptr [eax], IMAGE_DOS_SIGNATURE
    jne _EXIT
```

```
mov esi, lpBase

assume esi : ptr IMAGE_DOS_HEADER

add esi, [esi].e_lfanew

assume esi : ptr IMAGE_NT_HEADERS

; 判断是否为 PE
cmp word ptr [esi], IMAGE_NT_SIGNATURE
jne _EXIT

; 定位到 IMAGE_OPTIONAL_HEADER
add esi, 4
add esi, sizeof(IMAGE_FILE_HEADER)

assume esi : ptr IMAGE_OPTIONAL_HEADER

; 定位到导出表的 RVA
lea esi, [esi].DataDirectory
mov ExpTabDir, esi

assume esi : ptr IMAGE_DATA_DIRECTORY

; 获得导出表达 VA
mov esi, [esi].VirtualAddress
add esi, lpBase

assume esi : ptr IMAGE_EXPORT_DIRECTORY

; 得到导出表的数据
mov eax, [esi].nBase
mov nBase, eax

mov eax, [esi].NumberOfFunctions
mov NumberOfFunctions, eax

mov eax, [esi].NumberOfNames
mov NumberOfNames, eax

; 得到函数地址表达 RVA
mov eax, [esi].AddressOfFunctions
add eax, lpBase
mov AddressOfFunctions, eax

; 得到名称表的 RVA
mov eax, [esi].AddressOfNames
add eax, lpBase
mov AddressOfNames, eax

; 得到名称序号的 RVA
mov eax, [esi].AddressOfNameOrdinals
add eax, lpBase
mov AddressOfNameOrdinals, eax

; 得到导出名称的数量
mov edx, NumberOfNames

mov esi, lpProcName

assume esi : nothing

.if esi & 0ffff0000h
    ; 以下是以函数名调用函数
    mov ecx, 0ffffffffh
    mov edi, lpProcName
    xor eax, eax
```

```
        repnz scasb
        not ecx
        dec ecx
        mov ebx, ecx

        ; 比较函数名得到函数名的序号
        mov edx, 0
        .while edx <= NumberOfNames
            mov ecx, ebx
            mov esi, [AddressOfNames]
            mov esi, [esi]
            add esi, lpBase

            ; 比较字符串
            mov edi, lpProcName
            repz cmpsb
            jz @F

            add AddressOfNames, 4
            inc edx
        .endw
@@:
        nop
        nop

        mov eax, 2
        mul edx
        add eax, [AddressOfNameOrdinals]
        movzx eax, word ptr [eax]

        mov edi, 4
        mul edi
        add eax, [AddressOfFunctions]
        mov eax, [eax]
        add eax, lpBase

        ; 判断是否为转发函数
        mov esi, ExpTabDir
        assume esi : ptr IMAGE_DATA_DIRECTORY

        mov ebx, [esi].VirtualAddress
        add ebx, lpBase

        mov ecx, [esi].isize
        add ecx, ebx

        .if eax < ebx || eax > ecx
            ; 不是转发函数
            ret
        .endif

        ; 处理转发函数
        push eax
        mov ecx, 0ffffffffh
        mov edi, eax
        xor eax, eax
        repnz scasb
        not ecx
        dec ecx
        mov ebx, ecx
        pop eax

        mov esi, eax
        lea edi, szDll
        mov bl, byte ptr [esi]
        mov byte ptr [edi], bl
```

```
_FINDDOT:
        add esi, 1
        add edi, 1
        dec ecx
        mov bl, byte ptr [esi]
        mov byte ptr [edi], bl
        cmp byte ptr [esi], '.'
        jnz _FINDDOT

        cmp ecx, 0
        jz _EXIT

        mov byte ptr [edi], 0
        inc esi

        lea edi, szDll

        invoke LoadLibrary, edi

        push esi
        push eax
        call MyGetProcAddress

        ret
    .else
        ; 序号导出
        mov eax, nBase
        add eax, NumberOfFunctions
        sub eax, 1
        .if (esi < nBase) || (esi > eax)
            xor eax, eax
            ret
        .endif
        mov eax, esi
        sub eax, nBase
        mov edi, 4
        mul edi

        add eax, AddressOfFunctions
        mov eax, [eax]
        add eax, lpBase

        ret
    .endif

    ret

_EXIT:
    mov eax, 0
    ret

MyGetProcAddress endp
```

代码并不复杂，只是有点长。在代码中处理了几部分，第一部分是得到函数名，第二部分是转发函数，第三部分是函数序号。如果无法理解上面的代码，可以在 OD 中动态调试，并参照 PE 文件结构的导出表来理解。

测试上面的代码，代码如下：

```
    .386
    .model flat, stdcall
    option casemap:none

include windows.inc
include kernel32.inc

includelib kernel32.lib
```

```
MyGetProcAddress     Proto hModule : DWORD, lpProcName : LPSTR

    .const
szUserDll    db  'user32.dll', 0
szMessageBox    db   'MessageBoxA', 0

szKernelDll db   'kernel32.dll', 0
szHeapAlloc db   'HeapAlloc', 0
sz2          db  '2', 0

    .code
start:
    invoke LoadLibrary, offset szUserDll
    push offset szMessageBox
    push eax
    call MyGetProcAddress

    push 0
    push 0
    push 0
    push 0
    call eax

    invoke GetModuleHandle, offset szKernelDll
    push offset szHeapAlloc
    push eax
    call MyGetProcAddress

    invoke GetModuleHandle, offset szKernelDll
    push 1dh
    push eax
    call MyGetProcAddress

    invoke ExitProcess, 0
```

以上两段是一个完整的程序，将 MyGetProcAddress 写到调用部分的下面，然后使用 RadAsm 进行编译连接生成一个 EXE 文件后，即可使用 OD 来进行调试，从而熟悉 GetProcAddress 函数的工作过程，其实也就是一个导出表解析的过程。

8.2　调试工具的开发

在 Windows 中有一些 API 函数是专门用来进行调试的，这些函数称作为 Debug API，或者是调试 API。利用这些函数可以进行调试器的开发，调试器通过创建有调试关系的父子进程来进行调试，被调试进程的底层信息、即时的寄存器、指令等信息都可以被获取，进而用来分析。

前面介绍的 OllyDbg 调试器的功能非常得强大，虽然有众多的功能，但是其基础的实现就是依赖于调试 API。调试 API 函数的个数虽然不多，但是合理地使用会产生非常大的作用。调试器依赖于调试事件，调试事件有着非常复杂的结构体，调试器有着固定的流程，由于实时需要等待调试事件的发生，其过程是一个调试循环体，非常类似 SDK 开发程序中的消息循环。无论是调试事件还是调试循环，对于调试或者说调试器来说，其最根本、最核心的部分是中断，或者说其最核心的部分是可以捕获中断。

8.2.1　常见的三种断点

在前面介绍 OD 的时候提到过，产生中断的方法是设置断点，常见的产生中断的断点方法有 3 种，一种是中断断点，一种是内存断点，还有一种是硬件断点。下面分别介绍这 3 种断点的不同。

中断断点，这里通常指的是汇编语言中的 int 3 指令，CPU 执行该指令时会产生一个断点，因此也常称之为 INT3 断点。现在演示一下如何使用 int 3 来产生一个断点。代码如下：

```
int main(int argc, char* argv[])
{
    _asm int 3

    return 0;
}
```

在代码中使用了_asm，在_asm 后面可以使用汇编指令，如果希望添加一段汇编指令，方法是_asm{}这样的。通过_asm 可以在 C 语言中进行内嵌汇编语言。在_asm 后面直接使用的是 int 3 指令，这样会产生一个异常，称为断点中断异常。对这段简单的代码进行编译连接，并且运行。运行后出现了错误对话框，如图 8-1 所示。

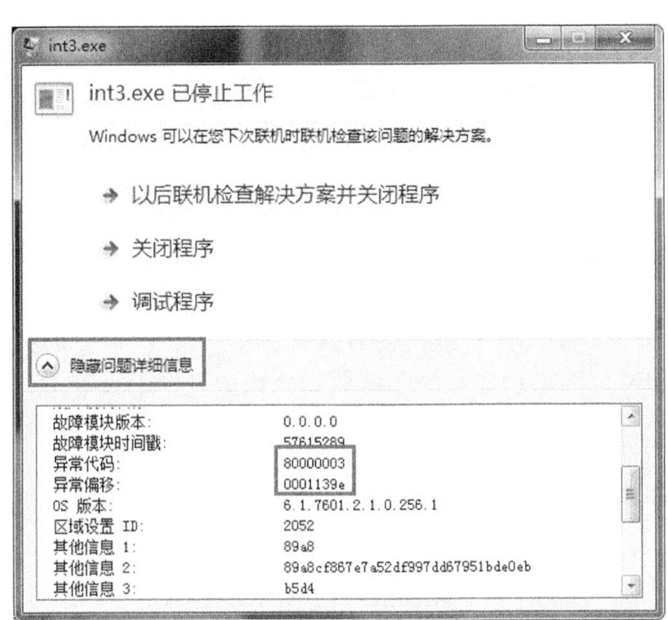

图 8-1　问题详细信息

这个对话框可能常常见到，而且见到以后多半会很让人郁闷，通常情况是用户直接单击“关闭程序”按钮，然后关闭这个对话框。在这里，这个异常是通过 int 3 导致的，不要忙着关掉它。通常在写自己的软件时如果出现这样的错误，应该去寻找一些更多的帮助信息来修正错误。单击“查看问题详细信息 ”按钮，会出现如图 8-1 所示的详细信息。

通常情况下，在详细信息中至少关心两个内容，一个内容是“异常代码”，另一个内容是“异常偏移”。在图 8-1 中，“异常代码”后面的值为 0x80000003，在“异常偏移”后面的值为 0001139e。“异常代码”的值为产生异常的异常代码，“异常偏移”是产生异常的 RVA。在 Winnt.h

中定义了关于“异常代码”的值，在这里 0x80000003 的定义为 STATUS_BREAKPOINT，也就是断点中断。在 Winnt.h 中的定义为：

```
#define STATUS_BREAKPOINT                  ((DWORD   )0x80000003L)
```

这里给出的“异常偏移”是一个 RVA，用 LoadPE 打开该程序，计算 0001139e 的 VA 为 0041139E，用 OD 打开这个程序，直接按 F9 键运行，如图 8-2 和图 8-3 所示。

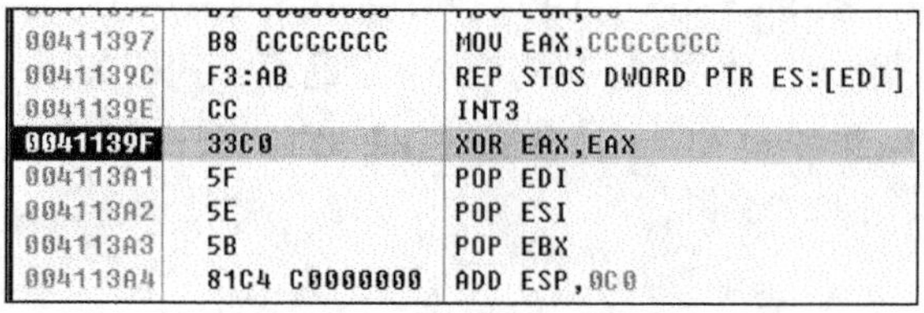

```
00411397   B8 CCCCCCCC     MOV EAX,CCCCCCCC
0041139C   F3:AB           REP STOS DWORD PTR ES:[EDI]
0041139E   CC              INT3
0041139F   33C0            XOR EAX,EAX
004113A1   5F              POP EDI
004113A2   5E              POP ESI
004113A3   5B              POP EBX
004113A4   81C4 C0000000   ADD ESP,0C0
```

图 8-2 在 OD 中运行被断下

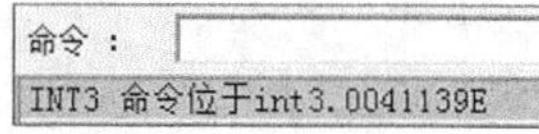

图 8-3 OD 状态栏提示

从图 8-2 所示的地方可以看到，程序执行停在了 0041139F 的位置处。从图 8-3 所示的地方可以看到，INT3 命令位于 0041139E 的位置处。这就证明了在系统的错误报告中可以给出正确的出错地址（或产生异常的地址）。这样在以后写程序的过程中可以很容易定位到自己程序中有错误的位置。

注意：在 OD 中运行我们的 int 3 程序时，可能 OD 不会停在 0041139F 地址处，也不会给出类似图 8-2 的提示。在实验这个例子的时候需要对 OD 进行一番设置，在菜单中选择“选项”→“调试设置”打开“调试选项”对话框，在“调试选项”对话框中选择“异常”选项卡，在“异常”选项卡中去掉“INT3 中断”复选框的选中状态，这样就可以按照该例子进行测试了。

回到中断断点的话题上，中断断点是由 int 3 产生的，那么要如何通过调试器（调试进程）在被调试进程中设置中断断点呢？观察图 8-2 中 0041139E 地址处，在地址值的后面、反汇编代码的前面，中间那一列的内容是汇编指令对应的机器码。可以看出，INT3 对应的机器码是 0xCC。如果希望通过调试器在被调试进程中设置 INT3 断点的话，那么只需要把要中断的位置的机器码改为 0xCC 即可，当调试器捕获到该断点异常时，修改为原来的值即可。

内存断点的方法同样是通过异常来产生的。在 Win32 平台下，内存是按页进行划分的，每页的大小为 4KB。每一页内存都有各自的内存属性，常见的内存属性有只读、可读写、可执行、可共享等。内存断点的原理就是通过对内存属性的修改，而导致本该允许进行的操作无法进行，这样便会引发异常。

在 OD 中关于内存断点有两种，一种是内存访问，另外一种是内存写入。用 OD 随便打开一个应用程序，在其“转存窗口”（或者叫“数据窗口”）中随便选中一些数据点后单击右键，在弹出的菜单中选择“断点”命令，在“断点”子命令下会看到“内存访问”和“内存写入”两种断点，如图 8-4 所示。

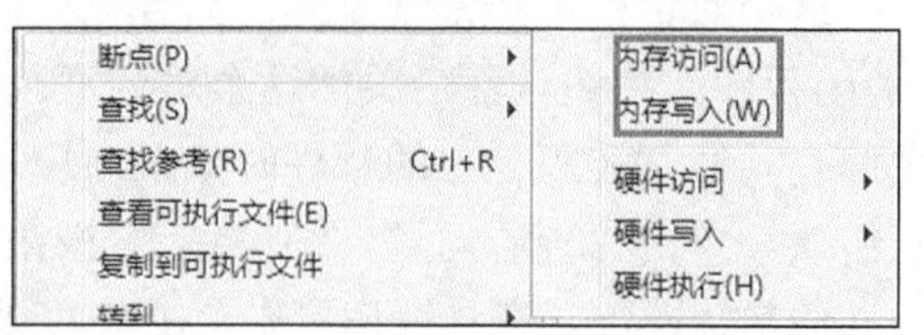

图 8-4 内存断点类型

下面通过简单例子来看一下如何产生一个内存访问异常，代码如下：

```
#include "stdafx.h"
#include <Windows.h>
#include <stdlib.h>

#define MEMLEN 0x100

int _tmain(int argc, _TCHAR* argv[])
{
    PBYTE pByte = NULL;

    pByte = (PBYTE)malloc(MEMLEN);

    if ( pByte == NULL )
    {
        return -1;
    }

    DWORD dwProtect = 0;

    VirtualProtect(pByte, MEMLEN, PAGE_READONLY, &dwProtect);

    BYTE bByte = '\xCC';

    memcpy(pByte, (const char *)&bByte, MEMLEN);

    free(pByte);

    return 0;
}
```

在这个程序中，使用了 VirtualProtect()函数，该函数是用来修改当前进程的内存属性的。首先，使用 VirtualProtect 函数将 malloc 申请的内存空间改为只读属性，然后对该块内存进行 memcpy 操作，这样由于内存属性是只读属性，因此在 memcpy 时程序会报错。

对这个程序编译连接并运行起来。熟悉的出错界面又出现了，如图 8-5 所示。

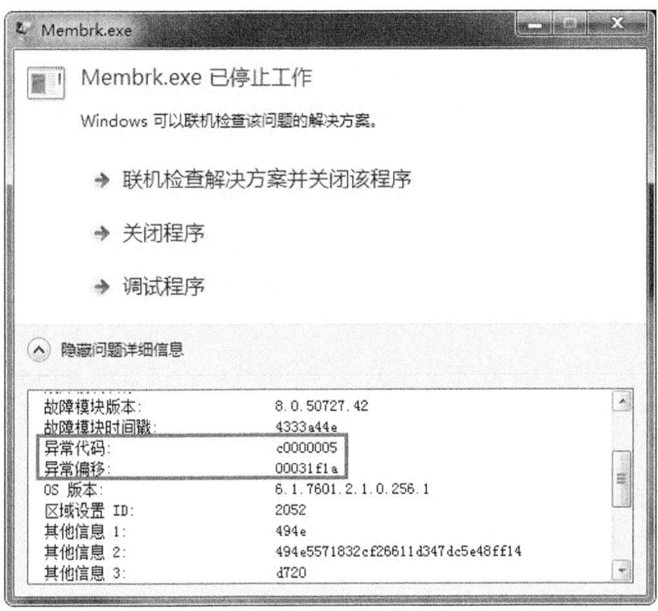

图 8-5　内存异常报错

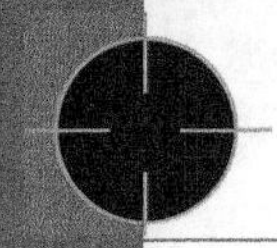

按照上面的分析方法来看一下“异常代码”和“异常偏移”这两个值。“异常代码”后面的值为 c0000005，这个值在 Winnt.h 中的定义如下：

```
#define STATUS_ACCESS_VIOLATION          ((DWORD)0xC0000005L)
```

这个值的意义表示访问违例。在“异常偏移”后面的值为 0x00031f1a，这个值是 RVA。按照前面的方法来查看该地址，如图 8-6 所示。

在图 8-6 中，REP MOVS 相当于 C 语言的 memcpy 函数，由于内存为只读属性，因此导致了非法的写入，如图 8-7 所示。

```
10231F0F  .  C1E9 02        SHR ECX,2
10231F12  .  83E2 03        AND EDX,3
10231F15  .  83F9 08        CMP ECX,8
10231F18  .~ 72 2A          JB SHORT MSVCR80D.10231F44
10231F1A  .  F3:A5          REP MOVS DWORD PTR ES:[EDI],DWORD PTR DS
10231F1C  .  FF2495 342023  JMP DWORD PTR DS:[EDX*4+10232034]
10231F23     90             NOP
10231F24  >  8BC7           MOV EAX,EDI
10231F26  .  BA 03000000    MOV EDX,3
```

图 8-6　OD 中异常地址

图 8-7　OD 状态栏的内存提示

注意：在实验这个例子的时候需要对 OD 进行一番设置，在菜单中选择“选项”→“调试设置”打开“调试选项”对话框，在“调试选项”对话框中选择“异常”选项卡，在“异常”选项卡中去掉“非法内存访问”复选框的选中状态，这样就可以按照该例子进行测试了。

硬件断点是有硬件进行支持的，它由硬件提供给我们的调试寄存器组，我们通过这些硬件寄存器设置相应的值，然后让硬件帮我们断在需要下断点的地址。在 CPU 上有一组特殊的寄存器，称作调试寄存器，该调试寄存器有 8 个，分别是 DR0～DR7，用于设置和管理硬件断点。调试寄存器 DR0~DR3 用于存储所设置硬件断点的内存地址，由于只有 4 个调试寄存器可以用来存放地址，因此最多只能设置 4 个硬件断点。寄存器 DR4 和 DR5 是系统保留的，没有公开用处。调试寄存器 DR6 称为调试状态寄存器，这个寄存器记录了上一次断点触发所产生的调试事件类型信息。调试寄存器 DR7 用于设置触发硬件断点的条件，比如硬件读断点、硬件访问断点或硬件执行断点。由于调试寄存器原理内容较多，这里就不具体进行介绍。

8.2.2　调试 API 函数及相关结构体介绍

通过前面的内容已经知道，调试器的根本是依靠中断，其核心也是中断。前面也演示了两个产生中断异常的例子。本小节的内容是介绍调试 API 函数及其相关的调试结构体。调试 API 函数的数量非常少，但是其结构体是非常少有的较为复杂的，虽然说是复杂，其实只是嵌套的层级比较多，只要了解了较为常见的，剩下的可以自己对照 MSDN 进行学习。在介绍完调试 API 函数及其结构体后，再来简单演示一下如何通过调试 API 捕获 INT3 断点和内存断点。

1．创建调试关系

既然是调试，那么必然存在调试和被调试。调试和被调试的这种调试关系是如何建立起来的，是我们首先要了解的内容。要使调试和被调试创建调试关系，就会用到两个函数中的一个，这两个函数分别是 CreateProcess()和 DebugActiveProcess()。其中 CreateProcess()函数是用来创建进程的函数，那么如何使用 CreateProcess()函数来建立一个需要被调试的进程呢？这里来介绍一下 CreateProcess()函数吧。CreateProcess()函数的定义如下：

```
BOOL CreateProcess(
  LPCTSTR lpApplicationName,                 // name of executable module
  LPTSTR lpCommandLine,                      // command line string
  LPSECURITY_ATTRIBUTES lpProcessAttributes, // SD
  LPSECURITY_ATTRIBUTES lpThreadAttributes,  // SD
  BOOL bInheritHandles,                      // handle inheritance option
  DWORD dwCreationFlags,                     // creation flags
  LPVOID lpEnvironment,                      // new environment block
  LPCTSTR lpCurrentDirectory,                // current directory name
  LPSTARTUPINFO lpStartupInfo,               // startup information
  LPPROCESS_INFORMATION lpProcessInformation // process information
);
```

参数说明如下。

lpApplicationName：指定可执行文件的文件名。

lpCommandLine：指定欲传给新进程的命令行的参数。

lpProcessAttributes：进程安全属性，该值通常为 NULL，表示为默认安全属性。

lpThreadAttributes：线程安全属性，该值通常为 NULL，表示为默认安全属性。

hInheritHandlers：指定当前进程中的可继承句柄是否被新进程继承。

dwCreationFlags：指定新进程的优先级以及其他创建标志，该参数一般情况下可以为 0。

如果要创建一个被调试进程，需要把该参数设置为 DEBUG_PROCESS。创建进程的进程称为父进程，被创建的进程称为子进程。也就是说，父进程要对子进程进行调试的话，需要在调用 CreateProcess()函数时传递 DEBUG_PROCESS 参数。在传递了 DEBUG_PROCESS 参数后，子进程创建的“孙”进程，同样也处在被调试状态中。如果不希望子进程创建的“孙”进程也处在被调试状态，则应在父进程创建子进程时传递 DEBUG_ ONLY_THIS_PROCESS 和 DEBUG_PROCESS。

在有些情况下，如果希望被创建子进程的主线程暂时不要运行，那么可以指定 CREATE_SUSPENDED 参数。事后希望该子进程的主线程运行的话，可以使用 ResumeThread()函数使子进程的主线程恢复运行。

lpEnvironment：指定新进程的环境变量，通常这里指定为 NULL 值。

lpCurrentDirectory：指定新进程使用的当前目录。

lpStartupInfo：指向 STARTUPINFO 结构体的指针，该结构体指定新进程的启动信息。

该参数是一个结构体，该结构体决定进程启动的状态，该结构体的定义如下：

```
typedef struct _STARTUPINFO {
    DWORD   cb;
    LPTSTR  lpReserved;
    LPTSTR  lpDesktop;
    LPTSTR  lpTitle;
    DWORD   dwX;
    DWORD   dwY;
    DWORD   dwXSize;
    DWORD   dwYSize;
    DWORD   dwXCountChars;
    DWORD   dwYCountChars;
    DWORD   dwFillAttribute;
    DWORD   dwFlags;
    WORD    wShowWindow;
```

```
        WORD    cbReserved2;
        LPBYTE  lpReserved2;
        HANDLE  hStdInput;
        HANDLE  hStdOutput;
        HANDLE  hStdError;
    } STARTUPINFO, *LPSTARTUPINFO;
```

该结构体在使用前，需要对 cb 成员变量进行赋值，该成员变量用于保存结构体的大小。该结构体的使用我们不做过多的介绍。如果要对新进程的输入输出重定向的话，会用到该结构体的更多成员变量等。

lpProcessInformation：指向 PROCESS_INFORMATION 结构体的指针，该结构体用于返回新进程和主线程的相关信息，该结构体的定义如下：

```
    typedef struct _PROCESS_INFORMATION {
        HANDLE hProcess;
        HANDLE hThread;
        DWORD dwProcessId;
        DWORD dwThreadId;
    } PROCESS_INFORMATION;
```

该结构体用于返回新创建进程的句柄和进程 ID、进程主线程的句柄和主线程 ID。

现在要做的是创建一个被调试进程。在 CreateProcess()函数中，有一个 dwCreationFlags 的参数，该参数的取值中有两个重要的常量，分别为 DEBUG_PROCESS 和 DEBUG_ONLY_THIS_PROCESS。DEBUG_PROCESS 的作用就是被创建的进程处于调试状态，如果一同指定了 DEBUG_ONLY_THIS_PROCESS 的话，那么就只能调试被创建的进程，而不能调试被调试进程创建出来的进程。只要在使用 CreateProcess()函数时指定这两个常量即可。

除了 CreateProcess()函数以外，还有一种创建调试关系的方法，该方法使用的函数如下：

```
    BOOL DebugActiveProcess(
      DWORD dwProcessId    // process to be debugged
    );
```

这个函数的功能是将调试进程附加到被调试的进程上。该函数的参数只有一个，该参数指定了被调试进程的进程 ID 号。从函数名与函数参数可以看出，这个函数是与一个已经被创建的进程来建立调试关系的，与 CreateProcess()的方法是不一样的。在 OD 中也同样有这个功能，打开 OD，选择菜单中的“文件”→“挂接”（或者是“附加”）命令，就出现“选择要附加的进程”窗口，如图 8-8 所示。

OD 的这个功能就是通过 DebugActiveProcess()函数来完成的。

调试器与被调试的目标进程可以通过前两个函数建立调试关系，但是如何使调试器与被调试的目标进程断开调试关系呢？有一个很简单的方法，关闭调试器进程，这样调试器进程与被调试的目标进程会同时结束。也可以关闭被调试的目标进程，这样也可以达到断开调试关系的目的。那如何让调试器与被调试的目标进程断开调试关系，又保持被调试目标进程的运行呢？这里介绍一个函数，函数名为 DebugActiveProcessStop()，其定义如下：

```
    WINBASEAPI
    BOOL
    WINAPI
    DebugActiveProcessStop(
        _in DWORD dwProcessId
        );
```

该函数只有一个参数，就是被调试进程的进程 ID 号。使用该函数可以在不影响调试器进程和被调试进程的正常运行而将两者的关系进行解除。但是有一个前提，被调试进程需要处于运行状态，而不是中断状态。如果被调试进程处于中断状态而与调试进程解除调试关系，会由于被调试进程无法运行而导致退出。

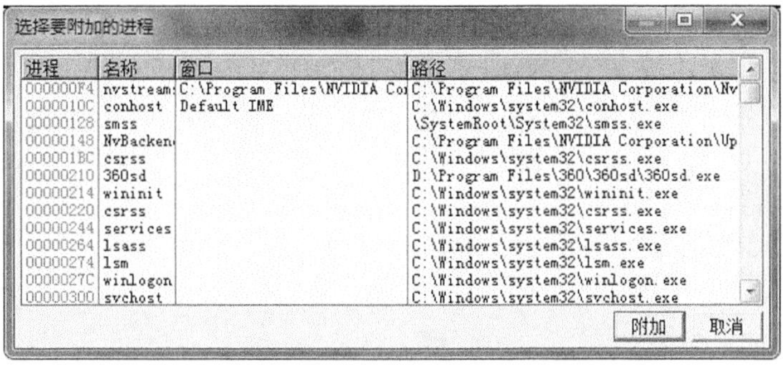

选择要附加的进程

进程	名称	窗口	路径
000000F4	nvstream	C:\Program Files\NVIDIA Co	C:\Program Files\NVIDIA Corporation\Nv
0000010C	conhost	Default IME	C:\Windows\system32\conhost.exe
00000128	smss		\SystemRoot\System32\smss.exe
00000148	NvBacken		C:\Program Files\NVIDIA Corporation\Up
000001BC	csrss		C:\Windows\system32\csrss.exe
00000210	360sd		D:\Program Files\360\360sd\360sd.exe
00000214	wininit		C:\Windows\system32\wininit.exe
00000220	csrss		C:\Windows\system32\csrss.exe
00000244	services		C:\Windows\system32\services.exe
00000264	lsass		C:\Windows\system32\lsass.exe
00000274	lsm		C:\Windows\system32\lsm.exe
0000027C	winlogon		C:\Windows\system32\winlogon.exe
00000300	svchost		C:\Windows\system32\svchost.exe

附加 取消

图 8-8 “选择要附加的进程”窗口

2．判断进程是否处于被调试状态

很多程序要检测自己是否处于被调试状态，比如游戏、病毒以及加壳后的程序。游戏为了防止被做出外挂而进行反调试，病毒为了给反病毒工程师增加分析难度而反调试，加壳程序是专门用来保护软件的，当然也会有反调试的功能（该功能仅限于加密壳，压缩壳一般是没有反调试功能的）。

本小节不是要介绍反调试，而是要介绍一个简单的函数（因为它也属于调试函数中的一个），这个函数是判断自身是否处于被调试状态，函数名为 IsDebuggerPresent()，函数的定义如下：

```
BOOL IsDebuggerPresent(VOID);
```

该函数没有参数，根据返回值来判断是否处于被调试状态。这个函数也可以用来进行反调试。不过由于这个函数的实现过于简单，很容易就能够被分析者突破，因此目前已也没有软件再使用该函数来用作反调试了。

下面通过一个简单的例子来演示 IsDebuggerPresent()函数的使用。具体代码如下：

```
#include <Windows.h>
#include <stdio.h>

extern "C" BOOL WINAPI IsDebuggerPresent(VOID);

DWORD WINAPI ThreadProc(LPVOID lpParam)
{
    while ( TRUE )
    {
        // 用来检测用 ActiveDebugProcess()来创建调试关系
        if ( IsDebuggerPresent() == TRUE )
        {
            printf("thread func checked the debuggee \r\n");
            break;
        }
        Sleep(1000);
    }

    return 0;
}

int _tmain(int argc, _TCHAR* argv[])
{
    BOOL bRet = FALSE;
```

```
    // 用来检测 CreateProcess()创建调试关系
    bRet = IsDebuggerPresent();

    if ( bRet == TRUE )
    {
        printf("main func checked the debuggee \r\n");
        getchar();
        return 1;
    }

    HANDLE hThread = CreateThread(NULL, 0, ThreadProc, NULL, 0, NULL);
    if ( hThread == NULL )
    {
        return -1;
    }

    WaitForSingleObject(hThread, INFINITE);
    CloseHandle(hThread);

    getchar();

    return 0;
}
```

这个例子用来检测自身是否处于被调试状态。在进入主函数后，直接调用 IsDebuggerPresent()函数，用来判断是否被调试器创建。在自定义线程函数中，一直循环检测是否被附加。只要发现自身处于被调试状态，那么就在控制台中进行输出提示。

现在用 OD 对这个程序进行测试。首先用 OD 直接打开这个程序并按 F9 键运行，如图 8-9 所示。

按下 F9 键启动以后，控制台中输出“mian func checked the debuggee”，也就是发现了调试器。再测试一下检测 OD 附加的效果。先运行这个程序，然后用 OD 去挂接它，看其提示，如图 8-10 所示。

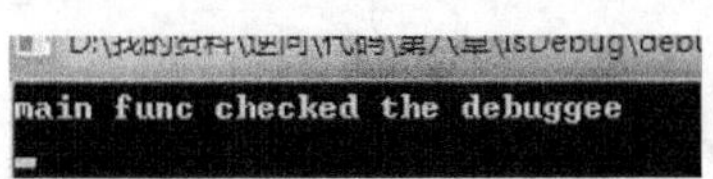

图 8-9　主函数检测到调试器

图 8-10　线程函数检测到调试器

控制台中输出“thread func checked the debuggee”。可以看出，用 OD 进行附加也能够检测到自身处于被调试状态。

注意：进行该测试时应选用原版 OD。由于该检测是否处于被调试状态的方法过于简单，因此任何其他修改版的 OD 都可以将其突破，从而使得测试失败。

3．断点异常函数

有时为了调试方便可能会在自己的代码中插入_asm int 3，这样当程序运行到这里时会产生一个断点，就可以用调试器进行调试了。其实微软提供了一个函数，使用该函数可以直接让程序运行到某处的时候产生 INT3 断点，该函数的定义如下：

```
VOID DebugBreak(VOID);
```

修改一下前面的程序，把_asm int 3 替换为 DebugBreak()，编译连接并运行。同样会因产生异常而出现“异常基本信息”对话框，查看它的“错误报告内容”，如图 8-11 所示。

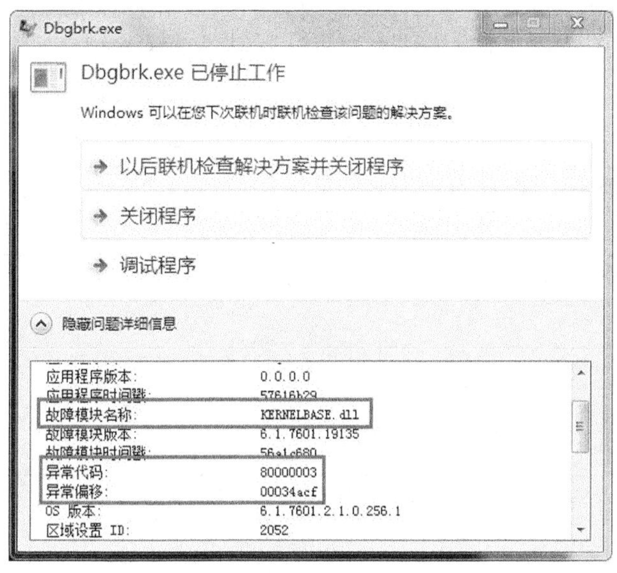

图 8-11 DebugBreak 问题详细信息

看一下“异常代码”的后面的值，看到值为 0x80000003 就应该知道是 EXCEPTION_BREAKPOINT。再看“故障模块名称”后面的值，值为 kernelbase.dll，从这个地址可以看出，该值在系统的 DLL 文件中，因为调用的是系统提供的函数。

4．调试事件

调试器在调试程序的过程中，是通过用户不断地下断点、单步等来完成的，而断点的产生在前面的内容中提到过一部分。通过前面介绍的 INT3 断点、内存断点和硬件断点可以得知，调试器是在捕获目标进程产生的断点或异常从而做出响应的。当然，对于所介绍的断点来说是这样的，不过对于调试器来说，除了对断点和异常做出响应以外，还会对其他的一些事件做出响应，断点和异常只是所有调试能进行响应事件的一部分。

调试器的工作方式主要是依赖在调试过程中不断产生的调试事件，调试事件在系统中被定义为一个结构体，也是在应用层下较为复杂的一个结构体，因为这个结构体的嵌套关系很多。这个结构体的定义如下：

```
typedef struct _DEBUG_EVENT {
  DWORD dwDebugEventCode;
  DWORD dwProcessId;
  DWORD dwThreadId;
  union {
      EXCEPTION_DEBUG_INFO Exception;
      CREATE_THREAD_DEBUG_INFO CreateThread;
      CREATE_PROCESS_DEBUG_INFO CreateProcessInfo;
      EXIT_THREAD_DEBUG_INFO ExitThread;
      EXIT_PROCESS_DEBUG_INFO ExitProcess;
      LOAD_DLL_DEBUG_INFO LoadDll;
      UNLOAD_DLL_DEBUG_INFO UnloadDll;
      OUTPUT_DEBUG_STRING_INFO DebugString;
      RIP_INFO RipInfo;
  } u;
} DEBUG_EVENT, *LPDEBUG_EVENT;
```

这个结构体非常重要，我们有必要详细地进行介绍。

dwDebugEventCode：该字段指定了调试事件的类型编码。在调试的过程中可能产生的调试事件非常多，因此要根据不同的类型码进行不同的响应处理。常见的调试事件如表 8-1 所列。

表 8-1　dwDebugEventCode 的取值

调试事件	意义
EXCEPTION_DEBUG_EVENT	被调试进程产生异常而引发的调试事件
CREATE_THREAD_DEBUG_EVENT	线程创建时引发的调试事件
CREATE_PROCESS_DEBUG_EVENT	进程创建时引发的调试事件
EXIT_THREAD_DEBUG_EVENT	线程结束时引发的调试事件
EXIT_PROCESS_DEBUG_EVENT	进程结束时引发的调试事件
LOAD_DLL_DEBUG_EVENT	装载 DLL 文件时引发的调试事件
UNLOAD_DLL_DEBUG_EVENT	卸载 DLL 文件时引发的调试事件
OUTPUT_DEBUG_STRING_EVENT	进程调用调试输出函数时引发的调试事件

dwProcessId：该字段指明了引发调试事件的进程 ID 号。

dwThreadId：该字段指明了引发调试事件的线程 ID 号。

u：该字段是一个联合体，该联合体的取值由 dwDebugEventCode 指定。在该联合体中包含了很多个结构体，包括 EXCEPTION_DEBUG_INFO、CREATE_THREAD_ DEBUG_INFO、CREATE_PROCESS_DEBUG_INFO、EXIT_THREAD_DEBUG_INFO、EXIT_PROCESS_DEBUG_INFO、LOAD_DLL_DEBUG_INFO、UNLOAD_DLL_DEBUG_INFO 和 OUTPUT_DEBUG_STRING_INFO。

在以上众多的结构体中，特别要介绍一下 EXCEPTION_DEBUG_INFO，因为这个结构体中包含了关于异常相关的信息，而其他几个结构体的使用则比较简单，大家可以参考 MSDN。EXCEPTION_DEBUG_INFO 的定义如下：

```
typedef struct _EXCEPTION_DEBUG_INFO {
  EXCEPTION_RECORD ExceptionRecord;
  DWORD dwFirstChance;
} EXCEPTION_DEBUG_INFO, *LPEXCEPTION_DEBUG_INFO;
```

在 EXCEPTION_DEBUG_INFO 中包含的 EXCEPTION_RECORD 结构体中保存着真正的异常信息，对于 dwFirstChance 里面保存着 ExceptionRecord 的个数。查看一下以下关于 EXCEPTION_RECORD 结构体的定义：

```
typedef struct _EXCEPTION_RECORD {
  DWORD ExceptionCode;
  DWORD ExceptionFlags;
  struct _EXCEPTION_RECORD *ExceptionRecord;
  PVOID ExceptionAddress;
  DWORD NumberParameters;
  ULONG_PTR ExceptionInformation[EXCEPTION_MAXIMUM_PARAMETERS];
} EXCEPTION_RECORD, *PEXCEPTION_RECORD;
```

ExceptionCode：异常码。该值在 MSDN 中的定义非常多，不过我们需要使用的值只有三个，分别是 EXCEPTION_ACCESS_VIOLATION（访问违例）、EXCEPTION_ BREAKPOINT（断点异常）和 EXCEPTION_SINGLE_STEP（单步异常）。这 3 个值中的前两个对于我们来说是非常熟悉的，因为在前面已经介绍过了，关于最后一个单步异常想必也是非常熟悉的了。

我们使用 OD 快捷键的 F7 键、F8 键时就是在使用单步功能，而单步异常就由 EXCEPTION_SINGLE_STEP 来表示的。

ExceptionRecord：指向一个 EXCEPTION_RECORD 的指针，异常记录是一个链表，其中可能保存着很多的异常信息。

ExceptionAddress：异常产生的地址。

调试事件这个结构体 DEBUG_EVENT 看似非常复杂，其实也只是嵌套得比较深而已。只要认真体会每个结构体、体会每层嵌套的含义，自然而然就觉得它没有多么复杂了。

5．调试循环

调试器在不断地对被调试目标进程进行捕获调试信息，有点类似于 Win32 应用程序的消息循环，但是又有所不同。调试器在捕获到调试信息后，进行相应的处理，然后恢复线程使之继续运行。

用来等待捕获被调试进程调试事件的函数是 WaitForDebugEvent()，该函数的定义如下：

```
BOOL WaitForDebugEvent(
  LPDEBUG_EVENT lpDebugEvent,   // debug event information
  DWORD dwMilliseconds          // time-out value
);
```

lpDebugEvent：该参数用于接收保存调试事件；

dwMillisenconds：该参数用于指定超时的时间，无限制等待使用 INFINITE。

在调试器捕获到调试事件后会对被调试的目标进程中产生调试事件的线程进行挂起，在调试器对被调试目标进程进行相应的处理后，需要使用 ContinueDebugEvent()对先前被挂起的线程进行恢复。ContinueDebugEvent()函数的定义如下：

```
BOOL ContinueDebugEvent(
  DWORD dwProcessId,        // process to continue
  DWORD dwThreadId,         // thread to continue
  DWORD dwContinueStatus    // continuation status
);
```

dwProcessId：该参数表示被调试进程的进程标识符。

dwThreadId：该参数表示准备恢复挂起线程的线程标识符。

dwContinueStatus：该参数指定了该线程以何种方式继续执行，该参数的取值为 DBG_EXCEPTION_NOT_HANDLED 和 DBG_CONTINUE。对于这两个值来说，在通常情况下并没有什么差别。但是当遇到调试事件中的调试码为 EXCEPTION_DEBUG_EVENT 时，这两个常量就会有不同的动作，如果使用 DBG_EXCEPTION_NOT_HANDLED，调试器进程将会忽略该异常，Windows 会使用被调试进程的异常处理函数对异常进行处理；如果使用 DBG_CONTINUE，那么需要调试器进程对异常进行处理，然后继续运行。

由上面两个函数配合调试事件结构体，就可以构成一个完整的调试循环。以下这段调试循环的代码摘自 MSDN：

```
DEBUG_EVENT DebugEv;                   // debugging event information
DWORD dwContinueStatus = DBG_CONTINUE; // exception continuation

for(;;)
{

// Wait for a debugging event to occur. The second parameter indicates
// that the function does not return until a debugging event occurs.

    WaitForDebugEvent(&DebugEv, INFINITE);
```

```
// Process the debugging event code.

    switch (DebugEv.dwDebugEventCode)
    {
        case EXCEPTION_DEBUG_EVENT:
        // Process the exception code. When handling
        // exceptions, remember to set the continuation
        // status parameter (dwContinueStatus). This value
        // is used by the ContinueDebugEvent function.

            switch (DebugEv.u.Exception.ExceptionRecord.ExceptionCode)
            {
                case EXCEPTION_ACCESS_VIOLATION:
                // First chance: Pass this on to the system.
                // Last chance: Display an appropriate error.

                case EXCEPTION_BREAKPOINT:
                // First chance: Display the current
                // instruction and register values.

                case EXCEPTION_DATATYPE_MISALIGNMENT:
                // First chance: Pass this on to the system.
                // Last chance: Display an appropriate error.

                case EXCEPTION_SINGLE_STEP:
                // First chance: Update the display of the
                // current instruction and register values.

                case DBG_CONTROL_C:
                // First chance: Pass this on to the system.
                // Last chance: Display an appropriate error.

                // Handle other exceptions.
            }

        case CREATE_THREAD_DEBUG_EVENT:
        // As needed, examine or change the thread's registers
        // with the GetThreadContext and SetThreadContext functions;
        // and suspend and resume thread execution with the
        // SuspendThread and ResumeThread functions.

        case CREATE_PROCESS_DEBUG_EVENT:
        // As needed, examine or change the registers of the
        // process's initial thread with the GetThreadContext and
        // SetThreadContext functions; read from and write to the
        // process's virtual memory with the ReadProcessMemory and
        // WriteProcessMemory functions; and suspend and resume
        // thread execution with the SuspendThread and ResumeThread
        // functions.

        case EXIT_THREAD_DEBUG_EVENT:
        // Display the thread's exit code.

        case EXIT_PROCESS_DEBUG_EVENT:
        // Display the process's exit code.

        case LOAD_DLL_DEBUG_EVENT:
        // Read the debugging information included in the newly
        // loaded DLL.

        case UNLOAD_DLL_DEBUG_EVENT:
        // Display a message that the DLL has been unloaded.

        case OUTPUT_DEBUG_STRING_EVENT:
        // Display the output debugging string.
```

```
    }
    // Resume executing the thread that reported the debugging event.

    ContinueDebugEvent(DebugEv.dwProcessId,
        DebugEv.dwThreadId, dwContinueStatus);

}
```

以上就是一个完整的调试循环，不过有些调试事件对于我们来说可能是用不到的，那么把不需要的调试事件所对应的 case 语句删除掉就可以了。

6．内存操作

调试器进程通常要对被调试的目标进程进行内存的读取或写入。对于跨进程的内存读取和写入的函数是 ReadProcessMemory()和 WriteProcessMemory()。

要对被调试的目标进程设置 INT3 断点时，就需要使用 WriteProcessMemory()函数对指定的位置写入 0xCC。当 INT3 被执行后，要在原来的位置上把原来的机器码写回去，原来的机器码需要使用 ReadProcessMemory()函数来读取。

关于内存操作除了以上两个函数以外，还有一个就是修改内存的页面属性的函数 VirtualProtectEx()。

7．线程环境相关 API 及结构体

进程是用来向系统申请各种资源的，而真正被分配到 CPU 并执行代码的是线程。进程中的每个线程都共享着进程的资源，但是每个线程都有不同的线程上下文或线程环境。Windows 是一个多任务的操作系统，在 Windows 中为每一个线程分配一个时间片，当某个线程执行完其所属的时间片后，Windows 会切换到另外的线程去执行。在进行线程切换以前有一步保存线程环境的工作，那就是保证在切换时线程的所有寄存器值、栈信息及描述符等相关的所有信息在切换回来后不变。只有把线程的上下文保存起来，在下次该线程被 CPU 再次调度时才能正确地接着上次的工作继续进行。

在 Windows 系统下，将线程环境定义为 CONTEXT 结构体，该结构体需要在 Winnt.h 头文件中找到，在 MSDN 中并没有给出定义。CONTEXT 结构体的定义如下：

```
//
// Context Frame
//
//  This frame has a several purposes: 1) it is used as an argument to
//  NtContinue, 2) is is used to constuct a call frame for APC delivery,
//  and 3) it is used in the user level thread creation routines.
//
//  The layout of the record conforms to a standard call frame.
//

typedef struct _CONTEXT {

    //
    // The flags values within this flag control the contents of
    // a CONTEXT record.
    //
    // If the context record is used as an input parameter, then
    // for each portion of the context record controlled by a flag
    // whose value is set, it is assumed that that portion of the
    // context record contains valid context. If the context record
    // is being used to modify a threads context, then only that
    // portion of the threads context will be modified.
    //
```

```
    // If the context record is used as an IN OUT parameter to capture
    // the context of a thread, then only those portions of the thread's
    // context corresponding to set flags will be returned.
    //
    // The context record is never used as an OUT only parameter.
    //

    DWORD ContextFlags;

    //
    // This section is specified/returned if CONTEXT_DEBUG_REGISTERS is
    // set in ContextFlags.  Note that CONTEXT_DEBUG_REGISTERS is NOT
    // included in CONTEXT_FULL.
    //

    DWORD   Dr0;
    DWORD   Dr1;
    DWORD   Dr2;
    DWORD   Dr3;
    DWORD   Dr6;
    DWORD   Dr7;

    //
    // This section is specified/returned if the
    // ContextFlags word contians the flag CONTEXT_FLOATING_POINT.
    //

    FLOATING_SAVE_AREA FloatSave;

    //
    // This section is specified/returned if the
    // ContextFlags word contians the flag CONTEXT_SEGMENTS.
    //

    DWORD   SegGs;
    DWORD   SegFs;
    DWORD   SegEs;
    DWORD   SegDs;

    //
    // This section is specified/returned if the
    // ContextFlags word contians the flag CONTEXT_INTEGER.
    //

    DWORD   Edi;
    DWORD   Esi;
    DWORD   Ebx;
    DWORD   Edx;
    DWORD   Ecx;
    DWORD   Eax;

    //
    // This section is specified/returned if the
    // ContextFlags word contians the flag CONTEXT_CONTROL.
    //

    DWORD   Ebp;
    DWORD   Eip;
    DWORD   SegCs;              // MUST BE SANITIZED
    DWORD   EFlags;             // MUST BE SANITIZED
    DWORD   Esp;
    DWORD   SegSs;

    //
    // This section is specified/returned if the ContextFlags word
```

```
        // contains the flag CONTEXT_EXTENDED_REGISTERS.
        // The format and contexts are processor specific
        //

        BYTE    ExtendedRegisters[MAXIMUM_SUPPORTED_EXTENSION];

    } CONTEXT;
```

这个结构体看似很大，但了解汇编语言的话其实也并不大，在前面章节介绍了关于汇编语言的相关知识，结构体中的各个字段应该是非常熟悉的。关于各个寄存器的介绍这里就不进行重复了，这个需要大家自己翻看前面的内容。这里只介绍一下 ContextFlags 字段的功能，该字段用于控制 GetThreadContext()和 SetThreadContext()能够获取或写入的环境信息。ContextFlags 的取值也只能在 Winnt.h 头文件中找到，其取值如下：

```
    #define CONTEXT_CONTROL          (CONTEXT_i386 | 0x00000001L) // SS:SP, CS:IP, FLAGS, BP
    #define CONTEXT_INTEGER          (CONTEXT_i386 | 0x00000002L) // AX, BX, CX, DX, SI, DI
    #define CONTEXT_SEGMENTS         (CONTEXT_i386 | 0x00000004L) // DS, ES, FS, GS
    #define CONTEXT_FLOATING_POINT   (CONTEXT_i386 | 0x00000008L) // 387 state
    #define CONTEXT_DEBUG_REGISTERS  (CONTEXT_i386 | 0x00000010L) // DB 0-3,6,7
    #define CONTEXT_EXTENDED_REGISTERS  (CONTEXT_i386 | 0x00000020L) // cpu specific extensions

    #define CONTEXT_FULL (CONTEXT_CONTROL | CONTEXT_INTEGER |\
                          CONTEXT_SEGMENTS)

    #define CONTEXT_ALL (CONTEXT_CONTROL | CONTEXT_INTEGER | CONTEXT_SEGMENTS | CONTEXT
_FLOATING_POINT | CONTEXT_DEBUG_REGISTERS | CONTEXT_EXTENDED_REGISTERS)
```

从这些宏定义的注释来看，能很清楚地知道这些宏可以控制 GetThreadContext()和 SetThreadContext()进行何种操作，大家在真正使用时进行相应的赋值就可以了。

注意： 关于 CONTEXT 结构体可能会在 Winnt.h 头文件中找到多个定义，因为该结构体是与平台相关的。因此，在各种不同平台上此结构体有所不同。

线程环境在 Windows 中定义了一个 CONTEXT 的结构体，我们要获取或设置线程环境时，需要使用 GetThreadContext()和 SetThreadContext()。这两个函数的定义分别如下：

```
    BOOL GetThreadContext(
      HANDLE hThread,        // handle to thread with context
      LPCONTEXT lpContext    // context structure
    );
    BOOL SetThreadContext(
      HANDLE hThread,              // handle to thread
      CONST CONTEXT *lpContext     // context structure
    );
```

这两个函数的参数基本一样，hThread 表示线程句柄，lpContext 表示指向 CONTEXT 的指针。所不同的是，GetThreadContext()是用来获取线程环境的，SetThreadContext()是用来进行设置线程环境的。需要注意的是，在获取或设置线程的上下文时，应将线程暂停后进行以免发生“不明现象”。

8.2.3 打造一个密码显示器

关于系统提供的调试 API 函数我们已经学习不少了，而且基本上常用到的函数也都介绍过了。下面用调试 API 编写一个能够显示密码的程序。大家别以为我们写的程序什么密码都能显示，这是不可能的。下面针对某个 CrackMe 来编写一个显示密码的程序。

简单的 CrackMe 程序如图 8-12 所示。

在编写关于 CrackMe 的密码显示程序以前，需要准备两项工作，第一项工作是知道要在什么地方合理地下断点，第二项工作是从哪里能读取到密码。带着这两个问题重新来进行思考。在该 CrackMe 中经过分析得知，它要对正确的密码和输入的密码两个字符串进行比较，而比较的函数是 strcmp()，该函数有两个参数，分别是输入的密码和真正的密码。也就是说，在调用 strcmp()这个函数的位置下断点通过查看它的参数是可以获取正确密码的。就在调用 strcmp()这个函数的位置设置 INT3 断点，也就是将 0xCC 机器码写入这个地址。用 OD 看一下调用 strcmp()函数的地址，如图 8-13 所示。

EasyCrackMe
帐号 admin123
密码 admin123
确定　取消

图 8-12　EasyCrackMe 的窗口

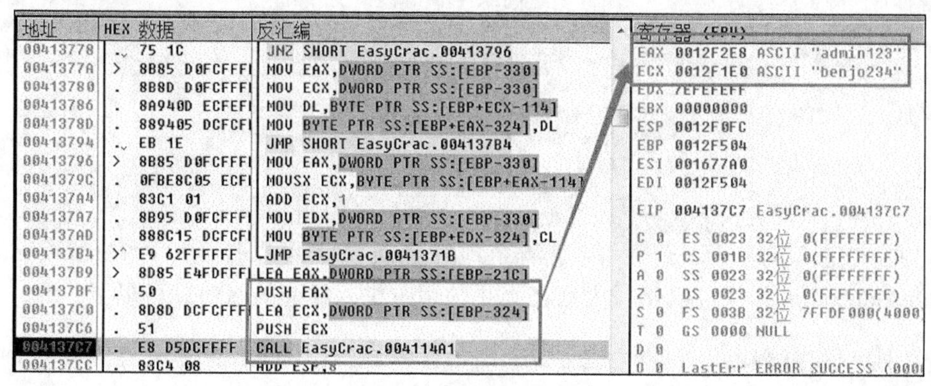

图 8-13　调用 strcmp 函数的地址

从图 8-13 中可以看出，调用 strcmp()函数的地址为 004137C7。有了这个地址只要找到该函数的两个参数，就可以找到输入的错误密码及正确密码。从图 8-13 中可以看出，正确密码的起始地址保存在 ECX 寄存器中，错误密码的起始地址保存在 EAX 寄存器中，只要在 004137C7 这个地址下断，并通过线程环境读取 ECX 寄存器和 EAX 寄存器值就可以得到两个密码的起始地址。

要进行准备的工作已经做好了，下面来写一个控制台的程序。先定义两个常量，一个是用来设置断点的地址，另一个是 INT3 指令的机器码。定义如下：

```
// 需要设置 INT3 断点的位置
#define BP_VA    0x004137C7
// INT3 的机器码
const BYTE bInt3 = '\xCC';
```

把 CrackMe 的文件路径及文件名当参数传递给显示密码的程序。显示的程序首先要以调试的方式创建 CrackMe，代码如下：

```
// 启动信息
STARTUPINFO si = { 0 };
si.cb = sizeof(STARTUPINFO);
GetStartupInfo(&si);

// 进程信息
PROCESS_INFORMATION pi = { 0 };
```

```
    // 创建被调试进程
    BOOL bRet = CreateProcess(pszFileName,
                              NULL,
                              NULL,
                              NULL,
                              FALSE,
                              DEBUG_PROCESS | DEBUG_ONLY_THIS_PROCESS,
                              NULL,
                              NULL,
                              &si,
                              &pi);

    if ( bRet == FALSE )
    {
        printf("CreateProcess Error \r\n");
        return -1;
    }
```

然后就进入调试循环。调试循环中要处理两个调试事件，一个是 CREATE_PROCESS_DEBUG_EVENT，另一个调试事件是 EXCEPTION_DEBUG_EVENT 下的 EXCEPTION_BREAKPOINT。这两个事件在调试循环中进行处理，对于处理 CREATE_PROCESS_DEBUG_EVENT 的代码如下：

```
    // 创建进程时的调试事件
    case CREATE_PROCESS_DEBUG_EVENT:
        {
            // 读取欲设置 INT3 断点处的机器码
            // 方便后面恢复
            ReadProcessMemory(pi.hProcess,
                              (LPVOID)BP_VA,
                              (LPVOID)&bOldByte,
                              sizeof(BYTE),
                              &dwReadWriteNum);

            // 将 INT3 的机器码 0xCC 写入断点处
            WriteProcessMemory(pi.hProcess,
                               (LPVOID)BP_VA,
                               (LPVOID)&bInt3,
                               sizeof(BYTE),
                               &dwReadWriteNum);
            break;
    }
```

在 CREATE_PROCESS_DEBUG_EVENT 中对调用 strcmp()函数的地址处设置 INT3 断点，再将 0xCC 写入这里时要把原来的机器码读取出来。读取原机器码使用 ReadProcessMemory()，写入 INT3 的机器码使用 WriteProcessMemory()。读取原机器码的作用是当我们在写入的 0xCC 产生中断以后，我们需要将原机器码写回，以便程序可以正确继续运行。

再来看一下 EXCEPTION_DEBUG_EVENT 下的 EXCEPTION_BREAKPOINT 是如何进行处理的。

```
    // 产生异常时的调试事件
    case EXCEPTION_DEBUG_EVENT:
    {
        // 判断异常类型
        switch ( de.u.Exception.ExceptionRecord.ExceptionCode )
        {
            // INT3 类型的异常
        case EXCEPTION_BREAKPOINT:
            {
                // 获取线程环境
                context.ContextFlags = CONTEXT_FULL;
                GetThreadContext(pi.hThread, &context);
```

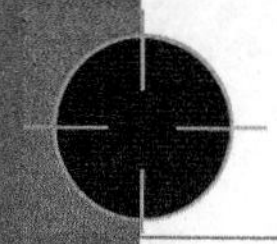


```
            // 判断是否断在我们设置的断点位置处
            if ( (BP_VA + 1) == context.Eip )
            {
                // 读取正确的密码
                ReadProcessMemory(pi.hProcess,
                            (LPVOID)context.Ecx,
                            (LPVOID)pszPassword,
                            MAXBYTE,
                            &dwReadWriteNum);
                // 读取错误密码
                ReadProcessMemory(pi.hProcess,
                            (LPVOID)context.Eax,
                            (LPVOID)pszErrorPass,
                            MAXBYTE,
                            &dwReadWriteNum);

                printf("你输入的密码是: %s \r\n", pszErrorPass);
                printf("正确的密码是: %s \r\n", pszPassword);

                // 因为我们的指令执行了 INT3 因此被中断
                // INT3 的机器指令长度为一个字节
                // 因此我们需要将 EIP 减一来修正 EIP
                // EIP 是指令指针寄存器
                // 其中保存着下条要执行指令的地址
                context.Eip --;

                // 修正原来该地址的机器码
                WriteProcessMemory(pi.hProcess,
                            (LPVOID)BP_VA,
                            (LPVOID)&bOldByte,
                            sizeof(BYTE),
                            &dwReadWriteNum);
                // 设置当前的线程环境
                SetThreadContext(pi.hThread, &context);
            }
            break;
        }
    }
}
```

对于调试事件的处理，应该放到调试循环中，上面的代码给的是对调试事件的处理，下面再来看一下调试循环的大体代码：

```
while ( TRUE )
{
    // 获取调试事件
    WaitForDebugEvent(&de, INFINITE);

    // 判断事件类型
    switch ( de.dwDebugEventCode )
    {
        // 创建进程时的调试事件
        case CREATE_PROCESS_DEBUG_EVENT:
        {
                break;
        }
        // 产生异常时的调试事件
        case EXCEPTION_DEBUG_EVENT:
        {
            // 判断异常类型
            switch ( de.u.Exception.ExceptionRecord.ExceptionCode )
            {
                // INT3 类型的异常
                case EXCEPTION_BREAKPOINT:
                {
                }
                break;
```

```
                }
            }
        }

        ContinueDebugEvent(de.dwProcessId,de.dwThreadId,DBG_CONTINUE);
    }
```

只要把调试事件的处理方法放入到调试循环中，程序就完整了。接下来编译连接一下，然后把 CrackMe 直接拖放到这个密码显示程序上。程序会启动 CrackMe 进程，并等待我们的输入，当输入账号及密码后单击“确定”按钮，程序会显示正确密码和我们输入的密码。

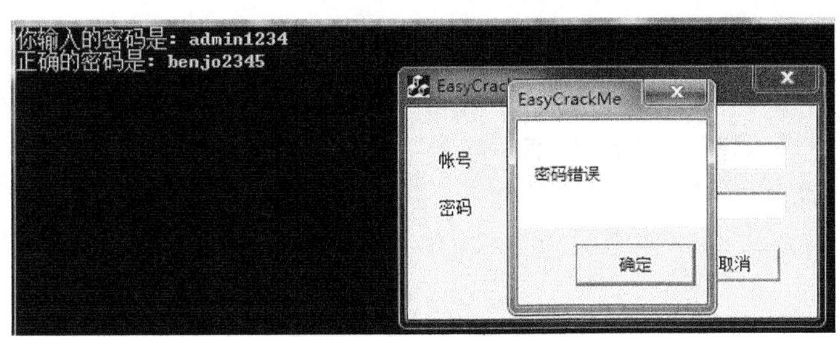

图 8-14　显示正确的密码

根据图 8-14 显示的结果进行验证，可见我们获取的密码是正确的。程序到此结束了。大家可以把该程序修改一下，把它改成通过附加调试进程来显示密码，以巩固我们的知识。

8.3　总结

本章是该书的最后一章，介绍了关于 PE 工具开发和调试器开发所能用到的知识。当然，读完本章离真正能开发一个调试还是有一定差距的。本章知识对于读者继续深入做了一个引子。希望读者可以将关于 PE 结构、调试器等工具使用好，也希望读者可以将它们所涉及的原理也掌握好，这样对于读者将来继续深入是有一定帮助的。

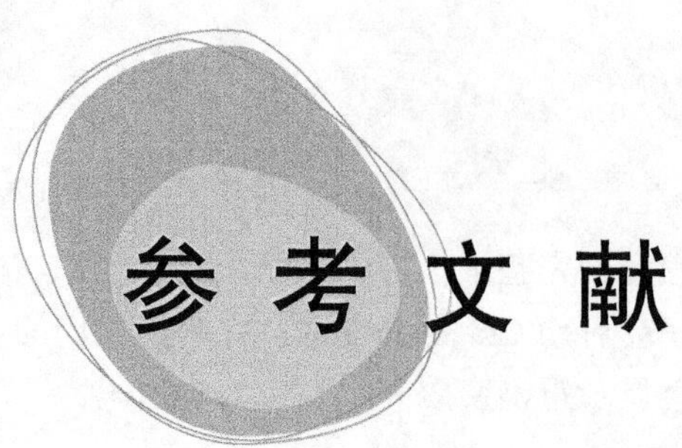

参考文献

[1] 段钢. 加密与解密. 3 版. 北京：电子工业出版社，2008.

[2] 王艳平. Windows 程序设计. 北京：人民邮电出版社，2005.

[3] Richter J. Windows 核心编程. 王建华，张焕生，侯丽坤，等译. 北京：机械工业出版社，2007.

[4] Eilam E. Reversing：逆向工程解密. 韩琪，杨艳、王玉英，等译. 北京：电子工业出版社，2007.

[5] Hoglund G，Butler J. ROOTKITS—Windows 内核的安全防护. 韩智文，译. 北京：清华大学出版社，2007.

欢迎来到异步社区！

异步社区的来历

异步社区（www.epubit.com.cn）是人民邮电出版社旗下 IT 专业图书旗舰社区，于 2015 年 8 月上线运营。

异步社区依托于人民邮电出版社 20 余年的 IT 专业优质出版资源和编辑策划团队，打造传统出版与电子出版和自出版结合、纸质书与电子书结合、传统印刷与 POD 按需印刷结合的出版平台，提供最新技术资讯，为作者和读者打造交流互动的平台。

社区里都有什么？

购买图书

我们出版的图书涵盖主流 IT 技术，在编程语言、Web 技术、数据科学等领域有众多经典畅销图书。社区现已上线图书 1000 余种，电子书 400 多种，部分新书实现纸书、电子书同步出版。我们还会定期发布新书书讯。

下载资源

社区内提供随书附赠的资源，如书中的案例或程序源代码。

另外，社区还提供了大量的免费电子书，只要注册成为社区用户就可以免费下载。

与作译者互动

很多图书的作译者已经入驻社区，您可以关注他们，咨询技术问题；可以阅读不断更新的技术文章，听作译者和编辑畅聊好书背后有趣的故事；还可以参与社区的作者访谈栏目，向您关注的作者提出采访题目。

灵活优惠的购书

您可以方便地下单购买纸质图书或电子图书，纸质图书直接从人民邮电出版社书库发货，电子书提供多种阅读格式。

对于重磅新书，社区提供预售和新书首发服务，用户可以第一时间买到心仪的新书。

用户帐户中的积分可以用于购书优惠。100 积分 =1 元，购买图书时，在 0 使用积分 里填入可使用的积分数值，即可扣减相应金额。

特别优惠

购买本书的读者专享异步社区购书优惠券。

使用方法：注册成为社区用户，在下单购书时输入 S4XC5 使用优惠码，然后点击“使用优惠码”，即可在原折扣基础上享受全单9折优惠。（订单满39元即可使用，本优惠券只可使用一次）

纸电图书组合购买

社区独家提供纸质图书和电子书组合购买方式，价格优惠，一次购买，多种阅读选择。

社区里还可以做什么？

提交勘误

您可以在图书页面下方提交勘误，每条勘误被确认后可以获得100积分。热心勘误的读者还有机会参与书稿的审校和翻译工作。

写作

社区提供基于 Markdown 的写作环境，喜欢写作的您可以在此一试身手，在社区里分享您的技术心得和读书体会，更可以体验自出版的乐趣，轻松实现出版的梦想。

如果成为社区认证作译者，还可以享受异步社区提供的作者专享特色服务。

会议活动早知道

您可以掌握 IT 圈的技术会议资讯，更有机会免费获赠大会门票。

加入异步

扫描任意二维码都能找到我们：

异步社区	微信服务号	微信订阅号	官方微博	QQ 群：436746675

社区网址：www.epubit.com.cn

投稿 & 咨询：contact@epubit.com.cn